U0296483

平原区农田生态排水

王友贞　汤广民　李如忠　于凤存　著
焦平金　沈　涛　沈　瑞

科学出版社

北　京

内 容 简 介

本书解析了农田生态排水的概念、内涵及其架构,提出了农田生态排水指标及其确定原则与方法;研究了农田排水沟系及其氮磷阻控机制,提出了以沟渠潜流带结构重塑为核心的一体化农田生态排水沟设计理念和技术方法;建立了农田排水径流及地表水、地下水联合调控仿真模拟模型,通过模拟计算,提出并界定了不同目标的农田生态排水指标阈值,构建了从田间到骨干沟控制排水技术体系,形成了农田生态排水系统成果,为平原区旱涝渍兼治和生态健康调控提供理论依据和技术支撑。

本书可供农田水利、水文水资源、生态环境、农业水土工程领域的研究人员和工作者参考。

图书在版编目(CIP)数据

平原区农田生态排水/王友贞等著. —北京:科学出版社,2022.8
ISBN 978-7-03-071948-5

Ⅰ.①平… Ⅱ.①王… Ⅲ.①平原–农田水利–生态系–排水–研究
Ⅳ.①S276.7

中国版本图书馆 CIP 数据核字(2022)第 045642 号

责任编辑:周 丹 黄 梅 沈 旭/责任校对:郝甜甜
责任印制:张 伟/封面设计:许 瑞

科 学 出 版 社 出版
北京东黄城根北街 16 号
邮政编码:100717
http://www.sciencep.com

北京中石油彩色印刷有限责任公司 印刷
科学出版社发行 各地新华书店经销
*
2022 年 8 月第 一 版 开本:787×1092 1/16
2022 年 8 月第一次印刷 印张:22 3/4
字数:540 000
定价:179.00 元
(如有印装质量问题,我社负责调换)

前　言

农业生产发展历史表明，农田排水在农业生产中有举足轻重的地位。自然地理和气候条件决定了我国是世界上涝渍灾害发生最为频繁且危害严重的国家之一，涝渍灾害不仅制约农业生产的发展，而且危及人民生命财产安全和社会稳定。随着经济的快速发展，城市化进程的加快和社会物质财富的增长，洪涝灾害造成的损失将不断增加。涝渍灾害治理是易涝易渍地区粮食生产稳产高产的关键，是国家粮食安全的重要保证，也是我国农业发展和现代化建设的重要内容。

水是生命之源、生产之要、生态之基。生态环境是人类生存和发展的根基，水生态治理是新时代中国特色社会主义建设的重要任务。水利是农业的命脉，农业的稳产高产离不开合理的灌溉和排水。传统的农田排水强调的是经济效益，而对排水的环境、生态及社会效应考虑不足，导致了诸如地下水与地表水体受到污染、湿地生物多样性系数减小、容泄区防洪压力与污染负荷加大等环境、生态及社会问题。随着农田排水环境、生态、社会效应的日益凸显，只考虑经济效益的传统农田排水方式应向兼顾农田排水各方面效应的综合控制排水方式转变，以客观反映农田排水的现实效应，进而满足社会进步的要求。农田生态排水研究正是基于上述认识而提出。开展农田生态排水指标、农田控制排水技术、生态排水沟及地表水与地下水联合调控技术的研究，对于我国防洪除涝减灾，以水土资源的合理开发和永续利用支撑农业可持续发展，保障国家粮食安全和生态安全具有重要意义。

自 1985 年以来，安徽省(水利部淮河水利委员会)水利科学研究院新马桥农水综合试验站一直对多种作物涝渍指标进行系统的试验研究。2009 年以来，安徽省(水利部淮河水利委员会)水利科学研究院、合肥工业大学和中国水利水电科学研究院先后承担国家重点研发计划重点专项"淮北平原农田除涝降渍排水技术集成与示范"(2018YFC1508306)、国家自然科学基金"巢湖流域源头溪流氮磷滞留机制及实验操纵模拟研究"(51579061)和"排水循环灌溉驱动的稻田水磷迁移与调控机制"(51409273)、国家农业科技成果转化"淮北平原大沟控制对农田水资源影响综合调控技术中试转化"(2009GB23320493)等项目。近年来又对农作物生长与生态环境的关系开展了相关研究，围绕农田生态排水的系统架构、作物涝渍胁迫响应机制及其生态指标、排水沟生态作用机制、农田生态排水指标优选、农田控制排水及其生态效应等方面开展了比较系统的研究。取得的主要创新成果有：解析了农田生态排水的概念、内涵及其架构，提出了农田生态排水指标及其确定原则与方法；研究了农田排水沟系及其氮磷阻控机制，提出了以沟渠潜流带结构重塑为核心的一体化农田生态排水沟设计理念和技术方法；建立了农田排水径流及地表水、地下水联合调控仿真模拟模型，构建了从田间到骨干沟控制排水技术体系，形成了农田生态排水系统成果，为平原区旱涝渍兼治和生态健康调控提供了理论依据和技术支撑。

本书由安徽省(水利部淮河水利委员会)水利科学研究院、合肥工业大学和中国水利水电科学研究院共同完成。全书共分为6章,第1章由王友贞完成;第2章由汤广民完成;第3章由王友贞(3.1节)、李如忠(3.2~3.6节、3.8节)、沈涛(3.7节)共同完成;第4章由于凤存、焦平金、王友贞共同完成;第5章由沈瑞、王友贞、于凤存、汤广民共同完成;第6章由王友贞、沈涛共同完成。全书由王友贞统稿。刘佳、袁宏伟、杨继伟、袁先江、曹秀清、陈广淳等参与了相关工作。

　　　　水资源的高效利用与水生态保护是当今人类面临的重大挑战。农田生态排水是区域水生态建设的重要内容,涉及因素多且复杂多变,洪、涝、渍、旱与水生态相互制约、关系交织,研究难度大,加之作者水平所限,本书可能会存在不成熟、不完善,或者不足之处,诚请读者批评指正。

　　　　在本书的编写过程中,得到了安徽省水利厅及相关部门、市(县)水利部门的热情帮助和支持,武汉大学王修贵教授、合肥工业大学金菊良教授和中国水利水电科学研究院王少丽教授、陶园博士等给予了无私的帮助和指导,在此一并表示诚挚的感谢!

作　者
2021 年 12 月

目　　录

第1章 绪 论

1.1 概 述

农田排水在农业生产中有着举足轻重的地位。在低洼易涝地区，没有排水，就没有持续、稳定的农业生产，改善农田排水条件是发展农业生产的关键。在干旱半干旱地区，因不合理灌溉而产生的盐分聚集问题，也需要通过强化排水进行治理，否则会对农业生产带来严重危害。

自然地理和气候条件决定了我国是世界上涝渍灾害发生最为频繁、危害严重的国家之一，涝渍灾害不仅制约农业生产的发展，而且危及人民生命财产安全和社会稳定。据统计，我国约有2/3的资产、1/2的人口、1/3的耕地分布在易受洪涝灾害威胁的区域内，全国有易涝耕地3.66亿亩[①]，渍害田面积1.15亿亩。截至2014年，我国有农田排水面积3.45亿亩(中华人民共和国水利部，2015)，全国平均农田受灾面积2亿亩，成灾1.1亿亩，每年因涝渍灾害造成的农作物减产约占总产值的5%，其中2013年涝灾导致的粮食减产达282亿kg。近年来，随着经济社会的快速发展，城市化进程的加快和社会物质财富的增长，加之气候异常变化导致极端降雨的增多，洪涝灾害造成的损失有不断增加的趋势。因此，涝渍灾害治理是我国防灾减灾的重要内容之一。

我国是农业大国、人口大国，农业稳产高产是保障粮食安全、国家稳定的基石。随着社会经济的发展，人民生活水平全面提高，消费结构逐步升级，对粮食产量与品质的要求越来越高，农业生产总体上面临的压力也越来越大。由于全球气候变暖，气候异常加剧，灾害发生频率和危害程度日益增加，加上人口数量仍在增长，我国的粮棉油生产在今后较长时间内仍将是一个高度需求的行业，国际市场粮棉油供应总体也偏紧。根据我国国民经济和社会发展统计资料，2016年我国耕地总面积为20.25亿亩，人口总数为13.8亿，人均耕地1.47亩，仅为世界人均耕地面积2.88亩的一半左右，而且土地产出率低，全国平均亩产仅364kg，仅相当于农业发达国家粮食亩产的一半，这说明我国土地增产潜力还很大。充分发挥中低产田的增产潜力，提高单产，已成为解决粮食问题所采取的战略措施之一。其中，涝渍中低产田水土环境恶劣，作物产量不高，成为我国一些地方农业生产发展、农村经济增长和农民脱贫致富的重要制约因素。

涝渍灾害的主要治理措施是根据农作物对农田水分状况的要求，修建排水系统，及时排除农田中多余的水分，为农作物生长创造良好的环境。新中国成立以来，我国投入大量的人力、物力进行农田水利工程建设，防御涝渍灾害的能力有了很大提高，取得显著的经济效益和社会效益。但是我国目前中低产田面积仍然较大，涝渍灾害仍较严重，依然影响和制约着我国的农业生产，威胁着国家粮食安全。由于降水过多，排水不畅，

---

① 1亩≈666.667 m²。

地表积水造成农作物减产或失收，形成涝灾，特别是一些低洼地区地面积水排除后地下水位持续过高，作物根系层土壤水分过多产生渍害，形成先涝后渍的局面。这在我国一些地区经常出现，给农业生产带来了极大危害。为了保障农业生产的稳产高产，防止涝灾、渍害的发生，必须弄清农作物的涝渍响应机理，以此为依据确定农田排水工程的规模和规格标准，使其满足农作物对农田排涝、治渍的要求，及时排除农田积水，减少淹水深度和淹水历时，并将地下水位尽快降至作物适宜埋深，以保证作物正常生长。

我国易涝易渍农田主要分布在北方地区的黄淮海平原、辽河中下游平原、东北三江平原和松嫩平原等；南方地区的沿江平原圩区、滨湖地区、临海地区、珠江三角洲以及山丘区的冲垄地等。洪涝灾害是淮河流域危害最为深重的自然灾害，也是流域农业生产的主要威胁之一。全流域内约有 1.0 亿亩耕地属于低洼易涝农田。沿淮和淮北中南部地区经常出现因洪致涝、洪涝并发现象，下游地区还极易遭遇江淮并涨、淮沂并发、洪水与风暴潮并袭的严重局面。特别是面广、量大、灾重的涝渍灾害仍没有得到有效地遏制，而且随着主要支流河道防洪标准的不断提高，干支流及骨干排水系统的排涝控制标准愈显不协调，防洪与除涝的矛盾呈加剧的变化趋势。据统计，在历年洪涝灾害成灾面积中，有约 2/3 是由涝灾造成的，2003 年、2007 年的大水造成的涝灾比例均超过 2/3。通过对安徽省淮河流域自然灾害对粮食产量波动的危害程度进行系统分析研究表明：安徽省淮河流域涝灾对粮食产量有很大的影响，占自然灾害对粮食产量影响的 39.1%，占所有影响粮食产量波动因子的 11.0%；当发生 3 年一遇的涝灾时，将有 1325.9 万亩的粮食作物受灾，减产 240.9 万 t；当发生 20 年一遇的涝灾时，将有 4048.4 万亩的粮食作物受灾，减产 735.6 万 t。涝灾对安徽省淮河流域的粮食生产和农业经济都具有深刻的影响，严重制约着农村经济的发展和农民增收。

水是生命之源、生产之要、生态之基。生态环境是人类生存和发展的根基，水生态治理是新时代中国特色社会主义建设的重要任务。水利是农业的命脉，农业的稳产高产离不开合理的灌溉和排水。传统的农田排水强调的是经济效益，而对排水的环境、生态及社会效应考虑不足，导致了诸如地下水与地表水体受到污染、湿地生物多样性系数减小、承泄区防洪压力加大等环境、生态及社会问题。随着农田排水环境、生态、社会效应的日益凸显，只考虑经济效益的传统农田排水方式应向兼顾农田排水各方面效应的综合控制排水方式转变，以客观反映农田排水的现实效应，进而满足社会进步的要求。农田生态排水研究正是基于上述认识而提出来的。为推进水利高质量发展，贯彻"节水优先、空间均衡、系统治理、两手发力"的新时期治水方针，开展农田生态排水指标、农田控制排水技术、生态排水沟及地表水与地下水联合调控技术的研究，对于我国防洪除涝减灾，以水土资源的合理开发和永续利用支撑农业可持续发展，保障国家粮食安全和生态安全具有重要意义。

1.2 国内外研究现状及发展动态

1.2.1 农田排水指标

1. 作物涝渍指标

农田排水指标包括排涝指标、治渍指标和涝渍兼治的排水控制指标。我国早期的研究侧重于单一的排涝指标或治渍指标，涝渍兼治的排水指标研究始于 20 世纪 90 年代。排水指标由早期的作物允许淹水时间、地下水位下降速率、适宜地下水埋深、土壤孔隙度等指标发展到一些综合性的排水控制指标，如超标准累积水深(SEW_x)、作物生长受抑制天数(SDI)、总排水时间(即地面排水时间+土壤通气率达到 10%的时间)和涝渍组合超标准累积水深($SFEW_x$)等，但其成果应用于生产实践还有一定的距离。

作物生长与地下水位关系密切，实践表明，过高或过低的地下水位都会对旱作物的生长发育产生不利影响，适宜的地下水位埋深有利于旱作物的生长发育，而且不同的作物有不同的适宜地下水位埋深要求。埃及尼罗河三角洲棉花地下水位埋深控制标准大于 0.90m；苏里南香蕉地下水位控制在 0.65~0.80m；英国的 England 地区小麦地下水位埋深，夏季要求大于 1.0m，冬季要求大于 0.5m；日本结合种植制度提出水旱轮作与一般旱作物在雨后 2~3 天地下水位宜控制在地面以下 0.40~0.50m，正常地下水位(雨后 7 天以上)宜控制在地面以下 0.50~0.60m，北海道开发局驹地排水试验场的观测资料表明，无论大豆、小豆、马铃薯还是牧草，只要地下水位埋深小于 0.40~0.50m，其产量均会急剧下降。国内在作物生长与地下水位关系方面进行了大量的研究。安徽省(水利部淮河水利委员会)水利科学研究院不仅经过多年试验研究提出小麦、玉米、大豆适宜地下水埋深的成果，而且自 1980 年就开始对主要旱作物雨后地下水位排降指标进行系统研究，综合不同作物、同一种作物不同生长时期，提出雨后地下水位平地表 3 天排降至 0.50m 左右，以此作为安徽淮北平原区治渍指标。

以一定时期的地下水位连续动态作为控制指标进行排水管理比较符合实际。为此，出现了以作物生长期或生长阶段地下水动态为指标的多种形式。荷兰学者 Sieben 提出了以作物生长临界期内地下水埋深小于 30cm 的累积值 SEW_{30} 作为排渍指标，并对 de Noordoostpolder 地区进行研究，提出 SEW_{30} 小于 200cm·d 时，作物的产量受地下水位影响极微，van Schifgaarde 则建立了 SEW_{30} 与作物相对产量之间的关系。Hiler 提出了阶段性抑制天数指标(SDI)，Evans 根据 Hiler 的概念提出了敏感性因子(CS_i)和抑制天数因子(SDI)的计算表达，并依据试验建立了玉米相对产量(R_y)与抑制天数(SDI)的关系。但 CS_i 还与涝渍程度、作物种类有关。近年来，我国仅在少数地区开展小麦和棉花的抑制天数试验研究，系统化研究很不够，成果也是初步的。综合国内外关于作物地下水动态指标的研究，首先是确定作物受渍的地下水埋深基准值，再以此基准值为基础计算地下水位累积值(SEW_x)，反映作物持续受渍累积效应，系统研究 SEW_x 与作物生长发育及产量的影响是制定排渍指标的基础，这也是今后研究的重点。

我国现行的农田排水试验规范中提出以一次降雨后地下水动态和一定时期地下水位

连续动态作为控制指标的农田排渍试验设计及其方法，并且在现行农田排水工程技术规范中提出了排涝、治渍标准，如提出旱作区可采用1～3天暴雨1～3天排除，稻作区可采用1～3天暴雨3～5天排至耐淹水深。安徽省（水利部淮河水利委员会）水利科学研究院在对小麦、玉米、大豆等主要旱作物耐淹指标试验研究的基础上，提出安徽省淮北平原农田排涝指标为1天暴雨1天排除。

涝渍灾害一般具有紧密相随、先涝后渍、涝后渍存的特点。因此，把涝、渍作为统一过程进行研究，具有重要的理论价值和实践意义，这方面的研究国内尚处于起步阶段。在涝渍兼治和组合排水方面，汤广民（1999）利用测坑试验进行了以涝渍连续抑制天数为指标的排水标准研究，建立了棉花相对产量（R_y）与涝渍连续抑制天数指标（CSDI）的关系模型；沈荣开等（2001）在新马桥农水综合试验站利用测坑进行了棉花涝渍综合试验，提出了等效淹渍历时的概念，研究了棉花受涝渍胁迫对产量的影响，并对涝渍兼治农田排水设计标准方法进行了探讨；王少丽等（2001）从涝渍相伴、连续危害的自然特点出发，以水量平衡原理为基础，对涝渍兼治的明暗组合排水条件下的地面、地下排水模数及明暗组合排水计算方法进行了分析探讨；中国农业科学院农田灌溉研究所、武汉大学、中国水利水电科学研究院等单位在"九五"期间对涝渍兼治连续控制的动态排水指标、涝渍兼治的组合排水工程形式及其设计计算方法等进行了深入研究，提出了以经济效益最大为目标的涝渍兼治综合排水标准的确定方法、涝渍兼治的组合排水设计新方法及几种典型的组合排水工程模式；朱建强等（2003a）建立了统一考虑涝、渍共同作用的排水指标与棉花产量的关系。但有关多种作物、持续多年以上不同尺度涝渍排水试验的研究尚未见报道。

2. 农田排涝标准

目前我国排涝设计标准一般有如下三种表达方式：①以治理区发生一定重现期的暴雨，作物不受涝为标准；②以治理区作物不受涝的保证率为标准；③以某一定量暴雨或涝灾严重的典型年作物排涝设计为标准。目前，我国除涝规划设计中，使用最为普遍的是第一种除涝标准表达方式，这也是我国《灌溉与排水工程设计标准》（GB 50288—2018）中采用的表达方式。这种表达方式除明确指出一定重现期的暴雨外，还规定在这种暴雨发生时作物不允许受涝，即当实际发生暴雨不超过设计暴雨时，农田的淹水深度、历时应不超农作物正常生长所允许的耐淹水深和历时。具体分析方法是，先确定治理措施和规模，在设计暴雨条件下进行排水演算，满足作物允许的耐淹深度和耐淹时间。这种概念能够较全面地反映治理区设计标准的有关因素，是目前最常用的方法。

区域综合排涝标准应由农田排涝标准、各级沟渠排涝标准及各级河道排涝标准构成，河道排涝标准应满足各级沟渠的排涝要求，沟渠的规格标准应满足农田面上除涝排水的要求，而区域具体排涝标准的确定，需对区域排涝工程投资与除涝效益综合分析，通过经济合理性论证来确定。目前，国内外学者对区域排涝标准的确定进行了大量研究，郭元裕等（1984）运用大系统分解协调理论，提出了江汉平原四湖区除涝排水系统最优扩建规模数学模型及其求解方法，求得了各类骨干工程的最优扩建规模和布局；汤广民（1999）通过对涝渍连续动态控制排水指标的模拟试验研究，提出了涝渍连续抑制天数指标（CSDI）和涝害权重系数（CW）的概念及求解方法，分析了涝渍分割研究的不足，说明了用涝渍连续抑制天数指标来确定排水标准的合理性；沈荣开等(2001)通过对棉花涝渍试验的分析，论证了以等效涝渍历时作为反映涝渍程度的综合指标的可能性，并提出确定涝渍兼治农田排水设计标准的新方法；郭旭宁等(2009)从环境、生态及社会等方面着手，综合考虑在不同排水标准的排水方案下的环境、生态及社会、经济效应，建立了更能客观反映农田排水各方面效应的农田排水综合控制标准。这些研究成果多为探讨农田排水系统的排涝标准或排水指标，而研究河道、骨干排水沟渠和农田除涝标准关系的成果还很少。

1.2.2　农田排水与生态环境

农田排水与水环境之间关系密切。农田排水沟渠具有物质汇集、传输、过滤或截留、净化等功能，显著影响农田生态系统中各种物质循环过程。目前，农田排水系统对生态环境的影响依然是国内外的研究热点，世界范围内普遍存在施肥过量导致氮(N)、磷(P)等超过生态环境承受能力，以及农田排水中污染物浓度过高造成环境污染等方面的问题。排水对环境的影响表现在积极影响和不利影响两个方面：一方面，对过湿农田进行排水，有利于除涝、防渍，改善易涝易渍农田水土环境，提高人类赖以生存的水土环境质量；对盐碱地，通过控制地下水位，及时排除过多的地表水和地下水，可防止盐分在土壤表层聚积，使盐碱地得到改良；排水能加速土壤中有害物质的淋洗而使土壤环境得到改善，而且排水能增加土壤的通气状况，改善土壤微生物及动植物的生存环境，从而有利于土壤中作物所需营养物质的分解和改良土壤结构。另一方面，农田养分随排水径流流失以及通过渗流进入周边水环境，不仅降低了肥料的利用率，增加了农业成本，也加重了水环境污染。而湿地排水则可能导致湿地的退化或消失，影响生物多样性，减少滞纳水体的自然环境容量。从农业本身及湿地农区水环境保护角度来看，排水与环境的定量关系是需要深入研究的重要课题。

国内外有关排水条件下水肥在土壤中运移、吸收、转化方面的研究较多。丸山利辅等在其所著 *Physical and Chemical Processes of Soil Related to Paddy Drainage* 中，系统介绍了 20 世纪 70～90 年代中期，30 多位研究人员在稻田排水对土壤化学性质影响方面所做的工作，内容涉及渍水和干燥化过程中土壤的氧化还原作用、土壤中活性氮的运移、农田中盐分的积累与流动、地面灌溉回流水的水质等。

樊自立等(2004)在《塔里木河流域生态地下水位及其合理深度确定》一文中，综合考虑地下水埋深与植物生长及土壤盐渍化、沼泽化、荒漠化的关系，将生态水位划分成沼泽化水位、盐渍化水位、适宜生态水位、生态胁迫水位和荒漠化水位五种，其中，适宜生态水位是指不易发生强烈盐渍化和荒漠化的水位，生态胁迫水位是指对植物生长发育产生胁迫的地下水位。张长春等(2003)提出，地下水生态水位是指满足生态环境要求，不造成生态环境恶化的地下水位，它主要受地质结构、地形、地貌和植被条件等影响，合理生态水位由一系列地下水生态水位构成，是一个随时空变化的函数。孙才志等(2007)认为，地下水生态水位是指能够充分发挥地下水对生态环境的控制作用，即满足生态环境要求、不造成生态环境恶化的地下水位，并提出地下水生态水位确定原则为：①满足植物对地下水的正常吸收；②有效抑制返盐；③最大限度地增加地下水补给量，减少无效蒸发量，充分发挥含水层的调蓄能力；④有效地维护湿地资源，保证生物多样性要求；⑤有效防止产生地面沉降、海水入侵等环境水文地质问题。对于利用地下水资源供给功能的区域，确定的生态水位埋深较高，以潜水蒸发极限深度为确定标准；而对于地下水生态环境维持功能的区域或时段，确定的生态水位埋深较低，以最佳地下水埋深为确定标准；并以潜水极限蒸发深度为生态水位埋深，以土壤不发生荒漠化、沼泽盐渍化的最佳水位为生态水位埋深。孙香泰等（2012）在对三江平原地下水生态水位的研究中提出，确定合理的地下水位，既能有效合理地开发利用地下水资源，又能保护地下水生态系统，还能通过适当降低地下水位，增加降水和地表水体的入渗补给量，提高防洪除涝标准，减少潜水蒸发量，防治土壤盐渍化，增强"地下水库"的调蓄能力。地下水生态水位对于区域生态环境的支撑作用，体现在对水循环系统、河流生态系统、植物生态系统和湿地生态系统等系统功能的有效维护和保障方面。地下水生态水位包括防止土壤盐渍化水位、地下水补给量最大的地下水位和有效维护湿地资源的地下水位。

贾利民等（2015）综述了干旱区地下水生态水位的研究进展，指出不同研究给出的地下水生态水位的核心都表达了过高或过低的地下水位不利于植物生长的观点和认识。在干旱区，植被与地下水是相互制约的关系，但地下水位变化不是植被变异的原因，而是区域水均衡变化的结果。地下水生态水位的影响因素包括气候变化、植物特性、土壤理化性质等，地下水生态水位研究应从地下水采补是否平衡、源汇项是否均衡角度进行考虑；并认为干旱区地下水生态水位是指变化环境下，在地下水源汇项达到均衡的基础上，维持干旱区生态系统起主要生态功能作用的非地带性中生植被和旱生植被在其生长周期和生长区域内正常生长和发育所需的多个地下水位值（或范围）的集合。

农田排水对水环境的影响是和农业生产活动密切相关的，在应用技术研究方面，应重点开展不同农业管理措施对农田排水养分流失的影响，探讨适宜不同类型区的最佳养分管理、耕作管理、作物系统及农业综合管理措施，以及控制排水及其管理模式，既保证作物生长适宜的土壤水分条件，又可减少养分的流失量。

1.2.3 农田控制排水技术

控制排水技术是指在排水沟（管）上设置控制设施实现对排水出流量的调控，以减少因无节制地排水产生的水、肥流失，降低排水所携带的氮磷养分对受纳水体造成的污染。为了有效地解决过量排水、充分利用雨水资源、避免排水中的污染物对环境造成危害，一些国家，如美国、日本、荷兰、法国等的科学家从 20 世纪 70 年代开始研究"农田控制排水"技术，在农田排水沟管的出口加设控制设施，控制排水系统的流量并根据需要抬高排水系统的水位。研究表明：在排水沟（管）上加设控制设施，根据农田的地表水与地下水状况对排水沟（管）的水位实行调控，不仅可以在洪涝季节有效地排除农田中多余的水量，而且可以避免过度排水，同时，可以提高地下水位供农作物利用或将排水沟（管）中的蓄水作为灌溉水源。

Christen 和 Skehan（2001）对澳大利亚的地下排水进行总结指出，大多数排水系统处于过量排水状态，排出的盐分远大于输入的数量，且排水率超过控制水位和涝水所需要的合理排水率，虽然这有利于排水区的盐分控制，但大量盐分排到下游会对受纳区的土地和水环境产生威胁，故需采取合理措施管理排水系统，以减少对受纳区生态环境的影响。El-Sadek 等 (2002) 提出控制排水不仅可以充分利用水资源，还可有效改善农田水环境，单从经济角度看，控制排水并不能提高排水的经济效益，但从环境角度看，控制排水在减少硝酸盐排放量上作用明显；Shouse 等 (2006) 在美国加利福尼亚州 San Joaquin Valley 地区进行的大田控制排水试验主要研究了盐分和硼的空间运移规律，其结果表明，田间的土壤变异性是影响盐分与硼分布的主要条件，此外该试验研究还发现，控制排水地区中上一年的盐分累积对作物生长的不利因素可通过春灌得到有效削减；Wesstrom 和 Messing (2007) 在瑞典开展的控制排水试验表明，控制排水明显减少了排水中的氮磷负荷，氮流失高峰期与排水流量和土壤矿质氮含量的高峰期一致，作物吸收氮的量每公顷增加 3～14kg，产量增长 2%～18%，与自由排水相比提高了氮的利用效率；Stampfli 和 Madramootoo (2006) 在加拿大魁北克省进行的控制排水试验研究结果表明，控制排水措施可以达到和节水灌溉措施一样的效果，能够减少灌溉用水量，这样不仅水的利用效率得到了提高，更是在经济效益上实现了投资少和费用低等优点，还具有一定的环境效益；Williams 等 (2015) 在美国俄亥俄州进行了 7 年的田间试验，对比自由排水，控制排水可减少排水量 8%～34%、铵态氮−8%～44%、可溶性磷 40%～68%；Kröger 和 Holland (2008) 在明沟上设置低堰控制排水，减少可溶性无机磷、总磷、硝态氮、铵态氮分别为 92%、86%、98% 和 67%；Evans 等 (1995) 的研究结果发现，将富含氮、磷的农业排水直接排入受纳水体会严重破坏水体环境，尽管控制排水不能做到大量削减这些农业排水中的氮、磷浓度，但是可以通过削减排水流量来达到减少污染物的总输出量，与传统模式的排水相比，有 30%～50% 的氮负荷在控制排水措施下得到了削减。

近年来，国内也开始进行控制排水技术的研究，以达到节水、减排、节肥、减污和抗旱的目的。罗纨等 (2006) 在宁夏银南灌区将深度为 1m 的排水沟控制到 0.6m 的水深时，整个作物生长期农沟的地下排水量减少约 50%，地下水含盐量仅增加 3.7%，远低于影响作物生长的临界含盐量；沈荣开等 (2002) 在水利部 "948" 计划项目中，引进日本开发研制的自动给水栓 (autoirrigator) 和法国生产的水力自动闸门 (AMIL)，分别作为稻田的灌水器和稻田田间渗漏强度的控制器，与课题组研制的水泵自动控制装置及相应的供水和排水系统相结合，形成一套全新的稻田田间灌排自动控制系统；景卫华等 (2009) 采用 DRAINMOD 模型模拟发现，采取控制排水后的地下排水量明显减少，排水总量显著降低，从而有利于区域水资源和水环境保护；钟朝章和潘慧庄 (1985) 研究了稻田渗漏量与漏水漏肥和稻根生长的关系后，提出了减少肥料流失的适宜渗漏量指标；张瑜芳和刘培斌 (1994) 根据排水条件下稻田中氮素运移转化规律试验结果，从省水保肥和提高氮肥利用效率的角度提出了 "前排后停" 的排水管理模式；殷国玺等 (2006) 针对南方丘陵地区地表排水方式，分别使用自动开启闸门、土工布沙袋和捆扎秸秆作为排水控制措施控制降雨初期氮浓度较高的地表水流出农田，对比非控制排水，3 种控制排水措施分别减少了 53.2%、44% 和 39.1% 的农田氮素流失；彭世彰等 (2012) 在江苏高邮灌区开展了节水灌溉与控制排水相结合的田间试验，结果表明，水分生产率显著提高而污染物负荷显著下降，控制排水减少了灌溉需水量，具有显著的节水减污效益；杨林章等 (2005) 提出构建生态拦截型沟渠系统，此种拦截技术主要由工程部分和植物部分组成，不仅能减缓沟渠水流速度，促进水流携带颗粒物沉降，也有利于植物对沟壁、水体和沟底逸出的养分进行立体式吸收和拦截，从而实现对农田排出养分的控制；王友贞等（2008）采用原型观测与模型模拟相结合的研究方法，在平原区原型观测试区，研究控制排水对地下水的调控效果，利用三维地下水流运动模拟模型，对不同控制条件下的田间地下水进行动态模拟，获得了不同控制方案的优化结果。

目前，国外有关控制排水的研究和应用，主要局限于农田尺度上的田间排水系统，对于骨干排水系统的研究则鲜有报道，也几乎没有从田间到排水沟系的研究成果。在国内方面，引黄灌区有井渠结合的农田水资源调控模式，山东、河南等地也有利用农田排水干沟进行控制蓄水的工程实践，但未能进行系统的研究，也缺乏相应的成果。

1.2.4　农田生态排水沟

随着农村社会经济的发展和农产品需求量的增加，我国面临严重的面源污染问题。农药、化肥的大面积过量施用，导致农田排水中氮、磷浓度和负荷不断上升，这些过剩的养分如果不经削减而直接排入承泄区，将对水体产生一定程度的污染。而且，由于不合理的田间灌溉排水管理，农田排水沟渠功能受损严重，使得面源污染问题日渐突出，生态效益日益降低，并成为当今世界的热点和难点问题。随着农田生态环境问题的日益凸显，针对农田排水沟渠的研究正逐步从传统的农业排水问题向复杂的生态排水方向转化，以充分发挥其生态功能和环境效益。

农田排水沟渠的主要组成部分包括基质底泥、植物和微生物，通过植物吸收、沉降作用、介质吸附、微生物作用及三者协同对农业面源污染进行净化，减少进入河流和湖泊的氮、磷污染负荷，降低发生水体富营养化的可能性。农田排水沟渠是独特的生态系统，具有溪流和生态的特征，其本质上是源头小河流，它像毛细血管一样，在农田和自然产生的河流之间建立起直接的联系。农田排水和灌溉沟渠共同组成了农田水分"调节器"及其与河流湖泊之间水流的"连通器"。作为农田边缘的生态交错带，排水沟渠中的植物多样性要比农田高，主要植物类型是湿生植物，如芦苇、菖蒲、水烛等。农田沟渠内土壤养分和农药含量相对较高，这一特殊的生境条件造成沟渠内植物适应高土壤养分浓度和对一般农药有较强抗性的特点，而且这些植物往往都是农田杂草。农田排水沟渠是农田景观中维持生物多样性的重要景观单元，以农田沟渠及其堤岸作为生物栖息地和避难场所的动物有鱼、虾、底栖动物、青蛙、蟾蜍、鸟类等。同时，沟渠内生物多样性增加了鸟类的食物来源。沟渠生态系统的各个组成部分相互影响，植被组成影响沟渠内底栖动物的组成，底栖动物的活动影响底质的稳定，沟渠内水质的状况又影响了底栖动物的生存和繁殖。

生态排水沟是对传统排水沟进行改造，通过种植植物或布置填料，既能实现农田排涝防渍作用，又能通过植物吸收或填料吸附、泥沙沉降、微生物降解等作用，有效转化和截留农田中的氮、磷等营养元素，减少对下游河流、湖泊水体的污染。近年来，输入水体的氮、磷等营养物质过多导致富营养化问题越来越突出，国内外学者开始注意到排水沟渠在农业面源污染物运移过程中发挥的作用。Meuleman 和 Beltman（1993）的研究指出，天然沟渠能够吸收水体中氮、磷污染物，其中对磷素的去除率高达 90%～95%。近年来的研究表明,植物是沟渠中去除营养物质能力最强的因素之一。Abe 和 Ozaki(2001)在研究沟渠内植物如何去除水体中的氮、磷时发现,植物吸收和底泥的同化作用是沟渠有效去除氮的主要途径;徐红灯等(2007)通过动态模拟试验研究对比不同排水沟渠对农田流失氮、磷的截留作用,同时通过静态模拟试验探讨了水生植物对氮、磷在水-沉积物-水生植物这一微观系统中的截留作用,结果表明,有植物的生态沟渠氮、磷的截留效率在 30%以上,而自然沟渠的截留效率为 20%~30%;杨林章等(2005)提出的由工程和植物组成的生态拦截型沟渠系统,可以使农田径流中总氮、总磷的去除效果分别达到 48.4%和 40.5%,实现了对农田排出养分的有效控制;吴攀(2012)在宁夏灵武农场的典型排水支沟内布设了土壤、炉渣、秸秆和锯末等基质处理,研究表明,适宜的基质处理布设可以有效地截留农田退水中的污染物。

20 世纪 90 年代以来,欧美发达国家陆续启动了面向小河流养分滞留和循环的大规模研究计划,如美国的河流生态系统氮素研究计划(LINX、LINX II)、美国地质调查局(USGS)养分循环计划、源头溪流养分运移及欧盟的河流污染物流失计划等,推动了包括农田排水沟渠在内的源头溪流养分滞留研究的发展。近年来,我国农业面源氮磷污染问题日益突显,农田排水沟系统具有的氮磷拦截和去除功能引起人们的关注。但由于受以往对溪流沟渠水生态和水环境缺乏重视的限制,目前国内有关农业排水沟渠氮磷滞留机制研究相当不足,现有成果主要集中在氮磷拦截效应、净化效果及生态沟渠构建技术方法等方面。近年来,合肥工业大学李如忠团队根据营养螺旋原理,在国内率先采用野外示踪实验与模型模拟相结合的技术方法,分别就水文变化、沟渠地形地貌格局、大型水生植物、污水厂尾水汇入等对排水沟渠氮磷滞留能力的影响,以及不同调控措施对农田排水沟渠氮磷滞留潜力的提升效果,开展了定量化分析和评估,解析了相应的作用机制(李如忠等,2015a,2015b,2015c,2016a,2016b,2016c);探究了农田排水沟渠氨氮和硝态氮的吸收动力学特征,识别了主要环境影响因素(李如忠等,2014,2015a)。此外,该团队还定量刻画了生物和非生物因素对沟渠底质磷吸收的相对贡献及其对外源碳氮调控的响应等(李如忠等,2017,2019),为国内农田排水沟渠的生态化建设提供了理论支撑和技术指导。

目前,农田排水工程技术已从单一的明沟排水发展到明沟、暗管、鼠道、竖井及泵站等多种类型的排水工程措施,但明沟仍是当前我国运用最为广泛的一种排水措施;农田排水技术研究的发展趋势已由单一目标转向涝渍碱兼治等多目标综合治理,由单一工程技术类型转向多种措施相结合的综合类型,由单一的水量、水位控制调节转向水质控制、溶质运移、污染防治和水环境保护等技术的研究,由排涝防渍的单一任务转向满足农业生产需求和减轻对水体危害的双重任务。总之,排水对水环境的影响日益受到关注,近年来国内外研究者针对农田排水条件下如何减少氮磷污染的农业措施、管理措施、工程措施和预测评价等做了大量的研究和实践工作,在推动农田生态排水的发展过程中发挥了积极作用。

1.3　研究方法与技术路线

在进行涝渍灾害防治研究时,不仅需要考虑农业生产因素,更需要探求与防洪、水资源、生态环境等相互协调、相互促进的措施与途径，实现防洪、排涝、灌溉、水资源优化配置、水生态与水环境保护协调发展等目标。

1. 研究方法与思路

面向区域农田涝渍灾害治理和水生态建设与保护的重大需求，着眼于宏观、立足于微观，采用大田原型实验、仿真模拟、专题研究与区域涝渍灾害治理实践相结合，以及专项试验与面上调研、理论探索与工程实践、典型剖析与区域调控相结合，并充分吸取原有的科研成果、治水经验和当今最新科技成果，以农田涝渍治理与水生态、防洪、灌溉、水资源优化配置、水环境保护和优化农业结构相兼筹的研究方法，按照"农田生态排水系统架构—作物涝渍胁迫响应规律—农田排水沟系生态作用机制—生态排水指标—农田生态排水技术—成果应用及实施效果评价"的总体思路进行研究。研究方法与技术体系见图1-1。

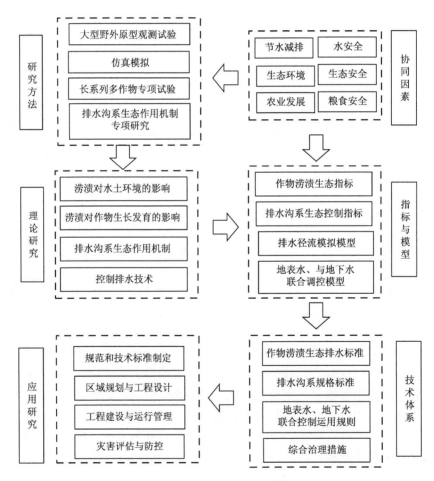

图 1-1　研究方法与技术体系

2. 技术路线

通过对农田生态排水的内涵、农作物生长与生态环境的关系、农田生态排水指标与技术等方面的剖析,构建农田生态排水技术体系;依据长系列多种作物涝渍胁迫专项试验,研究涝渍胁迫的作物和环境响应;采用野外示踪实验和模型模拟相结合的技术手段,开展水文变化条件下农田排水沟渠氮磷滞留效应及模拟、农田排水沟氮磷滞留的芦苇阻控效应及机制、芦苇占优势农田排水沟水文与生物的氮磷滞留贡献、农田排水沟氨氮和硝态氮吸收动力学特征、农田排水沟底质磷的生物与非生物吸收潜力及贡献的专题研究,解析排水沟渠氮磷养分滞留和阻控机制;选取代表性区域作为大田原型观测研究区,对排水沟系水位动态变化、地下水位的动态变化、土壤水分动态、排水沟的生态作用、控制排水技术要素、作物生长动态及产量和水文气象要素进行长系列系统观测,依据水文学与水动力学理论,以生态排水量最小为目标,建立地表水、地下水联合调控模型,对不同控制运用方案进行长系列的模拟计算,对比分析不同控制运用方案的区域地下水动态变化、沟系水位变化、作物涝渍胁迫发生发展状况和生态排水量变化,分析确定排水区域生态水位;结合主要农作物的涝渍响应规律成果,分析确定主要农作物涝渍生态指标;分析排水沟系结构组成、水力特征,结合区域涝渍灾害治理长期实践,依据农田排水沟系生态作用机制成果,优化生态排水沟设计;利用长系列观测成果,分析骨干沟控制排水效应,通过模型模拟优选骨干沟控制方案,结合淮北平原区长期的控制排水与蓄水工程建设管理实践和已有研究成果,形成农田骨干沟控制排水技术体系;从田间水分时空变化、地表水及地下水转换等分析研究控制排水条件下的田间水分运动变化规律,探索田间控制排水的水资源短缺缓解作用及作物响应机制,并研发田间控制排水装置;将田间控制排水、沟道控制排水和排水沟生态化等技术共同构成农田生态排水技术体系;并将成果应用于不同类型的农田涝渍灾害治理区,对其经济效益、节水减排、生态环境和农业发展等方面实施效果进行评价与反馈。技术路线见图1-2。

1.4 主要的科学问题与研究内容

1. 涝渍胁迫的作物和环境响应与农田生态排水

(1)通过对水的生态功能、水对植物的生理生态作用、水对土壤生态环境的影响,以及排水对于改善农田生态环境的作用和不利影响的分析,阐明农田控制排水的必要性;基于多年多点位原型试验,分析明沟、暗管及其组合排水对于农田地下水位和土壤水分的调控作用与量化关系,探讨各类农田排水工程的规格标准;提出农田生态排水新概念及其内涵解析图,研究和探讨农田生态排水的目标、指标与技术方法。

(2)从农业耕种方式、水利措施等方面,剖析农作物生产与环境的相互作用关系,分析论证未来的农业生产将日益注重人类、生物与环境的协调发展,树立生态与环境安全意识和资源永续利用的可持续发展理念;同时,分析农作物生长对光温、水分、空气、土壤等环境因子的要求。

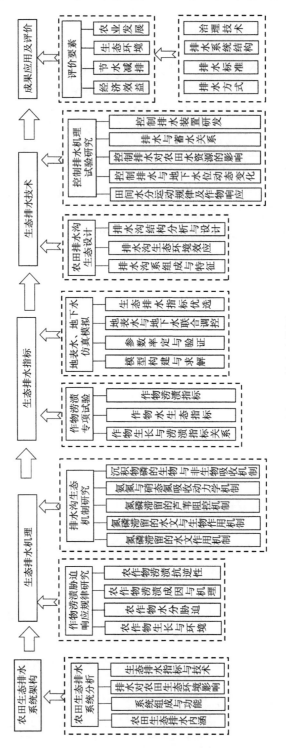

图 1-2　技术路线图

(3)研究探讨干旱与涝渍成因、机理和农作物对水分胁迫的响应规律；基于农作物逆境试验，分析干旱和涝渍水分胁迫对农作物的生长环境与农作物生长的影响，包括水分胁迫对土壤生境(通气性、氧化还原状况、有机质分解与积累、土壤养分及其有效性、污染及有毒物质、生物环境效应等)、农田小气候(温度、湿度、通风透光性能)、农作物的形态结构(根系、株高、分蘖或分枝、叶片)与生理代谢(光合作用、膜脂过氧化及抗氧化酶活性、质膜透性与丙二醛含量、激素及蛋白合成)，以及产量构成要素和产量与品质等方面的影响；剖析农作物耐涝渍性能的影响因素及其涝渍抗逆性，研究并提出作物的耐涝耐渍指标，建立作物产量与涝渍指标的量化关系，即涝渍水分生产函数，为农田生态排水指标的确定提供依据。

(4)分析地下水的生态效应及其影响因素和农田排水的生态效应，基于专项试验，研究并探讨在农田排水过程中土壤溶质的运移规律，即农田排水所携带的盐分(氮磷等生源物质)在介质中随时间和空间的变化情况，为面源污染防控和农田排水调度及排水技术的优化等提供理论和技术依据；研究并界定农田生态地下水位、排水沟道生态水位阈值及其确定方法；提出基于生态属性的农田排水指标与综合排水标准和农田生态排水技术。

2. 农田排水沟系及其氮磷阻控机制

排水沟是农田生态系统的有机组成部分，不仅是农业区水流汇集和溶质传输的重要通道，也是非点源氮磷污染负荷滞留和去除的重要场所。排水沟中水流携带的氮磷等污染负荷在物理、化学和生物因素的作用下得到逐步削减，从而减轻了下游水体水质污染和水生态系统功能退化的压力。目前，溪流沟渠(包括排水沟渠系统)氮磷滞留的环境生态功能已为人们普遍认同，但由于对相关问题的认识和研究起步较晚，有关这类小尺度流动水体氮磷滞留的作用机制和反应机理仍不是很清楚，针对相关问题的研究是当前水生态学、环境科学、环境生物地球化学等学科领域研究的热点和前沿。

众所周知，农田排水沟系类型多样，结构组成差异较大，特别是规范化程度相对较低或缺乏有效管理的排水沟渠系统表现尤为明显。随着点源污染治理的逐步深入，农业面源污染问题日益凸显，如何有效削减和调控农业流失氮磷负荷成为生态环境保护面临的一大难题。因此，有必要就农田排水沟氮磷滞留潜力、特征及作用机制，开展深度探索和系统研究。为此，采用野外示踪实验和模型模拟相结合的技术手段，解析排水沟渠氮磷养分滞留和阻控机制。主要研究内容包括：①农田排水沟氮磷滞留效应的水文作用机制；②农田排水沟氮磷滞留的芦苇阻控效应及机制；③农田排水沟氮磷滞留的水文与生物因素作用机制；④农田排水沟氮素吸收动力学特征及机制；⑤农田排水沟底质磷的生物与非生物吸收机制等。

3. 生态排水沟及其设计

生态排水沟是在满足农田除涝降渍需求的基础上，利用排水沟的生态作用机制，通过生物、工程等措施进行改造后的一种新型排水沟。与传统排水沟相比，生态排水沟不仅功能多样，兼具除涝降渍、控污减排等多种功能，而且生态友好，能够丰富农田生态系统，同时，生态排水沟能够有效改善农田水污染状况，保护水环境，促进生态与农业协同发展。

生态排水沟结构组成包括土壤、水体、边坡、底部结构，以及植物、微生物组成的生态系统，其中生态化的边坡也称生态护坡。排水沟中生态护坡的结构形式和生态机理研究历来受到重视，但对于沟底生态化处理的研究较少，且主要集中于水生植物和底泥的吸附能力研究，对于沟底地下水与地表水交汇带的生态机制研究几乎是空白。农田排水沟沟底或处于浅水之下，或干湿交替频繁，以生态环保的理念对沟底进行改造，形成类似于微型生态湿地的"沟底潜流池"，不仅有助于净化水质、增强排水沟控污减排能力，而且能够增加排水沟生态多样性。

主要研究内容包括：①农田排水沟生态环境效应；②农田生态排水沟结构类型；③农田生态排水沟断面设计及生态护坡选型；④沟底潜流床结构及应用。

4. 控制排水技术

一般的农田排水系统属于"自然-人工"二元水循环模式，对排水系统进行控制而改变水循环的路径，使水循环既保持良性运行，又有利于人类的开发利用。这是一个涉及降水、地表水、地下水、土壤水"四水"相互转化，以及排水与灌溉、农田水资源调控利用、生态环境相协调、作物与水的关系多因素、多学科的课题。

控制排水的主旨是保持排水区域现有的排水系统不变，并保留排水系统原有的排水功能，通过修建具有控制水位功能的建筑物，适时调节排水区域的排水强度，减少不必要的排水，从而使水量储存在排水系统和田间地下水以内，减少农业排水对下游承泄区的污染；在作物需水的季节或年份，通过控制沟道水位的高低，可以调节田间地下水位，形成可供作物利用的浅层地下水，从而减轻水分对作物生长的胁迫，具有节水、减污双重功效。为了改善易旱易涝地区的生态环境、提高水资源利用效率、促进科学合理的"四水转化"等，研究有效的控制排水技术，构建从田间到骨干沟的控制排水系统，是易旱易涝地区目前亟待解决的重要问题。

田间控制排水技术，从田间水分时空变化、地表水及地下水转换等解析田间控制排水技术影响下的田间水分运动变化规律，探索田间控制排水的水资源短缺缓解作用及作物响应机制，因地制宜地提出淮北平原的田间生态排水工程参数，并研发田间控制排水装置。

干沟控制排水技术，通过大型试验区农田地下水位、沟系水位、土壤水分、作物生长状况及其产量、降水与气象要素的长系列观测资料，分析作物对地下水的利用、沟系拦蓄降水与地表径流及对地下水资源的调控，搭建骨干沟控制排水系统结构，优化骨干沟控制排水系统控制工程形式及主要设计参数，研究排水与灌溉的协调关系，从而真正实现易旱易涝地区的"旱涝兼治、蓄泄兼筹"。控制排水增加了沟系水面，抬高了农田地下水位，减少了径流排泄与污染物的排泄，从而净化水土环境，调节农田小气候。通过大型试验区长系列观测资料，研究满足农田涝渍治理标准的生态健康的地下水位、沟系水位控制标准，分析控制排水对减轻肥料养分流失和污染物排泄的作用，研究维持农田排水系统良好的生态功能控制运用方案与规则。

5. 农田生态排水仿真模拟与生态指标优选

不合理的地下水开发利用会造成地下水位持续下降，使得旱情加重、农业减产、生态环境恶化。因此，利用农田沟系控制工程调控地表水资源、地下水位及地下水资源，实现地表水与地下水联合调控和旱涝兼治，以维护区域健康的生态环境。排水干沟作为平原地区农田主要的控泄通道，可以根据农田种植结构、土壤水分状况按需排水，最大限度地满足作物对水分的需求；也可以提高降雨利用率，充分涵养地下水，缓解水资源紧缺的压力；还可以减少农业化学物质对排水承泄区的污染，保护环境。在干沟调蓄过程中伴随地表水、地下水水位动态变化和水量的交换，水量、水位的变化不仅会影响区域水资源的开发利用，而且会影响区域的生态环境。如何确定适宜的地下水位、沟系水位、调控好水量交换，实现两者交互关系的动态把控，是合理开发、高效利用水资源和有效保护生态环境的重要途径之一。

为实现上述目标，利用大田原型试验区，设计田间排水系统—各级排水沟系—控制工程的试验观测方案，依据水文学与水动力学模型，建立农田排水径流及地表水地下水联合调控仿真模拟模型，研究排水系统径流动态变化、地表水及地下水相互转化数量关系，分析确定维护健康水生态的排水沟系水位和地下水位及其控制运用规则。

1.5　支　撑　条　件

涝渍灾害是淮河流域的主要自然灾害之一，对地处淮河中游的安徽省沿淮淮北平原地区危害最为深重，除涝降渍一直是该地区水利治理的重点。安徽省（水利部淮河水利委员会）水利科学研究院长期围绕流域的水利农业等问题开展研究，从最初的盐碱地治理、土壤改良到作物灌溉排水试验、区域旱涝渍综合治理等，特别是农作物的耐涝渍试验和农田排水试验研究从未间断，积累了一系列丰富的数据和资料，取得了大量相关科研成果。

20 世纪 80 年代（"七五"期间），安徽省（水利部淮河水利委员会）水利科学研究院承担国家重点科技攻关项目"黄淮海平原中低产地区综合治理"中"灌排技术措施的研究"课题的子专题"砂姜黑土区排涝技术"试验研究，主要研究内容为农田排水工程的规格标准和作物排水技术指标，以及砂姜黑土水肥效应和试验研究成果的示范推广等；20 世纪 90 年代，分别承担或参加的研究项目有：①农田排水指标试验研究。该课题为"安徽省利用世界银行贷款加强灌溉农业项目"水利科研计划的专题之一，参照第十二届国际排水会议提出的地面排水时间、排渍指标和适宜地下水位三个方面的内容，在新马桥农水综合试验站排水测坑试验场中进行试验，主要研究小麦和大豆的耐淹、耐渍指标和地下水埋深对其生长发育的影响。②农业涝渍灾害防御技术研究。该课题为国家"九五"攻关项目"农业气象灾害防御技术研究"的一个专题，主要研究内容包括综合防御涝渍灾害的组合排水工程技术、涝渍兼治和连续控制的农田排水设计新技术、涝渍兼治和连续控制的动态指标研究及组合排水工程技术经济效益分析等。其中指标性试验研究在新马桥农水综合试验站排水测坑试验场中进行。③无为县沿江圩区农田排水与涝渍旱综合治理研究。该课题为安徽省重点水利科技计划项目，主要研究内容为沿江圩区棉田田间排水沟规格标准、棉田排水指标及沟港水位控制等，并寻求适合棉花生长的经济合理的排水工程措施。棉田排水指标试验研究在无为县泥汊试验站进行，允宁旱涝保收片作为明沟排水的试验研究区。经过连续六年的试验研究取得了圩区棉田地面积水时间、非稳定地下水动态和适宜地下水埋深等方面的成果。

1.5.1 依托的研究课题

2000 年以来，围绕水旱胁迫作物水分生产函数与模型、涝渍胁迫对作物的影响机理、流域排涝综合控制标准与治理措施、排水权合理配置、除涝减灾组合排水工程技术、农田排水工程设计方法、排涝水文计算办法等开展了专项试验与专题研究工作。2021 年完成的国家重点研发计划重大自然灾害监测预警与防范专项"淮北平原农田除涝防渍排水技术集成与示范"（2018YFC1508306），针对淮北平原区涝渍水排泄缓慢、涝渍相随且旱涝交替等主要问题，研究田间涝渍协同排水措施、控制排水技术、排蓄控联合调控措施、涝渍监测和预报预警措施的配套衔接与集成关键环节，提出适宜于示范区所在区域不同条件的除涝降渍农田控排技术方案，形成适合于易涝易渍易旱区的农田涝渍减灾综合技术集成应用新模式。2019 年完成的国家自然科学基金面上项目"巢湖流域源头溪流氮磷滞留机制及实验操纵模拟研究"（51579061），分析了不同类型源头溪流和排水沟渠的暂态存储潜力、特征及其变化性；评估了溪流沟渠氮磷滞留能力，解析了相关作用机制；识别了主流区与暂态存储区氮磷滞留的相对贡献、物理滞留和生物滞留的相对贡献，以及硝化、反硝化和同化吸收对于氮素滞留的相对贡献水平，并开展了溪流沟渠氨氮和硝态氮的吸收动力学模拟，分析了不同人为操纵措施的氮磷滞留影响效果。2017 年完成的国家自然科学基金青年科学基金项目"排水循环灌溉驱动的稻田水磷迁移与调控机制"（51409273），项目针对农业旱涝灾害与面源污染严重影响我国粮食作物生产和地表水环境质量的问题，通过构建地表排水模拟模型和对水稻田的水磷迁移运用规律分析，探明了排水再利用对作物生长和水磷流失的影响，量化了排水再利用的稻田水磷输移途径，提出了增强稻田磷净化的排水再利用调控方式，研发了控制排水调控装置。此外，还承担科技部农业科技成果转化资金项目"淮北平原大沟控制对农田水资源影响综合调控技术中试转化"（2009GB23320493）、安徽省科技重点研发计划"河塘沟渠氮磷生源物质滞留过程调控及潜力提升技术研究"（202004i07020005）、水利部公益性行业科研专项"淮河流域排涝综合控制标准与治理措施研究"（200801044）。

本书是在已有相关试验研究的基础上，结合安徽省多年的农田涝渍治理工程实践，经进一步深化研究而形成的，其主要依托研究项目见表 1-1。

表 1-1 本书依托的主要研究项目

任务来源	计划名称	项目编号	项目名称	起止年月
科技部	国家重点研发计划	2018YFC1508306	淮北平原农田除涝降渍排水技术集成与示范	2018.1～2021.12
国家自然科学基金委	面上项目	51579061	巢湖流域源头溪流氮磷滞留机制及实验操纵模拟研究	2016.1～2019.12

续表

任务来源	计划名称	项目编号	项目名称	起止年月
国家自然科学基金委	青年科学基金项目	51409273	排水循环灌溉驱动的稻田水磷迁移与调控机制	2015.1～2017.12
科技部	农业科技成果转化资金项目	2009GB23320493	淮北平原大沟控制对农田水资源影响综合调控技术中试转化	2009.10～2011.10
安徽省科技厅	省科技重点研发计划	202004i07020005	河塘沟渠氮磷生源物质滞留过程调控及潜力提升技术研究	2020.1～2022.12
水利部	公益性行业科研专项	200801044	淮河流域排涝综合控制标准与治理措施研究	2008.4～2011.4

1.5.2　科研平台

1. 新马桥农水综合试验站

新马桥农水综合试验站位于蚌埠市固镇县境内，处在黄淮海平原南端、皖北平原中南部，总面积 150 亩，属暖温带半湿润季风气候区，其地理环境、自然条件和作物种植等均具有较好的代表性。该地区多年平均降雨量为 911mm、蒸发量为 916mm。站区土壤为典型的中低产田土壤——砂姜黑土，其理化性状均属不良，质地黏重，胀缩率大，渗透性差，易涝易旱。试验站主要设施设备有：16 组(套)大型原状土排水测坑及其自动控制装置、34 组大型灌溉(排水)测坑、作物涝淹试验场(淹水池一座及 125 套测筒)、6 组 4m^2×2.3m 规格的大型蒸渗仪试验场、1.07hm^2 暗管排水试验区、12 个 5m×2m 的径流试验小区、气象观测场、智能节水灌溉试验示范区及室内理化实验室。

新马桥农水综合试验站于 1985 年建成并投入运行，1998 年以该站为主体组建了"安徽省水利水资源重点实验室"，2003 年被批准为"安徽省水利厅灌溉试验中心站"，2016 年又被批准为"淮河流域灌溉试验中心站"，成为淮河流域和安徽省农田水利学科的试验研究基地。2007 年、2012 年该站先后成为武汉大学、河海大学国家重点实验室试验基地。目前，该站与武汉大学、河海大学、中国水利水电科学研究院、南京水利科学研究院、合肥工业大学等高等院校和科研院所有着广泛的合作与交流。

新马桥农水综合试验站自 1985 年以来，一直未间断地开展主要农作物的需水量与需水规律、灌溉制度、水分生产函数、灌排技术指标与方法、主要农作物农田排水指标的试验研究，历经 30 余年，积累了大量而丰富的原始试验资料，取得了丰硕的成果。特别是近 10 余年来，该站依托相关专项试验与专题研究项目，围绕主要作物系统开展受涝渍条件下的水分胁迫试验研究工作，主要试验研究内容包括农作物不同生育期遭受水分胁迫对其生长发育、最终经济学产量与干物质产量、光合特性与植物生理的影响，以及涝渍胁迫生产函数模型的建立等。

通过作物涝渍专项排水试验、大田原型排水工程试验，结合排水区面上调查，分析作物在不同生育阶段受淹(不同淹水深度和淹水历时)、受渍(不同地下水埋深及其排降速度)对其生长发育和农田生态环境造成的影响，观测研究涝渍胁迫条件下作物的水分生理特征、蒸发蒸腾规律、生长发育和干物质积累过程，剖析作物对涝渍综合影响情况下的响应机理；研究和考察作物的耐涝、耐渍能力，确定排涝、治渍指标和标准，以及促进作物正常生长的适宜地下水埋深；探求作物淹水深度、淹水历时、地下水动态变化与产量的关系，建立涝渍胁迫条件下作物产量（或涝渍损失率）与涝渍指标之间的定量关系（作物涝渍水分生产函数），为制定农田除涝排水设计标准提供依据。

作物涝渍试验采用人工模拟降雨后农田积水及地下水动态连续全过程排水的涝渍逆境模拟试验研究方法进行试验，坑测与筒测相结合，以坑测原位受淹法为主。试验用测坑数量为 76 组，断面面积为 2.0～6.67m²，坑内土体深 1.5～2.3m，土壤为当地土种（新马桥农水综合试验站为砂姜黑土和马肝土，原状或分层回填），底部设有滤层和排（供）水管道系统。其中有 16 组测坑的坑内水位可通过地下室的计算机控制系统进行无级自动调控，调控范围为地表以上 0.12m 至地表以下 2.3m，水位及排（供）水量等各种试验数据也均由计算机自动采集、计算和存储（图 1-3）。8 组蒸渗仪及其测控系统见图 1-4 和图 1-5。

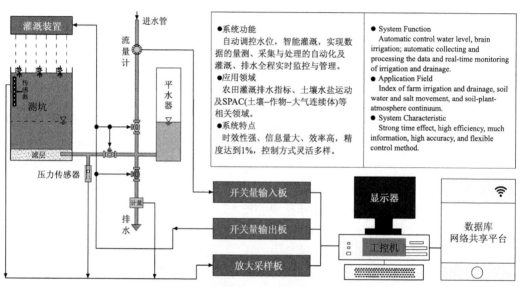

图 1-3　涝渍试验自动控制系统原理图

图 1-4　试验设备——蒸渗仪

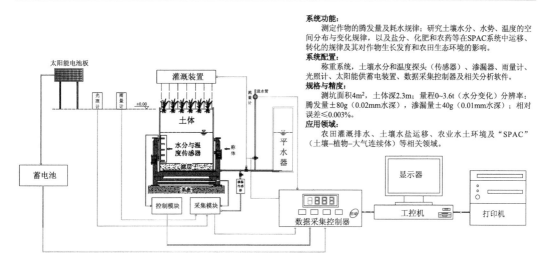

系统功能:
　测定作物的腾发量及耗水规律;研究土壤水分、水势、温度的空间分布与变化规律,以及盐分、化肥和农药等在SPAC系统中运移、转化的规律及其对作物生长发育和农田生态环境的影响。
系统配置:
　称重系统、土壤水分和温度探头(传感器)、渗漏器、雨量计、光照计、太阳能供蓄电装置、数据采集控制器及相关分析软件。
规格与精度:
　测坑面积4m²,土体深2.3m;量程0~3.6t(水分变化)分辨率:腾发量±80g(0.02mm水深),渗漏量±40g(0.01mm水深);相对误差≤0.003%。
应用领域:
　农田灌溉排水、土壤水盐运移、农业水土环境及"SPAC"(土壤–植物–大气连续体)等相关领域。

图 1-5　蒸渗仪测控系统示意图

2. 原型试验区

为了研究淮北地区农田涝渍灾害、旱涝兼治、地表水与地下水联合调控、农田污染物迁移规律、控制排水与水资源调控及其水生态等问题,2002 年在安徽省淮北平原中部的利辛县县城以北建立了大型野外试验区,总面积 80km²,涉及利辛县的城关、城北、江集、西潘楼等多个乡镇。试验区属暖温带半湿润季风气候区,多年平均降雨量为 957mm,降水在年际和年内极不均匀,最大年降水量为 1215.7mm,最小年降水量为 496mm,年内 6~8 月降水占全年降水量的 53.5%。试验区夏季炎热且雨量相对集中,旱涝交替发生,基本规律是涝灾多于旱灾,涝灾损失大于旱灾。种植作物有小麦、玉米、大豆等旱作物。土壤为砂姜黑土,团粒结构差,干湿胀缩系数大,渗漏性强,物理性状差,易旱、易涝,属中低产土壤。

试验区农田排涝治理标准为 5 年一遇,大、中、小沟等农田排水系统基本配套,农田除涝降渍工程配套情况在淮北平原区具有典型性。区内现有驻马沟、车辙沟、西红丝沟三条大沟,均由北向南汇入阜蒙新河,沟深 3.0~4.5m,上口宽 20~40m,底宽 5m 左右,相邻大沟间距 1.5~2.5km。车辙沟位于示范区中部,流域地势比较平坦,地面高程在 27.0~29.5m 之间,车辙沟节制闸控制流域面积为 37.5km²,设计排涝流量为 39.3m³/s;驻马沟位于示范区东侧,排水控制区域涉及江集镇、城北镇和城关镇,排水内耕地面积为 2.8 万亩,区内地势平坦,地面高程在 27.5~29.5m 之间;西红丝沟位于示范区西侧,全长 19.3km,流域内地面高程为 27.5~29.3m,耕地面积为 3.2 万亩。驻马沟、车辙沟、西红丝沟下游均建有节制闸作为控制工程,示范区内建有杨庄节制闸、春店节制闸、江集节制闸和王桥口节制闸。

主要观测内容包括排水沟水位、田间地下水位、排水流量、田间积水、土壤墒情、作物生长状况、沟系水质、降雨及常规气象要素等。沟水位观测数据主要用于分析各级排水沟排水能力、除涝效果和控制工程的控制效果,大沟水位观测设施主要按照控制工程上、下游和大沟上、中、下游不同沟段分别布设，中、小沟水位观测设施布置在中下游沟段；地下水位观测设施布置在大沟有、无控制方案对比区及其上、中、下断面，以及同一断面距离大沟不同距离处。核心区地下水位观测孔、土壤水分观测点等设施根据暗管埋设间距、组合形式进行布置；排水流量观测设施主要布设在田间排水出口处及大、中、小沟出口处。此外，还进行田间积水、土壤墒情监测、作物生长状况、沟系水质状况等相关参数的观测。

第 2 章 涝渍胁迫的作物和环境响应与农田生态排水

2.1 农田生态排水综述

2.1.1 水的生态功能

水是生命之源、生产之要、生态之基。地球上没有水就没有生命。水是万物之源，是一切生命机体的组成物质，也是生命代谢活动所必需的物质；水又是人类进行生产活动的重要资源，农业生产、工业生产都离不开水；水还是最基本的环境要素，是生态系统中重要的非生物环境因子之一，是物质循环和能量流动的重要载体，参与着地球上的物质循环和生态平衡。水在自然环境和社会环境中，都是不可或缺且极为活跃的因子。

水的生态功能可以分为狭义的生态功能和广义的生态功能。狭义的生态功能指以生物体为核心，维系生物生长、发育、代谢和遗传等生命活动的功能，也称为生理功能。水是生命体的组成部分，是生命代谢的基础。以作物为例，无论是宏观上种子萌芽—营养生长—生殖生长过程，还是微观上光合作用、呼吸作用、温度调节作用、激素调节、养分吸收和转运、遗传物质的表达等都离不开水的参与。广义的生态功能指与生物生命活动相关的环境系统功能，以大气、土壤、岩石、水体等物质系统为载体，通过水的循环和转移过程，联系着有机体和无机环境有序的物质循环和能量流动，拥有生物和非生物环境的生态平衡功能，共同维持着生命的生存和发展。因此，水分条件变化会对周围环境造成影响，进而影响生物群体的发展和演替过程。水资源质量、数量、分布情况及时间特征决定着生态系统中生物的种类、数量及分布特征。

农田生态系统是一种被称为"人类驯化的生态系统"。水不仅是农田生态环境诸多影响因素中最活跃、起主导作用的因子，同时还是作物生长发育过程中重要的参与者。作为连接"土壤-作物-大气连续体"(SPAC)这一系统的介质，水在吸收、输导和蒸腾过程中把土壤、作物、大气联系在一起。土壤水分直接影响植物对水分的利用和养分吸收、田间湿度状况及土壤理化性质，土壤水分过度盈亏均会造成农作物减产。

1. 水循环及其生态作用

水循环是指自然界的水在水圈、大气圈、岩石圈、生物圈四大圈层中通过各个环节连续运动的过程，包括海陆间循环、海上内循环、陆上内循环三种模式。地球上的水圈是一个永不停息的动态系统。在太阳辐射和地球引力的推动下，水在水圈内各组成部分之间不停地运动着，构成全球范围的海陆间循环(大循环)，并把各种水体连接起来，使得各种水体能够长期存在。海洋和陆地之间的水体交换是这个循环的主线，意义最重大。在太阳能的作用下，海洋表面的水蒸发到大气中形成水汽，水汽随大气环流运动，一部分进入陆地上空，在一定条件下形成雨、雪等降水；大气降水到达地面后转化为地下水、土壤水和地表径流，地下径流和地表径流最终又回到海洋，由此形成淡水的动态循环（图2-1）。这部分水容易被人类社会所利用，具有经济价值，正是我们平常所说的水资源。

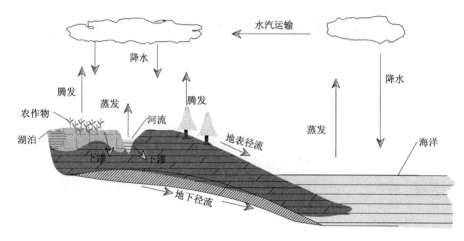

图2-1 水循环示意图

影响水循环的自然因素主要有气象条件(大气环流、风向、风速、温度、湿度等)和地理条件(地形、地质、土壤、植被等)。人类的活动也在一定空间和一定尺度上影响着水循环。伴随着人类改造自然能力的增强，人类的各种经济和社会活动不断地影响和改造着自然环境，越来越强烈地影响水循环的过程；并且人类生产和消费活动排出的污染物会通过不同的途径进入水循环系统，进而对水环境和生态环境产生不利的影响。人类构筑水库，开凿运河、渠道、河网，以及大量开发利用地下水等，改变了水的径流路径，引起水的分布和水的运动状况的变化；农业的发展、森林的破坏，不仅引起蒸发、径流、下渗等过程的变化，而且过量的化肥、农药等各种有害物质会在水循环过程中随水的流动而迁移扩散，加重非点源污染，造成其他地区或更大范围的污染。城市和工矿区的大气污染和热岛效应也可改变当地的水循环状况。矿物燃料燃烧产生并排入大气的二氧化硫和氮氧化物，进入水循环能形成酸雨，从而把大气污染转变为水体和土壤的污染。大气中的颗粒物也可通过降水等过程返回地面。土壤和固体废弃物受降水的冲洗、淋溶等作用，其中的有害物质通过径流、渗透等途径，参加水循环而迁移扩散。人类排放的工业废水和生活污水，使地表水或地下水受到污染，最终污染海洋。

水循环是联系地球各圈层和各种水体的"纽带"，通过水循环可维持全球水量平衡，更新陆地淡水资源，调节全球热量平衡，塑造地表形态等。水循环的主要作用表现在三个方面：

(1)水是所有营养物质的介质，营养物质的循环和水循环不可分割地联系在一起。

(2)水是很好的溶剂，在生态系统中起着能量传递和利用的作用。

(3)水是地质变化的动因之一，水循环是"传输带"，它是地表物质迁移的强大动力和主要载体。陆地径流向海洋源源不断地输送泥沙、有机物和盐类，并对地表太阳辐射进行吸收、转化和传输，缓解不同纬度间热量收支不平衡的矛盾。通过水循环，海洋不断地向陆地输送淡水，补充和更新陆地上的淡水资源，从而使水成为可再生的资源。

2. 水对植物的生理生态作用

水分是植物生长发育特别重要的生理生态因子。在作物生长过程中，一方面通过蒸腾失水，另一方面又不断地从土壤中吸收水分，这样就在作物生命活动中形成了吸水与失水的连续运动过程。只有当吸水、输导和蒸腾三方面的比例适当、吸水与失水维持动态平衡时，作物才能进行旺盛的生命活动，否则，其体内各种代谢活动如光合作用、呼吸作用、有机物合成、矿物质的吸收与转化等都会受到影响，抑制作物的生长发育。

水对植物的生理生态作用就是通过水分子的特殊理化作用，给植物活动营造一个有益的环境。例如，作物通过蒸腾散热，调节体温，以减轻烈日的伤害；水温变化幅度小，在水稻育秧遇到寒潮时，可以灌水护秧；高温干旱时，也可通过灌水来调节作物周围的温度和湿度，改善田间小气候；此外，可以通过水分促进肥料的释放，从而调节养分的供应速度。一籽下地，万粒归仓，水是庄稼的命根子。作物不仅满身是水，而且终其一生都在消耗水。每生产 1kg 粮食需耗水 400～500kg。

水在植物体内的生理作用主要有以下几点：

(1) 水是细胞原生质的重要组成成分。原生质含水量在 70%以上才能保持代谢活动正常进行。随着含水量的减少，生命活动会逐渐减弱，若失水过多，则会引起细胞结构破坏，导致作物死亡。细胞中的水可分为两类，一类是与细胞组分紧密结合不能自由移动、不易蒸发散失的水，称为束缚水；另一类是与细胞组分之间吸附力较弱、可以自由移动的水，称为自由水。自由水可直接参与各种代谢活动。因此，当自由水与束缚水比值高时细胞原生质呈溶胶状态，植物代谢旺盛，生长较快，抗逆性弱；反之，细胞原生质呈凝胶状态，代谢活性低，生长迟缓，但抗逆性强。如果细胞失水过多，就可能引起原生质破坏而导致细胞死亡。

(2) 水是代谢过程的重要物质。水是光合作用的原料，光合作用、呼吸作用、有机物合成和分解的过程中，都必须有水分子参与。没有水，这些重要的生化过程都不能进行。

(3) 水是各种生理生化反应和运输物质的介质。植物体内的各种生理生化过程，如矿质元素的吸收、运输，气体交换，光合产物的合成、转化和运输，以及信号物质的传导等都需以水作为介质。一般说来，植物不能直接吸收固态的无机物和有机物，这些物质只有溶解在水中才能被植物吸收利用。同样，各种物质在植物体内的运输也必须溶解于水中才能进行。

(4) 水分使作物保持固有的姿态。作物细胞吸足了水分，才能维持细胞的紧张度，保持膨胀状态，使作物枝叶挺立，花朵开放，根系得以伸展，从而有利于植物捕获光能、交换气体、传粉受精、吸收养分等。水分不足，作物会出现萎蔫状态，气孔关闭，光合作用受阻，严重缺水会导致作物死亡。

(5) 水能维持植物体的正常体温。水具有很高的汽化热和比热，又有较高的导热性。水分子具有较高的汽化热，1g 水温度升高 1℃较 1g 其他物质升温 1℃需要更多的热量；在 25℃时，1g 液态水变为气态约需消耗 2.4 kJ 的能量，因为水从液态变为气态需要额外的能量来破坏水分子之间的氢键。植物体内含有大量的水分，由于水具有高汽化热，植物通过蒸腾作用散发水分就可保持其体温稳定,不易受高温的伤害。也就是说,水在植物体内的不断流动和叶面蒸腾,能够顺利地散发叶片所吸收的热量,保证植物体即使在炎夏强烈的光照下也不致被灼伤。

3. 水对土壤生态环境的影响

土壤是陆地生态系统的基础,是具有决定性意义的生命支持系统,是植物生长的基质和营养库。土壤是一种包括液体、气体和固体物质的多孔介质,其组成部分有矿物质、有机质、土壤水分和空气。其中,水是最为活跃、变动最频繁的因子。水分的多寡强烈地影响着土壤的水、肥、气、热状况,并进而左右土壤生态环境的优劣。当土壤水分处于适宜状态时,作物就可以从土壤中吸收到维持其正常生长的水分和养分;当根系层的土壤水分达到饱和状态时,土壤中的气体就被水置换出来,这样土壤中就没有足够的氧气供给作物维持其正常的生长及生理活动。适宜的水分还能为保持土壤结构和适耕性创造有利条件,这对含有膨胀性黏土的重质地土壤尤为重要。

土壤水分与盐类组成的土壤溶液参与土壤中物质的转化,促进有机物的分解与合成。土壤的矿质营养必须溶解在水中才能被植物吸收利用。土壤水分太少会引起干旱,太多又导致涝渍灾害。同时,土壤水分过多还会抑制植物根系的呼吸作用和光合作用,影响作物的正常生长。

下面以砂姜黑土为例,说明水分是如何通过对土壤生态环境的影响进而反馈于作物并使其受灾的。砂姜黑土是我国主要的中低产田土壤类型之一,总面积约为 400 万 hm^2,主要集中分布于黄淮平原南部的豫东、鲁西南、皖北和苏北地区。砂姜黑土成土母质主要为河湖相沉积物,一般由表土层、黑土层和钙质结核黄土层构成。由于其黏土矿物以 2:1 型的蒙脱石为主,使该类土壤具有强烈的干缩湿胀特征,属于变性土,适耕期短,土壤质地黏重,结构性差,蓄水保墒能力弱,土壤水分有效库容较小,易旱易涝,抗御自然灾害的能力弱。钙质结核的存在不仅直接影响砂姜黑土的持水、蓄水能力,而且会降低土壤耕性,甚至限制作物根系的生长和发育。

砂姜黑土的比水容量(持水曲线的斜率)低、导水性能弱。据测定,砂姜黑土 1m 深度土层内能够保持的最大水量一般为 350mm 左右,而其中能够供作物吸收利用的有效水分仅约 150mm(表 2-1);且由于结构性差,随着吸力的增加,砂姜黑土壤水分的有效性呈现出快速下降的特点,在 10~30kPa 低吸力段尤为明显,从而使土壤对作物的供水在低吸力阶段就较早地产生困难。与红壤、棕壤及淮北地区的坡黄土(潮棕壤)等其他土壤相比,在有效水分范围内同一吸力下的比水容量,砂姜黑土一般为其几分之一至十分之一以下,尤其在低吸力阶段相差更大。这说明砂姜黑土的供水能力较低,抗旱性能较弱。砂姜黑土上部土层保水性能差、水分损失快,若遇干旱,土壤蒸发强烈,而下部土层毛管性能差,水分向上运行迟缓,不能及时补充上部土层损失的水分,会导致作物受旱。土壤导水性能的强弱决定着土壤水分的移动速度和供(排)水强度。经测定,在 100kPa 土壤吸力范围内,砂姜黑土的非饱和导水率随着土壤吸力增大而降低,其降低的趋势明显是以 30kPa 为转折点,小于 30kPa 时非饱和导水率急剧增大,大于 30kPa 时非饱和导水率则较小,这对土壤的及时供水影响很大。因为对一般旱作物来说,从 30kPa

到 100kPa 吸力范围内的水分是有效度较大的水分,这部分水分移动缓慢,不能及时满足作物吸水需要,是造成作物容易受旱的重要原因。

表 2-1　砂姜黑土的田间持水量和有效水分含量

土层深度 /cm	田间持水量 /mm	凋萎含水量 /mm	有效水分含量 /mm	小于 100kPa 的有效水分/mm	大于 100kPa 的有效水分/mm	采样地点
0～20	62.7	30.5	32.2	10.2	22.0	
20～28	26.0	15.7	10.3	3.8	6.5	新马桥农
28～56	110.6	64.9	45.7	12.3	33.4	水综合试
56～100	159.4	98.1	61.3	20.8	40.5	验站
0～100	358.7	209.2	149.5	47.1	102.4	

砂姜黑土的胀缩性大,透水性能差,通气孔隙率低,土壤的有效蓄水容量小(表 2-2)。据测定,砂姜黑土的胀缩系数为 22%～37%,渗透系数为 1.0m/d 左右,通气孔隙率除耕作层为 15%左右外,其余各层一般只有约 5%,在地下水埋深 1.1m 的情况下,0～100cm 土层的有效蓄水容量为 102.4mm。失水后土体收缩,垂直裂隙发达,一般裂缝宽度在 1～2cm,深度可达 50～60cm,遇降雨或灌溉时,水沿裂隙迅速下渗,引起地下水位陡升;土体吸水后膨胀,裂隙闭合,加之浅层(0～40cm)黏粒含量高(>30%)、犁底层透水性弱,导致透水性差,排水困难;加之地下水位较高,尤其在雨季,地下水位埋深常常浅于 1m,距地表 30cm 以下各层土壤湿度较高,不仅接近田间持水量,而且与饱和持水量也相差不大,只需连续降雨 100mm 左右,地下水位即可升达地表;同时,长期过高的土壤湿度又加剧了水气矛盾(一般认为,旱作耕地的通气孔隙率以占土壤体积的 15%为宜,小于10%就会产生水气矛盾),这对于通气性能不良的砂姜黑土来说更易产生涝渍灾害。总之,砂姜黑土的水分物理特性严重制约了土壤中水、肥、气、热的协调,旱涝渍潜在威胁大,并且常常是水旱灾害交替发生,十分不利于作物的生产。

表 2-2　砂姜黑土胀缩系数

熟化阶段	采土深度/cm	土层名称	膨胀度/%	收缩度/%	胀缩系数/%
高度熟化	0～15	耕作层	10.8	11.7	22.5
高度熟化	26～43	黑土层	18.8	18.0	36.8
高度熟化	43～72	潜育黄土层	16.8	19.0	35.8

2.1.2　排水对农田生态环境的影响

农田排水的主要任务是排除农田中多余的水分,即根据作物的需要在一定时间内排除过多的地表水、降低过高的地下水位,使作物主要根系层的土壤具有适宜的水气比例,满足作物的正常生长和获取较高的收益。过湿地排水的目标是除涝、降渍,改善分布于低洼地、沼泽地等地貌部位易涝易渍农田的水土环境;盐碱地排水的任务有两个方面:

一是控制地下水位，及时排除过多的地表水和地下水，防止盐分在土壤表面聚积，使盐碱地得到改良；二是通过工程手段使淋溶冲洗水量得以有效排除，实现耕层土壤脱盐。

农田排水的另一任务是改善生态环境，包括净化农田周边水环境、消灭或抑制危害人畜健康的病虫害，从而提高人类赖以生存的水土环境质量。总之，为作物正常生长创造良好的水土环境、防灾减灾和改善生态环境是农田排水的根本任务。

农田排水对于作物生长而言具有和灌溉同等重要的作用，没有适当的排水条件和设施，就不能保证作物良好的生长环境。因此，农田排水与农田生态环境之间关系密切。一方面，适当的排水对环境会产生有利的影响，如维持区域的水量平衡、水盐平衡，协调土壤的水、肥、气、热关系，改善土壤的肥力条件等；另一方面，不适当的排水不仅会造成农田地表水、地下水或土壤水的流失，加剧旱灾威胁，而且会造成农田养分流失和水环境污染，对生态环境产生不利的影响。农田中的土粒、氮磷、农药及其他有机或无机污染物质，在降雨或灌溉过程中，借助地表径流、农田排水和地下渗漏等途径进入水体，形成农业面源污染。因此，农田控制排水和排水再利用不仅对未来的粮食安全，而且对提高水资源利用率、保护农田水环境等都具有十分重要的意义。

1. 降低地下水位，调节土壤水分状况

田间排水工程对于农田地下水位和土壤水分的调控作用是显而易见的，但不同的排水工程形式及其规格标准对地下水的排降强度和土壤水分的调控能力不同。现分别以安徽省的涡阳双庙、固镇王桥、新马桥农水综合试验站和利辛车辙沟等多点位、多年原型排水试验区实测数据进行明沟和暗管及其组合排水进行分析。

1）明沟排水

在排水明沟的作用下，雨后农田的地下水位和土壤水分下降均呈先快后慢的变化趋势，但排水工程规格和标准不同，则地下水位和土壤水分下降的速度不同，表现为明沟的间距越小、沟深越大排水能力越强，地下水位和土壤水分下降的速度越快。试验结果还表明，沟距的变化对地下水位的影响较大，而沟深变化的影响却相对较小，明沟的排水效果主要取决于排水沟的间距。

固镇县王桥排水试验示范区在 1990～1993 年连续四年开展了明沟排水、暗管排水及暗管＋鼠道双层排水等不同工程形式的大田原型排水试验。其中，明沟排水试验区的沟长为 480～500m、沟间距为 100～220m，排水地块的长宽比（ζ）为 2.18～5.0，属条田双向排水。试验结果表明，暴雨后农田地下水位的下降速度与田间排水沟的沟距呈负相关关系，即沟距越小，下降速度越快，相应的排水标准就越高；在沟深 1.2m、ζ 为 5.0 的情况下，要达到雨后 3d 农田地下水位埋深 0.4～0.5m 的要求，田间明沟的沟距不应大于100m（表 2-3 和图 2-2）；同时，比较表 2-3 和表 2-4 还可以看出，在排水沟的规格（沟深、沟距）、土壤类型（质地）和降雨标准（发生概率、降雨量）等基本相同的情况下，方田四边排水优于条田双向排水方式，也就是说，若采用方田排水方式可以适当增大沟距、减小沟深。

表 2-3　明沟双向排水雨后农田地下水位动态埋深

沟长/m		500		500		480		对照区
沟距/m		100		160		220		
长宽比		5.0		3.125		2.182		
数值来源		计算	实测	计算	实测	计算	实测	
地下水位埋深/m	峰值	—	0.05	—	0.03	—	0	积水
	雨后 1d	0.08	0.11	0.05	0.07	0.04	0.04	0
	雨后 2d	0.23	0.26	0.11	0.16	0.09	0.11	0.07
	雨后 3d	0.37	0.42	0.19	0.31	0.14	0.20	0.17
	雨后 4d	0.51	0.56	0.28	0.45	0.20	0.28	0.24
	雨后 5d	0.63	0.62	0.38	0.50	0.28	0.35	0.27
	雨后 6d	0.73	0.73	0.48	0.58	0.36	0.40	0.31

注：表中地下水位埋深为两沟间地块中间点位的农田地下水位埋深；雨后 1d～雨后 6d 是指雨停后的排水天数(埋深为日均值)；计算值系指根据一元流体动力学理论计算得出的数值，可以看出在 $\zeta \geqslant 5.0$ 时其值接近实测值；各处理沟深均为 1.2m；对照区无田间排水工程；实测数据来源于固镇县王桥砂姜黑土排水试验示范区 1993 年观测资料(当年 7 月中旬以后多阴雨，地下水位埋深在 1.0m 以内波动，7 月 22～23 日降雨 56.7mm 地下水位升至地表)。

表 2-4　不同沟深、沟距雨后农田地下水位埋深

沟深/m		1.0			1.3			1.6			说明
沟距/m		100	150	200	100	150	200	100	150	200	
地下水位埋深/m	峰值	0.25	0.20	0.03	0.27	0.12	0.05	0.35	0.11	0.07	1983～1985 年汛期七次降雨
	1d	0.68	0.55	0.16	0.72	0.36	0.29	0.84	0.49	0.22	过程平均值，沟长均为 200m
	3d	0.94	0.84	0.52	1.02	0.75	0.78	1.17	1.00	0.62	
	5d	1.04	0.97	0.82	1.11	0.93	0.97	1.24	1.11	0.89	
θ_{30}/%		24.0	23.0	23.7	22.9	21.2	24.5	—	22.5	—	

1989 年 8 月 6 日暴雨后农田地下水位埋深动态

沟深/m		0.7			1.0			1.3			说明
沟距/m		100	150	200	100	150	200	100	150	200	
地下水位埋深/m	峰值	0.05	0.01	−0.05	0.01	−0.03	0.06	0.07	−0.02	−0.03	1989 年 8 月 4～6 日三天降
	1d	0.45	0.37	0.10	0.32	0.13	0.16	0.55	0.19	0.13	雨 111.7mm 且前期已连续阴
	3d	0.79	0.73	0.38	0.77	0.48	0.75	0.91	0.79	0.45	雨 10 余天
	5d	0.91	0.86	0.66	0.90	0.78	0.91	1.01	0.95	0.76	

注：表中地下水位埋深为两沟间地块中间点位的农田地下水位埋深；峰值是指次降雨过程中地下水位埋深最小值；1～5d 是指地下水位埋深达到峰值后相应的天数(埋深为日均值)；θ_{30} 为 0～30cm 土壤含水率(%，质量分数。1984 年 7 月 28 日实测值，其中 7 月 23～25 日累计降雨 189.2mm)；数据来源于涡阳双庙砂姜黑土排水试验区 1983～1989 年观测资料。

涡阳县双庙排水试验区在 1983～1989 年连续七年开展了明沟、暗管排水和明沟暗管组合排水等不同工程形式的大田原型排水试验。其中，明沟排水试验区的沟长为 200m、沟间距为 100～200m，属方田四边排水。

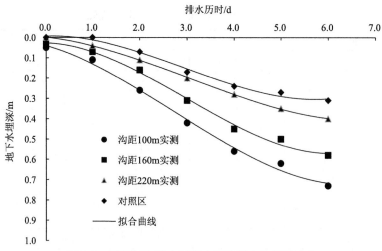

图 2-2　明沟双向排水雨后农田地下水位埋深动态

　　试验结果表明,在发生不同频率(从接近 3 年一遇到略低于 10 年一遇)的降雨时,雨后经过 3 天左右的持续排水,不同规格标准明沟排水试验区农田的地下水位埋深可分别降至 0.38~1.17m,0~30cm 土层的平均土壤含水率为 21.2%~24.5%(质量分数,占田间持水量的 75%~86%,田间持水量为 28.4%),满足作物的排水要求和水分需求(表 2-4)。因此,在砂姜黑土地区,采用明沟方田四边排水方式,在沟深为 1.3m 时,沟距以 200m 左右为宜。

　　2)暗管排水

　　暗管排水试验结果表明,雨后农田地下水位和土壤水分下降的速度主要受暗管间距和埋深的影响,表现为暗管的间距越小、埋深越大排水能力越强,地下水位和土壤水分下降的速度越快;其中,暗管间距对前期地下水位及其降落速度的影响较大,在埋深一定的情况下,暗管排水的除涝降渍效果主要取决于暗管的间距。

　　利辛县车辙沟排水示范区在 2019~2021 年连续三年开展了明沟、暗管等不同工程形式的大田原型排水试验。2020 年 7 月底和 8 月上旬发生两次降雨过程,累计降雨量为 145mm。在暗管埋深 0.8m 时,雨后 3d 内暗管间距为 40m 的地块中间点位的地下水位埋深比暗管间距 50m 的埋深大 0.16~0.24m,平均为 0.22m 左右;雨后田间地下水位的降落速度是暗管间距 40m 快于 50m,在排水初期表现得尤为明显,达到约 1.4 倍。土壤含水率的变化趋势与地下水位完全一致,即暗管间距为 40m 的排水小区的土壤含水率始终低于间距为 50m 同点位的土壤含水率(图 2-3),说明排水工程的排水能力越强(暗管间距小)降低地下水位和土壤水分的作用越大,除涝降渍效果越好。暗管排水区雨后田间地下水埋深变化特征见表 2-5。

　　根据固镇王桥和新马桥农水综合试验站大田原型排水试验实测资料分析,从排水效果看,在暗管埋深(1.0m)一定时,农田地下水位的下降速度随着暗管间距的增大呈现渐次减小的变化趋势。当地下水位接近或超过地表(田面出现积水),在暗管间距为 40m 时,雨后 3d 就可以使农田地下水位下降到地面以下 0.43m,而 60m 和 80m 间距的暗管排水区地下水位下降到同样的埋深则分别需要 4d 和 5d 左右,无田间排水工程的对照区则需要长达 7 天以上地下水位埋深才会降至 0.4m 左右;说明暗管的间距越大,其排水能力

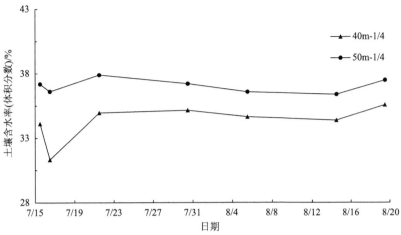

图 2-3　不同间距暗管之间 1/4 处 0～20cm 土壤含水率

表 2-5　利辛暗管排水区田间地下水埋深变化特征

暗管间距 /m	观测点与暗管距离/m	地下水埋深/cm							
		2020 年 7 月 30～31 日降雨 79.5mm				2020 年 8 月 7～8 日降雨 65.5mm			
		雨后 1h	雨后 24h	雨后 48h	雨后 72h	雨后 1h	雨后 24h	雨后 48h	雨后 72h
40	20	16	50	69	83	20	55	76	88
	10	19	54	72	85	24	59	77	89
50	25	0	24	46	59	2	33	53	65
	12.5	14	44	59	71	15	48	66	77

越小。新马桥农水综合试验站暗排区(暗管埋深 1.0m、间距 15m)0～30cm 土壤含水率在雨后 5d 左右可降至田间持水量的约 80%，完全满足作物的生长要求。不同规格暗管排水雨后农田地下水位动态埋深、土壤水分动态变化及地下水位下降速度分别见表 2-6、表 2-7 和表 2-8。

表 2-6　不同间距暗管排水雨后农田地下水位动态埋深　　　　　（单位：m）

排水历时	暗管间距			对照区
	40	60	80	
雨停初始	积水	积水	积水	积水
雨后 1d	0.10	0.05	0.01	0
雨后 2d	0.28	0.17	0.09	0.07
雨后 3d	0.43	0.27	0.15	0.17
雨后 4d	0.55	0.42	0.29	0.24
雨后 5d	0.60	0.51	0.42	0.27
雨后 6d	0.70	0.67	0.58	0.31
雨后 7d	0.74	0.72	0.64	0.39

注：表中地下水位埋深为两管间地块中间点位的农田地下水位埋深；暗管材料为水泥土管，埋深均为 1.0m、长度均在 200m 以上，坡降为 1/1000，外包料为稻草；对照区无田间排水工程；数据来源于固镇县王桥砂姜黑土排水试验示范区 1993 年观测资料。

表 2-7 不同埋深暗管排水雨后农田土壤水分动态

降雨情况		测试日期	取土深度	土壤含水率(质量分数)/%		
时段(月.日)	雨量/mm	(月.日)	/cm	暗管埋深 0.8m	暗管埋深 1.0m	暗管埋深 1.2m
7.14~7.15	61.9	7.20 (雨后 5d)	0~30	20.9	19.9	18.7
		7.25 (雨后 10d)	0~30	18.6	17.9	16.5
8.3~8.6	142.3	8.10 (雨后 4d)	0~30	24.0	22.7	20.8
		8.15 (雨后 9d)	0~30	20.0	19.2	18.0
8.24~8.28	287.3	9.4 (雨后 7d)	0~30	22.1	20.3	20.8

注: 1989 年新马桥农水综合试验站实测数据; 砂姜黑土, 田间持水量为 28%; 暗管长度 45m、间距 15m, 坡降为 1/1000。

表 2-8 不同埋深暗管排水雨后农田地下水位下降速度 (单位: cm/d)

排水历时	埋深 1.2m		埋深 1.0m		埋深 0.8m		对照区		说明
	范围	平均	范围	平均	范围	平均	范围	平均	
雨后 1d	31~41	37.3	35~41	38.6	24~35	28.0	0~11	4.7	地下水位下降速度为新马桥农水综合试验站暗管排水试验 1984.7、1985.9、1989.8 三次降雨过程的实测值, 其他同上表
雨后 2d	12~20	16.7	14~24	18.3	10~16	12.3	8~10	9.0	
雨后 3d	3~9	8.3	3~6	4.7	1~3	1.7	8~16	12.0	
雨后 4d	3~5	4	1~3	2.0	3~4	3.6	2~11	6.5	

由表 2-9 可以看出: 在排水初始阶段, 不同埋深暗管的排水流量相差悬殊, 但随着排水时间的延续其排水流量的差别渐趋减小。在暗管间距相同时, 排水流量随其埋深的增加而增大, 但各种埋深的暗管的排水流量均随排水时间的增加而减小, 直至为 0。

表 2-9 暗管排水流量与水头(Q-H)关系

时间		#1 管(埋深 1.2m)		#2 管(埋深 1.0m)		#3 管(埋深 0.8m)	
日	时	$Q/[\text{m}^3/(\text{d}\cdot\text{m})]$	H/m	$Q/[\text{m}^3/(\text{d}\cdot\text{m})]$	H/m	$Q/[\text{m}^3/(\text{d}\cdot\text{m})]$	H/m
18	22	2.4	1.13	1.76	0.92	1.55	0.68
19	0	1.3	1.13	0.59	0.90	0.32	0.66
	2	1.0	1.09	0.43	0.88	0.21	0.65
	4	0.69	1.06	0.32	0.78	0.16	0.64
	6	0.59	1.03	0.27	0.77	0.11	0.60
	8	0.48	0.98	0.27	0.74	0.11	0.56
	10	0.43	0.95	0.21	0.72	0.11	0.52
	12	0.37	0.92	0.21	0.70	0.05	0.51

续表

时间		#1 管(埋深 1.2m)		#2 管(埋深 1.0m)		#3 管(埋深 0.8m)	
日	时	$Q/[\text{m}^3/(\text{d·m})]$	H/m	$Q/[\text{m}^3/(\text{d·m})]$	H/m	$Q/[\text{m}^3/(\text{d·m})]$	H/m
	14	0.37	0.89	0.16	0.68	0.05	0.49
	16	0.32	0.87	0.16	0.66	0.05	0.47
19	18	0.32	0.85	0.11	0.65	0.05	0.46
	20	0.27	0.84	0.11	0.64	0.03	0.44
	22	0.27	0.84	0.11	0.62	0.02	0.43
	0	0.21	0.80	0.11	0.61	0.01	0.41
	2	0.21	0.78	0.05	0.59	0.01	0.40
	4	0.21	0.77	0.05	0.58	—	—
20	6	0.16	0.76	0.05	0.57	—	—
	8	0.16	0.75	0.05	0.56	—	—
	10	0.16	0.73	0.05	0.54	—	—
	12	0.16	0.72	0.05	0.53	—	—

注：数据来源于新马桥农水综合试验站砂姜黑土暗管排水试验 1985 年 9 月观测资料；1985 年 9 月 13～18 日连续降雨 6 天，雨量 105.8mm，地下水位上升至地表；暗管材料为 Φ55 波纹塑料管，外包料为尼龙网布＋5cm 厚的中砂；暗管长度 45m、间距均为 15m，坡降为 1/1000；Q 为每米暗管长度的排水量。

3) 组合排水

涡阳双庙明沟暗管组合排水大田原型试验区分别布置有不同埋深、间距及外包料的暗管排水试验处理小区 9 个，各小区均处于两条田间排水小沟之间，排水沟的间距在 200m 左右，雨后的田间排水效果是明沟和暗管综合作用的结果，因此属于明暗组合排水。试验结果表明，与单纯的明沟或者暗管排水相比，在发生相同的降雨时，组合排水的田块没有出现田面积水，地下水位的峰值也低于明沟排水处理小区；当地下水位接近地表时，各组合排水处理小区在雨后 1 日就可以使农田地下水位下降到地面以下 0.42～0.61m，雨后 3d 地下水埋深可达到 0.64～0.79m，0～40cm 土壤含水率在雨后 3～5d 可降至田间持水量的 80%左右。说明明暗组合排水的排水能力远高于单一的明沟或者暗管排水，采用明暗组合排水方式时，可以增大明沟和暗管的间距。由表 2-10 还可以看出，暗管间距的影响大于暗管埋深，表现为地下水位和土壤水分的下降和消退速度随着暗管间距的增大而减小；而在间距相同且不受外排条件影响(自由出流)的情况下，地下水位的下降速度随暗管埋深的增大而增大。

2. 改善土壤通气状况，调节土壤理化性状

土壤的通气性即土壤气体交换的性能，主要指土壤与近地面大气之间的气体交换(主要为 O_2 和 CO_2)，其次是土体内部的气体交换。土壤通气性是土壤的重要特性之一，良好的通气性是保证土壤空气质量，使植物正常生长、微生物进行正常生命活动等不可缺少的条件。因为土壤中生物(包括微生物、动物和作物根系)的呼吸作用和有机物的分解要求土壤中要保持一定的 O_2 含量(一般为土壤空气的 10%～12%)，作物进行光合作用必

表 2-10　明沟暗管组合排水雨后地下水埋深与土壤含水率动态

暗管埋深/m	0.6			0.8			1.0			备注
暗管间距/m	10	20	30	10	20	30	10	20	30	
外包料	高粱秸秆	稻草	稻糠	麦秸	无	芦苇	砂	田菁	麦糠	
峰值	0.28	0.13	0.15	0.16	0.10	0.12	0.26	0.17	0.17	地下水位埋深/m
1d	0.57	0.46	0.48	0.53	0.49	0.42	0.61	0.51	0.47	
3d	0.78	0.71	0.73	0.77	0.72	0.68	0.79	0.69	0.64	
5d	0.93	0.86	0.86	0.87	0.82	0.80	0.89	0.79	0.75	
θ_3	22.58	23.83	23.31	22.41	23.14	23.41	23.52	23.46	24.43	土壤含水率/%
θ_5	21.88	22.61	22.79	21.73	22.46	22.98	22.72	23.08	22.72	
θ_7	17.45	20.67	20.40	18.01	19.24	20.65	19.13	20.80	21.85	

注：暗管材料为 $\Phi55$ 波纹塑料管，暗管长度均为 100m，坡降为 1/500；排水沟的间距为 200m 左右；表中数据为 1984～1989 年历次暴雨过程均值，其中 θ_3、θ_5、θ_7 分别为雨后 3、5、7 天 0～40cm 的土壤含水率(质量分数)；数据来源于涡阳双庙砂姜黑土排水试验区 1983～1989 年观测资料。

须有 CO_2 的参与(排水良好的土壤中 CO_2 含量在 0.1%左右，CO_2 积累过多会影响根系生长)。土壤水分和气体共同占有土壤空隙，水多则气少，水少则气多，二者此消彼长。土壤通气性好坏主要取决于土壤通气孔隙的多少，调节土壤通气性就要通过各种措施改善土壤孔隙状况。

衡量土壤通气性能的常用指标是土壤氧化还原电位(Eh)。氧化还原电位的高低取决于土壤溶液中氧化态和还原态物质的相对浓度，其影响因素主要有土壤的通气性、土壤水分状况、植物根系的代谢作用、土壤中易分解的有机质含量等。通气良好的土壤表层 Eh 较高，沿着土壤剖面向下 Eh 逐渐降低。在地下水饱和处，土壤 Eh 常为负值，旱地土壤的正常 Eh 为 200～750mV。

图 2-4 为三种不同排水条件下的田块各层土壤 Eh 的变化规律。其中，积水田是指地势低洼、田面经常出现积水的田块或者长期种植水稻的田块。由图 2-4 可知：3 个田块 50cm 深度以内土壤的 Eh 在总体上表现为高地旱田＞排水一般田＞积水田，且积水田中

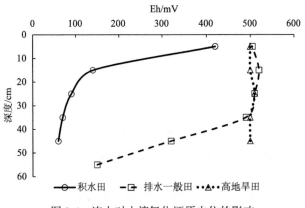

图 2-4　淹水对土壤氧化还原电位的影响

15cm 深度以下土层的 Eh 大多小于 100mV，仅表层十几厘米土层的 Eh 在 150mV 以上，最大值也只有 400mV 左右，而高地旱田土壤的 Eh 均在 500mV 左右，远大于积水田土壤的 Eh。说明淹水(排水不良)会大大降低土壤的 Eh。在地势高、排水条件好的地块，Eh 高，土壤呈氧化状态；排水不良长期受涝渍的农田 Eh 低，土壤呈还原状态。由此可见，农田排水状况的好坏直接影响土壤的通气性和氧化还原状况，进而影响土壤养分的有效性和作物根系的呼吸作用，最终影响作物的生长发育。

3. 调节土壤温度，改善田间小气候

土壤温度影响根系的生长、呼吸和吸收能力，同一作物在不同的生育时期对土温的要求也不同。对于大多数作物来说，在 $10\sim35℃$ 的范围内，随着土壤温度的升高，生长加快。土温过高或过低都会影响根系的吸收能力。低的土温使土壤供水能力减弱，增加水的滞性，减弱原生质对水分的透性，同时因降低代谢和呼吸强度，使吸水能力减弱；土温过高可促使根系过早成熟，根部木质化程度增加，从而减少根系的吸收面积和吸水能力。同时，土温还制约着各种盐类的溶解速度、土壤气体交换和水分的蒸发、各种土壤微生物的活动以及土壤有机物质的分解速度和养分的转化，进而影响作物的生长。一般来说，在一定的温度范围内，温度越高，作物的生长发育越快，干物质积累相应越多。

土壤温度虽然主要受近地面气温、太阳辐射及深层地温的影响，但表层($0\sim20cm$)土壤温度与土壤水分之间具有明显的负相关关系。土壤水分的多寡，影响农田腾发量(即植物蒸腾与土壤蒸发之和)及土壤热容量的大小，使辐射增热和冷却变化趋缓或者加剧。当降雨或者灌溉后，土壤含水量过多时，地面反射率降低，太阳辐射收入增多，土壤表层蒸发耗热剧烈，从而使贴地气层和土层中的温度梯度和湍流交换减弱。同时，土壤水分的增加，使土壤的热容量和导热率增大，而土壤热通量显著减小，温度的日较差也随之变小，土壤温度偏低；反之，土壤含水率少则土壤温度会升高(图 2-5)。

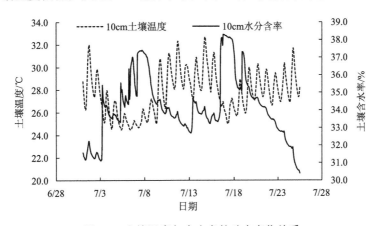

图 2-5　土壤温度与含水率的动态变化关系

田间小气候是指农田贴地气层、土层与作物群体之间的物理过程和生物过程相互作用所形成的小范围气候环境，常以农田贴地气层中的辐射、空气温度和湿度、风、二氧化碳及土壤温度和湿度等农业气象要素的量值表示。田间小气候是影响农作物生长发育和产量形成的重要环境条件,是农田土壤-植物-大气所构成的连续体(SPAC 系统)中各组成部分之间物质输送和能量转换的最终体现。在这个连续体(系统)中,作物的生长发育和农业技术措施作用的充分发挥,需要有适宜的农田小气候条件;同时,作物的生长发育状况和农业技术措施也反过来影响农田小气候。它们互为条件、互相制约。在自然条件下,小气候适合植物生长发育要求时植物长势良好,枝叶茂盛;但群体结构郁闭度也随之增大,达到一定限度后,通风透光和温湿度条件急剧恶化,植物生长发育受到抑制,病虫害随之滋生流行,常造成群体衰退、死亡。这种现象完全依赖 SPAC 系统的内部调节和适应过程。农田中作物群体的生育状况除自然条件外,同时还受农业技术措施的影响,通过调节农田 SPAC 系统中的某些环节,可以促进或延缓其中的物质交换和能量转化,从而改变由一定的大气候条件和作物群体所形成的农田小气候,改善作物生育环境。

适宜的土壤湿度对田间气候具有增湿降温的作用,如果土壤含水量过高则会导致田间湿度异常增大。一方面会影响作物的蒸腾作用,造成作物运输水分的动力减弱,进而影响作物对水分和矿质养分的吸收,同时叶面温度调节功能减弱,白天强日光辐射条件下容易造成叶片损伤;另一方面田间湿度长时间过高,会增加作物感染病菌的风险。因此,通过农田排水保持农田适宜的含水率,可以调节适宜的地温和田间气候温湿度,确保作物根系及地上部分的生理和化学过程正常进行,为作物的生长发育提供适宜的环境条件。

4. 改变土壤养分,迁移土壤盐分

土壤中能直接或经转化后被植物根系吸收的矿质营养成分称为土壤的养分,根据植物生长需要量分为大量元素、中量元素和微量元素,其中所需的大量元素为氮、磷、钾。灌溉和排水在一定程度上可以抑制或者促进土壤固相养分的释放速度。农田排水还是土壤水、盐运动的重要动力和载体,土壤中氮、磷、钾及有机质等养分和其他盐分随排水过程,其形态和数量会发生变化。农田排水在改善土壤本身生态环境、满足除涝防渍需要的同时,也加大了农田土壤颗粒、养分和其他污染物的流失,降低土壤肥力并增大对水环境的面源污染风险。有研究表明,我国化肥当季利用率很低,氮、磷、钾肥分别只有 30%~35%、10%~25%、35%~50%,其余很大一部分随着灌溉和降雨发生淋溶,经过径流排到自然水体,导致水体营养盐增加,一旦超出受纳水体的净化能力,会使河流、湖泊等自然水体出现富营养化等环境问题。另据联合国粮食及农业组织(FAO)估计,我国农田磷素进入水体的量为 19.5kg/hm^2,是美国的 8.8 倍。农田排水是土壤中氮、磷、钾等生源物质流失的主要途径,合理的灌排有助于减少生源物质的流失,降低环境风险。

根据安徽省(水利部淮河水利委员会)水利科学研究院新马桥农水综合试验站大豆坑测法淹水试验实测资料(图 2-6)分析,淹水排除后,表层土壤(0~20cm)中碱解氮、全氮和全磷含量较之淹水前均有不同程度的降低,且随着淹水历时的延长其降低幅度逐渐增大。淹水历时 0~8d 的处理,土壤的全氮损失率为 2.06%~8.08%,碱解氮损失率在 17.57%~21.51%,全磷损失率为 0.09%~2.96%;此外,随着淹水历时的延长,土壤的速效磷(Olsen-P)含量有明显的增加趋势,各淹水处理排水后较淹水前分别增加-0.75%、

1.40%、5.24% 和 7.22%，而对照组土壤的养分含量则无明显变化。

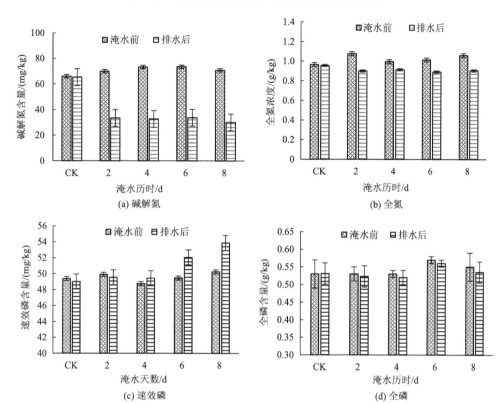

(a) 碱解氮　　　　　　　　　　　　　　　(b) 全氮

(c) 速效磷　　　　　　　　　　　　　　　(d) 全磷

图 2-6　大豆淹水前后土壤中氮、磷变化

氮是植物生长发育所必需的营养元素和主要限制因子，其供给情况直接影响着农作物的最终产量及品质。土壤中的氮主要通过对大气中分子氮的固定、人为施肥、秸秆还田等途径获得。进入土壤后一部分经过有机氮的矿化、铵的硝化、无机态氮的生物固定、铵离子的矿物固定等转化为可被植物直接利用的有效态氮，另外一部分不被利用，离开土壤环境造成氮素损失。据统计，目前我国农田氮素吸收利用率仅为 30% 左右。造成氮素损失的途径很多，主要有气态损失、淋溶后迁移到地下水或者随径流流失。其中土壤中氮素的淋失主要为 $NO_3^- \text{-}N$ 损失，$NO_2^- \text{-}N$ 和 $NH_4^+ \text{-}N$ 次之。由于淹水引起土壤氧化还原电位和 pH 的改变，使土壤中的水溶性磷和其他形式植物有效磷的含量发生变化，从而一方面影响土壤对作物的供磷能力，另一方面导致磷素淋溶流失。

大量的研究表明，不合理的排水一方面会导致农田土壤中氮磷流失，造成浪费；另一方面会增加受纳水体氮磷营养盐含量，增加环境风险。采用控制排水技术可以调控农田的排水强度和农田排水量，减少农田排水中氮磷养分的输出，改善排水水质，对农田水文和水环境产生非常显著的影响。

2.1.3　农田生态排水的内涵与指标

农田生态排水是指不仅能够满足农作物生长及粮食安全对排水的要求，即在发生相应频率的降雨时，通过排水工程的作用使作物在遭受涝渍灾害时其减产率控制在一定的阈值范围（如 10%～20%）内，而且也满足生态、地质等环境方面对水的需求和水位与水质的要求，不造成环境恶化的排水方式，目的在于维持区域环境系统的水量平衡、水盐平衡，促进水土资源的良性循环和高效利用，达到节水减排效果。

农田生态排水的总体目标是经济高效、生态友好和社会和谐。主要体现在排水工程建设和管理运行费用低，经济效益和生态、社会效应等综合效益高；促进区域的水土资源良性循环，实现生态稳定和可持续利用；保障粮食安全和水安全，倡导人水和谐，促进社会稳定、发展。

区域性生态排水指标主要有排水强度、生态水位和排水水质。排水强度是指一定时期（全年或者时段）内区域的排水量（可以用占同期区域降雨量的比值表示）；生态水位包括农田生态地下水位和排水沟道生态水位；排水水质主要指氮、磷等污染物含量。这些

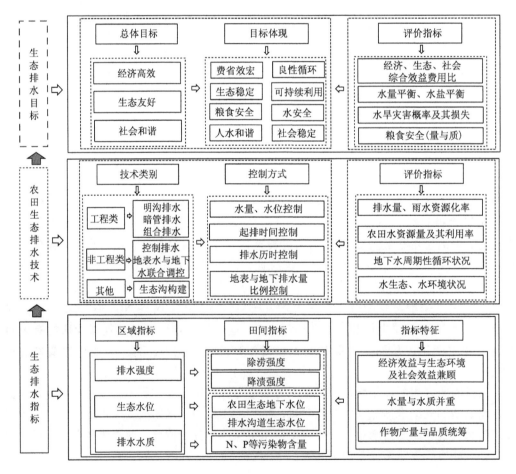

图 2-7　农田生态排水解析框图

均是农田排水和水资源管理、生态环境保护的重要指标依据。其中，农田生态地下水位可分别用多年平均地下水埋深、不同时段多年平均地下水埋深、周期始末地下水埋深等进行定量表达；排水沟道生态水位是指满足农田生态地下水位和排水沟的生态需水要求时相应的排水沟道水位。排水沟的生态需水主要包括维持沟道水质的最小稀释净化水量及水生生态系统稳定的生物最小生存空间需水量。田间尺度的生态排水指标主要有生态除涝强度和生态降渍强度。生态除涝强度是指单位时间田间地面积水的排出量，以生态淹水历时和淹水排除时间表示；生态降渍强度是指雨后单位时间农田地下水的排出量，以生态地下水动态埋深或者地下水排降速率表示。农田生态排水的目标、指标与技术方法见图 2-7。

农田生态排水关注的对象主要包括以下几个方面：

(1)经济效益与生态、社会效益兼顾。在充分利用区域水资源并使其效益最大化的同时，降低或者避免非点源污染，提高生态环境质量，促进生物的多样性，实现可持续发展。

(2)水量与水质并重。能够促进水土资源的良性循环和高效利用，使区域的天然降水能最大程度资源化，在增加水量的同时改善水质。

(3)作物的产量和品质统筹。达到减产少、品质好的要求，保障粮食安全、食品安全。

2.2　农作物生长与生态环境的关系

生态环境与作物的关系是多方面的。生态环境是许多环境因素综合作用的结果，组成环境的因素都影响作物的生长发育，并且各个因素之间不是孤立的，而是互相联系、互相制约的，环境中任何一个因素的变化，都将引起其他因素不同程度的变化，导致作物生长发育受阻，甚至死亡。例如，土壤水分含量的变化，会影响土壤温度和土壤通气性的变化，还会引起土壤微生物群落的变化。作物生长是环境综合作用的结果，但在一定条件下，其中必有 1~2 个因素是起主导作用的，它的存在与否和数量的变化会使作物的生长发育情况发生明显的变化，这种起主要作用的因素就是主导因素。在对作物生长发育状况与环境因素的关系进行分析时，应区别环境因子的直接作用和间接作用。有些是直接作用于作物的，而更多的则是起间接作用的。在作物的一生中，所需要的环境因素也是随着其生长发育的推移而变化的。例如，低温，在小麦春化阶段是必需条件，在小麦花芽分化时期则会导致小花不孕，对作物是有害的。作物生育期间由于环境条件不合适，如温度过高或过低、水分过多或过少、某些矿质元素缺乏、CO_2 供应不足及病虫害等，一方面会使光合能力得不到充分发挥，限制了光能利用；另一方面会使呼吸消耗相对增加，最终使产量降低。

2.2.1　农作物生产与环境相互作用的关系

作物生产一方面既是人类食物安全的基础，又对环境保护起着积极作用；另一方面既要消耗资源，又会带来生态失衡和环境污染等问题。因此，在作物生产中必须牢固树立生态平衡意识，兼顾生产力增长、资源高效利用和环境安全，实现作物生产的可持续发展。未来的作物生产将日益注重人类、生物、环境的协调发展，以较少的投入得到最大的产出以及质和量的统一，以获取最大的社会效益、经济效益和生态效益。

作物的生长环境有两种，一是自然环境，包括气候、地形、土壤、生物、水文等因子，难以在大规模范围内加以控制；另一种是栽培环境，指由不同程度的人工控制和调节而改变的环境，即作物生长的小环境。作物周围的环境能够提供阳光、空气、水分、养分、适宜的温度等植物生长所必需的条件，而作物的种植和生长能改变农田区域的下垫面条件，提高地表植被覆盖度，有效涵养水源、固定水土、减缓水流速度，降低风蚀、水蚀对土壤的侵害，改善近地层局地气候，可以保持水土、调节小气候等；同时，各种栽培措施及植物本身又会对环境产生影响。比如，深耕改土、施用有机肥能够改良土壤的理化性状；不同作物的轮作、间作、套种可以改善土壤微生态环境，调节和增加土壤养分，提高地力和肥效；化肥、农药、除草剂的施用在提高农业生产力水平的同时也会污染生态环境，使土壤板结；不当的灌溉排水方式有可能造成土壤次生盐碱化、水量失衡和生态恶化；植物根系的生长、植物的腐败会影响土壤的结构和组成等。

1. 耕作措施对生态环境的影响

作物生长在自然环境之中，通过不断同化环境资源完成生长发育过程，最终形成产品；作物的生长发育又受制于自然环境，自然环境影响着作物的生长发育过程，最终影响到作物遗传潜力的表达。影响作物的生态因子可以划分为非生物因子、生物因子及人为因子。非生物因子包括气候因素(光能、温度、空气、水分等)、土壤因素、地形因素；生物因子主要有动物、植物、微生物等；人为因子指人类有意识、有目的的农业活动，可以对自然环境中的生态关系起着促进或抑制、改造或建设的作用。因此，人为因素对作物的影响较大。有的自然因素可以通过人为因素进行调控，使其有利于作物生长发育，如灌溉排水改善土壤的水分状况、增施肥料提高土壤的养分状况等。栽培作物的生产活动，包括作物、环境、措施三个方面，作物-环境-措施三者互相联系，共同构成了农田作物栽培的生态系统。作物产品的形成，正是作物-环境-措施三者共同作用的结果。因此，在作物生长过程中，生产管理者往往需要通过耕作措施干预作物与环境，协调作物与环境之间的关系，使作物向着人们所需要的方向发展。通过耕作措施改善作物的环境条件，形成有利于作物生长发育的人工环境，在保护土地、水资源，防止养分流失，提高水分和养分利用效率，防止环境污染的基础上，实现作物的高产、优质和高效，并促进农业可持续发展。

作物生产系统是一个开放生态系统，随着作物产品的不断输出，作物在形成产品器官的同时，连年从土壤中吸收大量水分和矿质养分。原系统内的物质和能量不断减少，如不采取合理的措施，土壤肥力将逐年下降，作物生产的持续发展将难以维持。适当的耕作措施，如施肥、灌溉、排水、轮作与间作套种、深耕改土等，能够改善土壤理化性状，培肥和改良土壤，满足作物生长发育及产量形成的需求，补充作物生产系统的物质及能量消耗，不断提高作物的产量和品质等。但措施不当也会造成土壤和大气的化学污染、生物污染和物理污染，使地下水和地表水体富营养化。

人类的耕作活动对土壤质地、容重、孔隙度、团聚体、水分、热量和空气状况，以及土壤有机质含量、微生物的组成及活性、根系生物量等方面会产生很大影响。良好的农田管理措施可以取得土壤固碳减排、作物增产降本及生态环境改善的多重效果。合理施肥特别是施用大量有机肥可以改善土壤的各种性状，不断培肥和熟化土壤，增加土壤有机质，提高土壤的持水能力和水分利用效率，促进作物增产，减少 CO_2 等温室气体向大气的排放，维持并增强土壤的生产力。土壤有机质作为土壤肥力的核心物质，对土壤营养元素的循环和农业可持续发展都有重要意义。土壤微生物的生命活动需要的能量主要来自土壤有机质，经常施用有机肥，可维持和促进土壤微生物的活动，保持土壤肥力和良好的生态环境。各种厩肥、堆肥、绿肥和经沤制的秸秆等有机肥，本身有疏松多孔的特点，在土壤中又能转化为腐殖质，促进团粒结构的形成，增加孔隙度，疏松土壤，改善耕性。有机肥养分含量全面、释放慢、肥效稳长，其本身的吸水力强、持水性好，施入土壤后，可增加土壤的吸水和透水性，一般可使土壤含水量增加 2%～4%。有机质分解形成的腐殖质是组成无机复合胶体的物质基础，土壤胶体增多，可以提高土壤保蓄养分的能力。有机质分解时产生的有机酸，能够促进土壤中难溶性磷酸盐的转化，提高磷的有效性，也能促进含钾、钙、硅等矿物质的有效性。

合理深耕和增加客土可以增厚活土层。深耕可以破除板结的土层，使土层更疏松。客土可以改变土壤的质地组成，改善土壤的松紧度和孔隙状况。客土还可加厚活土层，改善土壤的水、肥、气、热状况；提高土壤的通透性；增加土壤团粒结构，利于透水、蓄水和通气，减少径流；促进微生物活动和养分状况的改善；促进作物根系的伸展，使 10cm 深度以下土层中根系增多，使植物可以充分利用土壤深层水分和养分；还可减少杂草和病虫害。保护性耕作可促进土壤表层有机质的积累，减少土壤水蚀、风蚀，改善农田生态系统的功能。相关研究表明，良好的施肥管理和秸秆还田措施能够显著提高土壤有机碳的含量。在长期保护性耕作(少免耕、秸秆覆盖还田、垄作、深松等)条件下，我国水田和旱地土壤有机碳增量分别为 0.51g/(kg·a) 和 0.21g/(kg·a)；通过采用合理的管理措施能够减少 60%～70% 的土壤碳库损失量，如果秸秆还田比例达到 80%，我国农田的碳平衡将会由亏转盈。免耕覆盖和秸秆还田还可增加土壤耕层氮、磷含量，特别是可溶性钾的含量，促进土壤有机质的形成；还可改善土壤结构，提高土壤蓄水量，减少土壤蒸发量，防止水土流失。研究表明，夏玉米采用秸秆覆盖可减少作物耗水 17%，增产 11%～29%，令水分利用效率提高 46%；增加微生物及土壤酶的数量并增强其活性，有利于土壤矿质元素活化，调节土壤呼吸，为土壤中各种化学反应的进行提供动力，加速土壤有机质的分解及养分循环，提高土壤养分有效性，为植物提供可吸收利用的营养源。

但随着化学工业的快速发展，化肥、农药、除草剂、农用地膜等化工产品被大量应用于农业生产，有机肥的施用量大大减少，使土地越种越薄，为了提高产量不得不增加化肥的施用量，而不断增加的化肥投入在提高农业产出的同时也对环境产生了严重的负面影响。相关研究表明，连续施无机肥而无有机物的参与，不仅使土壤肥力下降，而且导致土壤酸化和土壤结构变化，平衡施肥会增加土壤有机碳含量和作物产量。我国年均农用化肥施用量(折纯)达 5911.9 万 t，超过世界总用量的 1/3；单位播种面积化肥施用量达 359.1kg/hm²，是世界平均水平的 2.5 倍。过量施用氮肥引起土壤中硝态氮积累，在灌溉或降雨量较大时，造成硝态氮的淋失，导致地下水和饮用水硝酸盐污染；而土壤中氮素反硝化损失和氨挥发损失形成大量的含氮氧化物会污染大气。过去40年里，我国单位质量化肥投入带来的实际粮食产量增加量不断减少，单纯依靠化肥增产的空间已变得越来越有限，而由此带来的农业面源污染却呈现增加的趋势。农药也是农业生产经常使用的一种有毒化学物质，长期大量施用农药，对环境生物安全和人体健康都将产生严重的危害。农用地膜因其具有良好的增温、保墒、保土和抑制杂草生长的作用而被大量使用，但由于不易剔除，使用后大多残留于土壤中，其降解速度十分缓慢，降解周期长达数十年甚至上百年，会严重影响土壤的通透性和水分、养分的持蓄与供给性能，形成"白色污染"。

总之，农业经济规模的扩大和农业种植结构的"非粮化"调整，特别是农业生产方式的转变，即以手工劳动为主的低能耗、低污染、低排放的传统农业向广泛使用化肥、农药、机械化的高消耗、高排放、高污染"石油农业"的转变，将不可避免地带来化肥消耗和面源污染物排放的增加，对生态环境造成了巨大的冲击。化肥、农药等化工产品的不当施用，不仅影响农产品的产量和质量，而且污染土壤、水体及大气，最终危害人类的健康。因此，在农业生产中应积极推动环境友好型技术的广泛应用，走可持续发展的生产模式。

2. 水利措施对生态环境的影响

灌溉和排水是人工控制和调节作物赖以生长的基质和营养库——土壤生态环境的主要水利措施，其目的在于使土壤水分能够维持在适宜于作物生长的合理范围内，同时改善土壤空气、水分、温热状况，为作物生长发育和产量形成创造良好环境条件。

农田灌溉和排水虽然是作物稳产高产的保障性措施，但对水土资源、生态环境也有重大影响，主要表现如下。

1）水文效应

灌溉排水工程的建设和利用会对水文循环和生态环境产生一定程度的影响。如水库等蓄水工程的兴建在拦蓄洪水、提高枯水径流的同时，也会使径流年内变化趋于均匀，同时减少河川径流，造成下游河道缺少造床流量、泥沙淤积，甚至断流和河川萎缩消失等，这在干旱地区尤为明显。以地表水为水源进行引水灌溉，会降低引水河流、湖泊和水库的水位，缩小水面面积，甚至造成干涸，对水生动植物和水生态产生一系列的不利影响；以地下水为水源进行提水灌溉，浅层地下水的开采往往会导致较大面积、较大幅度的地下水位下降，虽然有利于减少潜水蒸发和防止土壤沼泽化、盐碱化，但开采过量、回灌不足，又可能造成土壤干旱、地面沉降等问题。农田无节制地排水不仅影响区域的水循环，造成区域的水量失衡，而且加剧了下游地区及河道的涝渍威胁和防洪压力。

2）土壤效应

灌排水会引起土壤微生物和养分状况变化。灌排得当，"以水调肥"，可以促进和控制土壤养分的分解和转化，使之有利于作物吸收和培肥土壤；灌排不当，不仅可导致水、肥、土的流失，使土壤中出现不良的化学反应，发生次生盐碱化危害，而且会破坏土壤结构，增加土壤容重，造成土壤板结，使土壤的水、肥、气、热比例严重失调，可耕性和肥力条件相应恶化。

3) 污染效应

实施灌溉与排水，不仅可能因含泥沙量大而引起河流、水道、承泄区的淤积危害，而且也将土壤中的化学物质一并带入水中，造成水污染。有的地方，灌溉排水还会引起区域性地下水质恶化。特别是在农田排水过程中，由排水所携带的泥土颗粒、矿物质、盐分、碱分、细菌、病毒、农药和化肥等物质会迁移并扩散，造成水土流失和面源污染。而发展节水灌溉可以有效地增加区域地表水环境容量，提高其稀释和自净能力，水质将得到一定程度的改善。

农业的发展离不开灌溉排水工程，虽然在灌溉排水的同时也产生了一些不利影响，但有利影响占主导地位，可以人为采取一些行之有效的对策措施将不利影响消除或减到最小。在确保灌溉排水效益发挥的同时也要兼顾环境保护，二者有机结合，相互协调，才能实现经济、社会、环境效益的统一，促进水土资源的可持续利用和国民经济的可持续发展。

3. 种植制度对生态环境的影响

种植制度是指一个地区或生产单位的作物组成、配置、熟制与种植方式的总称，包括种什么作物、各种多少、种在哪里，即作物的布局；作物在耕地上一年种一茬还是几茬，以及哪一个生长季节或哪一年不种，即复种或休闲；种植作物时采用什么样的种植方式，即单作、间作、混作和套作；如何安排不同生长季节或不同年份作物的种植顺序，即轮作或连作。

种植制度是全面组织作物生产的宏观战略措施。种植制度合理与否，不仅影响到作物自身的生产效益，而且会对整个农业生产甚至区域经济和生态环境产生决定性影响。因此，在制定种植制度时，应综合分析社会各方面对农产品的需求状况，确立与资源相适应的种植业生产方案，尽可能实现作物生产的全面、持续增产增效，同时为养殖业等后续生产部门发展奠定基础。要按照资源类型及分布，本着"宜农则农，宜林则林，宜牧则牧"的原则，使农田、森林、草地、水面占有比例得当，以发挥当地的资源优势，满足各方面的需要；合理配置作物，实行合理轮作、间作、套种及复种等，避免农作物的单一种植，减少作物生产风险，提高经济效益。

合理地进行不同作物的轮作对防止土壤肥力退化、培肥土壤十分有利。用地作物和养地作物合理轮换种植或间套种植，可调节和增加土壤养分，培肥土壤。作物轮作能改善土壤理化性状和微生态环境，消除有毒物质。水旱作物轮作能增加土壤非毛管孔隙，改善土壤通气条件，提高氧化还原电位，防止稻田次生潜育，促进有益的土壤微生物的繁殖，清除 H_2S 等土壤有毒物质，从而提高地力和肥效；豆科与非豆科作物进行合理间、套作，既用地又养地；不同作物利用难溶性养分的能力不同，间、混、套作通过根系的相互影响，可以提高难溶性物质的利用率；粮食、棉、油作物与绿肥间、混、套作可增加土壤有机质和各种营养元素。采用用养结合的复种方式，并种植一定比例的绿肥或豆科作物，可以增加地面覆盖度，减少地面径流、土壤冲刷和养分的流失，同时补充和增加土壤有机质与氮素养料的含量，加速物质循环，维持农田的物质动态平衡。

豆科作物共生的根瘤菌能固定大气中的游离氮素，直接增加和补充土壤中生物氮的积累，保持农田氮素平衡；通过落叶、残茬等归还土壤的氮素，一般约为植株含 N 总量的 20%～30%，所产生的有机质总量中有 30%～40%残留在土中，可增加土壤有机质；豆类作物吸收 K、Ca 较多，它能分泌许多酸性物质，溶解难溶性磷酸盐，活化 P、K、Ca 等易被土壤固定的元素，而 Ca 和腐殖质可结合成水稳性团粒结构所需的胶结剂，又有利于改善土壤结构。

2.2.2　农作物生长对环境因子的要求

作物生长依赖于特定的环境，不适合的生长环境可能会造成不结实、生长不良，甚至死亡等不良后果。作物生长发育和产量的表现受外部环境物质能量输入和作用效率的制约，其潜力的实现在于环境因子与作物的协调统一。要提高作物产量潜力，必须采用先进的栽培技术措施，改善栽培环境，通过环境调控，防止逆境引起的呼吸过旺或者受阻，降低呼吸消耗，提高作物群体的光能利用率和光合效率。

1. 作物生长发育对光温的要求

光是作物生产的基本条件之一。作物体中 90%～95%的干物质是作物光合作用的产物。作物积累干物质，在很大程度上受作物光合速率高低和光合时间长短的影响。日照长度增加，作物进行光合作用的时间延长，就能增加干物质的生产或积累。利用温室进行补充光照，人工延长光照时间，能使作物增产。光合作用是形成作物产量和品质的基础，因此光照不足会严重影响作物的产量和品质。

作物的正常生长发育及其过程必须在一定的温度范围内才能完成，而且各个生长发育阶段所需的最适温度范围不一致，超出这一范围的极端温度会使作物受到伤害，令其生长发育不能完成，甚至过早死亡。研究证明，温度的高低和日照的长短对许多作物实现由营养体向生殖体的质变有着特殊的作用。例如，冬小麦植株只有顺序地通过低温和长日照处理才能诱导生殖器官的分化，否则就只进行营养器官的生长分化，植株一直停留在分蘖丛生状态，不能正常抽穗结实，完成生育周期；高温和短日照会加速水稻生育进程，促进幼穗分化。各种作物对温度的要求有最低点、最适点和最高点之分，称为作物对温度要求的三基点。在最适温度范围内，作物生长发育良好，生长发育速度最快；随着温度的升高或降低，生长发育速度减慢；当温度处于最高点和最低点时，作物尚能忍受，但只能维持其生命活动；当温度超出最高点或最低点时，作物开始出现伤害，甚至死亡。一般情况下，种子萌发的温度三基点常低于营养器官生长的温度三基点，营养器官生长与生殖器官发育相比，前者的温度三基点较低；根系生长的温度比地上部生长的要低；作物在开花期对温度最为敏感。不同作物甚至不同品种，由于其生物学最低温度的差异及生育期的长短不同，整个生育期要求的有效积温不同。如小麦需要 1000～1600℃的有效积温，而向日葵需要 1500～2100℃的有效积温。因此，在一定程度上，光温条件决定了区域的作物种类和种植制度。

2. 作物生长发育对水分的要求

水分是作物生长发育必需的环境因子，植物的一切正常生命活动都必须在细胞含有水分的状态下才能发生。作物生产对水分的依赖性往往超过了任何其他因素。农谚"有收无收在于水，收多收少在于肥"充分说明了水对作物生产的重要性。

干旱缺水会使作物根系吸收不到足够的水分而破坏作物体内的水分平衡，造成作物营养物质吸收和运输受阻，光合速率下降；随着旱情的加重，会造成根毛死亡甚至根系干涸，地上部叶片严重萎蔫，光合作用停止，直至植株体死亡。而水分过多，又会因土壤缺乏氧气，抑制好氧性微生物的活动，土壤以还原反应为主，许多养分被还原成无效状态，并会产生大量有毒物质，使作物根系中毒、腐烂，呼吸作用减弱，久而久之引起作物窒息、死亡。不同作物及同一种作物的不同生育时期对水分的要求是不一样的，一般在作物的需水临界期或者营养生长与生殖生长并进阶段对水分的要求较高。安徽淮北地区几种主要农作物的适宜土壤水分含量见表2-11。

表 2-11　主要农作物的适宜土壤水分　　　（单位：%）

作物名称	生育阶段	适宜土壤水分
小麦	苗期	60～95
	分蘖期	60～95
	拔节孕穗期	65～95
	抽穗开花期	65～95
	乳熟黄熟期	60～95
玉米	苗期	60～95
	拔节期	65～95
	抽雄吐丝期	70～95
	灌浆成熟期	65～95
大豆	苗期	60～95
	分枝期	65～95
	花荚期	70～95
	鼓粒成熟期	65～95
油菜	苗期	60～95
	蕾薹期	65～95
	花荚期	65～95
	成熟期	60～95
棉花	苗期	60～95
	蕾期	60～95
	花铃期	65～95
	吐絮期	60～95

注：表中数值为占田间持水量的百分比，田间持水量为28%（质量分数）。

3. 作物生长发育对空气的要求

与作物生长发育关系最密切的有 O_2、CO_2、N_2、氮氧化物、CH_4、SO_2 和氟化物等。O_2 影响作物的呼吸作用，CO_2 作为光合作用的原料影响着作物的光合作用，N_2 影响豆科作物的根瘤固氮，SO_2 等有毒气体成分会造成大气污染而直接或间接地影响作物的产量和品质。

O_2 主要是通过影响作物的呼吸作用而对作物的生长发育产生影响。有氧呼吸是高等植物呼吸的主要形式，能将有机物较彻底地分解，释放较多的能量；在缺氧情况下，作物被迫进行无氧呼吸，不但释放的能量很少，而且产生的酒精对作物有毒害作用。作物地上部分一般不会发生氧气不足现象，但地下部分会因土壤板结或渍水造成氧气不足，这往往是造成作物死苗的一个重要原因。CO_2 影响作物的生长发育主要通过影响作物的光合速率。作物每生产 1kg 干物质大约需要消耗 1.5kg CO_2，因此，提高环境中 CO_2 的浓度，有利于作物产量的增加。光照条件下，随着 CO_2 浓度的增加，光合速率逐渐增强，当 CO_2 浓度增加至某一值时，光合速率便达到最大值，此时环境中的 CO_2 浓度称为 CO_2 饱和点。作物群体内的 CO_2 主要来自于大气，由于 CO_2 的浓度一般在近地面层比较高、作物群体中部和上部较低，而光照强度的分布则正好相反，限制了光合资源的充分利用，从而影响作物的光合速率，这是作物生产上要十分重视田间通风透光的原因所在。此外，多施有机肥和多采用作物秸秆还田，通过有机肥和秸秆的分解和促进土壤中好气性细菌的数量和活力，可释放更多的 CO_2，提高环境中 CO_2 的浓度。豆科作物通过与它们共生的根瘤菌能够固定和利用空气中的氮素。据估计，大豆每年的固氮量达 $57\sim94$kg/hm^2，约占其需氮总量的 $1/4\sim1/2$，可减少生产中投入的氮肥成本。因此，合理种植豆科作物是充分利用空气中氮资源的一种重要途径。

大气环境对作物生产的影响主要表现在以下几个方面。

1）温室效应

温室效应主要是由大气中 CO_2、CH_4 和 N_2O 等气体含量的增加所引起的。CH_4 可来自于水稻田、自然湿地、天然气和煤矿的开采等，N_2O 是土壤中频繁进行的硝化和反硝化过程中生成和释放的。温室效应使地球变暖而对作物生产的影响可以表现在几个方面：第一，使地区间的气候差异变大，气温上升，降水量分布发生变化，一些地区雨量会明显减少，对作物生产有不利影响；第二，大气中 CO_2 浓度增加，作物和野草的产量都会增加，出现栽培植物与野生植物之间的竞争加剧，不利于杂草防治；第三，由温室效应导致的气温和降水量的变化，会进一步影响作物病虫害的发生、分布、发育、存活、行为、迁移、生殖、种类动态，加剧某些病虫害的发生。

2）有害气体

二氧化硫、氟化物和氮氧化物都会造成大气污染，对作物生长发育乃至产量和品质产生各种直接或间接的影响。二氧化硫和氟化物的长期或急性毒害，通过影响作物的生理过程而使作物叶片出现焦斑、植株生长缓慢和产量降低；而大气中氮氧化物含量过高可导致植物群落的变化而影响作物生产。氮氧化物还是酸雨的组成成分，并与空气中分子态氧反应形成臭氧，臭氧浓度较高时，会影响作物的生理过程和代谢途径，从而引起作物生长缓慢、提早衰老、产量降低。

3）酸雨

酸雨是指 pH 小于 5.6 的大气酸性化学组分通过降水等气象过程进入陆地、水体的现象。据统计，我国 pH<5.6 的降水面积约占全国土地面积的 40%，已成为世界上第二

大酸雨区。酸雨可使作物受到双重危害。酸雨在落地前先影响叶片，落地后又影响作物根部。对叶片的影响主要是破坏叶面蜡质，淋失叶片养分，破坏呼吸作用和代谢，造成叶片坏死；对处于生殖生长阶段的作物，会缩短花粉寿命，减弱繁殖能力，以致影响产品产量和质量。酸雨还会降低作物的抗病能力，诱发病原菌对作物的感染，抑制豆科作物根瘤菌生长和固氮作用。

4. 作物生长发育对土壤的要求

土壤是植物赖以生存的基础，是农业生产所必需的重要自然资源。土壤是由固体(相)、液体(相)和气体(相)三相物质组成的复合物。土壤的三相物质是土壤各种性质产生和变化的物质基础，也是土壤肥力的基础。改良土壤，首先就是改造土壤的组成，调节三相比例，使之适合作物生产。

作物的土壤环境包括物理环境、化学环境和养分环境。土壤的物理性质是指土壤固、液、气三相体系中所产生的各种物理现象和过程。它制约土壤肥力，影响植物生长，是制定合理耕作和灌排等管理措施的重要依据。其中，以土壤质地、土壤结构和土壤水分居主导地位，它们的变化常引起土壤其他物理性质和过程的变化。土壤质地决定着土壤的通气、透水、供肥、保水、保湿、导热、耕性等性能。壤土类的土粒适中，通气透水良好，有较好的保水、保肥、供肥能力，耐旱耐涝，耕性良好，是耕地中的"当家地"和高产田，适宜各种作物生长。良好的土壤结构是土壤肥力的基础，团粒结构是各种结构中最为理想的一种，其水、肥、气、热状况处于最好的相互协调状态，为作物的生长发育提供了良好的环境条件，有利于根系活动和吸取水分、养分。充足的土壤水分是作物进行正常生长发育的先决条件，也是影响作物营养的主导因素，土壤水分不足(特别是对湿生作物)和过多(对旱作物)都会影响作物对养分的吸收。土壤水分参与土壤中的物质转化过程，如矿物养分的溶解和转化、有机物的分解与合成等，土壤水分本身或通过土壤空气和土壤温度可影响养分的生物转化、矿化、氧化与还原等，因而与土壤养分的有效性有很大的关系。土壤水分还能调节土壤温度，对于防高温和防霜冻有一定的作用。所以，控制和改善土壤的水分状况，如提高土壤蓄水保墒能力、进行合理灌溉排水，是提高作物产量的重要措施。土壤化学性质和化学过程是影响土壤肥力水平的重要因素之一。除土壤酸度和氧化还原性对作物生长产生直接影响外，土壤化学性质主要是通过对土壤结构状况和养分状况的干预间接影响植物生长。土壤矿物的组成、有机质的数量和组成、土壤交换性阳离子的数量和组成等都会对土壤质地、土壤结构、土壤水分状况和生物活性产生影响。施用有机肥料、客土改土、耕作、灌水或排水等措施可以调节和改善土壤的化学性质，使之更有利于作物的生长。土壤酸碱度对土壤肥力及植物生长影响很大。不同作物对土壤酸碱度的适应能力不同。小麦、水稻生长适宜的酸碱度(pH)为 6.0~7.5，玉米、油菜为 6.0~7.0，大豆为 5.0~7.0，棉花为 6.0~8.0。土壤有机质与土壤性质和作物养分关系密切，是影响土壤肥力水平的重要因素。其不但含有植物需要的养分，而且对一系列的土壤性质起着决定性或重要的作用。因此，土壤有机质被认为是土壤肥力的中心，是评定土壤肥瘦、好坏的重要标准之一。我国多数耕作土壤中的有机质含量偏低，增施有机肥料是提高土壤有机质含量和土壤肥力的重要措施。

　　土壤为作物生长提供了支撑条件，同时也是作物吸收养分的场所。但是自然土壤往往难以满足作物生长发育所需要的营养条件，为补充土壤养分(特别是氮、磷、钾肥料三要素)的不足，必须施肥，以营造良好的营养条件，从而达到提高作物产量和改善产品品质的目的。一般说来，作物在生长初期，对外界环境条件比较敏感，此时如养分供应不足，不仅会影响作物生长，还会明显地反映在产量上。大多数作物的磷营养临界期(即缺磷对生长发育和产量的影响最大的时期)都在幼苗期，氮营养临界期一般比磷营养临界期稍晚一些，往往是在营养生长转向生殖生长的时期。而营养最大效率期常常出现在作物生长的旺盛时期，其特点是生长量大、需养分多。就氮素而言，玉米的最大效率期一般在大喇叭口到抽穗初期，小麦在拔节到抽穗期，棉花则在开花结铃期。

2.2.3　农作物的水分胁迫

　　水是连接"土壤-作物-大气连续体"这一系统的介质，水在吸收、输导和蒸腾过程中把土壤、作物和大气联系在一起。通常情况下，当作物吸水量小于蒸腾量，使体内水分不足，妨碍其正常生理活动的现象称为水分胁迫。植物除因土层中缺水引起水分胁迫外，当大气干旱、淹水湿渍、冰冻、高温或盐碱条件等不良环境作用于植物体时，都可能引起水分胁迫。

　　水通过不同形态、数量和持续时间三个方面的变化对作物起作用。不同形态的水是指水的"三态"，即固态、液态和气态；数量是指降水(或灌溉)量的多少和大气湿度的高低；持续时间是指降水、干旱、淹水等的持续历时。上述三个方面对作物的生长、发育和生理生化活动产生重要的生理生态作用，进而影响作物产品的产量和质量。

　　水分与土壤固体部分发生相互作用，浸出可溶性物质，含有各种可溶性物质的土壤水即土壤溶液。作物主要从土壤溶液中吸取养分，固相部分的养分一般需要先进入土壤溶液才能被作物利用。水分和养分对作物生长的作用不是孤立的，而是存在着相互作用和相互影响，合理调配水分和养分能够起到以肥调水、以水促肥的增产作用。土壤水分影响土壤微生物的活性从而影响到氮磷等养分的转化过程和转化速率，水分胁迫减少了土壤氮素向根系的移动，抑制根系生长，减少和减弱根系的吸收面积和吸收能力，影响作物生理代谢及氮、磷、钾等养分在作物体内的分配。

　　对作物的生理生态学基础研究表明，作物的每一个生理过程都直接或间接地受水分供应的影响，且作物的各个生理过程在不同时期对水分的反应变化很大。水分胁迫会抑制作物的光合作用并使碳水化合物和蛋白质代谢发生紊乱，从而影响作物生长。土壤水分条件还会对作物体内干物质分配及产量产生影响，如水分胁迫使冬小麦体内的干物质尽可能多地向穗部转移，恢复供水则使干物质在各器官间的分配得以协调增加，拔节期复水增产效应最大。

　　作物品质的形成期大多处于作物生长发育旺盛期，因此需水量大、耗水量多。如果此时遭遇水分胁迫，一般都会明显降低作物品质。根据作物需水规律，适当地进行补充性灌溉，通常能改善植株代谢，促进光合产物的积累，因而能改善作物的品质。对于大多数旱地作物来说，追肥后进行灌溉，能起到促进肥料吸收、增加蛋白质含量的作用。特别是当干旱已经影响到作物正常的生长发育时，进行灌溉补水，不仅有利于高产，而且有利于保证品质。相反，水分过多，则会抑制根系的生理功能，从而影响地上部的物质积累和代谢，降低品质。

1. 干旱胁迫对农作物的影响

干旱对作物的影响涉及作物生理代谢、生长发育及产量形成等各个方面。在干旱胁迫条件下，作物会在株高、茎叶、根系、叶片形态等方面发生一系列变化。干旱胁迫对作物并不总是表现为负面效应，相反，植物在适当的水分亏缺时会表现出一定的补偿效应，在某些情况下不仅不降低产量，反而能增加产量、提高水分利用效率。作物产生的补偿效应是水分亏缺条件下作物能够保持较高产量甚至超过正常水平的主要原因之一。因此，研究水分亏缺的补偿效应不仅对于提高作物水分利用效率、发展节水农业具有重要理论价值和现实意义，而且对实现社会、经济和生态的可持续发展都具有重要的理论和实践意义。

1) 干旱胁迫对作物生长环境的影响

干旱会造成土壤生态系统失调，使作物赖以生存的环境条件变得恶化。土壤水分的不足导致土壤溶液水势下降，土壤溶液与作物根部之间的水势差异小，土壤中可以被作物利用的水分少，使作物根系吸水受阻；干旱使蒸腾作用加强，在一些干旱和半干旱地区，由于蒸发强烈，地下水所含有的盐分残留在土壤表层，又因降水量小，不能将土壤表层的盐分淋溶排走，导致土壤盐碱化；干旱还会扰乱旱地生态系统土壤养分平衡。研究发现，土壤有机碳、总氮与干旱之间呈负相关关系，土壤总磷与干旱之间呈正相关关系，但不显著，土壤速效磷与干旱之间呈显著的正相关关系。半湿润-半干旱过渡区的碳、氮和磷的有效性对干旱变化的忍耐度要高于半干旱-干旱过渡区，且后者的土壤有机碳和全氮含量大幅下降，无机磷含量增加，$N:P$ 和 $C:P$ 急剧下降，但 $C:N$ 几乎保持不变。碳、氮和磷的生物地球化学循环将因干旱加剧发生"解耦"。此外，干旱的土壤温度变幅大，在一定程度上影响了土壤生态环境的优劣，因为土温对土壤的腐殖化过程、矿质化过程及植物的养分供应等都有很大影响。土温过低或者过高都会影响作物的发育。与气温相比，土壤温度对种子发芽和出苗的影响要直接得多，作物的种子必须在适宜的土壤温度范围内才能萌发。过高的土壤温度常使植物根系组织加速成熟，根系木质化的部位几乎达到根尖，降低了根表面的吸收效率。土壤温度低，作物根系吸水缓慢，当气候条件适于蒸腾时，植株地上部分常呈现脱水或缺水状态。土壤温度过低，常使冬季作物的分蘖节或根系产生冻害，强低温延续的时间长短和降温及冻融的速度都会影响作物的冻害程度；干旱还会导致植被退化、覆盖度降低，土壤存在潜在荒漠化风险。对于覆盖地球陆地表面约41%却养活全球38%以上人口的旱地而言，这些变化将对其提供的关键生态系统服务产生负面影响。

2) 干旱胁迫对作物生长发育的影响

(1) 干旱对作物根系的影响。

作物根系直接与土壤接触，是植物与土壤环境接触的重要界面，对土壤环境最为敏感，更易对土壤环境做出反应。根系的重要功能之一是从土壤环境中吸收水分和养分，水分胁迫限制了根系的生长发育，并且随着胁迫程度的增加，对根系生长发育的抑制作用增大。

　　研究表明，土壤水分状况会改变作物根系的大小、数量与分布，从而影响冠层生长和产量。农作物营养生长前期适度的水分胁迫可以促进根系纵向生长。玉米在干旱胁迫下不同生长发育时期的根系生长发育均受到抑制，表现在根数、根长、根干重、根体积等指标明显下降。小麦根量达最大值（一般在抽穗前后）以后，土壤干旱使最大根量维持的时间短，说明水分胁迫造成冬小麦生育后期根系的大量死亡，并且随水分胁迫的加剧，根系死亡越发严重。水分胁迫对作物根系的生长和发育有抑制作用，但抑制有时也是有利的，作物可以通过自身的调节来适应这种变化。根冠比增加是作物对水分亏缺的响应之一，有研究认为，前期（尤其是苗期）水分胁迫可使作物得到干旱锻炼，增大根冠比和根活力，促进后期籽粒的形成。

　　图 2-8 为新马桥农水综合试验站的大豆受旱试验结果。图 2-8 中干物质增长量为相应生育阶段结束与起始的干物质重量差值，累积受旱胁迫度为

$$SD_j = \sum_{i=t_0}^{t_1} DS_{i,j} \tag{2.1}$$

式中，SD_j 为 j 处理计算时段内的累积受旱胁迫度；t_0 和 t_1 分别为时段的初始时间和结束时间，d；$DS_{i,j}$ 为 j 处理第 i 天的受旱胁迫度，其计算公式为

$$DS_{i,j} = \begin{cases} 0 & \theta_s \leqslant \theta_{i,j} \leqslant \theta_f \\ \dfrac{\theta_s - \theta_{i,j}}{\theta_s - \theta_w} & \theta_w < \theta_{i,j} < \theta_s \\ 1 & \theta_{i,j} \leqslant \theta_w \end{cases} \tag{2.2}$$

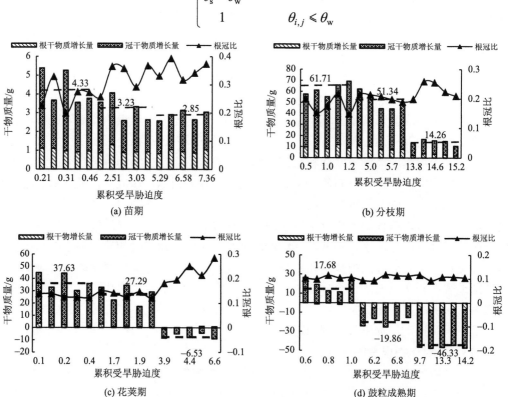

图 2-8　大豆不同生育期受旱胁迫对其干物质及根冠比的影响

式中，$\theta_{i,j}$ 为 j 处理第 i 天的平均土壤含水率；θ_s 为作物适宜土壤含水率下限；θ_f 为田间持水量；θ_w 为凋萎含水率。

由图 2-8 可知，大豆苗期受旱胁迫会抑制其干物质的增长，但根冠比随受旱胁迫度的增加而显著增大，表明大豆在受旱胁迫后，会激发其自适应机制，相对增大吸水器官根的生长发育而减缓地上部植株体茎、枝、叶等耗水器官（冠）的生长，这一点在营养生长期表现得十分明显；而在大豆以生殖生长为主的后期，如鼓粒成熟期，在受旱胁迫下总干物质却出现不同程度的负增长现象，尤其是在重度受旱胁迫下会造成萎蔫甚至植株体枯死。

（2）干旱对作物株高的影响。

受旱胁迫程度和受旱阶段不同对作物株高的影响也不同。作物在营养生长前期，植株株高增长较为缓慢，受旱胁迫对株高影响较小，而且随着受旱胁迫的解除，植株可迅速恢复正常生长状态并通过自我修复机制得到较大程度的补偿；在营养生长中后期，植株株高增长速度较快，受旱胁迫对株高影响较大且难以得到修复，重旱胁迫往往会造成永久性胁迫，轻旱胁迫对株高的抑制作用较轻，有时反而对植株生长有促进作用。作物生殖生长阶段，因株高已基本定型，受旱胁迫对其基本无影响。

由图 2-9 可以看出，不同程度的水分亏缺（奇数 T1～T7 为轻旱，偶数 T2～T8 为重旱）对大豆苗期株高的影响不大，而分枝期和花荚期水分亏缺胁迫对大豆株高的影响较为明显，进入鼓粒成熟期后水分胁迫对其株高基本没有影响。而玉米苗期受旱对其株高影响不大，拔节期随着受旱程度的增加玉米的株高呈下降的变化趋势（表 2-12）。

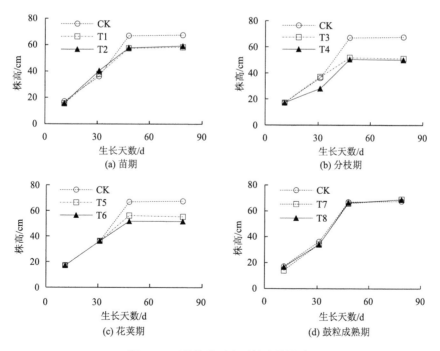

图 2-9　干旱胁迫对大豆株高的影响

表 2-12　苗期/拔节期干旱胁迫对玉米株高的影响　　　　　　　（单位：cm）

干旱程度	不同株高			说明
	前期	中期	后期	
不受旱对照	33.99/112.45	56.06/140.63	82.99/165.63	数据来源于新马桥农水综
轻度受旱	32.11/106.60	55.47/131.73	81.95/154.31	合试验站坑测试验资料;
中度受旱	36.3/114.57	57.7/136.00	85.3/154.05	a/b 中 a 为苗期的株高,b
重度受旱	—/107.02	—/135.01	—/150.15	为拔节期的株高

(3) 干旱对作物叶片的影响。

作物地上部分对水分胁迫最敏感的部位是叶片。大量研究表明,不同生育期受旱会使叶片生长缓慢,为有效利用土壤中的有限水分保证植物的生长,作物下部叶片先发生早衰,功能减弱,其后逐步向上部扩展,造成绿叶数和叶面积指数(LAI)的下降,以减少水分的蒸腾。干旱胁迫对作物营养生长阶段和生殖生长阶段的叶片生长均有影响,但营养生长阶段植株处于快速生长期,具有更强的恢复力,干旱胁迫解除后,随着植株的生长叶片会得到不同程度的补偿,干旱胁迫较轻的甚至会恢复正常生长;而生殖生长阶段,由于养分主要供应于生殖器官,干旱对叶片更加容易造成永久性胁迫。叶面积的下降和叶绿素含量的降低直接影响到光合作用,进而影响作物的生长发育。

分枝和花荚期受旱对大豆 LAI 的影响显著,重度受旱可使 LAI 降低 60%以上;苗期和鼓粒成熟期干旱对 LAI 的影响不明显(图 2-10)。与株高的结果相似,苗期和分枝期水分亏缺在复水后存在补偿生长的现象,说明在大豆营养生长阶段,水分胁迫解除后叶片的生长能得到较大程度的补偿,而在生殖生长阶段的水分胁迫对叶片易造成永久性胁迫。

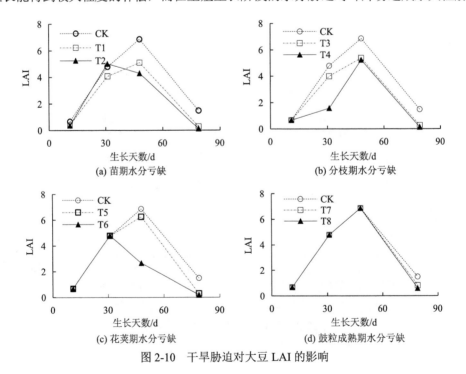

图 2-10　干旱胁迫对大豆 LAI 的影响

苗期干旱胁迫达到一定程度会抑制玉米叶片的生长，而适度轻微干旱能促进叶片的生长；拔节期不同受旱胁迫均对玉米叶片生长产生抑制，受旱程度越重，抑制作用越强。轻度和中度干旱胁迫不只抑制玉米叶片的生长，同时也在延缓老叶的衰老，进而延长了玉米的拔节期；重度受旱对玉米叶面积指数的抑制作用显著，而且加速了老叶的衰退进程，易对植株造成永久性胁迫；抽雄吐丝期不同程度受旱胁迫均对叶片生长有抑制，而且会加速老叶的衰老脱落，受旱胁迫程度越大，老叶衰退速度越快。干旱对玉米 LAI 的影响见表 2-13。

表 2-13　干旱对玉米 LAI 的影响

受旱程度	不同阶段 LAI			说明
	苗期	拔节期	抽雄吐丝期	
不受旱对照	0.38～0.79	1.40～1.96	1.47～1.91	
轻度受旱	0.30～0.84	1.25～1.68	1.40～1.87	数据来源于新马桥农水综
中度受旱	0.47～0.77	1.17～1.47	1.40～1.97	合试验站坑测试验资料
重度受旱	/	1.03～1.48	/	

3) 干旱胁迫对农作物光合特性的影响

光合作用、气孔导度、蒸腾作用等植物气体交换参数指标对水分胁迫的响应是植物生理生态学研究的重要内容，对于探讨植物光合作用和生长发育对土壤水分胁迫的反应具有重要意义。干旱会显著抑制作物的光合作用。干旱对光合作用的影响主要包括两个方面：气孔限制和非气孔限制。气孔限制是指干旱导致叶片气孔关闭，引起气孔导度下降，使叶片表面 CO_2 扩散受阻，胞间 CO_2 浓度降低，光合速率下降；非气孔限制是指由于气孔关闭导致的 CO_2 供应减少，诱发了活性氧自由基代谢失调，损害了光合器官的结构与功能，使得光合磷酸化下降，Rubisco(核酮糖-1,5-双磷酸羧化酶)活性降低，RuBP(核酮糖双磷酸)再生能力减弱，导致光合系统同化能力不足，光合速率下降。在干旱发生初期，干旱强度低、持续时间短，此时气孔限制是导致光合速率下降的主要因素，随着干旱强度的增加，非气孔限制的影响增大。玉米、小麦、大豆等旱作物任何发育阶段遭受干旱胁迫均会导致光合速率下降，但在不同生育阶段叶片光合速率对干旱的敏感性不同。大量研究表明，作物生殖生长期的干旱胁迫对光合速率的影响较大，在营养生长期则相对较小。

(1) 干旱对作物净光合速率(Pn)的影响。

叶片光合速率随水分胁迫加强而不断下降是农作物受害减产的主要原因之一。叶片光合速率日变化可反映植株一天中光合作用的持续能力，研究其变化特征对分析作物光合生产力和产量形成具有理论和实践意义。

研究表明，干旱会降低玉米的 Pn，受旱程度越严重，叶片对光照的利用率越低，在抽雄吐丝期玉米的 Pn 对干旱的响应较为敏感；且干旱胁迫造成了玉米 Pn 日变化中峰值提前的现象(表 2-14 和图 2-11)。

表 2-14　不同生长阶段水分亏缺对玉米 Pn 的对比分析

项目	拔节期			抽雄吐丝期		
	CK	轻度亏缺	重度亏缺	CK	轻度亏缺	重度亏缺
Pn/[μmolCO$_2$/(m^2·s)]	23.52	21.62	9.53	33.13	16.46	4.45
变化率/%	/	−8.08	−59.48	/	−50.32	−86.57

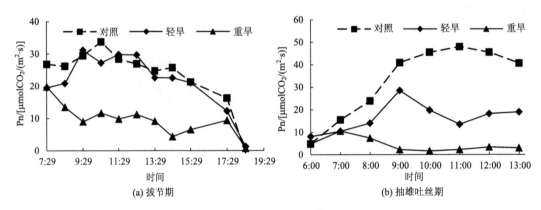

(a) 拔节期　　　　　　　　　　　(b) 抽雄吐丝期

图 2-11　玉米拔节期与抽雄吐丝期水分亏缺的 Pn 日变化过程

(2) 干旱对作物蒸腾速率 (Tr) 的影响。

在正常生长情况下，植物的蒸腾速率主要随着气温的变化而变化，即气温高，蒸腾速率大，反之则相反；而在水分胁迫条件下，将对其产生一定程度的影响。

干旱胁迫下高温会导致玉米叶片气孔关闭，造成蒸腾速率 (Tr) 下降；气孔关闭度随着受旱胁迫程度的增加而增加，气孔闭合时间随着干旱胁迫程度的增加而提前及延长。拔节期适度轻旱对玉米 Tr 无抑制作用，而抽雄吐丝期 Tr 对干旱胁迫更为敏感 (表 2-15 和图 2-12)。

表 2-15　不同生长阶段水分亏缺对玉米 Tr 的对比分析

项目	拔节期			抽雄吐丝期		
	CK	轻度亏缺	重度亏缺	CK	轻度亏缺	重度亏缺
Tr/[mmolH$_2$O/(m^2·s)]	4.20	5.18	1.71	7.11	4.43	1.94
变化率/%	/	23.23	−59.29	/	−37.69	−72.71

(3) 干旱对作物气孔导度 (Gs) 和细胞间 CO$_2$ 浓度 (C_i) 的影响。

气孔限制有长时间和短时间之分，长时间的气孔限制如旱生植物，其气孔导度明显决定了其光合作用的能力和生物产量；短时间的气孔限制如光合午休现象，主要是叶片水势下降，导致气孔限制在短时间内的光合能力下降，如果叶片水势恢复，气孔限制就减弱或消失。

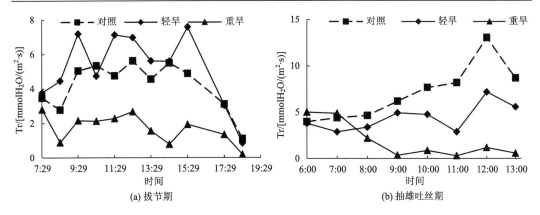

图 2-12　玉米拔节期和抽雄吐丝期水分亏缺的 Tr 日变化过程

玉米拔节期和抽雄吐丝期不同水分亏缺时 Gs 日变化规律与 Pn 的日变化相似，C_i 日变化规律均大致呈"U"形变化(图 2-13)。Gs 主要受光温及气孔的影响，前期随着气温的上升及光照的增强，叶片气孔逐渐打开，Gs 和 Pn 增大，CO_2 同化速度远高于叶片细胞间气体交换速度，C_i 降低；午间受高温影响，叶片气孔不同程度闭合，叶片 Pn 和 Gs 短时间内下降，CO_2 同化速度降低且与叶片细胞间气体交换速度无较大差异，C_i 变化较小；后期随着气温的下降及光照的减弱叶片气孔逐步闭合，Gs 和 Pn 减小，叶片光合作用减弱，呼吸作用逐渐增强，C_i 升高。

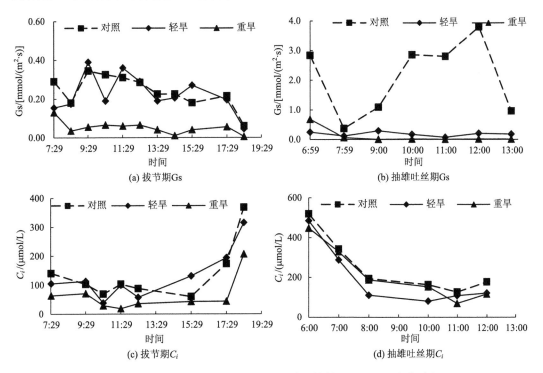

图 2-13　玉米拔节期和抽雄吐丝期水分亏缺的 Gs 和 C_i 日变化过程

由表 2-16 可知，拔节期和抽雄吐丝期不同水分亏缺对玉米 Gs 和 C_i 均有抑制。拔节期 Gs 和 C_i 基本上同步降低，表明拔节期不同水分亏缺胁迫下玉米光合主要受气孔限制；抽雄吐丝期 Gs 在轻度水分亏缺胁迫下就出现了大幅下降的情况，且与重度亏缺的降幅差别不大；而 C_i 则有所不同，其降幅明显小于 Gs，且其值似乎与受旱程度关系不大。表明玉米在抽雄吐丝期气孔导度(Gs)对水分亏缺胁迫十分敏感，气孔限制作用明显。

表 2-16　拔节期和抽雄吐丝期水分亏缺对玉米 Gs 和 C_i 的对比分析

项目	拔节期			抽雄吐丝期		
	CK	轻度亏缺	重度亏缺	CK	轻度亏缺	重度亏缺
Gs/[mmol/($m^2\cdot s$)]	0.24	0.22	0.05	2.10	0.18	0.11
Gs 变化率/%	/	−8.33	−79.17	/	−91.43	−94.76
C_i/(μmol/L)	138.19	131.75	64.06	253.58	198.75	216.75
C_i 变化率/%	/	−4.66	−53.64	/	−21.62	−14.53

2. 涝渍胁迫对农作物的影响

涝渍是作物主要的非生物逆境胁迫之一，而氧胁迫是作物经受涝渍威胁后最基本的次生胁迫。它如同干旱、盐渍、高温等非生物胁迫一样，极大地威胁着作物的正常生长发育及产量的形成。涝渍胁迫对作物生长发育及产量的影响程度，与涝渍发生后的淹水深度、涝渍持续时间、作物生育阶段及作物品种等密切相关。

1) 涝渍胁迫对作物生长环境的影响

田间出现地面积水，作物的局部或整株被淹没称为涝；土壤含水量高、作物主要根系完全生长在水分接近饱和的土壤中称为渍。当涝渍程度超过作物的耐受能力时就会对作物的生长发育造成影响并形成灾害。涝渍可导致农田水土生态环境发生变化，表现为土壤的通气性变差，土壤中 O_2 含量降低，CH_4 等还原性有害气体含量增加，pH 有趋于中性的变化规律。土壤是一个复杂的氧化还原体系，存在着多种有机、无机的氧化、还原态物质。氧化还原作用对土壤物质的剖面迁移、土壤微生物活性和有机质转化、养分转化及生物有效性、渍水土壤中有毒物质的形成和积累及土壤中污染物质的转化与迁移等都有深刻影响。

(1) 对土壤通气性的影响。

土壤通气性是土壤的重要特性之一，也是保证土壤空气质量，使植物正常生长、微生物进行正常生命活动等不可缺少的条件。当地面出现积水或土壤的湿度过大(即存在涝渍威胁)时，土壤孔隙几乎全被水体所占据，造成土壤通气不良，会影响土壤微生物的种类、数量和活动，降低土壤有机质的分解速度及养分的有效性，进而影响作物的营养状况。

(2) 对土壤氧化还原状况的影响。

土壤氧化还原作用主要是指土壤中某些无机物质的电子得失过程。氧化反应即失去(或放出)电子的反应，还原反应则得到(或吸收)电子的反应。在土壤溶液中，氧化和还原反应是同时进行的。土壤中氧化还原反应虽有纯化学反应，但很大程度上是由生物参与的。土壤氧化还原过程影响土壤中的物质和能量转化，氧化还原状态在很大程度上决定了土壤物质的存在形态及活动性。因此土壤氧化还原状况会产生多方面的生态影响，包括土壤本身的性状、植物生长及地表环境系统的其他要素（水体、大气）等。

反映土壤氧化还原状况的基本参数是氧化还原电位（Eh）。土壤 Eh 也是反映土壤环境条件的一个综合性的重要指标，其值的高低取决于土壤溶液中氧化态和还原态物质的相对浓度，主要影响因子是土壤水分状况。在土壤学中，常把约+300mV 作为氧化性和还原性的分界点。也有学者根据 Eh 对土壤氧化还原状况进行分级：Eh＞+700mV 为强氧化状态，此时通气性过强；+700～+400mV 为氧化状态，此时氧化过程占绝对优势，各种物质以氧化态存在；+400～+200mV 为弱度还原状态，此时 NO_3^-、Mn^{4+} 被还原；+200～-100mV 为中度还原状态，此时出现较多还原性有机物，Fe^{3+}、SO_4^{2-} 被还原；Eh＜-100mV 为强还原状态，此时 CO_2、H^+被还原，且硫化物开始大量出现。在涝渍的土壤环境中，Eh 低，呈还原状态，土壤中的有毒物质能直接影响作物的生长，使作物生长发育减缓，作物的光合作用和蒸腾作用下降，产量减少，产品质量变劣。

（3）对土壤有机质分解和积累的影响。

一般认为，在氧化状态下有机质的矿化消耗速率较快，过高的 Eh 不利于土壤腐殖质积累。在偏湿的水分状态和较低的 Eh 条件下，有机质矿化过程得到一定抑制，有利于积累大量腐殖质。所以，在同一地区往往是低湿地段的土壤中积累相对较多的腐殖质，或黏质土比砂质土积累更多的腐殖质。而在沼泽土中，除积累腐殖质外，还会积累大量的半分解植物残体——泥炭。

（4）对土壤养分有效性的影响。

土壤氧化还原状况会影响有机质的分解和积累，因此也影响有机态养分的保存和释放。当处于氧化状态时，有机养分矿化释放较快，有些养料由此丧失有效性。例如，在强氧化状态（Eh＞700mV）下高价铁、锰氧化物的溶解性很差，可溶性 Fe^{2+}、Mn^{2+} 及其水解离子浓度过低，植物易缺乏铁、锰，而在适当的还原条件下，部分高价铁、锰被还原为 Fe^{2+}和 Mn^{2+}，对植物的有效性增加；又如，在氧化态土壤中，无机氮以 NO_3^- -N 为主，利于喜硝性植物生长；在弱度还原状态以下，逐渐以 NH_4^+ -N 为主；在中度还原状态以下，则开始出现强烈的反硝化作用，引起氮素养分的气态损失，同时 SO_4^{2-} 逐渐趋于还原，硫的植物有效性下降；当处于较强还原状态时（如沼泽地），则 N、P 等养分大部分固存在有机质中，矿化释放缓慢，有效养分贫乏。变价元素的氧化还原过程还间接影响到其他无机养分的有效性。例如，在低 Eh 下，因含水氧化铁被还原成可溶的亚铁，减少了其对磷酸盐的专性吸附固定，并使被氧化铁胶膜包裹的闭蓄态磷释放出来，同时磷酸铁也还原为磷酸亚铁，使磷的有效性显著提高。当土壤处于中度、强还原状态时，就会产生 Fe^{2+}、Mn^{2+}甚至 H_2S 和某些有机酸（如丁酸）等一系列还原性物质，并在一定条件下出现这些物质的过量积累，从而对植物造成毒害作用。在植物生理方面，过量的亚铁阻碍植物对磷和钾的吸收利用，对氮素的吸收也受到一定影响；过量的 Fe^{2+} 还使根易老化，抑制根的生长；H_2S 和丁酸等的积累，可以抑制植物含铁氧化酶的活性，影响呼吸作用，并减弱根系吸收水分和养分的能力（尤其是对 HPO_4^{2-}、K^+、NH_4^+、Si^{4+}的吸收能力）。强还原状态下植物常发生黑根，主要是 FeS 沉淀附着在根部之故，可显著降低根的通透性。严重的嫌气或还原环境常导致根系腐烂和植物死亡。土壤通气不良还会使土壤中的有机质分解形成氢，氢能引起富含氧的盐类及三价铁和四价锰的化学还原作用。土壤中氧少、二氧化碳多时，会使土壤酸度升高，适宜于致病霉菌的发育，易使作物感染病虫害。

(5)对土壤污染物质和生物环境效应的影响。

常见的土壤污染物有重金属、农药及有毒有机物等。土壤氧化还原状况在很大程度上会影响它们的形态转化，从而影响其在生物-环境系统中的活性、迁移性和毒害性。例如，土壤中大多数重金属污染物(如 Cd、Hg)是亲硫元素，在渍水还原条件下易生成难溶性硫化物，而当水分排干后，则氧化为硫酸盐，其可溶性、迁移性和生物毒性迅速增加。但是当土壤中的无机汞还原为金属汞，并进一步被微生物转化为甲基汞时，其毒性也会大幅增加，这在水田和湿地生态系统中都至为重要。当砷在一定的还原条件下由砷酸盐还原为亚砷酸盐，其活性和生物毒性也会增加几十倍。至于农药和有毒有机物，它们有的在氧化条件下转化迅速，有的则在还原条件下才能加速代谢。如三氯乙醛在通气土壤中会被微生物氧化为毒性更强的三氯乙酸，而滴滴涕(DDT)和艾氏剂在 $Eh < -100mV$ 的还原性土壤中却能加速降解。

总之，涝渍会造成土壤的水、肥、气、热关系失调，即水分过多、氧气偏少(形成厌氧环境)、土温降低、养分流失或有效性改变；导致土壤与大气中的气体交换受阻，土壤中的硝酸钾、锰和铁离子、硝酸盐及二氧化碳等氧化物随之减少，厌氧微生物代谢活跃并产生多级次生胁迫(毒物积累、离子胁迫及气体胁迫等)，根系的呼吸作用受到抑制，阻碍作物生理活动的正常进行和作物对养分、水分的吸收利用，以及有机物质的运转、合成，造成作物发育不良和减产。涝渍还可改变作物周围的小气候环境，如植物群体透光通气不良，相对湿度大，造成植株徒长、倒伏，易诱发病害等。

2)涝渍胁迫对作物生长发育的影响

作物生长发育的物质和能量主要来源于光合作用，而叶绿素是作物进行光合作用的主要色素，叶绿素含量高低在某种程度上与光合作用及产量变化密切相关。作物受涝渍后，从外观上看最显著的响应是失绿黄化，其原因是叶绿素水解加快、叶黄素合成增加，叶绿素含量下降，气孔关闭，叶片气孔扩散阻力增加，导致光合同化效能的净光合效率、水分利用率、表观量子效率和羧化效率等指标下降。随涝渍时间的延长，光能利用率和同化力下降，其中最直接和最本质的伤害是细胞内活性氧大量增加而引起膜系统的损伤和膜透性的增加，并对叶片气孔行为、光合色素代谢乃至整个光合作用系统及功能产生不利影响。

一般而言，渍随涝生(发生暴雨时最为明显)、涝去渍存，有涝的问题就存在渍的危害，在缺乏田间排水工程措施的情况下，尤其如此。但若出现较长历时的连阴雨天气，虽然降雨强度不大，不足以形成涝灾，却可能使农田地下水位在较长时期居高不下、作物主要根系活动层的土壤湿度大，也会形成渍害。渍害不像涝害那样明显，危害程度也不如涝害大。一般作物的抗渍能力远大于抗涝能力。渍害的影响首先作用于作物的根部，然后会抑制植株的生理活动和生化反应，导致茎叶增长缓慢、光合效率降低，产量下降。相关研究表明，不同时期渍水均对小麦生长产生明显的抑制作用。在三叶期，受渍 15

天麦苗的地上部干重、株高、主茎叶片数、茎蘖数、叶面积和叶绿素含量均显著下降；拔节期受渍可明显降低干物质积累和光合特性的相关指标，使小麦孕穗期、开花期和成熟期的干物质积累、叶面积和叶绿素含量显著降低；小麦在孕穗期和灌浆期遭受渍害对其旗叶、根系和幼穗丙二醛（MDA）含量的影响显著，MDA 含量随受渍历时的增加而升高，受渍时间达到 5 天左右时，小麦的根系、旗叶和幼穗细胞膜脂就会遭受严重过氧化。拔节期及开花后连续长时间受渍可造成小麦的有效穗数、穗粒数、千粒重和产量显著降低。大豆通过形态和生理的适应性变化能够耐受一定时期的渍水环境，短期渍水不会对大豆的生长和产量产生显著影响，但渍水时间过长，植株的器官生长、光合性能等显著下降，植株生物量和产量降低，甚至死亡。渍水胁迫对大豆苗期各生理指标和形态的影响较小，花荚期受渍可导致根系逐渐衰亡，随渍水时间延长根系逐渐腐烂、吸收功能降低，对大豆生长的影响较大。恢复正常后，受渍时间较短的大豆生长状况得到改善，植株的生物量和叶面积的增长速率变大，并在最后阶段接近正常水平；而受渍时间较长则很难恢复。可见，花荚期是大豆的渍水胁迫敏感期。由于玉米的生态适应性，具有一定的应对渍水造成的土壤缺氧性能，在受渍状态下其节根层数及节根总条数均有所增加。但渍害胁迫对玉米壤中根系会造成不可逆的损伤，同时造成玉米叶面积指数、绿叶干重大幅下降，穗长、穗粗、穗粒数、百粒重均明显降低，秃尖长有所增加。玉米幼苗期渍水会导致穗下层叶片早衰，群体叶面积、叶绿素含量显著降低，光合能力下降，使得干物质积累减少，受渍 5 天可减产 10%～30%，受渍 15 天几乎绝收，为玉米的渍水胁迫敏感期。油菜蕾薹期受渍主要抑制其一次分枝的形成，花荚期则主要影响有效角果数和千粒重（角果成熟期尤其），各生育期在受渍 6 天时油菜的减产显著，减产率在 15%～26%，以花荚期受渍对油菜产量的影响最大，为渍水胁迫敏感期。

　　试验结果表明：涝渍会导致根系生长和干物质积累下降，同时影响地上部的生长，叶面积和株高增长量降低，并最终对作物的生长发育和产量造成一定的影响；随着涝渍程度的增加，作物的生理生态指标日益恶化，减产幅度增大，且在不同生长阶段的影响程度不同。具体分析见"2.3.3 农作物的涝渍响应规律"一节。

2.3　农作物的涝渍机理与响应规律

　　涝渍是我国农业生产的主要自然灾害之一。作物受涝渍危害的程度与其水分生态类型、品种、生长阶段、涝渍胁迫历时，以及土壤类型与质地和其他环境条件有关。也就是说，在不同类型土壤中生长的不同作物在其不同生长阶段对排水（除涝降渍）的要求是不一样的。研究作物的涝渍机理及其涝渍响应规律，可为作物排水指标的确定提供理论基础和依据。

2.3.1　涝渍成因与机理

1. 涝渍成因

自然灾害是在致灾因子危险性、孕灾环境变动性、承灾体敏感（脆弱）性和防灾减灾能力等要素相互联系、相互作用下形成的。涝渍的发生与降雨、地形地貌、水文地质、土壤、作物、排水条件，以及人类活动等密切相关。

1) 致灾因子

涝渍灾害形成的最主要自然气候因素是降雨。涝渍灾害发生与否及其灾害程度在致灾因子方面取决于降雨量、降雨强度、降雨的时空分布、连阴雨天数等。淮河流域地处南北气候、高低纬度和海陆相三种过渡带的交叉重叠地区，致灾暴雨天气系统众多且组合复杂，既有来自北方的西风槽和冷涡，又有热带的台风，还有本地产生的江淮切变线和气旋波，导致降雨的年际与年内分布不均，6~8 月多集中暴雨，强度较大，又常出现长时期的连续阴雨天气。较大强度的降雨和较长时期的连阴雨是酿成涝渍灾害的最主要气候因素。

2) 孕灾环境与承灾体

地形地貌、河流水系、水文地质、土壤等环境因素和不同作物类型(承灾体)对涝渍灾害的形成影响较大。淮河流域地势低平，地面坡降小，仅为 1/10000~1/7000，具有明显的"大平小不平"特征，区内多分布中间微低、四周略高的封闭式局部蝶形洼地。以阜阳市为例，依据数字高程模型(DEM)数据，阜阳市除沿泉河、颍河、黑茨河、茨淮新河、洪河等两岸存在大量连片洼地外，其他区域还存在大量零星分布的局部微小洼地，洼地面积约 2143km^2，占全市土地面积的 22.3%。此类型洼地一般低于周围高地 0.3~0.5m，汛期常易形成洼地积水和临时滞水，致使土壤长期过湿，即使积水或滞水缓慢消除之后，地下水位仍长期保持在较高状态，为涝渍易发、多发区。流域的河道上游坡度较陡，中下游较为平缓，主、客水经常遭遇，不利于泄洪排涝。汛期暴雨后，洪峰期中下游河道水位高、持续时间长，农田排水往往受顶托或者倒灌影响，造成"关门淹"。淮北平原土壤主要为砂姜黑土、潮土和水稻土等，其中砂姜黑土占比大；质地黏重、干缩湿胀性强，且裂隙发达，逢旱干裂跑墒、遇雨湿胀涝渍难排，极易发生旱、涝、渍灾害。该区常年地下水位埋深在 0~1.6m 之间变动，在暴雨过程中地下水位在降雨的补给下迅速上升，约 4~8h 就可以使位于地面以下 1.0m 左右的地下水位上升到地表；区内农业种植以小麦、玉米等耐涝渍和滞蓄水能力弱的旱作物为主，仅沿淮地区种植有水稻且面积不大；水库、塘坝少，水面率低，缺少蓄水载体，洪涝水区内滞蓄调节能力弱，外排条件不良，导致洪涝灾害发生频繁。

3) 排水条件

排水条件包括田间尺度的排水条件和区域尺度的外排条件。田间干、支、斗、农、毛等各级排水沟系健全、标准达标，区域的外排畅通，水位、流量满足相应的排水标准要求，则可避免涝渍的发生(超标准暴雨情况除外)。因此，为提高区域涝渍抗灾能力，不仅应加强面上农田排水工程建设，健全工程体系，保障外排畅通，还应该科学合理地规划设计各级排水沟道、河道的排涝标准，尤其是排水干沟、河道、承泄区之间排水标准的合理衔接。目前淮北平原农田排水存在的主要问题是田间排水系统不健全，大、中、小沟不配套，末级固定及临时排水沟汕稀少，尤其缺乏田间排水毛沟(腰沟、墒沟)，几无暗管排水工程，排渍能力差，导致"小河无水大沟满，小沟无水地里淹"的现象经常发生。

4) 人类活动

水旱灾害与人类活动有着密切关系。人类生活空间的扩大和社会经济活动强度与速度的不断提升，是加速生态环境破坏和水旱灾害多发的原因之一。人类生存环境既是被动地接受自然灾害的场所，又主动地为自然灾害的形成和发展提供了背景条件。这不仅表现为较脆弱的环境系统对自然灾害有较大破坏性响应；更重要的是，还表现在环境变化对自然灾害的发生频率和强度有直接的反馈作用。人类为了生存发展和提升生活水平，不断进行一系列不同规模、不同类型的活动，包括农、林、渔、牧、矿、工、商、交通、观光和其他各种工程建设等。人类活动的盲目性和不科学性，特别是对自然资源的过度开发常使环境不断恶化，一方面导致环境的脆弱性变得显著，自我调整能力转趋薄弱；另一方面使人类自身抗灾的能力日益下降；再一方面许多人类破坏环境的过程本身就是自然灾害的形成过程。在这些多重因素的作用下，自然灾害的层出不穷和快速增长当然成为意料中事。

人为因素从两方面影响气候乃至区域的水旱灾害：一是二氧化碳等温室气体增加使全球变暖，从而改变大气环流和气候条件，导致水旱灾害的发生；二是通过改变下垫面的属性(如对草原、森林的破坏，围垦造田侵占湿地和洪水走廊，大量筑坝蓄水等)来影响区域气候和洪水发生因素，进而产生水旱灾害。此外，人类需求的不断增加导致对水土等自然资源的过度开发也进一步加剧了水旱灾害。

2. 涝渍机理

涝渍对农作物的伤害并非来自水分过多而造成的直接伤害，而是源于涝渍造成的次生胁迫，其中最严重的是缺氧胁迫。由涝渍引发的缺氧环境会抑制植株的有氧呼吸，促进植株的无氧呼吸。一方面导致无氧代谢产物丙酮酸、乙醇、乙醛等有毒物质的大量积累，影响植株正常的生长发育，对植株产生伤害；另一方面在涝渍胁迫下，植株光合作用受阻、干物质积累下降，而无氧呼吸又不断地消耗植株体内积累的干物质，使得生长发育受阻，导致产量下降。涝渍胁迫程度严重时甚至会导致植株体死亡。

涝渍对作物生长发育和最终产量的影响是通过改变作物的生长环境，特别是水土生态环境发挥作用的。理论和实践证明，在水、肥、气、热等农业生产必需的诸多因素中，水是最活跃、最积极的因素。水因素的变化不仅能够促使其他各因素的改变，使土壤的养分和特性以及气、热状况发生变化，从而影响作物的生态环境；而且土壤水分的过多或不足还会直接影响作物的正常生长发育，造成减产。土壤的水分含量直接影响作物根系的生长和养分的供给。土壤水分还能调节土壤温度，对于防高温和防霜冻有一定的作用。因此，在农业生产中常通过"以水调肥、以水调气、以水调热"来协调土壤的水、肥、气、热状况，为作物的生长发育创造一个良好的环境条件。

涝渍胁迫对作物的伤害首先发生在根部，涝渍造成根际缺氧，随时间的延长，农作物的根系易窒息，活力会大大下降，影响养分的吸收，严重时会因沤根而萎蔫致死。研究表明，大多数作物根系在土壤氧气浓度为 5%～10% 时，生长良好且吸收力强；氧气浓度低于 2% 时，生长缓慢。在潮湿的土壤中，作物根系生长缓慢、根量少且多分布于浅层，不利于吸收养分和深层土壤水分。当土壤水分过多特别是出现地面积水时，土壤孔隙几乎被水体所饱和，土壤与大气之间的气体交换被完全阻隔，会造成土壤缺 O_2 和 CO_2 含量的升高，甚至产生大量的有毒物质，除水稻等水生植物其根部的 O_2 可通过具有较大细胞空隙组成的"空气柱"输送外，其他许多作物会因根部缺 O_2 造成根系呼吸窒息甚至中毒死亡。

土壤水分参与土壤中的物质转化过程，如矿物养分的溶解和转化、有机物的分解与合成等，土壤水分或通过其对土壤空气和土壤温度的胁迫作用影响土壤养分的生物转化、矿化、氧化与还原等，因而与土壤养分的有效性有很大的关系。涝渍逆境抑制的主要器官是根系，但对其最敏感部位是叶片。作物主要根系活动层土壤的水、肥、气、热状况失调，根系的呼吸作用受到抑制的同时，缺氧环境使作物地上部的有氧呼吸也受到抑制，影响光合作用等生理过程，导致叶片细胞的气孔关闭、净光合速率的下降、叶片的叶绿素含量减少，加快了叶片的老化速度，从而削弱了植株光合产物的积累量和积累速度，而碳水化合物和有机氮化物的减少反过来又制约根系的发展，加剧阻碍作物生理活动的正常进行和对养分、水分的吸收利用，以及有机物质的运转、合成，导致发育不良和减产。相关研究表明，当 CO_2 的浓度增加到 1% 以上时，作物根的发育开始滞缓，根毛不能扩展，并会引起养分的有效过程减弱。在排水不良或地下水位较高的农田中，经常会出现作物生长衰弱或叶片黄萎现象。在发生反硝化作用时，使土壤氮素肥料产生脱氮损失，其他养分随水下渗淋失。

长时间持续涝渍会导致作物细胞排列变疏松，组织间隙增大，茎基变粗，有的甚至形成纺锤状茎基，这些变化可能与作物体改善氧运输有关。湿生作物如水稻等一般缺乏对厌氧生活的代谢性适应力，但具有贯通根和茎叶的通气组织。大豆茎叶具有由次生形成层产生的良好的通气组织，随空气进入茎叶中的氧就可以沿着通气管道顺利运输到根部，增加根系的耐缺氧能力。当幼苗地上部处于空气中，氧可以通过茎向下扩散，向缺氧的根供氧，这就解释了大豆植株只要顶端露出在空气中短时间不会被淹死的原因。其他禾本科旱作物在低氧时也会诱导产生该类组织。一些耐湿的陆生作物在受淹条件下也可在茎的皮层中产生大量的融生或裂生性通气组织，不定根与茎叶空腔和细胞间隙相通，形成氧气向体内扩散的途径。

涝渍胁迫还会影响植物体内活性氧代谢系统的平衡，超氧化物歧化酶（SOD）、过氧化物酶（POD）和过氧化氢酶（CAT）等是作物内在的保护酶系统，在作物抗逆代谢中起着重要的保护作用。作物受涝渍胁迫时，超氧化物阴离子自由基、羟基自由基、单线态氧和过氧化物等大量产生，会抑制保护性酶的活性，降低 SOD、POD、CAT 等保护酶系统清除植物体内活性氧以减轻活性氧自由基对细胞膜的伤害的性能。因此，控制和改善土壤的水分状况，创造良好的生态环境特别是水土环境是保证作物正常生长发育、获得高产的必要条件。

为了创造一个适合农作物生长需要的水、肥、气、热诸因素协调一致的土壤水分状况，除了进行合理的农田灌溉之外，还必须进行合理的农田排水，以便使农作物主要根系活动层范围内的土壤水分能够保持在较为适宜的状态。又由于农田地下水位对土壤和作物具有重要的影响作用，所以在排水时还应该合理地调控地下水位。

2.3.2　农作物的涝渍抗逆性

任何生命体都具有顽强的生命力，当其生命运动受到胁迫时会表现出一定的抵抗性，农作物也不例外。当作物的生长受到涝渍威胁时，它们也会通过调整机体各部分的机能，企图适应外界环境条件的变化，以趋利避害、维持生命。植物的这一性能称之为抗逆性或者自适应性，表现在涝渍方面即为抗涝渍性能或者耐涝渍能力。只要涝渍危害的程度不超过作物的生理承受能力，就不会造成植株体的死亡，但会对产量的形成造成严重影响，而这一点正是人们所特别关注的。研究农作物的抗涝抗渍性能，对于指导农田排水、合理确定排水指标与标准具有重要意义。

1. 作物耐涝渍性能的影响因素

不同作物在不同生长阶段具有不同的耐涝耐渍性能。水稻属于湿生性喜水作物，在其整个生长期不仅耐涝耐渍，而且几乎可以在具有一定淹水深度的环境中生长和发育。其他大多数作物属中生性作物，要求水湿条件适中，因为中生性作物没有完整的通气组织，不能长期在积水、缺氧的土壤中生育。涝渍胁迫的主要胁迫因子是低氧胁迫。植物响应低氧胁迫可分为 3 个阶段：首先，植物快速诱导产生信号转导；然后，信号分子诱导大量胁迫响应基因，调控植物发酵途径进行能量供应和抗氧化防御系统清除活性氧离子；最后，通过形成通气组织、不定根等形态提高植物抗逆能力。作物抗涝渍性能的强弱取决于对氧的适应能力。如果具有发达的通气系统，地上部吸收的 O_2 通过胞间空隙系统可输送到根或者缺氧部位，则其抗涝渍性能就强。在水稻一生中以幼穗形成期到孕穗中期受害最严重（即抗涝渍性能最弱），其次是开花期，其他生育时期受害较轻。孕穗期是花粉母细胞及胚囊母细胞减数分裂期，此时如果稻田地上部淹水，就可破坏花粉母细胞发育，造成颖花与枝梗退化，形成大量的空瘪籽粒。在旱作物中，相对比较耐涝渍的有大豆、绿豆、高粱、花生、小麦、玉米等。在这些作物的生长盛期，即需水关键期，恰逢雨水旺季，在最容易形成涝渍灾害的自然条件下，这些作物则能表现出很好的抗性功能。但不可否认，在这些作物的幼苗期，其抗御涝渍灾害的能力尚低，如玉米、大豆在苗期遭遇涝渍，严重者会使幼苗枯萎死亡。而像棉花、芝麻等喜温怕水作物，则耐旱而怕涝，其抗涝渍性能较弱，特别是在营养生长与生殖生长并进的旺盛发育阶段（如棉花的花铃期），涝渍对作物产量的影响最大。

农作物的耐涝渍性能除受制于作物自身特性外，还与诸多外界环境因素息息相关，比如气候条件、土壤因素、栽培方式等。不同的土壤、气候条件和栽培方式能够引起涝渍影响程度的较大差异，即随着生长条件的变化作物对涝渍表现出不同的抵抗能力。例如，在长期阴雨之后天气骤晴，日照强烈，气温快速升高，蒸发力强，迫使作物根部的呼吸作用和叶面蒸腾增强，以满足其生理活动所需要的水分和养分供给。由于没有一个缓冲和适应的过程，这将使本来就相当脆弱的机体功能愈加不胜其荷，犹如雪上加霜，供需矛盾急剧恶化，会加剧涝渍危害程度。有关研究表明，棉花的产量与涝渍胁迫强度（涝渍历时）和涝后降渍阶段的大气温度（特别是高温及其持续时间）、湿度及其波动强度(日较差、饱和差)之间存在极显著的相关关系。涝后降渍阶段的温湿度及其波动强度对作物的影响往往比渍害影响要大,特别是涝后高温天气的影响明显大于作物受渍的影响。

在土壤和栽培方式方面,种植在黏性土壤中的作物对涝渍的抗逆能力明显下降,表现为同等胁迫条件下其减产程度重于砂性土壤,因为砂性土壤通透性好、沥水较快(表2-17);台(条)田或垄作栽培有利于排水和通气,能够减轻涝渍威胁。在其他条件相同的情况下,种植在砂性土壤或采用垄作栽培的作物会表现出较强的抗涝渍性能。

表 2-17　土壤质地参数和通气率达到 10%的时间

土壤质地	$\gamma/(g/cm^3)$	γ_c	γ_s	$\theta_s/\%$	$P_{24}/\%$	T_{10}/h
砂土	1.62	0.42	7.33	24	37.9	2
壤砂土	1.64	0.76	4.88	23.2	27.4	3
砂壤土	1.55	0.21	1.63	26.8	13.8	10.8
壤土	1.26	0.30	1.04	41.6	10.7	20.2
粉质壤土	1.31	0.16	0.20	38.6	8.6	36.7
砂质黏壤土	1.64	0.67	1.38	23.2	11.0	18.4
黏壤土	1.34	0.51	0.49	36.9	11.0	16.9
粉质黏壤土	1.30	0.38	0.11	39.2	8.8	34.9
砂质黏土	1.40	1.00	1.22	33.7	16.5	7.3
粉质黏土	1.30	0.53	0.111	39.2	9.3	29.9
黏土	1.22	0.77	0.111	44.2	7.3	63.6

注:表中 γ 为干容重, γ_c 为黏粒比, γ_s 为砂粒比, θ_s 为理论饱和含水率(质量分数), P_{24} 为淹水排除 24h 后土壤的通气率, T_{10} 为通气率达到 10%的时间。

当农田出现积水时,作物的耐渍能力除与作物本身有关外,还取决于受淹状况。受淹后,作物的抗渍能力会有所下降,即在发生涝灾后(特别是淹水时间相对较长时),农田地下水位需要较快的排降速度(排降时间短、深度大)。安徽省(水利部淮河水利委员会)水利科学研究院棉花涝渍试验结果表明:花铃期单纯受渍(地下水位平地表后下降速度为6cm/d,12 天后降至埋深 0.8m)时,棉花的减产率为 25%左右;若单纯受淹(水深 5cm)而淹后不受渍,淹水天数从 0 到 5 天,减产率为 20%左右;而在涝渍连续胁迫(本试验为淹 5 天,淹后地下水降速为 6cm/d)的情况下则减产率为 36%,较之单纯受渍减产率增加 11 个百分点。

相关研究结果还表明,在浅淹水条件下,作物对涝的敏感性主要表现在受淹历时上,而不同淹水深度对其产量的影响不显著(表 2-18)。因此,从解决生产实际问题出发,在研究作物的耐涝性问题时,应重点针对浅淹水情形开展试验,况且除非发生较大的洪水(如溃坝、决堤),一般不会出现大面积农田淹水深度超过 25cm 的情况。

表 2-18　棉花花铃期不同淹水深度试验结果

试验处理	淹深/cm	4m² 皮棉产量/g				相对产量	Duncan 检验	
		重复 1	重复 2	重复 3	均值		5%	1%
CK	0	478.9	482.1	468.7	476.6	1.000	a	A
	5	427.0	435.5	433.0	431.8	0.906	b	B
淹水 5d	10	436.0	414.1	432.5	427.6	0.897	b	B
	20	439.0	436.9	399.8	425.2	0.892	b	B

注：淹水试验处理为淹水 5 天后在 7 天内将地下水位降至 0.8m 埋深；引自朱建强和乔文军，2003。

2. 作物的耐涝耐渍指标

1）指标的选取

（1）受涝指标。

作物受涝程度一般以淹水深度（H）和淹水历时（T）表示。试验表明，淹水历时对作物的影响起主导作用，而淹水深度则处于相对次要的地位（除非没顶淹水）。因此，在选择受涝指标时若为单一指标则选用淹水历时，淹水深度作为辅助指标。为综合反映淹水（不同淹水深度和淹水历时）对作物的影响，可采用综合指标 SFW（sum of surface water depth），SFW 是指作物受淹阶段地面积水深度的累积值，单位为 cm·d，具体计算如下：

$$SFW_i = \sum_{j=1}^{T} H_j \tag{2.3}$$

式中，H_j 为 i 阶段第 j 天的淹水深度，cm；T 为 i 阶段的淹水历时，d。

（2）受渍指标。

判别农田是否发生渍害威胁的最直接指标是土壤水分状况，以土壤含水率表示。但土壤含水率的时空变异性大，要想获得具有良好代表性的数据，其工作量十分可观，且以其作为降渍的控制指标受到诸如土质条件、测试手段及实现方法等因素的制约，在实际操作中难度较大。由于地下水埋深状况与土壤含水率之间有一定的关系，作为控制指标比较直观又易于实现，观测也比较方便，因此，通过调控地下水埋深来对土壤含水率进行控制的各种途径被广泛采用。除地下水埋深、地下水降落速度等降渍指标外，近年来国内也开始采用地下水连续动态指标 SEW_x（sum of excess soil water）作为渍害的指标。因为农田地下水位处于不断变化之中，因此难以精准确定作物不受渍害的地下水位埋深值。

SEW_x 是荷兰学者西本（Sieben）于 1964 年提出来的。其计算公式为

$$SEW_x = \sum_{i=1}^{m} (x - d_i) \tag{2.4}$$

式中，SEW_x 为作物全生育期或某生长阶段地下水位埋深小于 x 的累计值，cm·d；x 为某一特定的地下水埋深（临界埋深），一般取 30～50cm，即作物根系密集层的深度；d_i 为第 i 天的地下水埋深，cm，当 $d_i > x$ 时取 $d_i = x$；m 为统计时段（或生长阶段）的天数，d。

有关研究表明，SEW_{30} 的值不超过 200cm·d 时一般对作物无明显影响。

(3) 涝渍综合指标。

涝和渍均表现为农田水分过多、土壤过湿，本质上它们是一个统一体，即一个问题的两个方面，很难将其完全剥离开，二者相伴相随，互为依存。故此，可将受涝指标与受渍指标兼容考虑，采用涝渍综合指标 CSDI (continuous stress-day index of water logging) 和 $SFEW_x$，其计算公式为

$$CSDI = \sum_{i=1}^{n} CS_i (SEW_{xi} + CW_i \cdot SFW_i) \tag{2.5}$$

式中，CSDI 为涝渍连续抑制天数指标，cm·d；CS_i 为第 i 阶段的作物涝渍敏感因子；CW_i 为第 i 阶段的作物涝害权重系数；n 为作物的生育阶段数；其他意义同上。CS_i 和 CW_i 需要依据试验确定。

对于作物某一特定的生长阶段（如作物的关键生育期或涝渍敏感期），式 (2.5) 可简化为

$$CSDI = SEW_x + CW \cdot SFW \tag{2.6}$$

$$SFEW_x = \alpha SFW + SEW_x \tag{2.7}$$

式中，α 为涝害权重系数，需要依据试验确定，其他同上。

涝渍综合指标既避免了涝和渍的分割，又统一考虑了涝、渍胁迫本质的一致性，能够比较客观地反映作物受涝渍的实际情况。

2) 主要农作物的耐涝耐渍指标

20 世纪 90 年代以来，国内各地陆续开展了对作物涝渍的专项试验，提出了适合各地不同气候和土壤条件的几种主要农作物的耐涝渍指标及其与作物产量的关系模型，如表 2-19 和表 2-20 所示。结果表明，在不同生长阶段作物对涝渍的耐受能力特别是耐涝能力差别较大，旱作物的耐淹时间一般在 1~2d，超过此值，由于涝情加重并延长了总排水时间（即地面排水时间与排渍时间之和），会导致作物产量明显下降。小麦总体来说比较耐水，但在抽穗开花期和灌浆期对涝淹较为敏感，允许淹水时间为 5d 左右；玉米苗期对涝渍反应最为敏感，允许淹水时间不超过 1d，而在拔节以后其耐淹能力大幅度增

表 2-19　主要农作物涝渍敏感期的耐淹耐渍指标

作物种类	生长阶段	耐淹时间/d	耐渍时间/d	降渍速率/(cm/d)
小麦	抽穗开花期	3~5	5~7	8~10
	灌浆期	4~6	6~8	5~8
玉米	苗期	<1	1~2	15~20
	拔节期	1~2	3~4	10~15
大豆	开花之前	1~2	3~4	8~10
棉花	花铃期	1~2	3~5	10~15(不受淹)
				15~20(受淹)
油菜	花荚期	1~2	3~5	10~15

注：降渍速率系指地面淹水排除后 3 天内地下水位的下降速度，先大后小。

表 2-20　作物产量与涝渍指标的关系

作物名称	关系模型	生育阶段	试验地点	说明
小麦	$R_y=0.941+0.023T-0.003T^2$	抽穗开花期	安徽新马桥农水综合试验站	
	$R_y=1.311-0.001SFEW_{40}+9.4\times10^{-7}SFEW_{40}^2$			
	$R_y=1.157-0.0003SFW-0.0008SEW_{40}$			
	$R_y=0.897+0.026T-0.003T^2$	灌浆期		
	$R_y=0.874+0.001SFEW_{30}-0.0002SFEW_{30}^2$			
	$R_y=1.025-0.0004SFW-0.0004SEW_{30}$			
	$R_y=1-0.00071SEW_{30}$	拔节以后	上海青浦试验站	
	$R_y=1-0.000464SEW_{50}$			
	$R_y=1.006-0.043t$	孕穗期	长江大学试验基地	t 为受渍历时(d)
	$R_y=1.074-0.035t$	灌浆期		
	$R_y=1.0-1.12\times10^{-3}SEW_{50}$	抽穗开花期	河海大学节水与农业生态试验场	
	$R_y=1.0-9.33\times10^{-3}CSDI$			
玉米	$R_y=1.200-0.333T$	苗期	安徽新马桥农水综合试验站	
	$R_y=1.162-0.007SFEW_{30}$			
大豆	$R_y=0.9935-0.0408T+0.002T^2$	苗期	安徽新马桥农水综合试验站	
	$R_y=1.062-0.001SFEW_{30}$			
	$R_y=1.434+0.012SFW-0.006SEW_{30}$			
	$R_y=1.294-0.137T$	花荚期		
	$R_y=1.600-0.004SFEW_{30}$			
	$R_y=1.731+0.004SFW-0.006SEW_{30}$			
	$R_y=1.018-0.8\times10^{-3}SEW_{30}$	花荚期	湖北四湖试验站	受渍
棉花	$R_y=1.377-0.424T$	花铃期	安徽新马桥农水综合试验站	
	$R_y=0.67-0.77T+0.007H$			
	$R_y=1.032-0.1\times10^{-3}CSDI$			受渍，S 为地下水位降速(cm/d)
	$R_y=0.149\ln S+1.222$			淹水 1d
	$R_y=0.161\ln S+1.218$			淹水 3d
	$R_y=0.116\ln S+1.024$			淹水 5d
	$R_y=0.108\ln S+0.931$			
	$R_y=(1.243+0.157\ln S)-(0.065+0.011\ln S)T$			
	$R_y=100.377\times10^{-2}-0.724\times10^{-2}T$	花铃期	安徽省(水利部淮河水利委员会)水利科学研究院无为允宁试验站	T 的单位为 h
	$R_y=1-9.6299\times10^{-4}SEW_{30}$			
	$R_y=1-9.6299\times10^{-4}CSDI$			
	$R_y=0.9903-0.1275\times10^{-2}SEW_{30}$	花铃期	湖北四湖试验站	受渍
	$R_y=0.9968-0.0653\times10^{-2}SEW_{50}$			受渍
	$R_y=0.9851-4.907\times10^{-2}T-1.124\times10^{-2}t_{50}$			t_{50} 为受渍历时(d)
油菜	$R_y=1.065-0.094T$	花荚期	安徽新马桥农水综合试验站	
	$R_y=1.003-0.010SFW$			
	$R_y=1.0096-0.134\times10^{-2}SEW_{30}$	花荚期	湖北四湖试验站	受渍
	$R_y=0.985-1.986\times10^{-2}t$	蕾薹期	湖北荆州农业气象试验站	t 为受渍历时(d)
	$R_y=0.963-3.304\times10^{-2}t$	花荚期		

注：表中 R_y 为相对产量，即受涝渍胁迫各处理小区的产量与不受灾对照区产量之比值。

强，可达 3～5d；大豆在开花之前受淹对产量影响较大，允许淹水时间约 2d；油菜花荚期为涝渍敏感期，允许淹水时间为 1.5d；棉花的涝渍敏感期为花铃期，允许淹水时间为 1～2d。耐渍时间和耐渍深度因作物种类、品种、生育阶段而不同。一般而言，旱作物对雨后地下水动态的要求是：地表积水排除后应在 3d 之内将地下水埋深降至 0.3～0.5m，若没有产生田面积水，即在不受涝时，作物的耐渍时间相应延长。

2.3.3　农作物的涝渍响应规律

植物受淹水胁迫时，主要表现为淹水部分褐化腐烂，未淹水部分黄化枯萎凋落，光合作用减弱，生物量积累减少，糖含量下降，活性氧积累增多，生物膜受损导致丙二醛含量增加。相应地植物会通过通气组织、不定根、乙烯调节、抗氧化机制、渗透调节、分子和代谢调节等方式减少淹水胁迫对植物造成的损伤。植物主要通过两种策略响应淹水胁迫，第一种是避害策略，如水生植物和湿地植物可通过不定根、通气组织等进行气体的交换，从而躲避涝害；另一种是耐受策略，如陆生植物只能通过生理生化过程缓解涝害损伤，长时间的涝害会导致这类植物的死亡。

依据安徽省(水利部淮河水利委员会)水利科学研究院新马桥农水综合试验站 1985 年以来数十年的试验成果(特别是 2008 年以后近十五年的涝渍专项试验资料)，对主要农作物在生长发育、生理生态及产量等方面对涝渍胁迫的响应机制和响应规律进行分析如下。

1. 涝渍胁迫对农作物形态结构的影响

植物响应淹水胁迫的避害策略主要由形态功能实现。涝渍胁迫使作物的形态发生巨大的变化，最直观的表现是生物累积量不断减少，作物生长受到明显的抑制，叶片黄化萎蔫、叶柄弯曲下垂等，并可诱发不定根的产生和通气组织的形成，使作物的形态结构逐渐发生变化。通气组织和不定根等形态结构的改变是植物对淹水胁迫适应性(耐涝性)的表现。

在涝渍的环境条件下，作物根系生长受到抑制，根毛和根数减少，活力下降，根系体积显著降低，根尖变成褐色甚至黑色，严重时出现腐烂现象。涝渍胁迫使得作物不定根细胞具有较高的分裂能力和生理活性，刺激不定根的生长，使不定根数量增加，以提高根系摄取和运输氧气的能力。涝渍还能诱发根际通气组织的形成，其主要原因是微生物和根系活动均需要消耗氧气，厌氧条件促进了乙烯的形成和积累，涝渍环境降低了乙烯的释放而加剧其积累的速率。乙烯浓度的增加导致纤维素酶的活性增强，最终使根尖皮层细胞分离或崩溃，形成通气组织。研究发现，冬小麦受到淹水胁迫后，其皮层细胞膨大，细胞核扭曲变形，线粒体内嵴模糊，部分细胞内含物消失，淹水 4h 根系皮层开始形成少量裂生空隙，12h 后细胞发生溶生，24～48h 细胞溶解空隙扩大，96～120h 形成明显通气组织。

从表观形态上看，在涝渍胁迫条件下，作物叶片和植株出现不同程度的黄化症状，随着涝渍时间的延长，叶片失绿萎蔫并偏上性生长；节间和芽鞘生长缓慢，茎基部出现肿大；根冠比下降；相对生长率降低，严重时植株枯萎死亡。

1) 涝渍胁迫对作物株高的影响

试验结果表明,淹水对作物株高的影响主要表现在营养生长阶段(开花之前),但较浅的淹水深度和较短的淹水历时却对株高的影响不明显。以生殖生长为主的生育阶段由于株高基本定型,故淹水对其株高的影响不大。水稻等喜水农作物在受到淹涝胁迫时会出现节间伸长、株高增高的现象。水稻节间伸长能力跟淹水深度、受淹时的生育阶段有密切关系,且这种情况还会随着水稻苗龄的增加而更加明显。玉米、小麦等旱作物在其生育前期株高受轻度涝渍胁迫影响不大(胁迫解除后植株在短期内可迅速恢复正常生长),但是当植株由营养生长向生殖生长过渡时,轻度涝渍胁迫即会对株高产生不利影响;而在各生育阶段,重度涝渍胁迫会对作物株高产生严重的影响(植株营养快速生长期更为敏感)。

由图 2-14~图 2-17 和表 2-21~表 2-23 可以看出,淹水对旱作物营养生长期的株高有明显影响,受淹程度越重,株高越矮;生殖生长阶段由于株高基本定型,故该阶段受

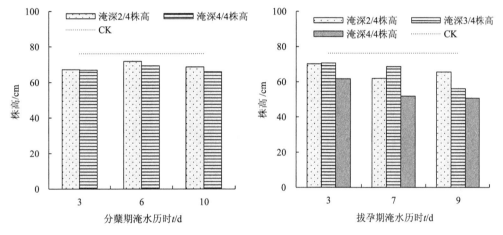

图 2-14　淹水对小麦株高的影响

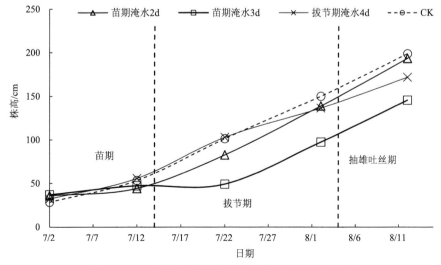

图 2-15　玉米苗期、拔节期受淹株高的动态变化过程

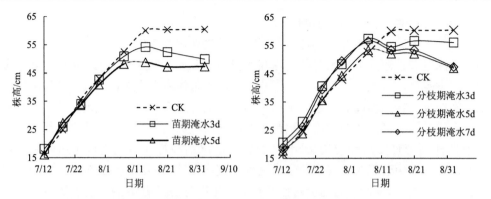

图 2-16　大豆苗期和分枝期受淹株高的动态变化过程（淹水深度 10cm）

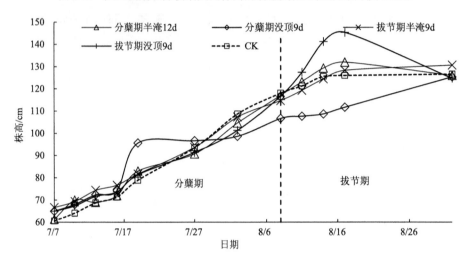

图 2-17　水稻分蘖期和拔节期淹水对株高增长的动态影响

表 2-21　涝渍对小麦株高生长的影响

生育阶段	淹水深度 /cm	淹水历时 /d	株高/cm		干物质重/kg	
			均值	标准差	均值	标准差
拔节期	10	8	91.13	2.24	1.45	0.35
		10	89.43	1.00	1.45	0.04
		12	84.48	1.63	1.20	0.09
	0	12	88.40	3.08	1.64	0.20
灌浆期	10	8	89.55	1.94	1.43	0.12
		10	89.58	0.22	1.33	0.18
		12	92.90	3.05	1.44	0.23
CK			92.50	4.73	1.39	0.06

注：干物质重为地上部植株体的干重；坑测法，下同。

表 2-22　淹水对油菜株高的影响　　　　　　　　（单位：cm）

处理	苗期株高	蕾薹期株高	花荚期株高
淹水 5d	36.3	39.7	147.7
淹水 7d	35.4	37.4	145.0
淹水 10d	34.2	35.7	141.1
CK	39.0	48.4	158.4

注：淹水深度 10cm。

表 2-23　棉花受淹对株高、果枝、蕾铃的影响

受淹阶段	淹水历时/d	考查指标				
		株高增量/cm	株高减少率/%	果枝减少率/%	蕾铃减少率/%	单株成铃减少率/%
蕾期	0(CK)	36.3	/	/	/	/
	2	34.5	4.5	7.1	8.1	5.4
	4	29.5	12.8	12.4	28.2	11.1
花铃期	0(CK)				/	/
	0.5					11.8
	1				27.6	18.9
	1.5				35.2	24.8
	2					37

注：各淹水处理的水层深度均为 5cm。

淹对作物株高的影响较小。没顶淹水对株高的抑制作用最为显著，且随着淹水历时的增加，其对植株株高的抑制程度呈加剧的变化趋势。淹水结束后，作物株高的增长速度高于不受淹的对照组，尤其是营养生长中前期在经历适当水分胁迫后，胁迫解除作物株高可快速恢复正常生长，说明作物在营养生长阶段从逆态恢复到常态后具有较强的生长补偿效应。

水稻分蘖期和拔节期没顶淹水各处理的阶段性株高均高于对照组，而淹水深度占株高 2/4～3/4、淹水历时 3～12d 的处理的株高与对照组相比基本无差异。阶段淹水试验结束时，分蘖期没顶淹水各处理的水稻株高高于对照组 5～15cm，随后植株株高增长缓慢，且淹水历时较长处理的株高一直低于对照组 10～20cm；拔节孕穗期淹水各处理的株高高于对照组 3～20cm，淹水历时越长植株越高。但各处理水稻的最终株高接近于对照组。说明在分蘖—拔节期短时(3～9d)没顶淹水可在一定程度上刺激水稻株高的生长，较长历时、非没顶淹水对水稻株高的生长基本无影响。

2) 涝渍胁迫对作物分蘖(分枝)的影响

涝渍对农作物的分蘖或者分枝有抑制作用，并最终影响作物的产量，其抑制作用主要体现在营养生长阶段，生殖生长阶段影响不明显。小麦、水稻等禾本科农作物在分蘖期受涝渍胁迫会影响其正常分蘖数；拔节孕穗期涝渍胁迫则导致茎蘖数迅速下降；抽穗开花期涝渍胁迫对作物茎蘖数的影响不显著；乳熟期涝渍胁迫对作物茎蘖数几乎没有影响。大豆在苗和分枝期受淹对其分枝有明显的影响，其中分枝期受淹对大豆分枝的影响最为显著，且淹水历时越长，影响程度越大（表 2-24、表 2-25 和图 2-18）。

表 2-24　分蘖后期淹水对小麦有效分蘖的影响

淹水深度	淹水时间/d	淹水前分蘖数	有效分蘖数	有效分蘖减少率/%
4/4 株高	3	187.8	67.8	4.7
	6	187.5	57.0	19.9
	9	189.2	52.0	26.9
2/4 株高	3	187.8	72.5	−1.9
	6	191.5	67.7	4.8
	9	186.2	64.7	10.0
CK		188.7	71.1	/

表 2-25　分蘖期淹水对水稻分蘖的影响

试验阶段	淹水深度	淹水 3d		淹水 5d		淹水 7d	
		最大分蘖数	有效分蘖数	最大分蘖数	有效分蘖数	最大分蘖数	有效分蘖数
分蘖期	2/4 株高	17.0	11.5	16.8	11.3	14.5	10.0
	4/4 株高	16.8	11.0	16.2	10.7	14.2	9.5
CK		最大分蘖数：20.5			有效分蘖数：11.8		

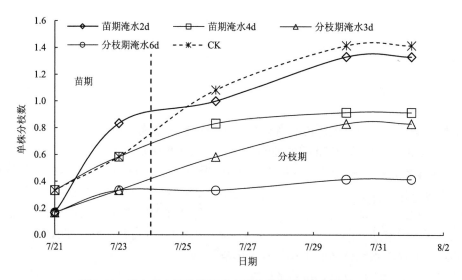

图 2-18　淹水对大豆分枝数动态变化的影响（淹水深度 10cm）

3）涝渍胁迫对作物叶片的影响

作物地上部分对涝渍胁迫最敏感部位是叶片。大量研究表明，不同生育期受涝渍会使叶片膜脂过氧化水平提高，叶片丙二醛含量上升，且下部叶片积累较多，上部叶片积累较少，导致作物下部叶片先发生早衰，功能减弱，其后逐步向上部扩展，造成绿叶数和叶面积指数的下降。

　　涝渍对作物营养生长阶段和生殖生长阶段的叶片生长均有影响。但营养生长阶段植株处于快速生长期,具有更强的恢复力,涝渍胁迫解除后,随着植株的生长叶片会得到不同程度的补偿,涝渍胁迫较轻的甚至会恢复正常生长;而生殖生长阶段,由于养分主要供应于生殖器官,涝渍对叶片更加容易造成永久性胁迫。叶面积的下降和叶绿素含量的降低直接影响作物光合作用,进而影响作物的生长发育,涝比渍对作物植株叶片生长的影响更大(图 2-19 和表 2-26)。

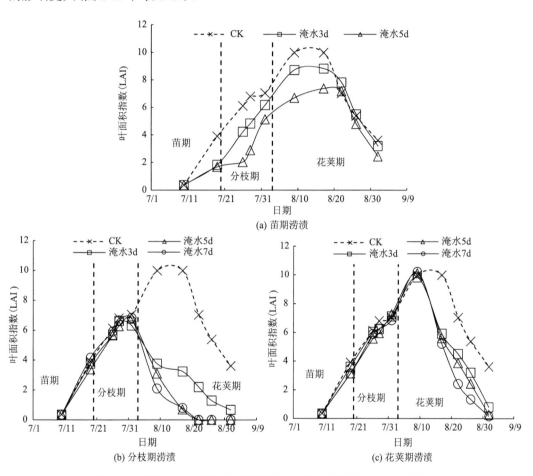

图 2-19　苗期、分枝期和花荚期涝渍对大豆叶面积指数(LAI)的影响

表 2-26　拔节孕穗期涝渍对小麦叶面积指数(LAI)的影响

涝渍程度	淹水 10cm、5d	淹水 10cm、7d	淹水 10cm、10d	淹水 0cm、9d	CK
受胁迫前	7.35	7.36	7.1	7.29	7.1
受胁迫后	6.69	6.32	5.5	6.84	7.36
减少率/%	9.04	14.08	22.54	6.18	−3.77

2. 涝渍胁迫对作物生理代谢活动的影响

1)涝渍胁迫对作物光合作用的影响

涝渍胁迫条件下,作物的光合速率首先因 CO_2 扩散受阻、气孔导度变小而迅速下降,继而影响光合作用相关酶类的活性,导致光合能力降低。叶片 MDA 含量提高和保护酶系统损伤会引起叶绿素降解,在一定范围内叶绿素含量的高低则直接影响叶片的光合作用能力,从而影响作物产量。在涝渍胁迫进程中,植物叶片的气孔导度(Gs)与蒸腾速率(Tr)和净光合速率(Pn)的变化之间存在正相关关系。涝渍胁迫下,植物叶片气孔关闭,气孔导度下降, CO_2 扩散受阻,蒸腾速率下降,导致光合速率降低。

(1)涝渍对作物叶绿素的影响。

涝渍对植株叶绿素含量有抑制作用,但涝渍程度不同抑制作用也有所差异。涝渍程度较小时对植株叶绿素影响较小,尚未产生永久胁迫,后期土壤水分条件恢复正常后,植株可迅速恢复正常生长;当涝渍超过一定程度后,对植株叶绿素有显著抑制,植株产生永久胁迫,即使后期土壤水分恢复正常,植株也无法恢复正常,最终造成作物减产。不同受淹程度对小麦和大豆叶绿素的影响分别见表 2-27 和图 2-20。

表 2-27　拔节孕穗期淹水对小麦叶绿素的影响

淹水深度	淹水历时/d	叶绿素 a/(mg/g)	叶绿素 b/(mg/g)	a/b	a+b/(mg/g)
2/4 株高	3	1.583	0.496	3.193	2.079
	5	1.568	0.448	3.502	2.016
	7	1.442	0.429	3.361	1.871
4/4 株高	3	1.384	0.399	3.471	1.783
	5	1.260	0.396	3.183	1.656
	7	1.299	0.342	3.798	1.641
CK		2.379	0.882	2.697	3.261

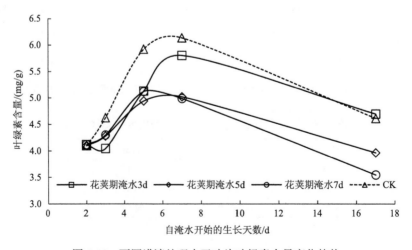

图 2-20　不同涝渍处理大豆叶片叶绿素含量变化趋势

(2)涝渍对净光合速率(Pn)的影响。

作物在水分胁迫下光合速率下降主要有气孔限制和非气孔限制两个原因。作物的气孔直接与大气环境接触,是大气与叶片联系的主要通道,其开闭状态与水分状况密切相关,影响叶片的光合作用和蒸腾作用。

试验结果表明,在涝渍胁迫下作物净光合速率各淹水处理间变化趋势基本一致,但其均值随淹水程度的增加明显减小,涝渍对不同作物在其不同生育阶段 Pn 的影响有较大差别(图 2-21、表 2-28 和图 2-22)。

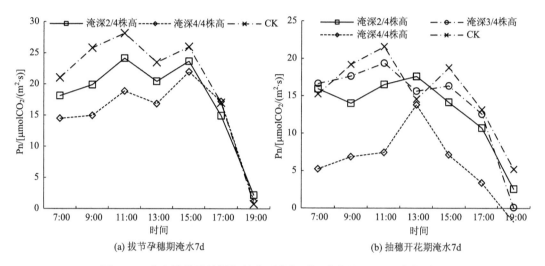

图 2-21　小麦拔节孕穗期与抽穗开花期不同淹水处理 Pn 日变化过程

表 2-28　小麦拔节孕穗期与抽穗开花期不同淹水处理 Pn 与各因子的相关性分析

生育期	淹水深度	气孔导度(Gs)	胞间二氧化碳浓度(C_i)	大气温度(Ta)	大气相对湿度(RH)	光合有效辐射(PAR)
拔节孕穗期	2/4 株高	0.236	−0.779*	0.477	0.917**	0.792
	4/4 株高	0.38	−0.968**	0.659	0.601	0.970**
	对照组	0.28	−0.898**	0.811*	0.279	0.887**
抽穗开花期	2/4 株高	0.613	−0.654	−0.158	0.168	0.857**
	3/4 株高	0.880**	−0.901**	−0.157	0.148	0.926**
	4/4 株高	0.135	−0.812*	0.005	0.015	0.842**
	对照组	0.294	−0.491	−0.108	0.091	0.768*

*表示 0.05 水平显著相关,**表示 0.01 水平显著相关,下同。

(3)涝渍对蒸腾速率(Tr)的影响。

涝渍对作物不同生育阶段蒸腾速率有不同影响,且随涝渍程度的增加其抑制作用愈加明显,涝渍程度低时主要受气孔因素影响,涝害程度高时主要受非气孔因素影响;没顶淹水对作物植株的蒸腾速率影响最为显著(图 2-23、表 2-29 和图 2-24)。

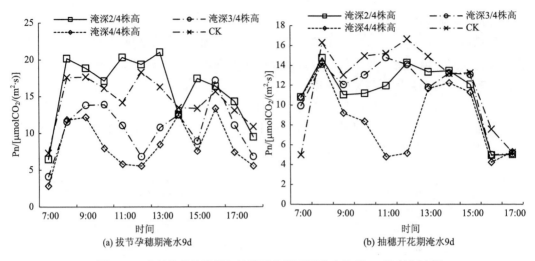

图 2-22　水稻拔节孕穗期与抽穗开花期不同淹水处理 Pn 日变化过程

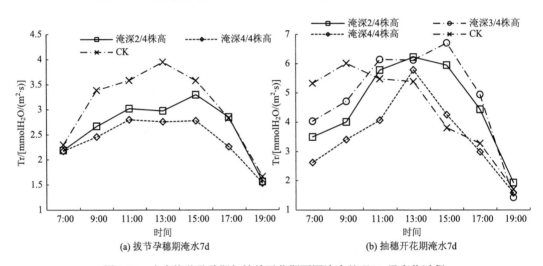

图 2-23　小麦拔节孕穗期与抽穗开花期不同淹水处理 Tr 日变化过程

表 2-29　小麦拔节孕穗期与抽穗开花期不同淹水处理蒸腾速率(Tr)与各因子的相关性分析

生育期	淹水深度	气孔导度 (Gs)	胞间二氧化碳 浓度(C_i)	大气温度 (Ta)	大气相对湿度 (RH)	光合有效辐射 (PAR)
拔节 孕穗期	2/4 株高	0.09	−0.972**	0.848**	−0.589	0.971**
	4/4 株高	−0.34	−0.906**	0.651	−0.161	0.957**
	对照组	−0.015	−0.718*	0.912*	−0.328	0.923**
抽穗 开花期	2/4 株高	0.087	−0.887**	0.407	−0.4	0.752*
	3/4 株高	0.549	−0.932**	0.357	−0.36	0.875**
	4/4 株高	−0.078	−0.884**	0.251	−0.228	0.767*
	对参照组	0.624	−0.223	0.681	0.729*	0.989*

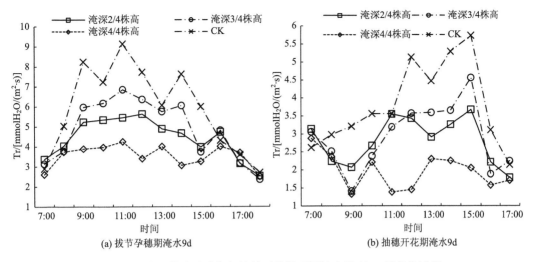

图 2-24　水稻拔节孕穗期与抽穗开花期不同淹水处理 Tr 日变化过程

(4) 涝渍对气孔导度 (Gs) 的影响。

涝渍会抑制作物的气孔导度。营养生长与生殖生长并行阶段，涝渍对植株光合特性指标的影响最为敏感 (图 2-25 和图 2-26)。

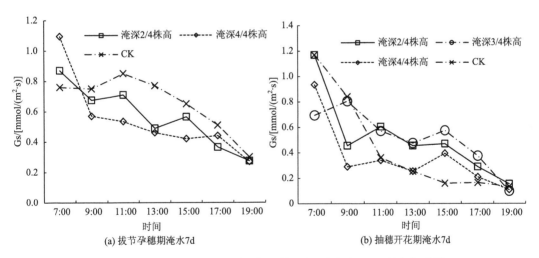

图 2-25　小麦拔节孕穗期与抽穗开花期不同淹水处理 Gs 日变化过程

(5) 涝渍对细胞间 CO_2 浓度 (C_i) 的影响。

涝渍环境使作物气孔收缩甚至关闭，气孔阻力增强，造成叶片内外气体交换受阻，限制了 CO_2 进入叶肉细胞，最终导致涝渍环境下作物叶片 CO_2 浓度减少。淹水对小麦和水稻 C_i 的影响分别见图 2-27 和图 2-28。

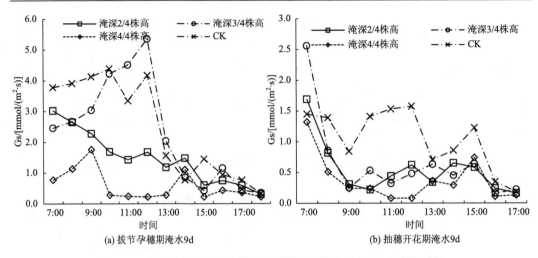

图 2-26 水稻拔节孕穗期与抽穗开花期不同淹水处理 Gs 日变化过程

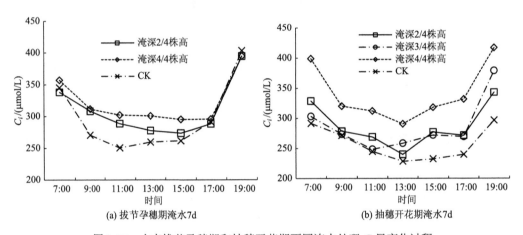

图 2-27 小麦拔节孕穗期和抽穗开花期不同淹水处理 C_i 日变化过程

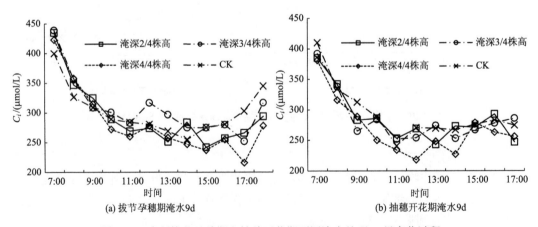

图 2-28 水稻拔节孕穗期和抽穗开花期不同淹水处理 C_i 日变化过程

2) 涝渍胁迫对膜脂过氧化及抗氧化酶活性的影响

涝渍胁迫会抑制植株的光合作用和呼吸作用，并产生大量活性氧离子。活性氧离子的积累会对植物产生毒害作用。为削减活性氧对植物的毒害作用，植物进化出了复杂的抗氧化机制，包括抗坏血酸盐（AsA）、谷胱甘肽（GSH）、酚类化合物的抗氧化剂及超氧化物歧化酶（SOD）、过氧化氢酶（CAT）、过氧化物酶（POD）、谷胱甘肽还原酶、抗坏血酸过氧化物酶等抗氧化酶。研究发现，作物在涝渍胁迫的环境条件下，体内产生过量的活性氧自由基，启动膜脂过氧化作用，使细胞氧化变质，直至衰老死亡；水分胁迫直接影响作物体内活性氧的代谢，脂质过氧化加剧。随着涝渍时间的延长，SOD、POD 和 CAT 的活性均受到不同程度的影响，酶保护系统遭到破坏。

3) 涝渍胁迫对质膜透性和丙二醛含量的影响

细胞膜的稳定性是植物维持正常生理活动的重要基础。逆境条件破坏了质膜的结构和功能，导致电解质和小分子有机物的大量外渗。丙二醛（MDA）是反映膜脂过氧化程度的重要指标。植物在受到逆境胁迫时，细胞膜易受到损伤，MDA 含量越高，膜脂过氧化程度越高，细胞膜受损程度越严重。研究表明，涝渍胁迫使质膜的透性增加，丙二醛的含量呈递增的变化趋势，且随胁迫程度的加重，变化幅度加大。这主要是因为丙二醛可与细胞膜上的酶、蛋白有效结合，使之交联失活，从而进一步破坏膜的结构和功能。

4) 涝渍胁迫对作物体内激素及蛋白合成的影响

植物激素在调节植物响应非生物胁迫中发挥信号分子的作用。内源激素是作物生长发育过程中重要的信号感知系统，能够准确地响应环境条件中水分状况的变化。作物受涝的主要生理反应表现为乙烯和脱落酸（ABA）含量的增加，呼吸代谢紊乱。在涝渍胁迫条件下，作物体内乙烯和脱落酸的含量成倍增加，在发送土壤干旱和涝渍信号方面起着重要作用，且随胁迫程度的加重而增加，一般称为正信号；细胞分裂素（CTK）则恰好相反，导致生长受阻。蛋白质是生命活动的主要承担者，受淹水胁迫的影响，一方面植物需要诱导大量蛋白质响应逆境胁迫，另一方面淹水胁迫阻碍了植物对氮素的吸收，氮和氨基酸代谢的不平衡进一步加剧了植物的受害程度。研究表明，在涝渍胁迫的条件下，植物体内会诱导合成一些新的蛋白质和酶类物质，如适应涝渍胁迫的贮藏蛋白、逆境蛋白和参与代谢的酶等。玉米受涝时体内产生过渡多肽和厌氧多肽两种新型蛋白质，参与糖类的酵解或代谢，直至细胞死亡、蛋白质合成相应下降。目前，除了厌氧多肽外，还检测到防御蛋白、DNA 结构和转录后调控蛋白及激酶等，这些蛋白质主要参与通气组织的形成、信号传递与表达、碳代谢的调控等，为作物生长及发育提供了一定的能量基础。

3. 涝渍胁迫对作物产量的影响

涝渍胁迫使得作物的生长环境发生改变，生长发育状况受到影响，导致作物的生育期推迟，生物量和产量降低。不同作物在其不同生长阶段对涝渍胁迫的敏感程度不同，同类型作物的涝渍敏感期也有很大差异。喜水植物（如水稻）耐涝性比较强，只要不没顶淹水，减产较少，个别时期淹水反而会增产；旱作物的耐涝性也有差异，如小麦幼苗不怕水，比较而言拔节后却怕水淹。农谚有"寸麦吃丈水、尺麦怕寸水"之说（这当然是极而言之，不免带有夸张的成分）；玉米苗期及抽雄吐丝前怕水淹，其后较耐涝，一般可忍受 4～5d 淹水；棉花在现蕾至开花结铃盛期，受涝后蕾铃大量脱落，有"涝到多深，落到多高"的说法。同种作物在不同生育阶段对涝渍胁迫的敏感性也不一样，一般而言，生育中期＞前期，生殖生长期＞营养生长期，开花期和果实形成初期＞后期。如小麦受淹对其产量影响的程度为抽穗开花期≥灌浆期＞拔节期＞分蘖和黄熟期；大豆、棉花、油菜等在开花期受涝会造成花荚（花铃）脱落，严重影响产量构成要素的形成，导致产量大幅降低；玉米则例外，苗期涝渍胁迫对玉米产量的影响较其他时期大得多。

根据新马桥农水综合试验站针对小麦、玉米、大豆、油菜、棉花和水稻等大宗农作物连续多年开展的涝渍专项试验成果，不同涝渍胁迫程度对各主要农作物产量及其构成要素的影响见表 2-30～表 2-36。

表 2-30 淹水对小麦产量及其构成要素的影响

淹水时期	淹水天数/d	穗长	有效穗数	无效穗数	总穗数	千粒重	小区产量
拔节孕穗期	5	1.002	1.075	3.355	1.071	1.009	1.064
	7	1.008	0.968	3.823	0.968	1.007	1.001
	10	0.999	1.040	2.516	1.042	0.990	0.987
抽穗开花期	5	0.992	1.036	1.600	1.049	0.967	0.917
	7	0.979	1.025	0.956	1.022	0.952	0.946
	10	0.996	1.047	1.106	1.048	0.921	0.949
灌浆期	5	0.997	1.017	2.565	1.022	0.999	0.972
	7	0.987	1.008	2.841	1.008	0.958	0.927
	10	0.994	1.048	3.199	1.056	0.904	0.860

注：表中数值均为相对值，淹水深度 10cm。

表 2-31 淹水对玉米产量及其构成要素的影响

生育期	淹水深度/cm	淹水历时/d	小区产量/kg	单穗粒重/g	单穗粒数/粒	百粒重/g	穗长/cm	穗粗/cm	秃尖长/cm
苗期	5.0	2.0	3.13	117.3	456.8	28.2	18.65	4.15	1.55
	7.0	3.0	1.39	56.4	275.4	25.9	15.65	3.60	1.95
拔节期	7.0	2.0	3.80	132.5	431.0	29.0	18.70	4.30	1.30
	7.0	4.0	2.75	116.8	479.1	26.4	17.45	4.20	1.45
抽吐期	7.0	2.0	3.76	94.8	463.4	26.2	16.90	4.20	0.95
	7.0	4.0	3.16	83.3	348.2	25.6	15.30	3.95	1.30
成熟期	7.0	4.0	4.05	93.0	467.7	26.7	17.25	4.15	1.05
	CK		4.22	105.7	417.8	28.8	17.20	4.20	1.30

表 2-32 淹水深度和淹水历时对水稻产量要素的影响

试验阶段	水层深度(x/4)	淹水 3d			淹水 5d			淹水 7d		
		穗粒数	空瘪率	千粒重	穗粒数	空瘪率	千粒重	穗粒数	空瘪率	千粒重
分蘖期	2/4	0.995	1.025	0.970	0.944	0.880	0.971	0.930	1.061	0.967
	4/4	0.930	1.463	1.012	0.840	1.391	0.957	0.820	0.767	0.979

续表

试验阶段	水层深度(x/4)	淹水 3d			淹水 5d			淹水 7d		
		穗粒数	空瘪率	千粒重	穗粒数	空瘪率	千粒重	穗粒数	空瘪率	千粒重
拔节孕穗期	2/4	0.937	1.039	0.972	0.985	0.787	0.980	0.940	0.797	1.010
	3/4	0.798	1.347	1.019	0.824	2.125	0.944	0.900	1.623	0.929
	4/4	0.849	1.223	0.954	0.811	1.611	0.942	0.619	2.322	0.903
抽穗开花期	2/4	0.921	1.129	0.966	0.934	1.502	0.984	0.953	1.049	0.968
	3/4	0.907	0.729	1.042	0.879	1.941	0.983	0.941	0.946	1.016
	4/4	0.681	4.453	0.971	0.568	4.952	0.952	0.538	5.752	0.882
乳熟期	2/4	0.991	0.891	0.971	0.991	0.971	0.975	0.956	1.138	0.962
	3/4	0.921	0.667	0.973	0.873	1.171	0.979	0.992	0.694	0.996
	4/4	0.963	0.696	0.943	1.010	0.710	0.886	0.921	1.032	0.863

注：水层深度为占株高的比例，穗粒数、空瘪率、千粒重均是与 CK 组的比值即相对值。

表 2-33　淹水历时和淹水深度对水稻产量的影响

淹深(株高比)	淹水历时/d	分蘖期	拔节期	抽穗开花期	乳熟期
3/4	3	/	0.99	0.95	1.05
	5	/	0.83	0.97	0.94
	6	/	1.07	0.71	1.02
	7	/	0.84	0.95	1.0
	9	/	1.07	0.68	0.97
4/4	3	1.04	0.87	0.60	0.94
	5	0.93	0.80	0.55	0.97
	6	1.03	0.43	0.41	0.94
	7	0.88	0.76	0.43	0.92
	9	0.67	0.27	0.15	0.97

注：产量为相对值。

表 2-34　大豆淹水各处理产量及其构成要素

生育期	淹水天数/d	产量/(kg/亩)	百粒重/g	实荚数/荚	单株粒数/粒
苗期	2	192.8	22.6	23.1	48.8
	4	180.8	22.1	21.0	46.0
分枝期	3	188.3	22.3	20.2	41.7
	6	172.0	21.7	19.9	44.3
花荚期	3	175.2	23.1	20.7	39.1
	6	135.2	23.5	14.9	29.5
成熟期	3	163.7	22.6	19.3	39.5
	6	152.5	21.7	20.6	38.4
CK	/	213.9	22.6	28.0	56.8

注：淹水深度 10cm。

表 2-35　油菜花荚期淹水对产量及其构成要素的影响

淹水历时	荚数			20 英值		千粒重	小区产量	减产率
	实荚数	空荚数	总荚数	粒数	重量/g	/g	/kg	/%
CK	659.3	62.0	721.3	435.5	1.90	3.91	0.97	/
3d	717.6	78.1	795.6	396.5	1.70	3.81	0.90	7.2
7d	652.0	48.2	700.1	477.0	1.95	3.27	0.76	21.6
11d	595.5	93.8	670.7	480.0	1.78	2.79	0.67	30.9

注：淹水深度 10cm。

表 2-36　棉花蕾期和花铃期淹水对产量的影响

受淹阶段	淹水历时/d	单株成桃减少率/%	减产率/%
蕾期	0	0	0
	2	5.4	2.4
	4	11.1	4.5
花铃期	0	0	0
	0.5	11.8	16
	1	18.9	18.6
	1.5	24.8	26.5
	2	37	52.1

注：淹水深度均为 5cm。

2.4　农田生态排水指标与技术

2.4.1　土壤溶质运移规律与农田排水调度

一方面，人类通过对水资源的调控管理和开发利用，能够促进经济社会的发展，抵御洪涝和干旱灾害，改善环境质量(调节小气候、改善生态环境)，获得社会、经济和环境效益；另一方面，水资源的开发利用也会改变地表水、地下水的天然状态和周转节律，使水成为诸多环境要素中变化最快的因子。水的数量、质量及能量(这里主要指水头)的快速变化，一旦超过环境某一方面的阈值(或抗干扰能力)，将产生一系列环境问题。水资源开发利用不当可能引起的环境问题大体有三类：环境地质问题、水环境问题和生态环境问题。从水、岩(土)、生(物)相互作用的角度出发，又可归纳为水盐失调、岩土体变形失稳、生态退化三种环境负效应。地表与地下水资源的不合理利用与调控是引起环境负效应的制约性因素。

农田排水的生态效应主要表现在农田排水对湿地和排水承泄区生态系统的影响。暴雨后通过排水工程在排除农田地表积水和耕层过多的土壤水、降低地下水位的同时，部分农药、肥料也会随之流失。农药的流失，可直接导致水生生物死亡和有害物质在水生生物体内富集；化肥的流失，则导致水体富营养化，使浮游生物的种类单一，甚至出现一些藻类暴发性增殖，从而造成整个生境恶化，对湿地生物多样性形成严重破坏。

为研究探讨在农田排水过程中土壤溶质的运移规律,即农田排水所携带的盐分(氮磷等生源物质)在介质中随时间和空间的变化情况,同时为面源污染防控、农田排水调度(起始排水时间、排水历时、排水量)及排水技术的优化(明沟排水、暗管排水及其组合控制排水)等提供理论和技术依据,分别在安徽省(水利部淮河水利委员会)水利科学研究院新马桥和肥东试验站开展了专项试验,结果如下。

1. 大豆排水试验氮磷变化特征

供试作物为大豆,土壤为砂姜黑土,试验地点为新马桥农水综合试验站,试验方法为坑测。试验结果表明:受淹后土壤中的氮、磷会释放进入上覆水中,上覆水中总氮(TN)质量浓度在淹水第 1 天增速较快,由背景值 0.057mg/L 迅速增加至 0.405mg/L,超出氮素水体富营养化临界值 0.20mg/L 的水平;淹水 2~4d 增长缓慢,4d 后 TN 质量浓度又出现快速增加且增幅较大,淹水 8~9d 上覆水中 TN 质量浓度达到 0.689~0.805mg/L,均超出地表水Ⅲ类水质标准。NH_4^+-N 和 NO_3^--N 的浓度同样是在淹水第 1 天内快速增加,最高浓度均值分别达到 0.192mg/L 和 0.209mg/L,而后出现下降,不同的是 NH_4^+-N 下降幅度较小且在淹水 4d 左右呈波动增长趋势,而 NO_3^--N 则一直呈降低趋势。2016 年和 2017 年的试验中,NH_4^+-N 和 NO_3^--N 浓度之和的最小值出现在淹水第 4 天,为 0.226mg/L,此时 TN 浓度值为 0.349mg/L,略低于淹水 1d 时的峰值水平。上覆水中磷的质量浓度在淹水 4d 之后也呈大幅增长的变化趋势。由此可见,在淹水条件下土壤中的氮磷会向上覆水中转移并随排水过程迁移排出。

上覆水中总磷(TP)和溶解性正磷酸盐(SRP)的变化趋势高度一致,随着淹水历时延长,磷素质量浓度呈现增大趋势,且前期增速较快,后期增速放缓。淹水 0~8d 时 SRP 均值浓度由 0.005mg/L 增加到 0.525mg/L,TP 均值浓度由 0.006mg/L 增加到 0.615mg/L,最终浓度值远超水体富营养化磷浓度临界值 0.02mg/L 的水平,甚至超出地表水Ⅴ类水质标准。TP 质量浓度 C_{TP}(mg/L)与淹水历时 t(d)的关系为 $C_{TP}=-0.0024t^2+0.0885t+0.0545$,$R^2=0.9777$;SRP 质量浓度 C_{SRP}(mg/L)与淹水历时 t(d)的关系为 $C_{SRP}=-0.0016t^2+0.0719t+0.0479$,$R^2=0.9624$,表明土壤磷素向上覆水的迁移转化符合二次多项式变化特征。由于土壤磷素在土-水界面的解析和吸附作用同时存在,上覆水中磷素浓度不可能持续上升。相关研究发现,长期淹水时上覆水中磷素质量浓度呈先升高后降低的变化特征。农田淹水时上覆水中氮磷质量浓度随淹水历时的变化特征见图 2-29。

经计算,上覆水中 NH_4^+-N 和 NO_3^--N 浓度值之和与 TN 的百分比随着淹水历时延长呈线性减小趋势,淹水期内由 97% 变为 45%,而 SRP 与 TP 浓度值的百分比始终在 81%~89% 范围内,表明在淹水条件下土壤氮磷的转移特征有较大差别。淹水初期土壤转移至上覆水中的氮素以无机氮为主,随着淹水历时延长无机氮比例降低,有机氮比例上升,而磷素则主要以可溶性磷酸盐的形式迁移。

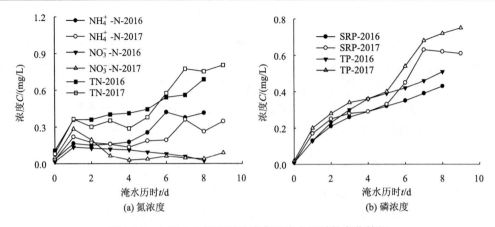

图 2-29　上覆水中氮磷质量浓度随淹水历时的变化特征

2. 水稻排水试验氮磷变化特征

供试作物为水稻，土壤为马肝土(水稻土)，试验地点为肥东农水试验站，试验方法为坑测。试验时段为 2021 年 6 月 13 日～7 月 8 日[其间于 6 月 13 日追肥 300g/坑(折合 50kg/亩，复合肥)，6 月 16～17 日和 6 月 28～29 日发生降雨，降雨量分别为 34.2mm 和 50.8mm]。试验结果(图 2-30)表明：在追肥后，稻田水层中的氮磷经过一个快速上升又快速下降的过程，其中总氮含量在施肥当日即达到最大质量浓度(17.36mg/L)，总磷含量在施肥后 2d 达到峰值浓度(1.66mg/L)。施肥 3d 后氮磷质量浓度约为其峰值浓度的 1/4，施肥 15d 后铵态氮质量浓度为 0.67mg/L，磷酸盐质量浓度小于 0.21mg/L，达到Ⅲ类水排放标准。此外，6 月 16～17 日和 6 月 28～29 日上覆水中的总氮、总磷质量浓度均有不同程度的上升，颗粒态氮磷(总氮磷−可溶态氮磷)明显增加，该时间段与两次降雨时段吻合，且上升幅度与降雨强度呈正相关关系，可能因为降雨扰动促使土壤颗粒态氮磷进入上覆水中导致其浓度增大。因此在地表积水不至于造成涝渍灾害的前提下，雨后可采取一定的控制排水措施，待稻田水层中的氮磷等物质浓度降低到一定程度再排放，以降低农田面源污染风险。

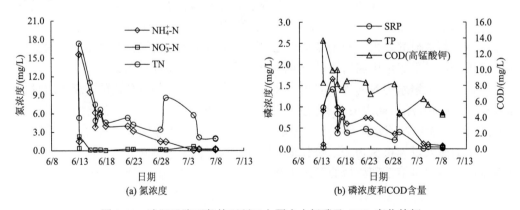

图 2-30　追肥及降雨条件下稻田上覆水中氮磷及 COD 变化特征

通过提取稻田土壤溶液测试发现，不同深度土层的土壤溶液中氮、磷及高锰酸钾指数（COD）含量差异较大。由地表水层至土壤埋深 1m 处铵态氮质量浓度逐渐降低，在埋深 1m 左右达到最小值，约为 0.18mg/L；硝态氮变化特征基本与铵态氮相反，在 1m 深度处达到最大值，浓度值超过 10 mg/L。磷酸盐和 COD 质量浓度在地表水层含量最高，随着土层深度的增加其含量快速降低，以 TP 为例，地表水层质量浓度为 50cm 深度土层浓度的近 15 倍（表 2-37）。由此可以看出，地表水中铵态氮和磷酸盐的质量浓度显著高于下部土壤溶液中的质量浓度，通过地下暗管等排水可减少铵态氮和磷酸盐的输出，但同时会增大硝态氮的输出风险。

表 2-37　稻田地表排水和地下排水水质指标对比

序号	深度/cm	pH	NH_4^+-N /(mg/L)	NO_2^--N /(mg/L)	NO_3^--N /(mg/L)	TN /(mg/L)	SRP /(mg/L)	TP /(mg/L)	COD /(mg/L)
1	地表	7.84	3.12	0.02	0.40	6.40	0.41	0.59	5.92
2	50	7.85	0.42	0.05	1.55	2.96	0.04	0.04	2.91
3	70	7.60	0.23	0.05	3.16	4.36	0.03	0.04	1.45
4	90	7.63	0.18	0.16	7.17	8.87	0.01	0.02	1.47
5	110	7.74	0.19	0.22	9.21	11.06	0.02	0.02	1.08
6	130	7.80	0.33	0.18	7.87	10.35	0.02	0.03	0.93
7	150	7.46	0.61	0.42	4.56	4.35	0.01	0.03	2.15

3. 农田原型排水氮磷变化特征

试验地点为新马桥农水综合试验站，土壤为砂姜黑土，试验区域为试验站的农业种植区，面积约 50 亩，大宗作物为玉米、花生。试验区有田间排水小沟 4 条，间距在 60～80m，沟深 0.7m，四周有砖砌围墙，可以有效阻隔站内生活区及外围农田的地表径流进入试验排水沟，使得研究区域形成一个相对独立的封闭环境。试验时间选择在夏季作物种植后，结合降雨过程测试降雨量、径流量、农田排水氮磷含量，同时采集降雨和排水口水样，时间间隔均为 1h。

2016 年 6 月 21 日有一次降雨过程，降雨强度与径流量动态变化见图 2-31。由图 2-31 可以看出，在形成产流后径流量和降雨强度的变化趋势基本一致，但径流的起始与终止有一定的滞后效应。

排水径流中氮磷变化特征见图 2-32 和图 2-33。经计算，此次降雨过程中 TN、PN（颗粒态氮）、NH_4^+-N 和 NO_3^--N 的平均质量浓度分别为 11.50mg/L、6.58mg/L、2.11mg/L 和 2.88mg/L。TP 的浓度变化范围为 0.52～1.14mg/L，均值为 0.83mg/L，TN 和 TP 的均值浓度都远远超过了地表水 V 类水质标准。这表明降雨径流会造成农田土壤中氮磷养分的流失，并给周围水体带来较大的环境风险。因此农田排水除应满足作物的需求外，还要考虑对生态环境的影响，适当采取一定的措施加以控制，尽量减少面源污染副作用。

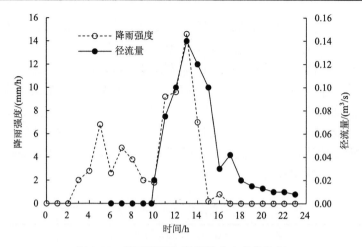

图 2-31　降雨强度与径流量动态变化特征

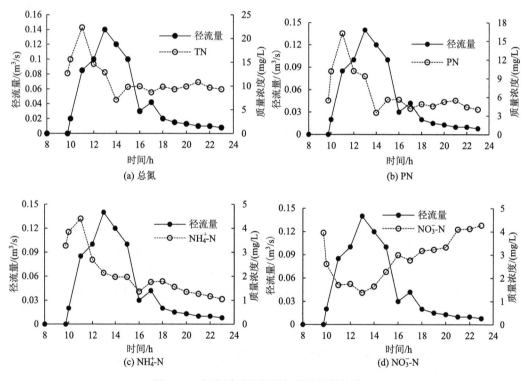

图 2-32　氮素质量浓度随径流量的变化特征

由图 2-33 还可以看出,在农田排水过程中 SRP 和 TP 浓度的变化呈现明显的峰谷特征。在径流初期,排水水体中氮磷含量较高,氮素浓度基本上随着排水历时的增加呈现下降的变化趋势(NO_3^--N 例外,表现为先下降后上升),TN、PN 和 NH_4^+-N 在排水开始后约 2h 达到最大值,之后则快速下降;而磷素浓度在排水初期先下降,约 3h 后随着径流量的增加而快速增长,且其最大值基本和径流量最大值相吻合,在其后的排水过程中磷素浓度虽然总体呈下降趋势,但下降幅度不大,至排水基本结束时 SRP 和 TP 浓度仍居高不下，其值基本与排水初期持平。这说明降雨冲刷对磷酸盐的流失及迁移起着重要作用，降雨强度越大、地面排水历时越长，磷酸盐流失风险越高。

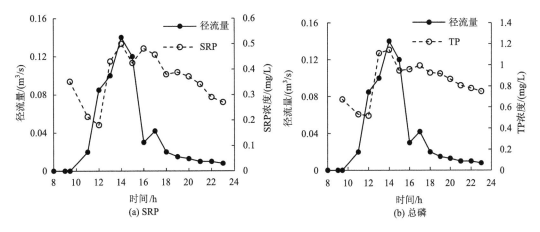

图 2-33　磷素质量浓度随径流量的变化特征

几种形态的氮素流失出现不同变化特征，主要因其各自的化学特性不同，使得其在土壤中的赋存形式有所差异，PN 主要以有机氮等形式在泥沙颗粒中富集，NH_4^+-N 带正电容易被带负电的土壤颗粒吸附，而 NO_3^--N 溶解性较强，主要赋存于土壤溶液中。随着降雨强度增大，雨水对土壤表面冲刷作用增强，泥沙等颗粒态物质迁移能力增强，因此降雨径流初期 PN 和 NH_4^+-N 随着雨强增大而增大。但随着降雨历时的延长，土壤表面的 NH_4^+-N 因冲刷其含量有所降低，加之雨强增大雨水对溶质的稀释作用不断增强，径流中 PN 和 NH_4^+-N 较径流提前达到峰值后并快速降低。降雨停止后农田冲刷作用减弱，土壤表层出现结皮，PN 和 NH_4^+-N 的迁移能力变弱，土壤表层氨氮含量进一步降低且深层土壤氨氮难以迁移至表层径流中，导致降雨停止后二者浓度值不断降低。由于径流初期土壤表层 NO_3^--N 背景值相对较高，且淋溶能力强，径流初期其浓度值较高，随着雨强增大稀释作用增强，随径流流失的 NO_3^--N 不断减少。降雨径流峰值过后径流量减小，深层土壤中的 NO_3^--N 继续向径流液迁移补充，随着径流量减小其质量浓度呈增大趋势。

4. 农田排水调度

农田排水除要满足作物生长的需求外，还要考虑对生态环境的影响，应采取一定的措施加以控制，尽量减少面源污染副作用。农田排水调度正是基于上述原因而提出来的。农田排水调度的主要内容包括起排时间、排水历时、排水方式(地表排水、地下排水及其排水量比例)等方面。

试验及相关研究结果表明，在农田排水过程中，土壤中的氮磷等生源物质在介质中的时空分布与转化迁移变化比较复杂，在旱地和水田、土壤表层与下层，以及不同作物、土壤条件下其表现均有所差异。现仅依据上述大豆、水稻和小尺度农田原型排水试验实测结果，提出如下农田排水调度要求。

1) 旱地农田的排水历时与起排时间

鉴于大豆田上覆水中氮磷质量浓度的拐点出现在淹水第 4 天左右，即第 4 天之前其浓度的增长较为平缓、绝对值小，淹水 4d 之后氮磷浓度迅猛增长且其绝对值大，从减少面源污染的角度出发，旱地农田受淹后应在 4d 之内将涝水排除，起排时间越早越好。综合考虑作物与生态要求，确定旱地农田的最佳排水历时为 2～3d。

2) 水田的起排时间与排水历时

追肥后稻田水层中的氮磷含量会经过一个快速上升又快速下降的过程，第 3 天后氮磷质量浓度降为其峰值浓度的 1/4 左右，其后总体呈现不断下降的变化趋势；在降雨后上覆水中的总氮、总磷浓度均有不同程度的上升，尤其是颗粒态氮磷含量明显增加，经过 3～5d 复降至较低值。因此，从减少面源污染的角度出发，水田在雨后不应立即排水。综合考虑作物与生态要求，确定水田的最佳起排时间为雨后 3～5d，且应尽量延长排水历时。

3) 排水方式

无论是水田还是旱田，在农田排水中都含有一定量的氮磷输出，且不同形态氮磷流失规律差异较大，地表排水主要以铵态氮、磷酸盐、COD 的流失迁移为主，而地下排水则以硝态氮的流失迁移为主。因此应根据区域生态要求和水环境承载能力优选地表和地下排水方式及其排水量。

2.4.2　农田生态地下水位

1. 地下水的生态效应及其影响因素

地下水不仅仅是人类赖以生存和发展的重要水资源之一，而且是重要的环境要素，对于维护人类赖以生存的生态环境和地质环境起着重要的作用。人类对水资源的开发利用强烈地影响着自然界水循环的途径和模式，同时也会对环境产生巨大的影响。因此，科学合理地开发利用水资源，特别是对地下水的合理开发和科学管理，对于水资源永续开发利用、维护人类赖以生存的地质环境和生态环境是重要的保证。

地下水的水力状态和化学组分(地下水位埋深、地下水矿化度等要素)等是控制地下水环境条件的主要因素。地下水与生态环境关系密切，地下水位的变化会引发一系列生态环境问题。农田的地下水位长期过高不仅造成耕层土壤水、肥、气、热关系失调和有毒物质积聚，对作物的生长发育构成胁迫，还会引发土壤盐渍化和沼泽化等；过低会引起土壤干化、沙化和植被衰败。也就是说，在农田区域存在一个生态地下水位，如果地下水位保持在一个合理的波动区间就不会对生态环境产生不良影响并能够实现其良性循环，否则就会向恶性方向发展。

植被(或者作物)是生态环境好坏的指示物，其生长状态直接与土壤水分状况和地下水状态相联系。相关研究表明：植物进行光合等生理作用时存在地下水位埋藏深度阈值，突破这一深度阈值，植物虽不致引起死亡，但其生理活动将发生较大变化。也就是说，植物生理响应与地下水位埋藏深度之间的关系并非线性的，在埋藏深度突破某一阈值之后，生理活动会随地下水位埋深的增加而骤减。主要表现为叶面-空气蒸发压力亏缺会随着地下水位埋深的增加而下降，当地下水位埋深突破某一极限值之后，会导致气孔关闭，从而引起气孔导度和光合速率的大幅下降。

地下水是可更新的自然资源，它的形成与分布不仅与地质条件有关，还与区域的水循环关系密切，包括大气降水、地表水、包气带水，它们都处在不停地运动和相互转化的过程之中。因此，在不同区域开发和管理地下水资源，其生态环境效应是不一样的，导致的生态环境问题也有较大差异，地下水资源的影响因素也各异。在砂姜黑土区(淮北平原中南部)，由于地势低平，地下水水力坡度小，地下水循环转化运动以垂向补排为主，即降水入渗、潜水蒸发、人工开采等(区域水循环路径见图 2-34)，表现为明显的"自然-社会"二元性特征，人类活动对区域水循环影响剧烈。农田地下水的补给主要来源于天然降雨(灌溉回归水量很少，可忽略不计)，据相关研究结果可知，该地区多年平均的降水入渗补给系数约为 0.23(多年平均径流系数为 0.24)，其主要消耗一是农田的腾发(土壤蒸发和作物蒸腾)，二是地下水的开采(如发展井灌)，三是排水工程的排放(在水力梯度较大时有一定量的地下水与地表水的侧向互补)。其中，降雨和工程排水引起的地下水位的变化幅度大、升降速率快，对地下水的影响剧烈，井灌开采对地下水的影响相对较弱，况且该区属补充性灌溉农业，一般年份仅需灌溉 1~2 次，共计 50~80mm，不足以引起地下水位的较大变动。因此，降雨和工程排水是该区农田地下水变动的控制性因素。天然降雨并不受控于人，人们只能被动适应；而工程排水是人类活动的主动性行为，可以根据需要进行调控。也就是说，可以通过科学合理的排水调度人为干预区域地下水的波动，使之在演变过程、变动幅度、再生循环及资源利用等方面满足人们的需求。

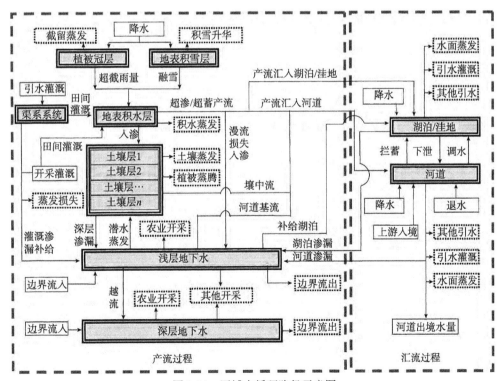

图 2-34 区域水循环路径示意图

2. 农田适宜地下水位

在地下水浅埋地区，大气水、植物水、土壤水和地下水共同构成一个完整的农田水分系统，土壤水动态变化和地下水动态变化相互作用、相互影响。同时，土壤水分状况与作物生长相互影响、相互制约。土壤水分状况会诱发作物从形态到生理等许多方面的反应，可影响作物生长发育的各个方面；作物生长发育状况会改变其自身水分消耗，进而反过来影响土壤水分状况。

不同作物的需水特性不一样，根系分布各异，对地下水位埋深的要求也不同。合理地控制地下水埋深可改善作物生态环境，协调水、肥、气、热状况，促进作物生长发育，提高产量。研究表明，不同地下水埋深对作物产量和作物对地下水利用量的影响显著。图 2-35 是地下水埋深与小麦产量的试验结果，地下水埋深在 0～2.0m 范围内变化时小麦的产量随地下水位埋深的增加呈现先增长后下降的变化趋势，符合二次曲线特征。以二次曲线推求出小麦产量最高时对应的地下水位埋深为 1.3m。产量波幅±5%～±10%时对应的地下水位埋深分别为 0.9～1.7m 和 0.75～1.85m。表 2-38 是不同地下水埋深与棉花产量变化情况，棉花产量较高时对应的地下水埋深为 0.7～1.0m。表 2-39 是淮北砂姜黑土区几种主要农作物对地下水利用量的试验结果。由表 2-39 可知，在地下水位埋深为 0.6m 时，大豆、小麦和夏玉米对地下水的利用量占其总需水量的比重较大，一般约为 50%。当地下水位埋深由 0.6m 下降到 1.0m 时，大豆、小麦和夏玉米对地下水的利用量急剧减少 40%～60%，地下水位埋深降到 1.5m 时减少 80%左右，当地下水位埋深为 2.0m 时作物对地下水的利用量已微乎其微。

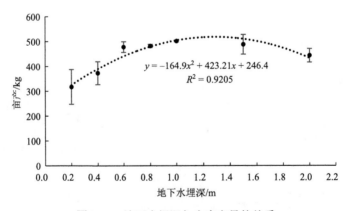

$$y = -164.9x^2 + 423.21x + 246.4$$
$$R^2 = 0.9205$$

图 2-35　地下水埋深与小麦产量的关系

表 2-38　地下水埋深与棉花产量的关系

埋深/m	0～30cm 土壤含水率/%	单株成桃数/个	单铃重/g	小区产量/g
0.4	26.9	28.48	3.74	555
0.7	25.3	26.3	3.89	610
1.0	24.7	28.4	3.55	603

表 2-39　砂姜黑土不同地下水埋深对作物的补给量　　　　（单位：mm）

作物	地下水埋深				总需水量
	0.6m	1.0m	1.5m	2.0m	
小麦	189.8	106.9	51.7	33.7	382.6
大豆	142.4	85.8	23.6	6.3	394.5
夏玉米	242.4	101.3	28.1	14.9	395.0

作物对地下水的利用，取决于地下水位埋深、土壤毛管性能及作物根系的发育状况。在地下水位埋深一定的情况下，作物对地下水的利用量主要取决于土壤毛管水上升的速度和高度。砂姜黑土毛管水上升的速度极其缓慢，上升 50cm 需要 30d 左右，且其上升高度也不大，毛管水强烈上升高度仅约 52cm。因此，在蒸发强烈和作物耗水较大的季节，由于毛管水上升的速度和水量远远跟不上上层土壤蒸发、蒸腾的损耗，而时常出现干旱。从有利于作物利用的角度而言，砂姜黑土区农田的地下水位不宜过低，但若长期过高又容易引起土壤次生盐渍化。农田适宜地下水位是一个涉及农田排水和灌溉的双重性指标，需综合考虑，既要避免旱、涝、渍、碱灾害的发生，又要最大限度地满足作物生长对水分的需求，需要通过专项试验进行分析确定。一般而言，作物对地下水埋深的要求随其生育阶段的推移呈现由小(浅)到大(深)的变化趋势。表 2-40 是淮北砂姜黑土区几种主要农作物各生育时期的适宜地下水位埋深试验结果。

表 2-40　淮北砂姜黑土区主要农作物的适宜地下水位埋深

作物名称	生育阶段	适宜地下水位埋深/m
小麦	苗期	0.4～0.7
	分蘖期	0.5～0.7
	拔节孕穗期	0.6～1.0
	抽穗开花期	0.6～1.0
	乳熟黄熟期	0.7～1.0
玉米	苗期	0.8～1.0
	拔节期	0.6～1.0
	抽雄吐丝期	0.6～1.0
	灌浆成熟期	0.6～1.0
大豆	苗期	0.5～0.7
	分枝期	0.5～0.7
	花荚期	0.5～0.8
	鼓粒成熟期	0.5～0.8
油菜	苗期	0.5～0.8
	蕾薹期	0.5～0.8
	花荚期	0.6～1.0
	成熟期	0.8～1.0
棉花	苗期	0.6～0.8
	蕾期	0.8～1.0
	花铃期	0.8～1.2
	吐絮期	1.0～1.5

3. 潜水蒸发临界深度与地下水临界深度

潜水蒸发临界深度是指潜水蒸发量为 0 时的地下水埋藏深度。潜水蒸发临界深度是研究土壤水与潜水转化和土壤水盐运移的重要参数，它对调节农业生态地质环境具有重要应用价值，也可以作为地下水生态系统的一个控制指标。土壤质地制约毛管水上升高度和土壤水分供给能力，是确定生态地下水位需考虑的重要因子。不同土壤的蒸发能力及其潜水蒸发临界深度差异较大。砂姜黑土与黄潮土在不同潜水埋深时多年平均潜水蒸发量年内分配情况见表 2-41。由表 2-41 可知，潜水蒸发量随着地下水埋深的增加而迅速减小，砂姜黑土在地下水埋深由 0.2m 增加到 0.6m 时潜水蒸发量的下降速度最快，年潜水蒸发量由 531.7mm 骤降为 43.2mm，在地下水埋深增加至 2.0m 左右时，潜水蒸发量已趋于稳定并微乎其微，其潜水蒸发临界深度约为 2.5m；而黄潮土在地下水埋深在 0.4～0.6m 时，潜水蒸发量变化不大且居高不下，地下水埋深增至 1.0m 时潜水蒸发量仅减少 20%左右，其后随着地下水埋深的增加，潜水蒸发量急剧减少，至埋深 3.0m 左右已变得很小并趋于稳定，其潜水蒸发临界深度约为 3.0m。

表 2-41 不同地下水埋深平均潜水蒸发量

土壤类型	潜水埋深/m	平均潜水蒸发量/mm											
		1 月	2 月	3 月	4 月	5 月	6 月	7 月	8 月	9 月	10 月	11 月	12 月	全年
砂姜黑土	0.2	21.6	25.9	38.4	50.4	58.9	61.7	58.1	57.1	53.9	45.6	34.4	27.8	531.7
	0.4	10.5	10.2	14.6	19.6	25.9	27.5	28.2	30.8	29.8	23.9	17.0	13.7	251.5
	0.6	2.0	1.4	1.9	7.5	5.1	2.8	1.7	3.5	4.7	5.2	4.2	3.3	43.2
	0.8	1.7	0.9	0.7	1.2	1.9	2.3	1.2	2.5	3.3	4.4	4.7	3.1	28.0
	1.0	0.9	0.5	0.4	2.8	2.9	0.6	0.6	0.4	1.0	1.4	2.1	1.7	15.3
	1.5	2.8	0.7	2.8	5.0	2.3	1.7	0.1	1.0	0.1	0.7	1.0	4.1	22.4
	2.0	0.5	0.4	0.1	0.1	<0.01	<0.01	<0.01	<0.01	0.1	0.4	1.0	1.2	3.7
	2.5	1.5	0.1	<0.01	<0.01	<0.01	<0.01	<0.01	<0.01	0.1	0.3	0.5	0.6	1.7
	3.0	0.1	0.2	0.4	0.2	<0.01	<0.01	<0.01	<0.01	<0.01	0.1	0.1	1.0
黄潮土	0.4	26.1	32.4	50.6	63.8	76.2	82.2	83.6	92.3	72.5	51.9	35.4	31.7	698.6
	0.6	26.6	30.3	46.2	6.0	67.1	79.8	76.5	79.9	78.3	53.4	38.8	32.1	669.3
	1.0	20.7	25.3	39.8	56.7	57.0	65.4	61.3	63.5	63.2	48.0	33.0	26.3	560.2
	2.0	4.7	3.6	4.1	4.3	1.1	2.9	3.2	5.5	8.3	13.4	9.2	5.9	66.4
	3.0	1.2	0.7	1.3	0.5	<0.01	<0.01	0.4	0.4	<0.01	0.7	1.3	2.7	9.0
	4.0	1.8	1.5	1.8	0.8	0.4	<0.01	<0.01	<0.01	<0.01	<0.01	0.8	1.7	8.7

注：本表资料来源于安徽省(水利部淮河水利委员会)水利科学研究院五道沟水文实验站，1991～2008 年。

地下水临界深度是指不引起土壤积盐或积盐程度不危害作物生长的最小地下水位埋深。其值与土壤质地、地下水矿化度、气象条件等关系密切，随季节、地域的不同而变化，可通过研究土壤积盐规律来确定。相关研究表明，土壤表层全盐含量与地下水埋深呈显著负相关关系，深层土壤盐分随着毛管水的上升而运移，当地下水处于高水位时，在强烈蒸发作用下，盐分溶解于地下水中并通过毛管上升积聚于表层，使土壤发生盐渍化，产生盐胁迫；毛管水上升高度是土壤积盐的转折点，如果潜水埋深浅于毛管水上升高度，土壤积盐强烈；反之，土壤积盐微弱。因此，可把毛管水上升高度作为临界深度。砂姜黑土的地下水临界埋深在 1.5m 左右。

4. 研究区农田生态地下水位

1) 农田生态地下水位的概念与影响因素

生态地下水位是一个地区生态安全的地下水埋深区间，其上限值主要考虑作物涝渍灾害及土壤盐碱化程度，下限值主要考虑作物对地下水的利用、土壤植被退化程度，同时不引起地下水及地表水水质恶化。对于浅层地下水而言，农田生态地下水位随着季节、包气带岩性(土壤质地)的变化有明显的差异，此外，还与降水、蒸发、地形、植被等条件有关。不同属性的农田地下水水位见图 2-36。

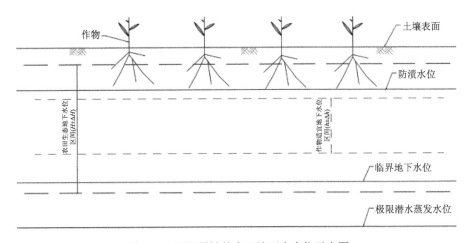

图 2-36　不同属性的农田地下水水位示意图

受地表植被特征、土壤类型、区域气候及环境条件、季节等因素的影响，地下水位的时空差异较大，表现为不仅不同地区之间差异明显，而且同一地区不同时段的差异也较大。因此，不同地区生态地下水位的内涵不同，侧重点也不一样。在干旱、半干旱地区，如我国西北地区，应重点考虑防治土壤沙化、荒漠化、植被退化和土壤次生盐渍化的需要，研究确定生态地下水位，主要指标为满足作物正常生长的适宜地下水动态埋深、防止土壤盐碱化的地下水临界埋深和防止土壤荒漠化与天然植被退化的地下水埋深阈值；华北地区地下水超采严重，已引发地面沉降、地裂缝等环境地质问题，要遵循"限制性开发、可持续利用"的原则来确定生态地下水位；东部沿海地区的滨海平原及三角洲，应主要考虑地下水位与海水位之间的关系，从避免海水入侵的角度确定生态地下水位；在湿润、半湿润地区，如我国的秦岭—淮河一线以南地区，虽然降水量充沛，但其年内、年际间分布极不均衡，"水多、水少、水脏"的问题比较突出，应重点围绕"排、蓄、补"关系调控地下水位，适度排水、适当蓄水、合理补水、节水减排多措并举，对地下水进行合理开采和科学调控，从促进地下水良性循环、维持区域的水量平衡、水盐平衡的角度确定生态地下水位。

本书的研究区域为地处半湿润地区的淮北平原，所述农田生态地下水位是指在作物不受灾或者受轻灾(减产率在 10%～20%)的前提下，通过控制排水使区域的浅层地下水资源量在一个较长周期(如 10 年左右)内基本维持排补平衡状态，地下水位既不会出现明显上升也不会明显下降。在维持农田生态地下水位的情况下，能够达到作物相对高产、优质和区域水资源高效利用之目的，同时可以维持良好的生态环境，包括农田温湿度、土壤肥力状况、盐碱化程度和区域的水生态、水环境状况等。农田生态地下水位可分别用多年平均地下水埋深、不同时段多年平均地下水埋深、周期始末地下水埋深等进行定量描述。

2)农田生态地下水位的确定方法

实地原型试验是确定农田生态地下水位最为精准的方法，但此方法需要长期开展试验观测，费时费力，不可控影响因素多，实施起来难度大。计算机技术的迅速发展使很多复杂问题简单化，采用模拟手段辅之以有限的实测数据对农田地下水的波动过程进行长系列运行模拟变得可能。即基于水量平衡原理和"四水转化"关系，建立农田排水径流及地表水、地下水联合调控仿真模拟模型，对特定区域每个可供选择的调控方案(蓄排水方案)进行长系列运行模拟，可得出多种地下水位的波动过程和各时段(如按作物生育阶段)的地下水位值，从中选择满足地下水动态平衡、作物不受水旱灾害或者灾害程度较轻、水资源利用率高、环境风险小的地下水波动埋深(包括多年平均地下水埋深、不同时段多年平均地下水埋深、周期始末地下水埋深)即为该区域农田的生态地下水位，对应的调控方案(蓄排水方案)即生态友好型控制排水方案。

以研究区利辛县车辙沟流域(淮北中南部砂姜黑土区)为例(详见第 5 章"农田生态排水仿真模拟及其指标优选")，经模型模拟计算并结合实测资料分析，该区农田的生态地下水位见表 2-42。

表 2-42　农田生态地下水位　　　　　　　(单位：m)

生态优先				效益优先			
变化范围	不同时段均值			变化范围	不同时段均值		
	全年	非汛期(10月～次年5月)	汛期(6～9月)		全年	非汛期(10月～次年5月)	汛期(6～9月)
0～1.88	1.19	1.23	1.10	0～2.15	1.37	1.37	1.37

2.4.3　排水沟道生态水位

1. 排水沟水位与农田地下水位之间的关系

农田排水沟系和灌溉渠系共同组成了农田水分的"调节器"及其与河流、湖泊之间水流的"连通器"。一方面，在雨季田间水分较多时，农田沟渠是农田排水的通道，起到除涝降渍的作用，以减小农田淹没和渍害的危害及其发生概率；另一方面，由于排水沟渠特别是大、中沟和干、支渠断面较大，具有一定的贮水容量，在干旱少雨季节，沟渠中存储的水量可以作为灌溉水源补充农田水分的亏缺。同时，保持适宜的沟水位也会对农田地下水起到补充或者抑制其排泄的作用，使农田地下水位维持在一个比较有利于作物吸收利用的区间波动，以减小旱灾的发生概率和灌溉水量，实现降本增效和水资源高效利用之目的。

　　农田排水沟渠作为农田生态系统的重要组成部分，是农业面源污染物的最先汇集处，也是下游河流、湖泊等受纳水体的输入源。农田的排水在排水沟中的流动过程中发生一系列物质、能量和信息的传递，同时伴随着溶质的迁移转化，对污染物的削减起着重要作用，也就是说排水沟具有净化和自净能力，这种能力主要取决于排水沟中的水量多寡和水生植物、微生物生长状况。因此，存在排水沟生态水位问题。水位和流量对农田排水沟渠中动植物和微生物的类型、数量和分布特征，以及削减、稀释、净化能力影响显著。

　　研究表明，区域的排水沟特别是排水大沟水位与农田地下水位之间的关系较为密切，其间存在一定的相关关系(特别是在长期无雨或者降雨量不大的时期)，主要表现为：当时段降雨不多且很难补给地下水，地下水因受潜水蒸发、作物利用等影响而造成埋深较大，大沟水位始终高于地下水位时，在自然水头的作用下大沟地表水将补给地下水；在雨后排水时段，农田地下水位相对较高，通过田间明沟、暗管等排水工程将多余的土壤水排汇至大中沟及承泄区，此时地下水补给大沟，直至二者水位基本持平为止。如果大沟中建有闸坝等控制性工程进行拦蓄水，使大沟水位保持在一定的高度，则会抑制地下水的排泄，影响地下水位的波动幅度，变相抬升了农田地下水位(图 2-37、图 2-38 和表 2-43)。

地下水补给大沟　　　　　　　大沟补给地下水　　　　　　基本持平无侧向补给

图 2-37　大沟地表水与农田地下水关系分类图

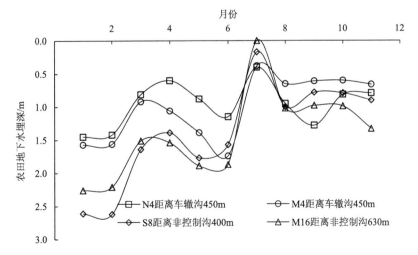

图 2-38　车辙沟试区大沟有无控制排水农田地下水位动态变化(2003 年)

表 2-43　大沟有无控制方案对农田地下水位的影响分析　　　　（单位：m）

月份	大沟有控制工程的农田地下水埋深		大沟无控制方案的农田地下水埋深		大沟有无控制方案的农田地下水位差			
	N 断面 N4	M 断面 M4	SW 断面 S8	MW 断面 M16				
	(1)	(2)	(3)	(4)	(3)−(1)	(4)−(1)	(3)−(2)	(4)−(2)
1	1.45	1.57	2.61	2.26	1.16	0.81	1.04	0.69
2	1.42	1.56	2.62	2.21	1.20	0.79	1.06	0.65
3	0.81	0.92	1.64	1.51	0.83	0.70	0.72	0.59
4	0.60	1.06	1.39	1.54	0.79	0.94	0.33	0.48
5	0.88	1.39	1.77	1.89	0.89	1.01	0.38	0.50
6	1.15	1.74	1.57	1.87	0.42	0.72	−0.17	0.13
7	涝水淹没	涝水淹没	涝水淹没	涝水淹没	/	/	/	/
8	0.95	0.65	1.00	1.02	0.05	0.07	0.35	0.37
9	1.28	0.61	0.78	0.98	−0.50	−0.30	0.17	0.37
10	0.81	0.60	0.79	0.99	−0.02	0.18	0.19	0.39
11	0.79	0.66	0.90	1.33	0.11	0.54	0.24	0.67

　　注：N4、M4 距车辙沟 450m，S8 距西红丝沟 400m，M16 距西红丝沟 630m；本表来源于利辛县车辙沟试区 2003 年度观测结果。

2. 排水沟道生态水位的确定方法

排水沟道生态水位的确定主要考虑满足农田生态地下水位的要求和排水沟的生态需水（维持沟道水质的最小稀释净化水量和水生生态系统稳定的生物最小生存空间需水量）。显而易见，满足农田生态地下水位要求的沟道水位较高，对应沟道最高生态水位，而维持排水沟生态需水的水位则为其最低生态水位。在农田生态地下水位确定的情况下，根据沟水位与农田地下水位（大沟影响范围内农田的平均地下水位）的关系即可推求出排水沟道的生态水位。方法有两种，一是进行长期原型实验，二是通过农田排水径流及地表水、地下水联合调控仿真模拟模型计算。以研究区利辛县车辙沟流域为例，下面说明排水沟道生态水位的确定方法与过程。

1）根据沟水位与农田地下水位的关系推求——原型实验法

现以 M 断面 2016 年 6 月 1 日至 2019 年 9 月 30 日的实测资料分析沟水位与农田地下水位之间的关系，并拟合回归方程。M 断面在车辙沟下游节制闸以上 6.0km 处。在 M 断面，车辙沟与其西侧的西红丝沟之间的距离为 2.06km，共布设有沟水位观测点 2 个、农田地下水位观测孔 14 个。车辙沟属于有控制工程（闸）控制的大沟，西红丝沟无控制方案。

（1）农田地下水位与垂直大沟的距离的关系。

多年的实地观测分析表明，排水大沟的水位（H_g）与其控制范围内农田的地下水位（h_t）之间存在一定的相关性。有控制工程（闸或者坝）控制的大沟多年平均沟水位（H_{kg}）及其控制范围内农田的地下水位（h_{kt}）均明显高于无控制方案的沟水位（H_{wg}）和其农田地下水位(h_{wt})，且 h_{kt} 或者 h_{wt} 越远离大沟，其值越大（高），越靠近大沟，其值越小（低）（图 2-39）。这说明通过控制大沟的水位能够调节和控制农田地下水位。

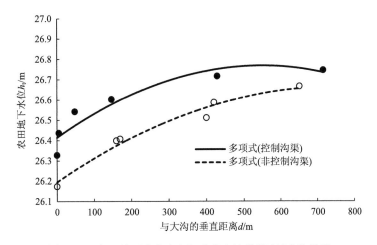

图 2-39 农田地下水位(h_t)与垂直大沟的距离(d)的关系

(2)农田地下水位与大沟水位的关系。

统计时段和取值分别为 M 断面全年、6～10 月及 11 月～次年 5 月沟、田水位的月平均值。可以看出，农田地下水位与大沟水位的关系在非汛期以大沟无控制方案者相关性较好，汛期以大沟有控制工程者相关性较好，全年的相关性相对较差（图 2-40～图 2-42）。其回归方程分别为

非汛期：$H_{wg} = -0.3452h_{wt}^2 + 18.578h_{wt} - 223.69$，$R^2 = 0.7533$；

汛期：$H_{kg} = -0.3145h_{kt}^2 + 17.444h_{kt} - 215.26$，$R^2 = 0.6271$。

根据上式，给定一个农田地下水位即可推求出相应的沟水位。

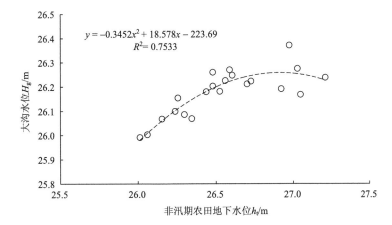

图 2-40 非汛期大沟水位与农田地下水位的关系

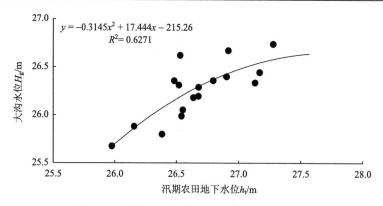

图 2-41 汛期大沟水位与农田地下水位的关系

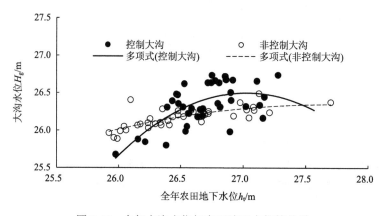

图 2-42 全年大沟水位与农田地下水位的关系

2) 通过农田排水径流及地表水、地下水联合调控仿真模拟模型计算——模型模拟法

该方法详见第 5 章"农田生态排水仿真模拟及其指标优选"。经模型模拟计算并结合实测资料分析,该区排水沟道的生态水位为:①生态优先、兼顾经济效益的沟道多年平均水位为 26.83m,汛期为 26.92m,非汛期为 26.79m;②经济效益优先、兼顾生态的沟道多年平均水位为 26.59m,汛期为 26.32m,非汛期为 26.73m。

根据沟水位与农田地下水位的关系推求出来的沟道生态水位为:①生态优先、兼顾经济效益的沟道多年平均水位为 26.34m,汛期 25.50m,非汛期 26.27m;②经济效益优先、兼顾生态的沟道多年平均水位为 26.30m,汛期 26.37m,非汛期 26.27m。由原型实验法得到的沟道生态水位均低于模型模拟法的相应值。

2.4.4 农田生态排水指标及其技术

1. 农田生态排水指标

传统的农田排水指标标准指在产量不受影响的前提下,作物允许的淹水历时、淹水深度(排涝标准)和地下水埋深、雨后地下水降落速率(降渍指标),而考虑生态环境的农田排水指标标准如何确定是一个新课题。因排水而产生的水盐运动和污染物迁移对承泄区环境的破坏程度取决于农田排水强度、排水方式和环境承载能力。不同排水标准下引起的农田排水环境效应是不同的。

本项研究的重点是农田生态排水指标的确定方法和一般原则,在此基础上提出研究区农田生态排水指标的研究结果。

1)农田生态排水指标的选取

前已述及,农田生态排水指标主要有排水强度、生态水位和排水水质。为便于与传统的农田排水指标进行对比,可以用生态淹水历时和生态降渍水位(雨后地下水动态埋深、地下水排降速率)作为雨后排水过程短历时生态排水指标,分别用多年平均地下水埋深、不同时段多年平均地下水埋深、周期始末地下水埋深作为农田生态地下水位指标。

2)农田生态排水指标的确定方法与步骤

对于确定的农田排区的排水系统,可通过建立农田排水径流及地表水、地下水联合调控仿真模拟模型,进行长系列或者不同频率降雨的模拟计算。即给定一个排水方案(可控制排水流量、水位等),模拟发生不同频率的降雨时农田的积水及地下水动态变化短期过程和年过程,以及作物产量(如有实测试验成果应对其进行修正)等一组数据;再给定另一个不同的排水方案,采用同样的方法又得到一组数据;如此反复,可得到一系列的农田积水、地下水动态变化和产量等数据。

根据长系列地表水、地下水模拟计算结果,分别比较发生不同频率的降雨时、不同排水方案情况下对应的农田积水、地下水动态变化过程和作物产量,以减产率 10%～20%,即不受灾或者轻度受灾为原则确定农田生态排水指标——生态淹水历时和生态降渍水位,也就是农田积水排除时间和积水排除后第 3 天末的地下水埋深值(或地下水排降速率)。农田生态地下水位见 2.4.2 节。

显而易见,农田生态排水指标的标准低于传统的农田排水指标或者农作物排水指标值,目的在于涵养农田水资源、减少排水量,进而降低面源污染的风险。

3)研究区农田生态排水指标

以利辛县车辙沟排水控制区域作为排水模拟对象,经模拟计算并结合涝渍水分生产函数关系模型,在兼顾农业生产和生态环境的条件下,提出该区域的农田生态排水指标如表 2-44 所示。具体过程详见第 5 章"农田生态排水仿真模拟及其指标优选"。

表 2-44 农田生态排水指标

代表性作物	目标	生态淹水历时/d		生态降渍水位/m	
		敏感期	非敏感期	敏感期	非敏感期
小麦	生态优先	4～6	6～8	0.3	0.2～0.3
	效益优先	3～5	5～7	0.3～0.4	0.2～0.3
玉米	生态优先	1	2～3	0.3	0.2～0.3
	效益优先	0.5～1	1～2	0.3～0.4	0.2～0.3

注:生态降渍水位系地面积水排除后经 3 天将农田地下水位排降到田面以下的深度。

2. 农田生态排水技术

囿于特殊的自然地理和水文气象条件，加之地形、土壤、作物等因素，淮北地区的人们"旱死怕涝"的思想根深蒂固，表现在农田水利建设方面就是特别强调排水。20 世纪中后期大力提倡的"旱改水""台条田""内三沟＋外三沟""三一沟网化"等就是最好的明证。致使在农田排水系统设计和工程建设中往往偏于保守，许多农田排水沟渠系统容量过大(具体表现为排水沟较深、断面较大)、沟道过直，有些沟道底部及边坡过度硬化，以致排水能力过剩，出现过量超深排水，农田地表径流及排水沟出口无控制措施，一方面造成过度排水、浪费水资源，另一方面农田中大量氮磷及有毒有害物质随排水过程直接进入下游承纳水体。不仅造成水资源和土壤养分的流失浪费，而且引起下游生态环境污染。为充分体现节水、减排、防污的治水新理念，需要研究生态排水技术，通过控制排水、沟塘坝系统拦截和生态排水沟建设等措施，对农田的排水水量、水质进行管理，促进生态环境的改善，实现良性循环。

1)控制排水技术

控制排水是指通过拦蓄地表径流和合理调控农田地下水位及其动态变化，延长水分在田间的滞留时间，以延续较长的、适宜作物生长的土壤水分条件，或将其滞蓄在骨干排水沟(大中沟)中以利于再利用的排水方式。控制排水旨在保持区域或者灌区现有的排水系统不变、不削弱或者降低排水系统原有的排水功能和排水标准的前提下，通过增建具有控制水位和流量功能的建筑物，适时适度调节排水强度，减少不必要的排水，从而使水量储存在灌区排水系统和田间地下水之中，以增加区域的灌溉水资源量和作物对地下水的直接利用量，提高天然降水的有效利用率；同时，尽量减少由无节制排水带来的土壤氮磷等养分的流失和农药等污染物的排放，降低排水对下游受纳区土地和水环境可能造成的面源污染风险。研究和实践表明：控制排水能够将农田排水、灌溉和改善水土(生态)环境有机地结合起来，不仅可以根据农田的水分状况按需排水，抑制地下水的流失，减少无效弃水，实现适度排水，促进农田水分的良性循环，调节水资源时空分配，最大限度地满足作物对水分的需求，提高降雨利用率，实现排水的再利用；还可以减少农田面源污染，保护生态环境。控制排水已被许多地区列为防范农田非点源污染和进行区域水资源调控的最佳生产管理技术措施之一。

淮北平原属暖温带半湿润季风气候区，地处南北气候过渡带，雨量虽然总体较为适中，但降水年际间变率大、年内分布极不均衡；地势低平，水面率小，缺乏蓄水载体，汛期降雨往往不得不通过河道被大量排出域外；主要土壤类型——砂姜黑土灌排性能不良，持水保肥能力差；该地区又是典型的旱作区，作物种植以小麦、玉米等大宗粮食作物为主，对排水的要求相对较高。上述诸多因素造就了该地区易旱易涝，且经常旱涝交替叠加。因此，采用控制排水方式十分有必要。

农田控制排水的主要方式包括排水流量控制、地下水位控制和沟水位控制，最终体现为排水强度的控制；主要工程形式有明沟、暗管及其组合控排和沟塘闸坝蓄排等，其生态排水调度方式包括控制起排时间、控制排水历时和控制地表与地下排水量的比例。不同气候、地形、土壤、作物和承泄区等条件下的控制排水技术模式及其效果有所不同。

控制方式、工程布局及其设计参数、控制运行规则是控制排水需要解决的核心问题；控制排水情况下的沟系水位和地下水动态变化及对地下水位的调控作用，田间水分运动变化规律，对降雨径流、农田排水和农作物产量的影响，以及节水减排效应等，是控制排水需要研究的主要内容。淮北平原砂姜黑土区控制排水技术模式及其效果研究成果详见第 4 章 "农田控制排水及其生态效应"。

2) 地表水与地下水联合调控技术

为促进一个区域(流域)或灌区水资源的良性循环和供需平衡，维护区域健康的生态环境，必须对地表水和地下水进行合理的统一开发利用和管理。对于平原地区，可利用农田沟系控制工程调控地表水资源、地下水位及地下水资源，实现地表水与地下水联合调控和旱涝兼治。通过控制排水干沟的流量和水位，可以根据农田种植结构、土壤水分状况按需排水，最大限度地满足作物对水分的需求；也可以提高降雨利用率，充分涵养地下水，缓解水资源紧缺的压力；还可以减少农业化学物质对排水承泄区的污染，保护环境。在排水干沟调蓄过程中，伴随着地表水、地下水水位动态变化和水量的交换，水量和水位的变化不仅会影响区域水资源的开发利用，而且会影响区域的生态环境。如何确定适宜的地下水位、沟系水位，调控好水量交换，实现两者交互关系的动态把控，是合理开发、高效利用水资源和有效保护生态环境的重要途径之一。

地表水与地下水联合调控技术旨在通过研究排水系统水位和流量与生态环境、农田水资源、涝渍灾害治理，以及控制排水技术要素之间的相互关系，依据水文学与水动力学原理，建立农田产汇流模型及地表水与地下水联合调控模型，分析确定维护健康水生态的排水沟系水位和地下水位及其控制运用规则。淮北平原砂姜黑土区地表水与地下水联合调控研究成果详见第 5 章 "农田生态排水仿真模拟及其指标优选"。

3) 沟渠生态化建设技术——生态排水沟

农田排水沟渠不仅是农田水利基础设施的重要组成部分，通过及时排涝降渍有力地为农业高产稳产起到 "保驾护航" 的作用，而且是农田生态系统的重要组成部分，对于维持农业生态系统平衡和流域生态系统健康有着重要作用。在降雨过程中，农田营养物质在雨滴的打击作用和溶解作用下以颗粒态或者溶解态形式离开土壤表面，通过田间墒沟和农田排水沟渠系统逐渐汇集直至迁移出农田生态系统。农田排水沟渠具有物质传输通道、过滤或阻隔、物质能量的源或汇、生物栖息地等方面的生态功能。

传统的农田排水沟渠以明沟为主，且绝大多数为土质断面。在雨水淋洗及地表径流冲刷和地下水渗流的综合作用下，排水沟坡面极易坍塌，造成淤堵变形。为解决该问题，有些农田沟渠进行了硬化处理，基本以 "两面光" 甚至 "三面光" 的形式对沟坡和沟底进行护砌。这样虽然能够解决边坡坍塌问题，却阻碍了土壤水及地下水向沟中的渗流和交换，降低了田间排水沟的降渍功能，而且沟内植物生长受阻，农田排水中的氮磷等营养盐分难以截留和降解，引起下游河湖等承泄区的水体污染。为维护河湖生态健康和农田生态系统稳定，需要根据沟渠尺寸、流量大小进行生态化建设。相关研究表明，通过调节沟渠内水位、增加沟渠内植被覆盖度、使用高效吸附材料，创造有利于土壤反硝化脱氮作用和磷素去除的环境，将沟渠变成广泛分布的 "脱氮除磷生物反应器"，可以有效降低农田排水中的氮素和磷素含量。在植被覆盖度较高的沟渠中，相当一部分营养物质在农田沟渠流动过程中可以通过底泥截留吸附、植物吸收和微生物降解净化等多种机制被持留、吸收或消解。农田排水沟渠不仅可以持留氮、磷等营养物质，而且可以持留农药。然而，农田排水沟渠持留营养物质的能力也是有一定限度的，当持留的养分超过了沟渠自身的容量时，沟渠系统会由养分的"汇"转变为养分的"源"，并通过沟渠网络系统向整个区域扩散。因此，针对研究区域构建适宜的生态排水沟[包括结构形式、形态和植物群落种类(植被品种的选择、搭配，主要指湿生植物，如芦苇、菖蒲、水烛等)]，并探讨其对面源污染的消解效果十分必要。

不同结构形式的排水沟有不同的适用性,选择适宜的排水沟不仅能够提高农田排水、抗灾能力，而且有助于减少农田建设投入，减轻对生态环境的影响。生态排水沟是在满足农田正常排水需求的基础上，更加注重生态环境效应的一种新型排水沟道，与传统排水沟相比，其主要特点包括沟道功能多样化、生态友好、保护环境、结构稳定。淮北平原砂姜黑土区生态排水沟的结构与设计及其生态效应研究成果详见第3章"农田排水沟系及其氮磷阻控机制"。

2.5　小　　结

水利是农业的命脉，农业的稳产高产离不开合理的灌溉和排水。传统的农田排水强调的是经济效益，而对排水的生态、环境及社会效应考虑不足，由此导致了诸如地下水、地表水体受到污染，湿地生物多样性系数减小，承泄区防洪压力加大等环境、生态及社会问题。人口、粮食、资源和环境四者协调共生是人类社会发展中必须面对而又不易解决的、关乎生死存亡的大问题。农业生产一方面既是人类食物安全的基础又对环境保护起着积极作用，另一方面既要消耗资源又会带来生态失衡和环境污染等问题。随着农田排水生态、环境、社会效应的日益凸显，只考虑经济效益的传统农田排水方式应向兼顾农田排水各方面效应的综合控制排水方式转变，以客观反映农田排水的现实与长远效应，进而满足社会进步的要求。农田生态排水研究正是基于上述认识而提出来的。

本章主要内容总结如下：

(1)通过对水的生态功能、水对植物的生理生态作用、水对土壤生态环境的影响，以及排水对于改善农田生态环境的作用和不利影响的分析，揭示了农田排水的生态效应，阐明了农田控制排水的必要性；从农业耕种方式、水利措施等方面，剖析了农作物生产与环境的相互作用关系，分析论证了未来的农业生产必将日益注重人类、生物与环境的协调发展，树立生态与环境安全意识和资源永续利用的可持续发展理念。

(2)研究提出了农田生态排水新概念及其内涵解析图。农田生态排水是指不仅能够满足农作物生长及粮食安全对排水的要求，而且也满足生态、地质等环境方面对水的需求和水位与水质的要求、不造成环境恶化的排水方式。其目的在于保障粮食安全和水安全的前提下，维持区域环境系统的水量平衡、水盐平衡，促进水土资源的良性循环和高效利用，实现生态稳定和经济社会的可持续发展。

(3)研究探讨了干旱与涝渍成因、机理和农作物对水分胁迫的响应规律。分别从致灾因子危险性、孕灾环境变动性、承灾体敏感(脆弱)性和防灾减灾能力，水分胁迫对土壤生境(通气性、氧化还原状况、有机质分解与积累、土壤养分及其有效性、污染及有毒物质、生物环境效应等)、农田小气候(温度、湿度、通风透光性能)、农作物的形态结构(根系、株高、分蘖或分枝、叶片)与生理代谢(光合作用、膜脂过氧化及抗氧化酶活性、质膜透性与丙二醛含量、激素及蛋白质合成)，以及产量构成要素和产量与品质等方面的影响，深入剖析了旱涝成因与机理和农作物的涝渍抗逆性，揭示了农作物水分胁迫的响应规律。

(4)研究并提出了农田生态排水指标及其确定方法。区域性生态排水指标主要有排水强度、生态水位和排水水质。排水强度是指一定时期内(全年或者时段)区域的排水量；生态水位包括农田生态地下水位和排水沟道生态水位；排水水质主要指氮磷等污染物的含量。其中，农田生态地下水位可分别用多年平均地下水埋深、不同时段多年平均地下水埋深、周期始末地下水埋深等进行定量表达；排水沟道生态水位是指在满足农田生态地下水位和排水沟的生态需水要求时相应的排水沟道较高水位。排水沟的生态需水主要包括维持沟道水质的最小稀释净化水量及水生生态系统稳定的生物最小生存空间需水量。田间尺度的生态排水指标主要有生态除涝强度和生态降渍强度。生态除涝强度是指单位时间田间地面积水的排出量，以生态淹水历时和淹水排除时间表示；生态降渍强度是指雨后单位时间农田地下水的排出量，以生态地下水动态埋深或者地下水排降速率表示。

农田生态地下水位可分别通过实地原型实验和基于水量平衡原理与"四水转化"关系建立相关模型进行长系列模拟的方法进行确定。在农田生态地下水位确定的情况下，根据沟水位与农田地下水位的关系即可推求出排水沟道的生态水位。方法也有两种，一是进行长期原型实验，二是通过区域排水径流和地表水、地下水调控模拟模型计算。生态除涝强度和生态降渍强度主要依据农作物涝渍水分生产函数，即作物产量与涝渍指标关系模型，综合考虑经济效益和生态效应进行优选确定。

(5)基于多年多点位原型试验，分析并确定了明沟、暗管及其组合排水对于农田地下水位和土壤水分的调控作用与量化关系，探讨了各类农田排水工程的规格标准。

(6)基于农作物逆境试验，研究并提出了作物的耐涝耐渍指标，建立了作物产量与涝渍指标的量化关系即涝渍水分生产函数，为农田生态排水指标的确定提供了依据。

(7)基于专项试验，研究探讨了在农田排水过程中土壤溶质的运移规律，即农田排水所携带的盐分(氮磷等生源物质)在介质中随时间和空间的变化情况，为面源污染防控和农田排水调度及排水技术的优化等提供了理论和技术依据。依据试验结果，分别提出了控制起排时间、控制排水历时和控制地表与地下排水量比例的生态排水调度方式。综合考虑作物与生态要求，雨后旱地农田的排涝历时控制在 2～3d 为宜，起排时间宜早不宜迟；水田的最佳起排时间为雨后 3～5d，且应尽量延长排水历时；并应根据区域生态要求和水环境承载能力优选地表和地下排水方式及其排水量。

(8)研究提出了基于生态属性的农田排水指标与综合排水标准和农田生态排水技术——控制排水、地表水与地下水联合调控、构建生态排水沟。

第 3 章　农田排水沟系及其氮磷阻控机制

3.1　农田排水系统组成及其功能

农田排水的任务是排除农田中过多的地面水和地下水，控制地下水位，为作物生长创造良好环境。具体内容有除涝、防渍、防止土壤盐碱化、盐碱土冲洗改良、截渗排水、改良沼泽地及排泄灌溉渠道退水。

3.1.1　农田排水系统组成

排水系统一般包括排水区内的排水沟系及调蓄设施(如湖泊、河沟、坑塘等)、排水区外的承泄区、排水枢纽工程(如排水闸、排涝站等)三大部分。同时，完善的农田排水系统还有必要的桥、涵、闸工程配套设施。排水沟系一般可分为干、支、斗、农四级沟道，干、支、斗三级沟道组成输水沟网，农沟及农沟以下的田间沟道组成田间排水网，农田排水系统组成见图 3-1。农田中由降雨所产生的多余地面水和地下水通过田间排水网汇集，然后经输水网和排水枢纽排泄到承泄区。

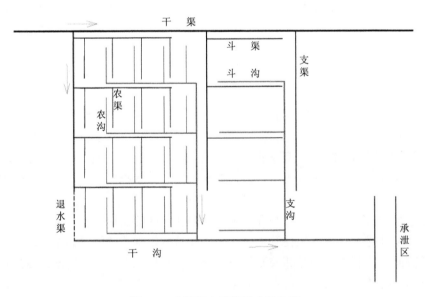

图 3-1　农田排水系统组成示意图

1. 田间排水系统

田间排水系统包括排水农沟、排水管、临时排水沟洫及配套工程，常见工程形式有小沟、毛沟、地头沟、梨沟，以及暗管、鼠道、竖井等，田间排水系统示意图见图 3-2。

田间排水系统是直接与排水地块相连接的工程，在涝、渍分排的情况下，田间排水沟渔以排涝为主，在其影响范围内，也排出部分渍水；暗管、鼠道、竖井等排水设施则以排渍为主。

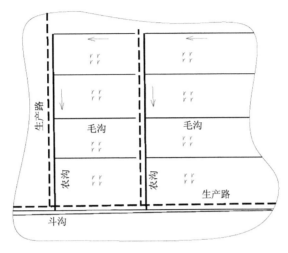

图 3-2　田间排水系统示意图

田间排水系统承担汇集农田暴雨径流、降低地下水水位，实现除涝、排渍和防治土壤盐碱化等任务。由于田间排水沟直接与农田排水地块相连，在骨干排水沟断面合理、建筑物配套且无水路阻碍的情况下，它对于排除农田地表积水、降低地下水位和作物主要根系区的多余土壤水分更直接、更有效，成为农田排涝排渍的基础。

田间排水系统布置应考虑地形、水文、土壤、作物种植等因素，满足农田对除涝、防渍排水的要求，结合当地田间灌溉、农业耕作等具体情况合理布置。

2. 骨干排水系统

完整的农田排水系统通常由骨干排水系统、田间排水系统和必要的建筑物(桥、涵、闸等)组成，其中骨干排水系统是指固定排水沟系中规模较大、排水能力较强的排水沟。农田固定排水沟一般分为干沟、支沟、斗沟、农沟四级，在安徽淮北地区分别对应大沟、中沟、小沟、毛沟，其中大沟、中沟称为骨干排水沟(图 3-3)。

骨干排水系统是连接田间排水系统和承泄区的重要排水工程,担负涝渍水输送任务,起到"上承下排"作用。在农田排水系统内,若骨干排水工程排水能力较低,不能完成输水和水位控制的任务,会降低田间排水工程的排水效果;若骨干排水工程排水能力较强,会增强田间排水工程的排水效果。

3.1.2　农田排水方式及其功能

按照涝渍水排泄的路径，农田涝渍灾害治理措施主要有明沟排水、地下排水、井排或以井代排三种主要工程技术措施。按照涝渍水排泄的动力方式，农田排水还可分为自流排水和机械排水(抽排)两种。常见的农田除涝排水工程措施见图 3-4。

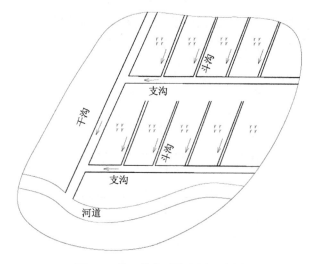

图 3-3　骨干排水系统布置示意图

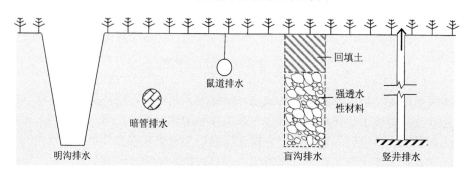

图 3-4　农田除涝不同排水工程措施示意图（王少丽等，2018）

1. 明沟排水

明沟排水是根据农田排水的要求，在田面开挖一定深度和适当间距的沟道来排除多余的地面水、地下水和土壤水的工程措施。明沟排水是历史最为悠久、应用最为广泛的排水方式。明沟排水具有同时排除地表涝水和地下水的双重作用，可以适应不同排水流量的需求，能满足各种类型的排水需要，特别是排水流量过大的排水区会更多地选用明沟排水。明沟排水具有快速排除地表积水、一次性投资小、易于施工等优点，缺点是占地面积大、需要经常维修养护、不利于机耕、配套建筑物多和轻质土沟道易坍塌等。目前，地面明沟排水仍然是国内外广泛采用的农田排水措施。

明沟排水也是淮北平原最主要的排涝排渍措施。其原因和作用在于：①涝渍易发地区多暴雨和连阴雨，雨量集中、强度大，暴雨期农田地下水位在短时间内就可以上升至地表并产生地面积水，要求有较高排水能力的工程措施，而地面明沟断面大、水流畅、便于调控，与这种排水要求相适应。②淮北平原易涝区域，土壤多为砂姜黑土、潮棕壤土，湿胀性强，雨后排水性能减弱，地下排水速度较慢，地面洼地积水、土壤上层滞水应尽可能通过地面排泄，利用田间沟洫加速排除地面积水，还可以在短时间内排除土壤耕作层中的多余水分。③目前淮北平原河道的排涝工程标准较低，淮河主要支流下游汛期高水位对农田排水存在顶托现象，在农田排水中采用地下排水工程措施，难以充分发挥工程作用。同时，本区域现时经济和工程技术水平还不够高，采用地面排水适合当前社会经济发展水平。

2. 地下排水

地下排水是指在地面以下一定深度内通过铺设透水管道或开制人工鼠道所形成的地下管网排水方式。地下排水主要用于农田排渍，其主要形式有暗管排水、鼠道排水和盲沟排水等。暗管排水是在地面以下一定深度处埋设渗水管道汇集、排泄农田多余水分的工程技术措施，暗管排水系统一般由汲水管、集水管、闸阀和出口建筑物等部分组成。暗管排水一般分为两级：一级暗管排水是指在地面以下一定深度沿水平方向埋设一系列等间距或不等间距的平行暗管(汲水管)，每条暗管都有出水口，渍水直接排入明沟；二级暗管排水，包括汲水管和集水管两级，汲水管垂直于集水管布置，集水管垂直于排水明沟。渍水经汲水管入集水管再排入明沟。"鼠道"即通过牵引形状如炮弹般的"锥形弹头"，使其在田面以下一定深度水平穿透并挤压周围土壤，钻成一条类似鼠穴一样的洞，用于地下排水。这种暗洞一般适用于黏土或黏壤土，但使用寿命仅 1~2 年。盲沟排水主要采用砂砾石、矿渣、树枝、稻壳、秸秆、杂草等强透水材料填充在沟道底部并回填土后形成，因盲沟中无明显的排水通道，进而增加了水流到排水出口过程中的摩阻力，增大了其被淤堵的可能性，这是制约盲沟排水发展的主要因素。从应用的广泛性和实际应用效果等方面综合考察，暗管排水明显优于其他地下排水形式。

由于暗管间距一般小于田间末级固定排水沟的间距，加大了地下水力坡降，在地面积水主要由明沟系统排泄之后，沟水位下降，地下水的排降速度随之增大，首先使土壤耕作层的含水量得到即时释放。暗管排水具有降低地下水位、调节土壤水分、改善土壤理化性状、为作物生长创造良好环境条件的特点。与田间沟洫相比，暗管、暗洞具有不占地、土方工程量少、不妨碍田间交通运输和机械化作业，并可避免明沟的边坡坍塌、淤积、草阻等缺陷，排渍效果明显。但其一次性基本建设投资费用较高，并且在运行过程中有可能产生淤积、堵塞等问题。随着农业生产和经济水平的提高、材料工业的发展和机械化施工技术的进步，暗管排渍将会得到较快的发展。

3. 井排或以井灌代排

从水井抽取地下水用于灌溉，既可满足作物需水，又能淋洗土壤盐分和降低地下水位，起竖井排水的作用，故称井灌井排。结合井灌进行排水，不仅提供了灌溉水源，同时对降低地下水位和除涝治碱有重要作用。井灌井排是综合治理旱、涝、碱的重要措施，在我国北方易旱易碱地区应用广泛。

在井灌井排或竖井排水过程中，当水井抽水时，井周围地下水位下降，形成一个以井为中心的降落漏斗，特别是在群井抽水的情况下，降低地下水水位的效果更为显著。水井的排水作用增加了地下水的人工排泄量，使地下水位降低，减少了地下水的蒸发，可防止或减缓地表积盐的强度；干旱季节，通过水井抽取地下水灌溉，降低了地下水位，这样就增加了土壤承蓄降水入渗水量的能力，减少了形成农田涝渍灾害的水量，从而减轻了田面积水产生的涝灾和地下水过高导致的土壤过湿产生的渍害，达到除涝防渍的目的；在地下水咸水地区，水井抽水产生的地下水位下降，可以增加田面水的入渗速度，这为土壤脱盐创造了有利条件。

淮北平原地下水资源丰富，是农业灌溉的主要水源。目前，安徽淮北地区灌溉机井达到 19 万眼，控制灌溉面积约 1700 万亩，这些广泛分布的机井主要用于农田灌溉，在抽取地下水灌溉的同时，降低了地下水位，腾空地下水库库容，由于淮北地区降雨径流是以蓄满产流为主，这样在发生大的降雨时，就会有更多的降雨回补地下水，相当于减轻了涝渍灾害的发生。实践证明，通过井灌降低农田地下水位对缓解农田涝渍灾害的作用是比较明显的。

4. 明暗组合排水

明暗组合排水技术就是利用明沟排除涝水、暗管排除渍水的优势，采用明沟和暗管相结合的田间排水技术措施。众所周知，明沟系统是排涝的有效措施，也能在一定程度上起到排渍作用，而暗管则是治渍的有效手段，若仅以明沟同时排除涝水、渍水，势必需要增大沟深、加大沟宽、增加明沟数量，结果增加了占地面积及其配套建筑物的数量；若仅以暗管排除田间涝水、渍水，因涝水排除太慢而不能满足治理区作物要求的在耐涝耐渍时间内排除多余水，达不到治理要求。因此，将明沟和暗管有机结合起来，就能迅速排除影响作物生长的涝水、渍水，实现涝渍兼治。暗管排水技术具有降渍效果好、不占耕地和便于机械化等优势，越来越受到国内外的广泛关注。随着农业现代化的发展，针对农田涝渍灾害相伴相随、耕地资源紧缺等问题，兼有明暗两种排水措施优势的明沟和暗管的组合排水方式是未来除涝治渍排水技术的发展方向。

安徽省（水利部淮河水利委员会）水利科学研究院针对淮北地区广泛分布的砂姜黑土在新马桥农水综合试验站、涡阳双庙、固镇王桥进行明沟、暗管排水试验示范，结果表明，单纯明沟排水，小沟间距 100m、沟深 1.2m，雨后 3d 地下水位埋深达到 0.36m；而在小沟间距 220～250m、沟深 1.2m 的地块布置暗管进行明暗组合排水，暗管埋深 1.0m，垂直小沟布置，间距 40m、60m 雨后 3d 地下水埋深分别达到 0.49m 和 0.28m。因此，利用明沟暗管在除涝防渍中各自的优势实施明暗组合排水，可有效减少末级沟的布置数量，减少挖压占地和配套建筑物数量，而且可以达到治理要求，尤其是在淮北地区固定的干、支、斗沟比较健全，而田间临时排水沟洫几乎完全缺失的情况下，发展明暗组合排水十分必要、迫切。

3.1.3 农田排水沟系的环境生态功能

农田排水沟渠系统的主要作用在于排除农田多余的地表水和地下水，控制地表径流以消除内涝，控制地下水位以防治渍害和土壤沼泽化、盐碱化，通过改善农业生产条件以实现农作物的高产稳产。由于数目众多、分布广泛，农田排水沟渠往往也是排水区面源污染物汇集和向下游水体传输的重要载体和通道。作为源头溪流的一种重要形式，农田排水沟渠同样是河流水系的重要组成部分，也具有与溪流或一般小河流相似的基本特性,如水深较浅、流量较小、面积/体积比值相对较大等,从而为微生物与氮磷等生源物质的充分接触提供了便利条件,使得排水沟展现出较好的氮磷滞留和转化的环境生态功能。农田排水系统中干、支、斗、农沟等直接深入田间地头,且数量十分庞大,在微生物活性相对较强的季节,整个农田排水系统可能表现出十分可观的氮磷截留、净化和调控能力。近十几年来,欧美发达国家(特别是美国)针对源头溪流氮磷滞留问题开展了大量的系统性调查和研究工作,研究对象既包括了偏远地区的山地、森林等原生态寡营养自然溪流,也涵盖了饱受面源污染影响的农田排水沟渠,甚至有点源污染较为显著的城市小河流和排水暗管等。其中,对于农田排水系统面源污染控制的研究,不仅关注明渠排水(包括降雨径流),也考虑了暗管排水对农田排水沟渠系统营养盐滞留潜力的影响,探索了氮磷滞留和调控机制,为小尺度水体水环境保护立法提供了支撑。

地下水与地表水的交互作用是自然界普遍存在的现象,也是陆地水文循环的重要组成部分。在水量交换的同时,也伴随着溶质(或污染物)的交换。直观地,农田排水沟(尤其是干、支渠)对于氮、磷等生源物质的滞留功能并不仅仅局限于渠底、边坡表面的吸附作用,也不只是来自上覆水中的物理、化学和生物作用,同样也有沟渠下方及侧向滨岸可渗透沉积区的水和物质的交换作用过程。一般地,人们将含水层与河水之间的交互作用区域称作潜流带(hyporheic zone),它是位于地表水和地下水之间,发生物质和能量交换的,具有物理、化学、生物梯度的饱和含水带。从空间上看,潜流带占据着地表水、侧向河岸带和地下水之间的中间位置,是河流连续统的重要组成部分(图 3-5)。由于潜流带内发生着强烈的环境生物地球化学过程,在改善水环境质量和维持水生态系统稳定中发挥着重要作用(杜尧等,2017)。目前,有关潜流带污染物滞留和转化机制的研究是环境水文地质学、环境生物地球化学等学科领域的热点和前沿。

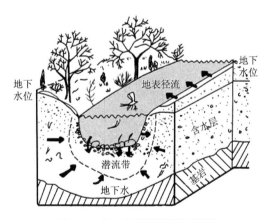

图 3-5　排水沟渠潜流带示意图

作为一种小尺度河流类型,农田排水沟渠系统同样存在潜流带结构,特别是在那些设置了节制闸的农业区干、支渠,在闸门闭合期间,沟渠地表水与地下水的交互作用可能越发明显,潜流带对沟渠氮磷滞留发挥的作用也就更为突出。一般地,在规范化程度不是很高的农田排水系统中,不仅沟渠底部、岸坡和滨岸带不同程度地覆盖有多种大型水生/湿生植物,沟渠底部表面往往也呈斑块状附生一些藻类、苔藓类植物,对促进水流中携带的氮磷等营养盐的截留、净化起到了十分重要的作用。不仅如此，在沟渠潜流带内的沉积物颗粒表层同样也附生着由细菌、真菌及原生动物等构成的生物膜，在生物学、化学作用以及潜流带内较大的理化和生物学梯度等因素影响下，生物菌胶团对来自地表水下降流和地下水上升流的氮磷营养盐进行降解和利用，并成为农田排水沟渠系统营养盐滞留的重要作用机制。正是因为生物膜及多种生物群落的普遍存在，农田排水沟渠潜流带同样也是地表水和地下水的生态交错区。因此，对于受损潜流带的生态修复，往往成为包括农业排水沟渠在内的源头溪流恢复生态服务功能的基础（Hester and Gooseff, 2010）。

为应对农业面源污染带来的影响，2015 年国家发布了"水污染防治行动计划"，并将生态沟渠、生态沟塘建设纳入农业面源污染综合防治方案加以推介，表明我国对农业排水沟渠环境生态功能的技术应用取得了长足进步，实用性和功能综合性水平有了明显提升。但国内对小河流水生态水环境问题的重视相对较晚，有关源头溪流、排水沟渠等小尺度流动水体氮磷滞留的环境生态功能还缺乏机制层面的研究和有效的度量手段，提出的生态沟渠或生态沟塘技术规范还很不完善，甚至缺乏充分的理论支撑。应当说，有关农田生态排水沟的概念，目前学术界还没有权威、统一的定义，但从农业面源污染控制机理和作用机制层面看，农田生态排水沟应该做到将生态环保理念充分融入沟渠系统建设和管理过程中，重视沟底、沟壁及滨水岸边生态工程技术或工程措施的应用，塑造（或保留）有利于物质流、能量流和信息流交换的物理结构，强化沟渠中地表水流与地下水的交互作用效应，进而在发挥农业排水沟渠系统排、蓄水主流职能的同时，同步实现对农业面源污染负荷的有效削减和调控，从而净化水质、改善生态环境系统质量，提高农业生产活动的生态效益，这对推动和加强我国生态文明的基础建设具有非常重要的理论和现实意义。

3.2　农田排水沟氮磷滞留效应的水文作用机制

农田排水沟是一种较为常见的源头溪流类型，具有相对较大的水底面积与水体体积之比及较好的潜流带结构，因此对氮磷营养盐往往具有较好的截留、净化和滞留效果；加之其数量巨大、分布广泛，在农业非点源污染控制中发挥着重要作用（Peterson et al., 2001）。尽管水文因素对溪流沟渠氮磷滞留的重要性已为人们普遍认同，但目前针对小尺度流动水体氮磷滞留能力的研究，基本上还是以基流或低流量情形为主导，因此无法充分展示水文变化带来的影响。

1960 年，Wolman 和 Miller 提出了有效流量概念，从流量对河床形态改造的贡献着手，刻画水流对河床形态变化的影响。2005 年，Doyle 等将这一概念和基本思想应用于小河流沉积物输移模拟，将水文频率曲线与沉积物流量特性曲线的乘积作为有效流量曲线，定量刻画了颗粒态有机质、细颗粒态磷和溶解性有机物随水流传输的有效流量变化。此后，Doyle（2005）又通过集成水文变化性和营养螺旋原理，提出利用水文频率曲线与溶解态营养盐滞留率变化曲线的乘积定量描述营养盐滞留有效流量的变化特征，并以虚拟的模型参数模拟水文因素变化的影响。Claessens 等（2009）则采用水流过程曲线与硝态氮

（NO_3^-）损失经验模型相结合的方法，探究了长时间尺度下 NO_3^- 损失的动态变化性，并以蒙特卡罗（Monte Carlo）模拟技术预测超越概率的 NO_3^- 损失。然而，这类针对水文变化情形下溪流沟渠氮磷滞留效应的模拟研究较少，还需要从理论和实践层面不断探索。本节以某一典型农田排水沟为例，从水文概率密度模型与营养盐滞留率模型综合集成角度，解析沟渠水系统氮磷滞留有效流量的动态变化性，定量评估排水沟氮磷营养盐滞留的总体水平（李如忠等，2016c）。

3.2.1　模型与方法

1. 研究区概况

课题组针对安徽境内某一长约 2.5km、水面宽 0.5～2.0m 的沟渠型农田源头小河流，开展了为期约 2 年的水文、水质情况调查。汇流区域属于低岗丘陵区，沟渠形态较为平直。由于缺乏有效的维护管理，渠岸崩塌较为明显，上游渠底大型水生/湿生植物相对较多，中下游则极少。在其中一长约 80m 的排水沟段，课题组开展了 10 次氮磷添加示踪实验。该渠段底部河床鲜有大型水生植物，沉积物也很少，但存在少量丝状苔藓，沟渠主要底质构成为板结的水稻土。示踪实验期间，排水沟流量变化范围为 0.008～0.065m³/s，流速为 0.11～0.30m/s；水质状况较好，NH_4^+ 和 PO_4^{3-} 浓度分别为 0.32～0.96mg/L 和 0.011～0.120mg/L。

2. 营养盐迁移转化模型

农田排水沟渠氮磷营养盐迁移、转化规律，可以利用一维水质模型模拟：

$$C(L) = C_0 \exp(-kL) \tag{3.1}$$

式中，C_0 表示起始断面营养盐浓度，mg/L；$C(L)$ 表示下游 L 断面处营养盐浓度，mg/L；k 表示营养盐衰减系数，m^{-1}；L 表示距起始断面长度，m。

以营养盐吸收速度（也称传质系数）指标反映排水沟底质对营养盐滞留的影响，并根据衰减系数 k 与吸收速度 V_f 的相关关系，将式（3.1）进一步转化为（Doyle, 2005; Claessens et al., 2009）

$$C(L) = C_0 \exp\left(\frac{-LV_f}{uh}\right) \tag{3.2}$$

式中，u 表示平均流速，m/s；h 表示平均水深，m；V_f 表示营养盐吸收速度，m/s。

3. 营养盐滞留率

农田排水沟营养盐滞留率可表示为（Claessens et al., 2009）

$$R = 1 - \frac{C(L)}{C_0} = 1 - \exp\left(\frac{-LV_f}{uh}\right) \tag{3.3}$$

式中，R 表示营养盐滞留率。

排水沟流量可以根据沟渠水深 h、水面宽度 W 和水流速度 u 等数据信息利用 $Q=uhW$

计算。一般地，明渠中流量 Q 与水面宽度 W 存在如下的定量关系，即

$$W = aQ^b \tag{3.4}$$

式中，a、b 为经验参数。

由此，可以将式(3.3)的营养盐滞留率表达式进一步转化为(Claessens et al., 2009)

$$R(Q) = 1 - \frac{C(L)}{C_0} = 1 - \exp\left(\frac{-aLV_f}{Q^{1-b}}\right) \tag{3.5}$$

不难看出，式(3.5)将营养盐滞留率 $R(Q)$ 表示为流量 Q 的函数形式，并且随着 Q 的增大，$R(Q)$ 呈现逐步下降态势。换言之，与高流量情形相比，排水沟在基流或近似基流条件下具有相对更高的营养盐滞留潜力。

4. 营养盐滞留有效流量

排水沟径流量受降水、蒸发、侧向补给等多种因素的影响，表现出很大的波动性，持续干旱情形下可能出现断流现象。假设沟渠径流量服从对数正态分布特征，相应的水文概率密度函数可表示为

$$f(Q) = \frac{1}{Q\sigma\sqrt{2\pi}} \exp\left[\frac{-(\ln Q - \mu)^2}{2\sigma^2}\right] \tag{3.6}$$

式中，$f(Q)$ 表示径流量的概率密度函数；μ 和 σ 分别表示 $\ln Q$ 的平均值和标准差。

这里，$R(Q)$、$f(Q)$ 均为流量 Q 的函数，将式(3.5)、式(3.6)相乘则可得到一个集成水文概率密度函数与营养盐滞留率的营养盐滞留频率分布函数 $R_f(Q)$ (Doyle, 2005)：

$$R_f(Q) = f(Q) \times R(Q) = \frac{1}{Q\sigma\sqrt{2\pi}} \exp\left[\frac{-\ln(Q-\mu)^2}{2\sigma^2}\right] \times \left[1 - \exp\left(\frac{-aLV_f}{Q^{1-b}}\right)\right] \tag{3.7}$$

根据式(3.7)，可以综合评估水文变化、生物吸收、河床地貌特征等因素带来的营养盐滞留影响。此时，时间尺度就由传统确定性方法中的数十分钟或数小时，进一步拓展到可以涵盖连续多个水期的更长时段。图 3-6 直观展示了 $R(Q)$、$f(Q)$ 及 $R_f(Q)$ 之间的相

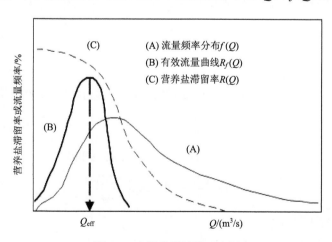

图 3-6　有效流量计算示意图

互关系(Doyle, 2005)，其中 $R_f(Q)$ 称为营养盐滞留的频率加权曲线(frequency-weighted curve)，也称有效流量曲线，曲线峰值对应的横坐标 Q_{eff} 代表营养盐滞留效应最为有效的流量值，即最有效流量。

5. 功能等效流量

由营养盐滞留频率加权曲线 $R_f(Q)=f(Q)\times R(Q)$ 得到的积分面积 $\int R_f(Q)dQ$，综合体现了排水沟集成所有可能发生流量的营养盐滞留总体水平，即(Doyle, 2005)

$$M = \int R_f(Q)dQ = \int [R(Q)\times f(Q)]dQ \tag{3.8}$$

式中，M 表示期望滞留率，代表了排水沟营养盐滞留总体水平。

若将营养盐滞留率 $R(Q)$ 曲线上与期望滞留率 M 相对应的流量称为功能等效流量，并将其表示为 Q_{fed}，则有

$$R(Q_{fed})=M \tag{3.9}$$

这里，Q_{fed} 是从营养盐滞留效果层面定量刻画与所有可能发生流量滞留功效相当的某一可能流量。图 3-7 为 Q_{fed} 的物理意义示意图。

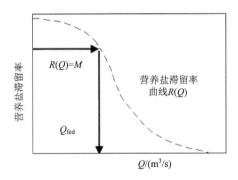

图 3-7 等效流量计算示意图

3.2.2 氮磷吸收速度估算

2013 年 6 月 4 日～2014 年 10 月 9 日,针对基流或接近基流的低流量情形,选择 NaCl 为保守性示踪剂,NH_4Cl 和 KH_2PO_4 为添加的营养盐,采用恒速连续投加的方式,在示踪实验沟渠开展了 10 次示踪实验,相应的流量 Q、流速 u、水面宽度 W 和水深 h 等信息见表 3-1。有关示踪实验操作方法等内容,参见文献(李如忠等,2015a,2015b)。

表 3-1 水力学参数及营养盐吸收速度

实验日期	Q /(m³/s)	W /m	u /(m/s)	h /m	$V_f\text{-}NH_4^+ \times 10^{-6}$ /(m/s)	$V_f\text{-}SRP \times 10^{-6}$ /(m/s)
2013-06-04	0.065	0.92	0.30	0.24	2.82	3.30
2013-06-19	0.010	0.51	0.12	0.16	1.00	0.99
2013-06-30	0.022	0.68	0.18	0.18	1.68	1.31

续表

实验日期	Q /(m³/s)	W /m	u /(m/s)	h /m	V_f- NH$_4^+$ ×10⁻⁶ /(m/s)	V_f-SRP×10⁻⁶ /(m/s)
2014-03-20	0.008	0.45	0.11	0.16	2.74	3.43
2014-03-27	0.012	0.53	0.13	0.17	1.24	1.06
2014-04-03	0.022	0.67	0.18	0.18	4.15	1.49
2014-05-08	0.020	0.63	0.17	0.19	4.07	2.27
2014-09-24	0.058	0.88	0.28	0.24	2.12	2.09
2014-09-26	0.050	0.83	0.27	0.22	1.82	1.75
2014-10-09	0.027	0.72	0.20	0.19	3.29	2.06
平均值	0.029	0.68	0.19	0.19	2.49	1.98
标准差	0.021	0.16	0.07	0.03	1.11	0.85

采用 OTIS 模型(Runkel, 1998),借助 OTIS 应用程序和 OTIS 参数优化程序包模拟 Cl⁻、NH$_4^+$ 和 PO$_4^{3-}$ 的浓度–时间穿透曲线(BTC$_s$),计算得到 OTIS 模型中主流区断面面积(A)、暂态存储区断面面积(A_s)、扩散系数(D)和暂态存储交换系数(α)及主流区和暂态存储区营养盐吸收系数(分别为 λ、λ_s)等。具体计算方法参见文献(李如忠等,2014)。然后,采用 $k = \lambda + \alpha\lambda_s A_s/(\alpha A + \lambda_s A_s)$ 计算营养盐综合衰减系数 k,再由营养螺旋指标 $S_w = u/k$ 和 $V_f = uh/S_w$,计算 NH$_4^+$、PO$_4^{3-}$ 的吸收速度 V_f,结果见表 3-1。

采用回归分析技术对 W、Q 进行拟合,结果见图 3-8。相应的拟合方程为 $W=2.2609Q^{0.3256}$,可决系数 $R^2=0.9874$($P<0.001$),表明 W、Q 具有很好的幂函数关系。对照式(3.4),可知常数 a、b 的值分别为 2.2609、0.3256。

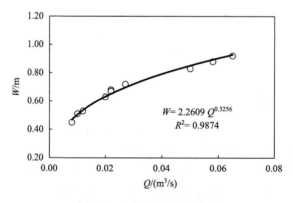

图 3-8　Q 与 W 的拟合结果

3.2.3　水文频率分布与氮磷滞留模拟

考虑到整个排水沟的渠道形态和河床下垫面状况相似,不妨将包括上述实验段在内的长 L=1500m 的渠段作为模拟单元,并将 80m 实验段获得的 V_f 拓展到整个模拟单元,通过营养盐滞留率数学表达式解析 NH$_4^+$、PO$_4^{3-}$ 滞留水平随流量的变化特征。取表 3-1 中

V_f 的平均值作为吸收速度，并将其代入式(3.5)得到以 Q 为自变量的数学表达式，其中 NH_4^+ 滞留率的表达式为 $R(Q)=1-\exp(-5.630\times10^{-6}L/Q^{0.674})$，$PO_4^{3-}$ 滞留率的表达式为 $R(Q)=1-\exp(-4.477\times10^{-6}L/Q^{0.674})$。

2013 年 6 月至 2014 年 10 月，课题组逐月开展了排水沟渠径流情况调查，并根据暴雨发生后滨岸洪水冲刷和裹挟杂物残留的痕迹，估算洪水流速和流量。不妨选取其中连续 12 个月的以旬为时间单元的流量数据片段($n=36$)，粗略开展排水沟水文特征模拟，相应的流量变化范围为 $0.008\sim0.976\mathrm{m^3/s}$，中值为 $0.049\mathrm{m^3/s}$，平均值为 $0.181\mathrm{m^3/s}$，标准差为 $0.270\mathrm{m^3/s}$。假设排水沟径流量变化服从式(3.6)的对数正态分布，利用 Monte Carlo 模拟方法对水文概率密度模型进行随机模拟计算，得到无偏估计情形 $\ln Q$ 的极大似然估计值 $\mu=-2.613$、$\sigma=1.301$。据此，可将描述排水沟径流量变化的水文概率密度模型表示为

$$f(Q) = \frac{1}{1.301Q\sqrt{2\pi}}\exp\left[\frac{-(\ln Q + 2.613)^2}{2\times1.301^2}\right] \tag{3.10}$$

3.2.4 频率加权滞留率模拟

于是，得到 NH_4^+ 和 PO_4^{3-} 滞留的频率分布模型，分别为

$$R_{f-NH_4^+}(Q) = \frac{1}{1.301Q\sqrt{2\pi}}\exp\left[\frac{-(\ln Q + 2.613)^2}{2\times1.301}\right]\times\left[1-\exp(-5.630\times10^{-6}\times1500/Q^{0.674})\right] \tag{3.11}$$

$$R_{f-PO_4^{3-}}(Q) = \frac{1}{1.301Q\sqrt{2\pi}}\exp\left[\frac{-(\ln Q + 2.613)^2}{2\times1.301}\right]\times\left[1-\exp(-4.477\times10^{-6}\times1500/Q^{0.674})\right] \tag{3.12}$$

由频率加权营养滞留率模拟得到 NH_4^+ 和 PO_4^{3-} 的有效流量曲线，见图 3-9。NH_4^+ 和 PO_4^{3-} 的有效流量曲线呈现相似的分布特征，且两者曲线的纵坐标相对于流量概率密度低很多。众所周知，概率密度函数曲线的积分面积等于 1.0。由于有效流量曲线围成的积分

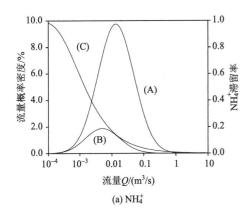
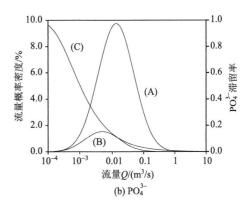

图 3-9 营养盐滞留率、流量概率密度及有效流量分布

面积远低于 1.0,意味着排水沟营养盐滞留总体水平较低。根据式(3.8)可以计算得到 1500m 长排水沟的 NH_4^+、PO_4^{3-} 期望滞留率,分别为 0.0671(即 6.71%)、0.0541(即 5.41%)。考虑到该结果集成了排水沟所有可能的发生流量,因此期望值可以代表排水沟营养盐滞留的总体水平。

10 次示踪实验的 NH_4^+ 滞留率变化范围为 4.54%~21.39%,均值为 9.83%;PO_4^{3-} 滞留率变化范围为 4.37%~25.99%,均值为 7.90%。NH_4^+ 和 PO_4^{3-} 滞留率的最大值均发生在最小流量 0.008m³/s 时,最小值则都出现在 2014 年 9 月 26 日实验中。由表 3-1,2013 年 6 月 4 日和 2014 年 9 月 24 日的径流量均高于 2014 年 9 月 26 日,相应地 V_f 也较 2014 年 9 月 26 日更高一些,说明 V_f 对滞留效应的影响可能更为显著。由图 3-9 可知,当 $Q \geqslant 0.01$m³/s 时,排水沟营养盐滞留率不足 20%;而当 $Q \geqslant 0.1$m³/s 时,滞留率几乎可以忽略不计。

3.2.5 最有效流量与等效流量估算

最有效流量 Q_{eff} 对应于频率加权营养盐滞留率 $R_f(Q)=f(Q) \times R(Q)$ 曲线的峰值,因此 Q_{eff} 可以利用函数极值存在的必要条件进行估算,即令 $dR_f(Q)/dQ=0$ 进行求导计算。这里,NH_4^+、PO_4^{3-} 对应的 $R_f(Q)$ 极值分别为 1.890、1.548,极值对应的最有效流量分别为 0.0051m³/s 和 0.0049m³/s。直观地,与实测所得的排水沟径流量变化范围 0.008~0.976m³/s、中值 0.049m³/s 相比,得到的最有效流量数值极小,说明该农田排水沟现有物理和生境条件不利于 NH_4^+、PO_4^{3-} 的滞留,为此需要借助人工改造措施提升沟渠营养盐滞留能力。

根据 $R_f(Q)=f(Q) \times R(Q)$ 曲线的积分面积(NH_4^+ 为 0.0671、PO_4^{3-} 为 0.0541),由式(3.9)计算得到 NH_4^+、PO_4^{3-} 的功能等效流量分别为 0.044m³/s、0.043m³/s。显然,该功能等效流量值与排水沟实测流量中值(0.049m³/s)大体相当。

3.2.6 讨论

农田排水沟具有比一般河流水体相对更大的水–沉积物接触面积,而且水底潜流带、水中滞水区(或死水区)的暂态存储作用对于氮磷营养盐滞留过程的影响也格外重要,因此集成暂态存储影响十分必要。一维水质模型解析解 $C(L)=C_0 \exp(-kL)$ 仅考虑溶质综合衰减作用,并没有考虑暂态存储作用的影响,致使营养盐滞留率模型存在局限性。尽管如此,本研究依旧采用该模型解析营养盐滞留率,这是因为至今还没有一个既兼顾暂态存储作用,同时又简单、明确的一维水质模型解析解可供选择。

流量是控制小河流含氮营养盐吸收或脱除速率的主要水文变量(Claessens et al., 2009)。由式(3.5)可知,排水沟营养盐滞留主要发生在基流或较低流量的情形下,此时沉积物及其附着微生物群落可与水柱营养盐充分接触,有利于营养盐滞留效应的发生。随着流量的增大,这种接触概率减小,沟渠底部对水流的束缚能力也下降,导致营养盐滞留能力降低,即营养盐传输能力增强。毫无疑问,选择一个适合描述低流量过程的水文频率分布模型,对于科学评估农田排水沟营养盐滞留的时空变化性具有重要意义。对数正态分布可以充分展示水文频率特征，可以满足对小河流水文变化性的刻画需求，特别是对滞留效应较为显著的低流量情景。水文概率密度模型的构建往往需要长期持续的水文观测数据，但由于长期以来对小河流水文水环境问题缺乏重视，使得这类流动水体的水文资料十分匮乏，从而制约了水文频率模型的构建和参数识别，这是当前世界各国普遍存在的问题。尽管本研究针对农田排水沟开展了为期 1 年的水文监测，且每 10 天至少安排一次水文信息采集，但数据样本距排水沟水文模型构建的实际需求仍有很大的差距。在服从对数正态分布假设基础上，本研究采用 Monte Carlo 模拟技术模拟水文动态随机变化性，确定水文概率密度模型参数，较好地解决了水文信息不足带来的困扰，提高了成果应用的可操作性。

农田排水沟营养盐滞留是多种影响因素共同作用的结果，主要包括物理沉降、化学吸附和生物吸收等作用机制。其中，物理沉降、化学吸附，甚至生物的新陈代谢作用都可能导致营养盐暂时滞留，而硝化–反硝化作用则促使氮素以 N_2 形式从水中彻底去除，即发生永久性滞留效应。众所周知，NH_4^+ 和 PO_4^{3-} 都为生物可利用态营养盐，两者也都容易吸附在细小颗粒物表面，并通过颗粒物沉降而去除。本研究中，农田排水沟营养盐吸收速度 V_f 可能就是上述多种机制综合作用的结果。通常，营养盐的生物吸收、化学吸附过程与水温关系密切，甚至具有季节性特征，而最有效流量并不是时间变量，相应的发生时间具有不确定性。营养盐吸收速度是反映排水沟营养盐滞留能力的重要指标，而营养盐滞留能力又受水文条件的影响，因此营养盐吸收速度与最有效流量之间或许存在一定的关联性，但如何度量这种关系仍有待深入探讨。

3.3 农田排水沟芦苇氮磷阻控效应及机制

农业非点源氮磷污染负荷在进入排水沟渠及河流水系统后，经逐级汇集、传输，最终进入下游的江河、湖库或海湾中，从而影响这些水体的水质和水生态系统安全。由于一部分氮磷营养盐可以在传输过程中发生滞留和转化，从而可以减轻下游水体污染压力，这对调控下游水质和生态系统健康具有十分重要的环境生态意义。一些研究表明，水生植物可以通过多种方式增强水体营养盐滞留，如将营养盐转化为生物质、增加附生藻类吸收养分的有效表面、增大溶质滞留死水区空间，以及通过增加河床粗糙度、沉积物孔隙度和透水性等增强河水与地下水之间的交互作用(Gücker and Boëchat, 2004)。尽管水生植物对溶质迁移转化的影响已为人们所认知，并在非点源污染控制的生态沟渠建设中得到推广应用，但专门就大型水生植物对于农业排水沟水生态系统营养螺旋吸收方面的研究却相当少(Feijoó et al., 2011)。

本节以安徽境内某一农田排水沟为研究对象，选择芦苇(*Phragmites australis*)占显著优势的平直渠段，在营养盐添加示踪实验基础上，利用营养螺旋吸收原理，解析氮磷滞留的芦苇阻控效应，初步探究芦苇阻控的作用机制(李如忠等，2016a，2016b)。

3.3.1　模型与方法

1. 研究区概况

在安徽境内一条长约 2.5km、水面宽 0.5～2.0m 的农田排水沟上，筛选芦苇占显著优势的渠段作为靶区。该排水沟所在汇流区主要为农业、林地用地，上游近似为源头溪流，自然特征较明显；中游为农田排水沟渠，但规范化程度较低；下游靠近城市建成区，人为活动强度大。排水沟流量变化范围为 0.010～0.076m³/s，流速为 0.05～0.30m/s；NH_4^+浓度为 0.32～0.96mg/L，PO_4^{3-} 浓度为 0.011～0.120mg/L。

该排水沟主要靠降水和两侧潜层地下水补给，中上游河床有大型水生/湿生植物，并以芦苇、水花生为主；下游河段下切稍深，河床较为板结，大型水生植物稀少。实验靶区位于中游芦苇占显著优势的排水沟平直段，长约 90m、水面宽约 1.5m。2014 年 10 月 16 日(秋季)和 2015 年 5 月 20 日(春季)，按每 5m 为一个调查单元，分两次对靶区河床表面覆被情况进行实地调查，结果见图 3-10。水花生主要出现在渠段的首、尾部及中部的一小片段，春季没有水生植物覆盖的裸露河床(沉积物+泥沙)面积平均约占 20%，秋季更少。由于缺乏人工管护，冬季枯死后的芦苇植株残体直接倒伏在河床上。

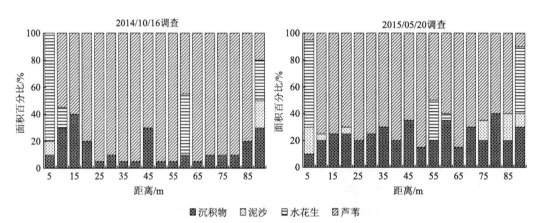

图 3-10　河床底部水生植物与沉积物覆盖情况

2. 示踪实验方案

根据植物覆盖和水流分布特征，确定示踪实验投加点和采样点位置。图 3-11 中 O 为投加点所在断面，A、B 分别代表上、下游采样断面，要求投加点和采样点设置在水流集中、流动性较好的地方。为确保投加的示踪剂与水流充分混合，将 OA 长度取为 25m，芦苇明显占优势实验段 AB 长 65m。

选择 NaCl 为保守示踪剂，NH_4Cl 和 KH_2PO_4 为添加营养盐。根据实验前一天现场勘查结果，结合期望达到的水柱浓度峰值水平，大致估算示踪剂和营养盐的投加量，并在现场利用沟渠水进行充分混合。利用可调式电动喷雾器(20L)，采用恒速连续投加的方式，按大约 15mL/s 的投加速度，将混合溶液泵入水流中。2014 年 9 月至 2015 年 4 月，

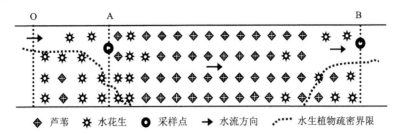

◆ 芦苇　☀ 水花生　◎ 采样点　→ 水流方向　‥‥‥ 水生植物疏密界限

图 3-11　示踪实验投加点和采样点布设示意图

开展了 7 次野外示踪实验。采样时间间隔为 1.0min 或 2.0min，并对采样点 A、B 同步采集水样。采用 KL-138（Ⅱ）型笔式电导率计现场测定水样电导率，当采样点 B 电导率值达到平稳状态后，停止投加示踪剂；并在电导率值稳定在背景水平后，停止水样采集。示踪实验开始前，采集 A、B 两点的水样，用于测定 NH_4^+ 和 PO_4^{3-} 的环境背景浓度；示踪实验结束后，测定 A、B 断面水面宽度、水深及流速。在实验室完成 NH_4^+、PO_4^{3-} 和 Cl^- 含量测定。

为获得潜流带间隙水 NH_4^+ 和 PO_4^{3-} 的浓度，2014 年 9 月至 2015 年 4 月在实验段河床上大致均匀地垂直插入 9 根长 50～60cm 的 PVC 塑料管，逐月采集间隙水，得到 NH_4^+ 平均浓度变化范围为 1.68～4.15mg/L，PO_4^{3-} 为 0.010～0.078mg/L。

3. 营养盐滞留能力

采用营养螺旋指标来表征排水沟营养盐滞留能力（Ensign and Doyle, 2006）：

$$S_w = u / k \tag{3.13}$$

$$V_f = u \times h / S_w \tag{3.14}$$

$$U = V_f \times C \tag{3.15}$$

式中，S_w 表示营养盐吸收长度，m；V_f 表示营养盐吸收速度，m/s；U 表示营养盐吸收速率，g/(m²·s)；u 表示沟渠平均流速，m/s；h 表示沟渠平均水深，m；k 表示营养盐综合衰减系数，s⁻¹；C 表示营养盐环境背景浓度，mg/L。

根据营养螺旋原理，S_w 越大意味着排水沟渠对营养盐滞留能力越弱；反之，则越强。而 V_f 和 U 越大，表示营养盐滞留能力越强。其中，S_w 和 V_f 常用于小河流营养盐滞留能力强弱的比较。

4. 营养盐滞留率

排水沟沉积物表层或块石、枯枝落叶表面附着的细菌、真菌等微生物以及藻类、大型水生植物等生物因素带来的营养盐滞留效应，可以采用经验公式估算滞留率，即（Schulz et al., 2008）

$$R_{Biotic} = (1 - 0.5^{L/S_w}) \times 100\% \tag{3.16}$$

式中，R_{Biotic} 表示营养盐生物滞留率，%；L 表示溪流长度，m；S_w 表示营养盐吸收长度，m。

直观地，排水沟中生物、非生物因素的营养盐总滞留率，可以由营养盐输入和输出

通量（或面积积分）进行估算，即

$$R_{\text{Total}} = \frac{M_{\text{in}} - M_{\text{out}}}{M_{\text{in}}} \times 100\% = \frac{\int_{t_1}^{t_2} C_{\text{in}}(t) \cdot \mathrm{d}t - \int_{t_1}^{t_2} C_{\text{out}}(t) \cdot \mathrm{d}t}{\int_{t_1}^{t_2} C_{\text{in}}(t) \cdot \mathrm{d}t} \times 100\% \qquad (3.17)$$

式中，R_{Total} 表示营养盐总滞留率，%；M_{in}、M_{out} 分别表示营养盐输入、输出通量，g；$C_{\text{in}}(t)$、$C_{\text{out}}(t)$ 分别表示 t 时刻营养盐输入、输出浓度，mg/L。

5. 滞留贡献水平

排水沟营养盐迁移、扩散和转化规律，可以采用集成主流区流动水体、暂态存储效应和侧向补给作用影响的 OTIS 模型模拟，数学模型为（Runkel，1998）

$$\frac{\partial C}{\partial t} = -\frac{Q}{A}\frac{\partial C}{\partial x} + \frac{1}{A}\frac{\partial}{\partial x}\left(AD\frac{\partial C}{\partial x}\right) + \frac{q_{\text{L}}}{A}(C_{\text{L}} - C) + \alpha(C_{\text{s}} - C) - \lambda C \qquad (3.18)$$

$$\frac{\mathrm{d}C_{\text{s}}}{\mathrm{d}t} = -\alpha\frac{A}{A_{\text{s}}}(C_{\text{s}} - C) - \lambda_{\text{s}}C_{\text{s}} \qquad (3.19)$$

式中，C 为主流区营养盐浓度，mg/L；Q 为沟渠流量，m^3/s；A 为过水断面面积，m^2；D 为扩散系数，m^2/s；q_{L} 为侧向补给强度，$\text{m}^3/(\text{s}\cdot\text{m})$；$C_{\text{L}}$ 为侧向补给的营养盐浓度，mg/L；α 为主流区与暂态存储区之间交换系数，s^{-1}；C_{s} 为暂态存储区营养盐浓度，mg/L；A_{s} 为暂态存储区断面面积，m^2；λ 为主流区营养盐一阶吸收系数，s^{-1}；λ_{s} 为暂态存储区营养盐一阶吸收系数，s^{-1}；t 为时间，s；x 为溪流渠段长度，m。

OTIS 模型中水文参数 A、A_{s}、D、α、q_{L} 及吸收系数 λ、λ_{s} 的估值方法，参见文献（Runkel，1998）。针对主流区和暂态存储区设定若干种可能情景，分别开展水质模拟，据此评估主流区和暂态存储区的营养盐滞留贡献，模型如下（O'Connor et al., 2010; Argerich et al., 2011）：

$$主流区滞留贡献水平 = \frac{S_1 - S_2}{S_1 - S_4} \times 100\% \qquad (3.20)$$

$$暂态存储区滞留贡献水平 = \frac{S_1 - S_3}{S_1 - S_4} \times 100\% \qquad (3.21)$$

式中，S_1 为不计生物吸收的沟渠过水断面营养盐通量（即 $\lambda=0$，$\lambda_{\text{s}}=0$ 情景）；S_2 为考虑主流区生物吸收作用，但不计暂态存储吸收影响的营养盐通量（即 $\lambda>0$，$\lambda_{\text{s}}=0$ 情景）；S_3 为考虑暂态存储吸收作用，但不计主流区生物吸收影响的营养盐通量（即 $\lambda=0$，$\lambda_{\text{s}}>0$ 情景）；S_4 为同时考虑主流区和暂态存储区生物吸收影响的营养盐通量（即 $\lambda>0$，$\lambda_{\text{s}}>0$ 情景）。

假设模拟计算过程中沟渠流量保持不变，则营养盐通量 $S_i (i=1,2,3,4)$ 可以利用示踪实验获得的实测浓度–时间过程曲线 $C(t)$-t（即浓度–时间穿透曲线，BTCs），采用面积积分公式 $\int C(t) \cdot \mathrm{d}t$ 进行计算。

3.3.2　模型参数估值

2015 年 4 月 21 日示踪实验中 Cl^-、NH_4^+ 和 PO_4^{3-} 浓度-时间穿透曲线情况见图 3-12。其他 6 次实验的 BTC_s 情形类似(略)。

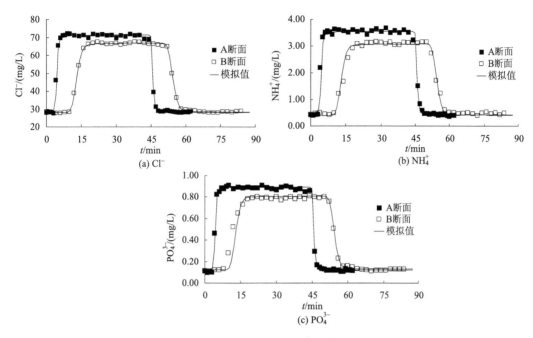

图 3-12　示踪实验 Cl^-、NH_4^+ 和 PO_4^{3-} 浓度-时间穿透曲线

根据采样点 A、B 的 Cl^- 浓度-时间穿透曲线信息及相应断面流速、水深、水面宽度等实测数据,利用 OTIS 模拟计算及 OTIS-P 优化软件,估计水文参数 D、A、A_s、q_L 和 α 等,结果见表 3-2。

表 3-2　OTIS 模型参数估值结果

实验编号	Q /(m³/s)	u /(m/s)	h /m	A /m²	A_s /m²	D /(m²/s)	α /s⁻¹	q_L /[m³/(s·m)]	A_s/A
2014-09-24	0.034	0.118	0.23	0.287	0.379	0.135	$1.72×10^{-4}$	$9.00×10^{-6}$	1.321
2014-10-09	0.021	0.080	0.20	0.263	0.428	0.025	$1.86×10^{-4}$	$9.00×10^{-6}$	1.627
2014-12-04	0.076	0.243	0.30	0.313	0.385	0.203	$3.58×10^{-4}$	$4.00×10^{-4}$	1.230
2014-12-16	0.026	0.084	0.20	0.308	0.361	0.057	$1.37×10^{-4}$	$2.00×10^{-5}$	1.172
2015-03-22	0.041	0.123	0.28	0.335	0.351	0.100	$1.06×10^{-4}$	$1.00×10^{-5}$	1.048
2015-04-12	0.048	0.132	0.26	0.364	0.377	0.095	$1.16×10^{-4}$	$2.00×10^{-5}$	1.036
2015-04-21	0.049	0.128	0.29	0.382	0.423	0.142	$1.06×10^{-4}$	$5.00×10^{-5}$	1.107
平均值	0.042	0.130	0.25	0.322	0.386	0.108	$1.69×10^{-4}$	$7.40×10^{-5}$	1.220

不妨将潜流带间隙水 NH_4^+、PO_4^{3-} 浓度作为侧向补给浓度初始值，则在水文参数估值基础上，进一步确定主流区和暂态存储区 NH_4^+、PO_4^{3-} 的吸收系数 λ、λ_s 值，见表 3-3。显然，NH_4^+ 和 PO_4^{3-} 的暂态存储区营养盐一阶吸收系数都较对应的主流区高一个数量级，且一阶吸收系数都为正值，表明沟渠芦苇丛扮演着 NH_4^+、PO_4^{3-} "汇"的角色，也就是对氮磷营养盐起着滞留和削减作用。

表 3-3　NH_4^+ 和 PO_4^{3-} 的一阶吸收系数　　（单位：s^{-1}）

实验编号	$\lambda\text{-}NH_4^+$	$\lambda_s\text{-}NH_4^+$	$\lambda\text{-}PO_4^{3-}$	$\lambda_s\text{-}PO_4^{3-}$
2014-09-24	3.17×10^{-5}	5.40×10^{-3}	4.31×10^{-5}	4.69×10^{-4}
2014-10-09	1.13×10^{-4}	9.67×10^{-3}	3.45×10^{-5}	6.86×10^{-4}
2014-12-04	7.20×10^{-5}	5.95×10^{-4}	2.04×10^{-6}	6.84×10^{-5}
2014-12-16	2.72×10^{-5}	5.81×10^{-4}	3.15×10^{-6}	3.03×10^{-5}
2015-03-22	5.22×10^{-5}	6.02×10^{-4}	4.31×10^{-6}	5.24×10^{-5}
2015-04-12	3.05×10^{-5}	4.06×10^{-4}	7.69×10^{-6}	3.84×10^{-5}
2015-04-21	5.12×10^{-4}	1.66×10^{-3}	1.12×10^{-5}	2.62×10^{-4}
平均值	1.20×10^{-4}	2.70×10^{-3}	1.51×10^{-5}	2.30×10^{-4}

表 3-4 列出了课题组采用营养螺旋原理和 OTIS 模型计算得到的合肥地区其他一些源头溪流 NH_4^+、PO_4^{3-} 吸收系数情况，其中二十埠河溪流 A 位于本实验渠段下方约 400m 处，该段沟渠下切稍深、水面较窄，流速较实验段稍大，且沟渠底部几乎没有大型水生植物存在。二十埠河溪流 B 与本溪流水平相距约 3km，受一定的生活污水影响，NH_4^+ 和 PO_4^{3-} 浓度分别高达 15.0mg/L、1.2mg/L，溪流的水面宽度、流速与本渠段相当，且在局部河床上生长有水花生。十五里河源头段位于中心城区的天鹅湖下方，属于典型的渠道化城市河段，渠道壁面为块石勾缝，河水污染较重，NH_4^+ 和 TP 浓度分别高达 19.89mg/L、1.33mg/L。关镇河支渠是城郊一条以生活污水（包括部分豆制品加工废水）为主要补给来源的排水沟，NH_4^+、TN 和 TP 浓度分别高达 24.05mg/L、29.67mg/L 和 2.82mg/L。尽管该沟渠滨岸草本植物生长茂盛，甚至可以覆盖溪流两侧 20%～50% 的水面面积，但在河床上却鲜有大型水生植物存在。由表 3-4 可见，该沟渠不仅吸收系数均为负值，而且 NH_4^+ 的暂态存储区吸收系数还较主流区低了一个数量级，这与本研究的农田沟渠芦苇占优势渠段明显不同。

表 3-4　合肥地区部分溪流营养盐一阶吸收系数　　（单位：s^{-1}）

溪流名称	$\lambda\text{-}NH_4^+$	$\lambda_s\text{-}NH_4^+$	$\lambda\text{-}PO_4^{3-}$	$\lambda_s\text{-}PO_4^{3-}$	水生植物	文献
二十埠河溪流 A	2.74×10^{-5}	7.58×10^{-8}	2.18×10^{-5}	7.97×10^{-5}	无	李如忠等，2015b
二十埠河溪流 B	6.72×10^{-5}	3.05×10^{-5}	2.14×10^{-7}	2.80×10^{-4}	少量水花生	李如忠等，2014
十五里河源头段	6.60×10^{-6}	5.12×10^{-4}	9.42×10^{-6}	1.48×10^{-7}	无	李如忠和丁贵珍，2014
关镇河支渠*	-2.21×10^{-4}	-7.29×10^{-5}	-1.13×10^{-4}	-1.16×10^{-4}	无	钱靖等，2015

*吸收系数为负值意味着溪流扮演着营养盐"源"的角色。

总的来说，芦苇占优势渠段与当地没有大型水生植物的渠段相比，主流区和暂态存储营养盐一阶吸收系数存在很大的差异性，这与这些溪流过高的营养盐背景浓度有一定关系，但缺乏大型水生植物固着的河床的地形地貌特征可能也是不容忽视的影响因素。本研究中，多次实验基本都显示，无论是 NH_4^+ 还是 PO_4^{3-} 暂态存储区较主流区高一个数量级，体现了芦苇对营养盐滞留效应的稳定性和可靠性。

3.3.3　氮磷滞留的芦苇阻控效应

有关营养盐综合衰减系数 k 的确定，通常都基于营养盐衰减变化规律 $C=C_0 \cdot \exp(-kx/u)$，利用恒速连续投加示踪实验进入平稳状态时沿水流方向多个点位的营养盐浓度及其离开投加点的距离，采用回归分析技术计算得到。本实验段芦苇生长茂密，加之沟渠水深较浅、河床集聚大量的植株残体，水样采集难度较大。因此，采用 Argerich 等(2011)提出的计算公式 $k=\lambda+\alpha \lambda_s A_s/(\alpha A+\lambda_s A_s)$，直接计算 NH_4^+ 和 PO_4^{3-} 综合衰减系数值。然后，再进一步估算指标 S_w、V_f 和 U，见表 3-5。

表 3-5　NH_4^+ 和 PO_4^{3-} 的营养螺旋指标值

实验编号	S_w- NH_4^+ /m	V_f- NH_4^+ /(m/s)	U- NH_4^+ /[mg/(m²·s)]	S_w- PO_4^{3-} /m	V_f- PO_4^{3-} /(m/s)	U- PO_4^{3-} /[mg/(m²·s)]
2014-09-24	592	4.60×10^{-5}	4.42×10^{-2}	665	4.09×10^{-5}	7.36×10^{-4}
2014-10-09	269	5.94×10^{-5}	5.35×10^{-2}	412	3.88×10^{-5}	1.67×10^{-3}
2014-12-04	778	9.37×10^{-5}	5.81×10^{-2}	3463	2.11×10^{-5}	9.06×10^{-4}
2014-12-16	598	2.83×10^{-5}	9.04×10^{-3}	2692	6.28×10^{-6}	8.16×10^{-5}
2015-03-22	856	4.01×10^{-5}	2.37×10^{-2}	3022	1.14×10^{-5}	1.70×10^{-4}
2015-04-12	1087	3.15×10^{-5}	1.42×10^{-2}	3532	9.70×10^{-6}	2.91×10^{-4}
2015-04-21	209	1.78×10^{-4}	7.28×10^{-2}	1442	2.58×10^{-5}	3.09×10^{-3}
平均值	627	6.81×10^{-5}	3.93×10^{-2}	2175	2.20×10^{-5}	9.92×10^{-4}

这里，7 次实验的 S_w-NH_4^+ 都低于相应的 S_w-PO_4^{3-}，有的还很悬殊，意味着该排水沟渠 NH_4^+ 滞留能力明显超过 PO_4^{3-}。示踪实验所在的排水沟渠总长(2.5km)大于 S_w-NH_4^+，从理论上讲，将 NH_4^+ 滞留在沟渠中是可能的。相比而言，PO_4^{3-} 可能困难一些。根据实地调查，夏末秋初(9、10月)时节实验段的芦苇和水花生的生长情况较好；冬季(12月)，芦苇、水花生基本死亡。2015 年 3、4 月(春季)，芦苇和水花生开始萌芽，但由于气温偏低，至 4 月 12 日(即第 6 次实验)时芦苇新芽高度也仅有 10cm 左右，此时河床上仍残存大量枯萎的芦苇植株。由表 3-5 可知，冬季和初春 S_w-PO_4^{3-} 均显著高于芦苇、水花生依旧生长的夏末秋初。第 7 次实验时芦苇的植株高度、密度均较第 6 次实验有了明显提高，但 S_w-PO_4^{3-} 仍旧高于 2014-09-24 和 2014-10-09 实验，较冬季有了大幅度地下降。同样，S_w-NH_4^+ 也表现出类似的变化规律。由表 3-5 还可知，V_f-NH_4^+ 和 V_f-PO_4^{3-} 基本处于同一数量级，且 7 次实验结果大体较为稳定，基本维持在 10^{-5} 数量级水平。

表 3-6 展示了生物因素带来的氮磷营养盐滞留率 R_{Biotic} 及生物和非生物作用带来的

营养盐总滞留率 R_{Total}。无论是 NH_4^+ 还是 PO_4^{3-}，7 次示踪实验之间都存在较为明显的差异性，NH_4^+ 和 PO_4^{3-} 的 R_{Total} 最大值及 PO_4^{3-} 的 R_{Biotic} 最大值都出现在了流量最小、流速最低的 2014-10-09 实验中，且该次实验的 R_{Biotic}-NH_4^+ 仅略低于 2015-04-21 实验。显然，冬季和初春的示踪实验中 NH_4^+、PO_4^{3-} 生物滞留率 R_{Biotic} 都明显偏低。对照表 3-5 和表 3-6，NH_4^+ 和 PO_4^{3-} 较低的生物滞留率都发生在冬季和初春，此时两者的 S_{w} 值恰好都明显偏大，尤其是 PO_4^{3-}。

表 3-6　氮磷营养盐滞留率估算

实验编号	R_{Biotic} - NH_4^+ /%	R_{Total} -NH_4^+ /%	$\left[\dfrac{R_{\text{Biotic}}}{R_{\text{Total}}}\right]_{NH_4^+}$	R_{Biotic}- PO_4^{3-} /%	R_{Total}- PO_4^{3-} /%	$\left[\dfrac{R_{\text{Biotic}}}{R_{\text{Total}}}\right]_{SRP}$
2014-09-24	7.33	9.53	0.77	6.55	6.50	/
2014-10-09	15.42	28.27	0.55	10.36	17.79	0.58
2014-12-04	5.63	13.69	0.41	1.29	15.83	0.08
2014-12-16	7.26	12.72	0.57	1.66	12.38	0.13
2015-03-22	5.13	9.17	0.56	1.45	0.43	/
2015-04-12	4.06	12.04	0.34	1.27	12.04	0.11
2015-04-21	19.39	15.79	/	3.08	10.14	0.30
平均值	9.17	14.46	0.53	3.67	10.73	0.24

表 3-6 中出现了 R_{Total} 略低于 R_{Biotic} 的现象，这或许与 R_{Total} 计算中通量（或面积积分）估算误差有关。由 R_{Biotic} 与对应的 R_{Total} 比例关系，不难推断，芦苇占优势排水沟渠中 NH_4^+ 和 PO_4^{3-} 的滞留机制存在出入，其中生物因素影响是 NH_4^+ 滞留的主要作用机制，而 PO_4^{3-} 滞留则主要得益于非生物因素作用。

3.3.4　主流区与暂存区滞留贡献比率

主流区与暂态存储区的 NH_4^+、PO_4^{3-} 滞留贡献见表 3-7。不难看出，暂态存储区对于 NH_4^+ 的滞留贡献超过主流区，而主流区对于 PO_4^{3-} 的滞留贡献则较暂态存储区更大一些，但都没有表现出绝对的优势。类似地，O'Connor 等（2010）对山地溪流的研究发现，主流区流动水体与暂态存储区对于 NO_3^- 的滞留贡献分别达 61%和 39%。

表 3-7　主流区与暂态存储区营养盐滞留贡献水平　　　　（单位：%）

实验编号	NH_4^+		PO_4^{3-}	
	主流区滞留贡献	暂态存储区滞留贡献	主流区滞留贡献	暂态存储区滞留贡献
2014-09-24	34.98	65.02	73.68	26.32
2014-10-09	59.99	40.01	51.25	48.75
2014-12-04	31.47	68.53	9.52	90.48
2014-12-16	40.77	59.23	55.01	44.99
2015-03-22	57.56	42.44	64.71	35.29

实验编号	NH_4^+		PO_4^{3-}	
	主流区滞留贡献	暂态存储区滞留贡献	主流区滞留贡献	暂态存储区滞留贡献
2015-04-12	45.14	54.86	66.67	33.33
2015-04-21	31.95	68.05	30.08	69.92
平均值	43.12	56.88	50.13	49.87

李如忠和丁贵珍(2014)解析了合肥十五里河城市源头段的主流区与暂态存储区营养盐滞留贡献水平，得到 NH_4^+ 的暂态存储区和主流区滞留贡献分别为 93.82%和 6.18%，PO_4^{3-} 的滞留贡献分别为 0.30%和 99.70%。Argerich 等(2011)在对不同底质人工沟渠暂态存储区对营养盐吸收的研究中，判定主流区可以解释(92.0±3.5)%的 PO_4^{3-} 滞留量，而暂态存储区仅为 0.05%～16.80%；主流区还可以解释(96.1±2.4)%的 NH_4^+ 滞留量，而暂态存储区则仅有 13%，也就是说无论是 NH_4^+ 还是 PO_4^{3-}，主流区都是营养盐滞留发生的主要场所，这与本研究中芦苇占优势渠段明显不同。

3.3.5　讨论

Ensign 和 Doyle(2006)认为，溪流沟渠营养盐吸收主要来自生物因素和地形地貌因素的影响，其中生物因素主要指细菌、真菌、藻类和大型水生植物的吸收；地形地貌因素则主要指沟渠空间尺度和暂态存储影响等。排水沟渠较小的空间尺度增大了水底面积与水体体积之比，从而增加了沟渠裹挟的营养盐与水底生物接触的机会，这对营养盐滞留是有利的。Wollheim 等(2006)针对河流尺度与养分去除能力关系的研究也证明了这一点。尽管人们对大型水生植物的氮磷截留功效已普遍认同，特别是较长时间尺度的情形，但仍可能出现结论不一致的案例，如 Feijoó 等(2011)以 Pampean stream 为对象，采用与本研究类似的技术方法，针对大型水生植物生长旺盛的渠段(长约 160m、平均宽度 4.40m)，分别就春末、夏、秋和冬季开展了 4 次野外示踪实验，并以营养螺旋指标 S_w 反映磷素滞留效应。结果发现，春末和秋季溪流 PO_4^{3-} 滞留较为明显，而夏季和冬季则无法获得 S_w 值，即没有产生滞留效应，这与本研究明显不一致。

众所周知，NH_4^+、PO_4^{3-} 容易吸附在带负电荷的泥沙颗粒表面而沉积下来，也易于被微生物、藻类等直接吸收利用。结合实验渠段的水文和生态环境条件，可以推断，NH_4^+ 和 PO_4^{3-} 滞留的主要作用机制可能并不是芦苇植株的养分吸收，而是由附着在水底沉积物表层、芦苇枯死枝叶及活体植株表面的微生物群落和藻类等新陈代谢活动，以及 NH_4^+、PO_4^{3-} 在颗粒表面吸附或物理沉降造成的。此时，芦苇主要起着降低溪水流速、增加水面滞水区面积(即增大暂态存储区)，增大水底潜流带厚度、孔隙度，以及提供更多的微生物附着空间等物理环境，营造和产生生境的非均质性等功能(Feijoó et al.，2011)。实际上，即便是水力停留时间较长的人工湿地污水处理系统，湿地植物的直接吸收在氮磷去除中可能也不占重要地位。

本研究仅是针对芦苇丛生的农田排水沟开展的初步探索，由于不同沟渠水生植物种类和构成情况存在空间地域性差异，致使本研究结果不可避免地带有一定的局限性。在农田排水沟系统中，有些渠段可能以一种大型水生植物(挺水、沉水或浮水植物)占优势，但两种或多种大型水生植物交混共存情形更为常见。此时，排水沟营养盐滞留与芦苇占优势沟渠是否具有相同或相似的变化规律，尚未有明确定论。随着农业非点源氮磷污染控制工作的逐步推进，非点源污染过程阻断技术研究越发显得重要，这就需要从理论层面深入解析各种大型水生植物占优势情形沟渠水系营养盐滞留机制和演化特征。

3.4　农田排水沟氮磷滞留的水文与生物协同作用机制

生态沟渠是农业非点源污染治理的重要工程措施。大型水生植物具有生态、景观和环境的复合功能，因此在农业生态沟渠建设和小流域农业生态工程治理中，其都是沟渠水生态系统构建的重要选择。近年来，大型水生植物对沟渠水系氮磷滞留的环境生态功能引起人们的兴趣，但不同沟渠的河床下垫面状况、地形地貌特征、水生植物种类和构成情况、水文与水化学条件，甚至研究方法的差异性，导致研究结果出入较大(Castaldelli et al.,2015)。大型水生植物的存在改变了排水沟渠水流紊流结构，从而影响泥沙和污染物的迁移运动过程。因此，集成水文水动力因素的影响，对科学评估水生植物占优势农业排水沟渠氮磷阻控的贡献，具有十分重要的意义。然而，现有研究大多关注于生物因素的氮磷滞留效应，从水文水动力层面评估大型水生植物的营养盐滞留贡献并不常见。

芦苇(*Phragmites australis*)是淡水系统中常见的大型挺水植物，也是城市水景观建设和水生态修复中偏好的植物类型之一。本节以合肥城郊某一芦苇占显著优势的农业排水沟渠段为例，采用现场示踪实验和模型模拟相结合的技术方法，从物理作用(水文因素)和生物过程(生物因素)综合作用的角度，评估水文和生物因素对沟渠氮磷阻控和滞留的贡献(李如忠等，2016a)。有关芦苇占优势排水沟渠所在小河流水系统及其汇流区基本情况，参见 3.3 节的相关内容。

3.4.1　模型与方法

1. 野外示踪实验

选择的芦苇占显著优势渠段长约 90m，宽约 1.5m，水力坡降约 0.20%。将渠段前部长约 25m 的 OA 段作为混合段，将剩余长约 65m 且芦苇占显著优势的 AB 段作为实验过程控制段。投加点 O 及采样点 A、B 均位于水流相对集中、水生植物相对稀疏的中泓线上。2014 年 9 月至 2015 年 6 月，选择 NaCl 为保守示踪剂，NH_4Cl 和 KH_2PO_4 为添加营养盐，采用恒速连续投加的方式，开展 8 次现场示踪实验。每次实验均对 A、B 同步取样，采样时间间隔为 1.0min 或 2.0min。待采样点 B 的电导率达到稳定状态且持续一段时间后，停止投加示踪剂混合液，并在 B 点电导率恢复到实验前水平后停止水样采集。8 次实验过程持续的时间基本都维持在 90min 左右。示踪实验结束后，立即测定采样点 A、B 的水面宽度、水深及流速。

在实验室，完成水样 NH_4^+、PO_4^{3-} 和 Cl^- 浓度的分析测定。

2. 水动力学参数

采用雷诺数 (Reynolds number) 判别排水沟渠水流紊动程度和流动特性，即

$$Re = \frac{uh}{\nu} \tag{3.22}$$

式中，Re 表示雷诺数，量纲为一；u 表示渠道平均流速，m/s；h 表示平均水深，m；ν 表示水的运动黏滞系数，取 $1 \times 10^{-6} m^2/s$。

水流动态采用弗劳德数 (Froude number) 来判别，表达式为

$$Fr = \frac{u}{\sqrt{gh}} \tag{3.23}$$

式中，Fr 表示弗劳德数，量纲为一；g 表示重力加速度，取 $9.81 m/s^2$；u、h 含义同上。

曼宁糙率系数 n 是反映河流阻力的综合性系数，明渠曼宁糙率系数计算式为

$$n = \frac{R^{2/3} S_0^{1/2}}{u} \tag{3.24}$$

式中，n 表示曼宁糙率系数，量纲为一；R 表示水力半径，m；S_0 表示床面底坡坡度，m/m；u 含义同上。

大型水生植物的形状、刚柔性、植物枝叶分布及种植密度等都可以改变水流紊流结构，从而影响排水沟渠水流阻力 (王忖和王超，2010)。此时，水流阻力主要包括床面剪应力、边壁 (侧壁) 剪应力和植物引起的附加阻力等。正是由于附加阻力的影响，使得式 (3.24) 往往并不能直接用于沟渠糙率的计算 (唐洪武等，2007)。为此，有学者综合考虑水生植物植株高度、密度、柔韧度等对水流阻力的影响，提出面向大型水生植物大量生长情景的沟渠曼宁糙率系数修正公式 (房春艳，2010)：

$$n = \frac{R^{2/3} \psi^{1/2} C_d^{1/2}}{(2g)^{1/2}} \tag{3.25}$$

式中，ψ 表示水生植物密度，m^{-1}；C_d 表示植物拖曳系数，量纲为一；其他变量同上。

这里，水生植物密度 ψ 可根据下式计算 (房春艳，2010；Green，2005)：

$$\psi = \frac{\sum A_i}{AL} = \frac{2g S_0}{u^2 C_d} \tag{3.26}$$

式中，A_i 表示单个植株的过流面积，m^2/株；A 表示过水面积，m^2；L 表示植被带长度，m；其他变量同上。

拖曳系数 C_d 与雷诺数大小有关，可由式 (3.27) 确定 (Su and Li，2002)：

$$C_d = \begin{cases} (10^3 / Re)^{0.25}, & Re < 10^3 \\ \min(0.976 + [(10^{-3} Re - 2) / 20.5]^2, 1.15), & 10^3 \leqslant Re \leqslant 4 \times 10^4 \end{cases} \tag{3.27}$$

3. 阻控滞留贡献

根据示踪剂 (或营养盐) 浓度-时间过程曲线和流量变化信息，通过积分运算估算示踪

剂 Cl^- 或营养盐 NH_4^+、PO_4^{3-} 的回收量(即通量):

$$T_{MR} = \int_0^t [Q(t) \cdot C(t)] \cdot dt \qquad (3.28)$$

式中，T_{MR} 表示回收量，mg；$C(t)$ 表示穿透曲线上随时间变化的营养盐或保守示踪剂浓度，mg/L；$Q(t)$ 表示沟渠流量，L/s。

由质量平衡原理，计算 NH_4^+、PO_4^{3-} 或 Cl^- 的滞留损失量，即

$$TR = M - T_{MR} \qquad (3.29)$$

式中，M 表示添加营养盐或示踪剂量，mg；TR 表示滞留损失量，mg；T_{MR} 同上。

由此，计算得到 NH_4^+、PO_4^{3-} 或 Cl^- 的滞留损失量，即

$$TR = (M - T_{MR}^{下游}) - (M - T_{MR}^{上游}) = T_{MR}^{上游} - T_{MR}^{下游} \qquad (3.30)$$

式中，$T_{MR}^{上游}$、$T_{MR}^{下游}$ 分别表示上、下游断面 NH_4^+、PO_4^{3-} 或 Cl^- 的回收量，mg。

据此，计算实验渠段 NH_4^+ 或 PO_4^{3-} 的滞留损失率，即

$$\eta = (TR / T_{MR}^{上游}) \times 100\% \qquad (3.31)$$

式中，η 表示营养盐总滞留损失率，%。

有关 Cl^- 的滞留效应可以看作是水文、水动力等物理因素作用的结果，而 NH_4^+ 和 PO_4^{3-} 的滞留则可以认为不仅包括了上述物理作用，也包含了生物吸收、新陈代谢等生物过程的影响。Covino 等(2010a)通过假设 NO_3^- 与 Cl^- 具有相同的物理滞留率，定量评估了 NO_3^- 滞留中物理因素和生物过程的贡献。不妨假设 NH_4^+、PO_4^{3-} 也与 Cl^- 具有相同的物理滞留率，若以 η_{Cl} 表示 Cl^- 的回收率，则其物理滞留损失率为 $\eta = \eta_{Cl}$。考虑到示踪实验过程中可能存在人为调节影响(如示踪剂混合溶液尚没有完全投放入沟渠即停止水样采集)，不妨将实验渠段上游断面的示踪剂回收量 $T_{MR}^{上游}$ 视作该渠段的投加量 M(即令 $M = T_{MR}^{上游}$)，则有

$$PR = \eta_{Cl} \times M = \eta_{Cl} \times T_{MR}^{上游} \qquad (3.32)$$

式中，PR 表示 NH_4^+、PO_4^{3-} 的物理滞留损失量，mg。

将总滞留损失量 TR 减去物理滞留损失量 PR，得到生物滞留量 BR：

$$BR = TR - PR \qquad (3.33)$$

不妨将物理作用和生物过程的营养盐滞留贡献率分别定义为

$$\eta_{PR} = (PR / T_{MR}^{上游}) \times 100\% \qquad (3.34)$$

$$\eta_{BR} = (BR / T_{MR}^{上游}) \times 100\% \qquad (3.35)$$

式中，η_{PR}、η_{BR} 分别表示物理作用和生物过程的实际贡献率，%。

至于物理作用和生物过程的相对贡献水平，则可根据下式计算，即

$$RC_{PR} = PR / TR \times 100\% \qquad (3.36)$$

$$RC_{BR} = BR / TR \times 100\% \qquad (3.37)$$

式中，RC_{PR}、RC_{BR} 分别表示物理作用和生物过程的相对滞留贡献率，%。

3.4.2　水动力学特征

芦苇丛中水流速度的测定难度较大，因此考虑采用渠段长度除以名义行进时间计算渠段的水流平均速度。这里，名义行进时间是指采样点 A、B 示踪剂浓度达到平稳状态坪浓度(plateau concentration)的一半时，两点对应的时间差值(李如忠等，2015c)。8 次示踪实验中，芦苇丛水流平均速度 u 及水生植物拖曳力系数 C_d，见表 3-8。对于 $Re > 4 \times 10^4$ 情形，参照式(3.27)的取值规则，取 $C_d=1.15$。房春艳和罗宪(2013)在对滩地植被化复式河槽水流阻力特性的研究中，将 $Re > 10^4$ 按 $C_d=1.0$ 取值。此外，表 3-8 列出了排水沟渠 Re、Fr、n 及 ψ 等计算结果。

表 3-8　水力学参数信息

实验编号	Q /(m³/s)	u /(m/s)	h /m	w /m	Re	Fr	C_d	ψ /m⁻¹	n
2014-09-24	0.034	0.154	0.23	0.85	35420	0.103	1.15	1.439	0.082
2014-10-09	0.021	0.108	0.20	0.84	21600	0.077	1.15	2.925	0.109
2014-12-04	0.076	0.222	0.30	1.00	66600	0.129	1.15	0.692	0.066
2014-12-16	0.026	0.104	0.20	0.80	20800	0.074	1.15	3.155	0.112
2015-03-22	0.041	0.167	0.28	0.90	46760	0.101	1.15	1.223	0.083
2015-04-12	0.048	0.183	0.26	0.90	47580	0.115	1.15	1.019	0.074
2015-04-21	0.049	0.181	0.29	0.86	52490	0.107	1.15	1.042	0.077
2015-06-04	0.030	0.116	0.23	0.95	26680	0.077	1.15	2.536	0.111
平均值	0.041	0.154	0.25	0.89	39741	0.098	1.15	1.754	0.089

一般地，当 Re 较大时，惯性力对水流流场的影响大于黏滞力，水体流动较不稳定，流速的微小变化容易发展、增强，进而形成紊乱、不规则的紊流流场。明渠水流临界雷诺数 $Re_{cr}=500$。由表 3-8 可知，所有实验的 Re 都远超过该值，表明渠段水流处于紊流状态，而且流量越大，Re 越高。8 次实验中 Fr 也都明显低于临界判别标准 1.0，意味着水流流态都属于缓流类型，而且流量越小，水流越缓。高棵水生植物的糙率系数 n 不是常数，而是随植物类型、密度以及水流深度、流速等变化的。Sellin 等(2003)估计，水生植物死亡季节沟渠的糙率系数 n 约为 0.025，生长旺盛期约为 0.085；Kröger 和 Holland(2008)在农业排水沟渠磷滞留研究中，将水生植物衰亡期的曼宁糙率系数 n 取值为 0.01~0.04，生长期取为 0.07~0.10。本研究得到的渠道曼宁糙率系数 n 的变化范围为 0.066~0.112(均值为 0.089)，与这些学者的推荐值基本相近。与柔性浮水或沉水植物不同，即便在冬季枯死状态，芦苇坚硬的秸秆仍使其处于挺立状态，即便倒伏在河床上，依然会对水流产生较强的阻滞作用，使渠道粗糙程度较高。

由表 3-8 可知，较大流量的芦苇丛曼宁粗糙系数低于较小流量情形，表明流量较大时芦苇丛的水流阻滞影响下降，渠道过流断面光滑程度相对增强。这里，流量最高的 2014-12-04 实验正处于冬季，芦苇已枯死。但由于实验前几日当地有一场较大的降雨发生，导致部分枯萎的芦苇秸秆被洪水冲倒而处于淹没倒伏状态。2015-04-12 和 2015-04-21

实验正处于芦苇发芽、拔节生长阶段，植株较为弱小，株体高度与水深相近，对水流和粗糙系数影响不大。而在芦苇正常生长或矗立存在的其他非淹没状态，水生植物密度 ψ 明显偏大，相应的粗糙系数相应更大，这与很多类似研究的结论相一致（唐洪武等，2007）。

3.4.3　阻控滞留贡献估算

每次示踪实验均获得了完整的 Cl^-、NH_4^+ 和 PO_4^{3-} 浓度-时间过程曲线。图 3-13 展示了其中 2014-10-09 和 2015-06-04 实验的 BTCs 曲线。根据 Cl^- 的浓度-时间数据信息，利用式（3.28）计算 A、B 断面的 Cl^- 回收量 T_{MR}，并由式（3.30）计算滞留损失量 TR，由此得到渠段的 Cl^- 回收率，也就是 $\varphi = (T_{MR}^B / T_{MR}^A) \times 100\%$。有关 Cl^- 的滞留损失率为 $\eta = 100\% - \varphi$，见表 3-9。不难看出，不同水文和生物因素条件下 Cl^- 的滞留损失率变化较平稳，除了 2015-03-22 实验稍低一些，基本都维持在 10% 左右。

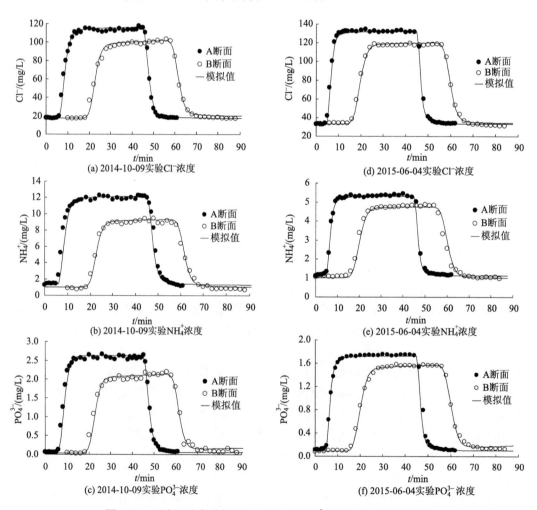

图 3-13　两次示踪实验的 Cl^-、NH_4^+ 和 PO_4^{3-} 浓度-时间过程曲线

表 3-9 示踪剂 Cl⁻的回收量及滞留损失率

实验编号	T_{MR}^{A} /mg	T_{MR}^{B} /mg	TR/mg	η_{Cl}/%
2014-09-24	4405764	4110259	412941	9.37
2014-10-09	4835421	4202763	632658	13.08
2014-12-04	2181905	1911506	270399	12.39
2014-12-16	5469750	4867996	601754	11.00
2015-03-22	4312090	4105302	206788	4.80
2015-04-12	3495727	3204300	291427	8.34
2015-04-21	5271732	4726320	545412	10.35
2015-06-04	7163284	6332407	830877	11.60
平均值	4641959	4182607	474032	10.12

根据式(3.28)计算出 A、B 断面的 NH_4^+ 回收量 T_{MR}，然后由式(3.30)、式(3.31)分别计算得到整个实验渠段的 NH_4^+ 滞留损失量 TR 和滞留损失率 η。利用表 3-9 中相应实验的 Cl⁻滞留损失率 η，由式(3.32)和式(3.33)计算物理作用和生物过程对应的 NH_4^+ 滞留量，进而得到实际贡献率和相对贡献率水平，见表 3-10。总体上，NH_4^+ 总滞留损失率起伏变化不大，除 2014-10-09 实验的滞留率较高以外，其他 7 次实验都较为接近，总体平均值为 14.68%。

表 3-10 NH_4^+ 的回收量及滞留贡献水平

实验编号	T_{MR}^{A} /mg	T_{MR}^{B} /mg	TR /mg	PR /mg	BR /mg	$\eta_{NH_4^+}$ /%	η_{PR} /%	η_{BR} /%	RC_{PR} /%	RC_{BR} /%
2014-09-24	627716	567899	59817	58817	1000	9.53	9.37	0.16	98.33	1.67
2014-10-09	540419	387662	152757	70687	82070	28.27	13.08	15.19	46.27	53.73
2014-12-04	273764	236281	37483	33919	3564	13.69	12.39	1.30	90.49	9.51
2014-12-16	264055	230462	33593	29046	4547	12.72	11.00	1.72	86.46	13.54
2015-03-22	229592	208544	21048	11020	10028	9.17	4.80	4.37	52.36	47.64
2015-04-12	216207	190166	26041	18032	8009	12.04	8.34	3.70	69.24	30.76
2015-04-21	377831	318155	59676	39106	20570	15.79	10.35	5.44	65.53	34.47
2015-06-04	301147	252212	48935	34933	14002	16.25	11.60	4.65	71.39	28.61
平均值	353841	298923	54919	36945	17974	14.68	10.12	4.57	72.51	27.49

2014-10-09 实验的沟渠流量相对最低，仅为 0.021m³/s，此时河床上经年堆积的芦苇残体露出水面，并与芦苇植株一起对水流产生阻滞作用。2014-12-04 实验的流量相对最大、流速最快，芦苇残体基本处于淹没状态，但其 NH_4^+ 总滞留损失率也仅接近平均水平。与 Cl⁻情况相似，NH_4^+ 的最低滞留损失率也出现在 2015-03-22 实验中。总体上，由流量、流速、水流湍动及芦苇拖曳和阻滞作用等水文水动力因素带来的物理滞留贡献明显超过了生物因素的影响，RC_{PR} 与 RC_{BR} 比值平均达 2.64。除 2014-10-09 实验外，其他实验的物理滞留贡献都相对较大，尤其是 2014-09-24、2014-12-04 和 2014-12-16 实验，两者的

悬殊颇为显著。总的来看，尽管 8 次野外实验先后经历了秋、冬、春和初夏季节，但 NH_4^+ 总滞留损失率似乎并没有表现出明显的季节性特征。

实验渠段 PO_4^{3-} 滞留量、总滞留率及水文和生物因素的滞留贡献率，见表 3-11。不难看出，除 2015-03-22 实验中 PO_4^{3-} 总滞留率稍小外，其他实验的总滞留率都非常接近，总体均值为 12.53%。显然，水文贡献似乎更为显著，RC_{PR} 与 RC_{BR} 平均比值高达 4.38。而且，所有实验都表现为物理滞留率大于生物滞留率，且变化幅度基本不大。就总滞留率而言，实验渠段 $\eta_{NH_4^+}$ 和 $\eta_{PO_4^{3-}}$ 较为接近。Moore 等（2010）在对富含大量水生植物的农业排水沟渠磷滞留研究中，得到 TIP（总无机磷）去除率为 36%；Kröger 和 Holland（2008）在历经两年的现场实验研究后，得到水文因素导致的 TIP 年均去除率达 43.92%；Feijoó 等（2011）采用短时段投加营养盐的示踪实验方式，借助营养螺旋原理解析河段尺度规模的大型水生植物占优势溪流磷滞留能力，得到春、秋季的 SRP 滞留率分别为 39% 和 51%。不难看出，上述研究所得的磷素滞留水平似乎都明显高于本研究。但应看到，溪流沟渠对营养盐的滞留量或去除能力与溪流沟渠长度有关，不考虑这一因素而简单地比较去除率存在一定的局限性，特别是在从通量角度计算营养盐滞留率时。为此，可以将滞留量和去除能力换算到单位长度渠段进行比较和评估（Covino et al., 2010a）。限于篇幅，此处不再赘述。

表 3-11　PO_4^{3-} 的回收量及滞留贡献水平

实验编号	T_{MR}^A /mg	T_{MR}^B /mg	TR /mg	PR /mg	BR /mg	$\eta_{PO_4^{3-}}$ /%	η_{PR} /%	η_{BR} /%	RC_{PR} /%	RC_{BR} /%
2014-09-24	138312	122143	16169	12960	3209	11.69	9.37	2.32	80.15	19.85
2014-10-09	126645	104109	22536	16565	5971	17.79	13.08	4.71	73.50	26.50
2014-12-04	100247	84378	15869	12421	3448	15.83	12.39	3.44	78.27	21.73
2014-12-16	94676	82958	11718	10414	1304	12.38	11.00	1.38	88.87	11.13
2015-03-22	72147	67999	4148	3463	685	5.75	4.80	0.95	83.49	16.51
2015-04-12	93882	82581	11301	7830	3471	12.04	8.34	3.70	69.29	30.71
2015-04-21	93933	83349	10584	9722	862	11.27	10.35	0.92	91.86	8.14
2015-06-04	117450	101592	15858	13624	2234	13.50	11.60	1.90	85.91	14.09
平均值	104662	91139	13523	10875	2648	12.53	10.12	2.41	81.42	18.58

3.4.4　讨论

大型水生/湿生植物影响河道的物理、化学和生态特征，因此在河流管理中往往占有十分重要的地位。目前，针对大型水生植物在营养盐滞留过程中的作用和贡献水平，不同的研究出入很大。例如，Simon 等（2007）、Riis 等（2012）以 ^{15}N 标记的 NH_4^+ 为示踪剂，对溪流水系统氮素滞留特征进行分析，结果发现，在生境或渠段尺度上，有大型水生植物的氮素生物同化吸收速率明显高于没有水生植物的情形。Feijoó 等（2011）、O'Brien 等（2014）采用连续投加营养盐的示踪实验方式，对大型水生植物占优势溪流渠段开展的

NH_4^+、PO_4^{3-} 滞留分析中发现，尽管存在较高的水生植物生物量，但来自植物吸收利用的生物贡献却非常有限。究其原因，笔者认为，一方面可能因为实验过程持续时间较为短暂，水生植物的同化吸收利用没有有效地表现出来；另一方面可能由于溪流中大型水生植物的 N、P 需求量远低于实际的供给量，从而制约了水生植物对于 NH_4^+、PO_4^{3-} 的吸收利用。

排水沟渠中大型水生植物对营养盐滞留的影响是多方面的。第一，自养生物(如水生植物)通过新陈代谢作用可以去除水相和沉积相中部分氮磷营养盐，因此河段尺度水生植物的存在及其丰富度会影响营养盐的吸收速度。第二，水生植物群落的组成和复杂性增强了生态系统的结构和功能，而且水生植物床和植物叶片也可以减缓水流流速、扰动水流与植物之间边界层，从而增大水-植物接触时间和接触界面，这对促进营养盐吸收滞留是有帮助的。第三，附着在植物表面的底栖生物膜、藻类等具有较强的营养盐同化吸收能力，沟渠中密植的大型水生植物可以为其附着提供大量空间和界面，这对溪流沟渠 NH_4^+、PO_4^{3-} 的滞留是有利的。另外，芦苇等大型挺水植物，特别是河床上经年堆积的植株残体和潜流带中盘根错节的芦苇根系，不仅增大了溪流沟渠暂态存储区面积与过水断面面积比值(即 A_s/A)，即增强了暂态存储潜力，同时也为生物降解氮磷营养盐提供了丰富的碳源。但也应看到，由于水体流动性，实验渠段的营养盐水力停留时间较为有限，致使水生植物与营养盐接触时间不够充分，加之水生植物对于营养盐的吸收过程较为缓慢，因此直接来自大型水生植物的营养盐吸收利用量十分有限。此时，水生植物的作用可能主要体现在营造有利于物理滞留发生的水动力学条件、提供更大的接触界面及为微生物群落提供附着基质等。事实上，本研究中 NH_4^+ 和 PO_4^{3-} 的生物滞留率并没有因不同季节中芦苇活体植株存在与否而表现出明显的季节变化性，这也意味着水生植物的吸收贡献极为有限。由此不难推测，微生物的吸收利用或许是该渠段 NH_4^+ 和 PO_4^{3-} 生物滞留的主要贡献者。实际上，Moore 等(2010)得到的没有水生植物渠段的 NH_4^+ 去除率反而较有大型水生植物渠段的更高，以及没有水生植物的农田溪流磷去除率(71%)高于生长水生植物的对照渠段去除率(36%)的实验结果，也都不同程度地暗示了大型水生植物直接吸收对于 NH_4^+、PO_4^{3-} 滞留贡献的有限性。

需要指出的是，国外现有关于农业溪流、排水沟渠中水生植物氮磷滞留影响的研究，针对的基本大都是一些氮磷营养盐浓度极低的贫营养水体，以致出现大型水生植物、藻类、苔藓等自养生物对于外加的 NH_4^+、PO_4^{3-} 表现出相当强劲的生物吸收效应，使得生物滞留在总滞留中占据相当重要的地位。相比较而言，本研究中排水沟渠 NH_4^+、PO_4^{3-} 的环境背景浓度已分别达到 0.86mg/L 和 0.060mg/L，显著超过了国际上广泛认可的水体富营养化发生的氮磷营养盐临界浓度(TN 为 0.2mg/L，TP 为 0.02mg/L)，即便从藻类营养盐吸收利用的角度看，也已达到饱和状态，致使添加营养盐的生物滞留量和滞留贡献显得十分微弱。此外，由芦苇阻滞作用导致的水流流速下降，既增大了营养盐在渠段中的水力停留时间，也增加了营养盐与沉积物表层以及芦苇表面附着微生物群落、藻类、苔藓等的接触机会，这对营养盐的生物吸收应该是有利的。同时，浓密的芦苇植株也改变了渠道的水流阻力，抬高了沟渠水位，导致紊动掺混作用加剧、紊流结构发生变化，特别是植物根部处产生的尾流与壁面剪切紊流还可能导致表层沉积物的扰动和上浮，并随水流向下游输移，这对吸附了 NH_4^+、PO_4^{3-} 的微小颗粒沉降去除又是不利的。毫无疑问，本研究的芦苇占优势溪流营养盐滞留效应正是这些"有利""不利"因素综合博弈的结果，由于作用关系的复杂性和不确定性，使得 $\eta_{NH_4^+}$、$\eta_{PO_4^{3-}}$ 与 n 或 Re 之间的关系很难通过简单的定量模型来表征。

大型水生植物因植株个体材质、疏密程度及植株与水面高差等差异，使得彼此的拖曳力有所不同。不难推断，即便是浮水植物或沉水植物占优势的小尺度流动水体，应该也可以采用本研究的技术与方法解析水文和生物因素的营养盐阻控滞留贡献。毋庸讳言，本研究假设 NH_4^+、PO_4^{3-} 与 Cl^- 具有相同的物理滞留率，存在一定的缺陷和不足，但在没有其他更为有效的技术方法的情况下，仍不失为一种较好的处理办法。尽管同位素示踪技术已被应用于营养盐滞留机制的研究，但昂贵的分析测试费用及诸多的条件限制，使得实践中很难将该技术大规模投入应用。有必要指出的是，本研究仅是针对渠段尺度营养盐滞留机制的初步探索，由于实验次数较为有限，所得结果或许还不能够充分揭示营养盐滞留机制和规律性。从流域水环境管理角度看，除需进一步围绕芦苇及其他大型水生植物继续开展渠段尺度研究外，还应结合含植物河道水动力学研究进展，积极探索生境尺度、溪流尺度甚至流域尺度营养盐阻控滞留的水文和生物贡献解析。

3.5　农田排水沟氮素吸收动力学特征及机制

农业排水沟渠兼具排水和生态湿地的双重功效。近年来，国外有关农业排水沟渠养分滞留的研究十分活跃(Castaldelli et al., 2015)，尤其是欧美国家针对不同尺度河流启动的大规模养分滞留和循环研究计划，推动了包括排水沟渠在内的小河流氮素滞留及循环研究的发展。当前排水沟渠的环境生态功能也引起了国内学者的关注，2015 年国家"水污染防治行动计划"将生态沟渠、生态沟塘建设列入农业面源污染控制的重要技术措施中。总体上，国内针对农业排水沟渠氮素污染的研究，主要集中在氮浓度变化及迁移转化(李强坤等，2016)、氮截留净化技术及拦截效应(张燕等，2013)等方面，对于氮滞留机制关注不足。

目前，针对源头溪流、排水沟渠等小尺度水体营养盐滞留能力的度量，绝大部分都是借助恒定连续投加示踪实验，利用稳定状态时的营养盐浓度和螺旋指标进行定量刻画。由于一次示踪实验过程仅对应于一种稳定浓度状态，无法揭示营养盐滞留的动态性特征。相比较而言，瞬时投加示踪剂实验，能够促使河水中营养盐浓度在极短时间内快速上升，从而可以营造一个从环境背景浓度到饱和状态的营养盐浓度变化范围。基于这一特点，Covino 等(2010b)提出了基于瞬时添加营养盐的定量刻画硝酸盐（NO_3^--N）螺旋指标和吸收动力学特性的动态 TASCC(tracer additions for spiraling curve characterization)方法。有必要指出的是，这里所言的"饱和状态"，并非一般意义的溶解饱和概念，而是相对于藻类等水生植物的氮磷吸收利用能力而言的饱和水平。氨氮（NH_4^+-N）和 NO_3^--N 都是易于被水生植物吸收利用的主要氮素营养盐类型，因此解析 NH_4^+-N、NO_3^--N 吸收动力学特征和作用机制,对于深刻认识和理解小河流氮磷营养盐滞留机制具有非常重要的意义。本节以农田排水沟为对象,采用 TASCC 技术定量刻画 NH_4^+-N、NO_3^--N 的吸收动力学特征,以期更清楚地解析农业排水沟中两种营养盐的滞留效应和作用机制(李如忠等,2015a,2018)。

3.5.1　模型与方法

1. 研究区概况

在安徽某地一条农业源头溪流上,选择一长约 310m 的排水沟渠段作为实验靶区。该溪流长约 2.5km,汇水区属于低矮丘陵岗地,土地利用类型主要为农业用地、人工林地或水塘,中上游没有明显的点污染源。由于经常从沟底取土夯实田埂,导致沟渠底部的平整度、规则性较差。实验所在渠段下切深度约 1.5m,岸坡较陡,坡面有不同程度的坍塌。整个实验期间,沟渠水面宽 0.5～1.5m,水深 15～40cm,流速 10～25cm/s,流量约 0.046m³/s。

实验渠段上部大体平直,渠底几乎没有大型植物,渠底宽窄、深浅不均,且沉积物较少。中部渠道较为平直,渠底分布有人为挖掘取土形成的深坑,大部分河床较为板结。下部渠道稍宽一些,呈现明显的半圆形弯曲,河床及漫滩上匍匐型水生/湿生植物较多,水面覆盖度达 30%～40%,沉积物淤积明显,但弯曲段下方河槽断面急速收窄,水流速度明显加快,河床因水流冲刷而板结。排水沟渠水质主要受农业污染影响,实验期间 NO_3^--N、NH_4^+-N 和 PO_4^{3-}-P 平均浓度分别为 0.145mg/L、1.0mg/L 和 0.025mg/L。

2. 动态螺旋指标

添加氮素营养盐(即 NH_4^+-N 或 NO_3^--N,不妨表示为 X)的吸收长度、吸收速度和吸收速率分别表示为(Covino et al., 2010b)

$$S_{\text{w-add-dyn}} = -1/k_{\text{w-add-dyn}} \tag{3.38}$$

$$V_{\text{f-add-dyn}} = Q/(W \times S_{\text{w-add-dyn}}) \tag{3.39}$$

$$U_{\text{add-dyn}} = V_{\text{f-add-dyn}} \times [X_{\text{add-dyn}}] \tag{3.40}$$

式中,$S_{\text{w-add-dyn}}$ 表示添加 X 的动态吸收长度,m;$k_{\text{w-add-dyn}}$ 表示 X 的动态综合衰减系数,m^{-1};$V_{\text{f-add-dyn}}$ 表示 X 的动态吸收速度,m/s;$U_{\text{add-dyn}}$ 表示 X 的动态吸收速率,g/($m^2 \cdot s$);$[X_{\text{add-dyn}}]$ 表示 X 的动态浓度,mg/L;Q 表示排水沟流量,m^3/s;W 表示沟渠水面宽度,m。

若以 Y 表示保守示踪剂(如 Br^-、Cl^-),则营养盐 X 的动态综合衰减系数 $k_{\text{w-add-dyn}}$ 可以按下式计算(李如忠等,2015a):

$$k_{\text{w-add-dyn}} = \frac{\ln\dfrac{[X_{\text{ambcorr}}]}{[Y_{\text{ambcorr}}]} - \ln\dfrac{[X_{\text{add}}]}{[Y_{\text{add}}]}}{L} \tag{3.41}$$

式中,$[X_{\text{ambcorr}}]/[Y_{\text{ambcorr}}]$ 表示扣除背景浓度后水样 X 和 Y 的浓度比值,量纲为一;$[X_{\text{add}}]/[Y_{\text{add}}]$ 表示示踪剂混合液中 X 和 Y 的浓度比值,量纲为一;L 表示离开投加点的距

离，m。

若不计生物、化学作用而仅考虑物理稀释影响，则混合液中添加的 X 抵达下游任一断面位置的最大浓度(不妨称为保守性浓度)可表示为

$$[X_{cons}] = [Y]_{ambcorr} \times \frac{[X_{add}]}{[Y_{add}]} \tag{3.42}$$

式中，$[X_{cons}]$ 表示 X 的保守性浓度，mg/L。

若以 $[X_{add\text{-}obs}]$ 表示扣除环境背景浓度的水样 X 实测浓度，利用几何均值定义 X 动态浓度，数学表达式为(Covino et al., 2010b)

$$[X_{add\text{-}dyn}] = \sqrt{[X_{cons}] \times [X_{add\text{-}obs}]} \tag{3.43}$$

式中，$[X_{add\text{-}dyn}]$ 表示排水沟渠中添加 X 的动态浓度，mg/L。

3. 环境背景螺旋指标

采用实测浓度与保守性浓度几何均值表征集成环境背景浓度和添加营养盐影响的投加点下方任一断面的 X 总动态浓度(Covino et al., 2010b)，即

$$[X_{tot\text{-}dyn}] = \sqrt{[X_{tot\text{-}obs}] \times ([X_{cons}] + [X_{amb}])} \tag{3.44}$$

式中，$[X_{tot\text{-}dyn}]$ 表示排水沟渠的 X 总动态浓度，mg/L；$[X_{tot\text{-}obs}]$ 表示未扣除背景浓度的样本 X 实测浓度，mg/L；$[X_{amb}]$ 表示 X 环境背景浓度，mg/L。

将浓度穿透曲线上各样本添加 X 的 $S_{w\text{-}add\text{-}dyn}$ 值作为纵坐标，以 $[X_{tot\text{-}dyn}]$ 计算值作为横坐标，采用线性回归拟合，并将拟合直线向左下方反向延伸，且与纵坐标轴相交，所得截距即 X 环境背景浓度对应的吸收长度 $S_{w\text{-}amb}$。由此，可以计算 X 的吸收速率和吸收速度，即

$$U_{amb} = Q \times [\text{NO}_3^- \text{-N}_{amb}] / (S_{w\text{-}amb} \times W) \tag{3.45}$$

$$V_{f\text{-}amb} = U_{amb} / [\text{NO}_3^- \text{-N}_{amb}] \tag{3.46}$$

式中，U_{amb} 表示 X 环境背景浓度相应的吸收速率，g/(m²·s)；$V_{f\text{-}amb}$ 表示 X 环境背景浓度相应的吸收速度，m/s。

4. 总动态螺旋指标

在综合考虑环境背景浓度和添加浓度影响后，氮素营养盐 X 总动态螺旋指标表示为

$$U_{tot\text{-}dyn} = U_{amb} + U_{add\text{-}dyn} \tag{3.47}$$

$$V_{f\text{-}tot\text{-}dyn} = U_{tot\text{-}dyn} / [X_{tot\text{-}dyn}] \tag{3.48}$$

式中，$U_{tot\text{-}dyn}$ 表示 X 总动态面积吸收速率，g/(m²·s)；$V_{f\text{-}tot\text{-}dyn}$ 表示 X 总动态吸收速度，m/s。

5. 吸收动力学模型

采用 Michaelis-Menten (M-M)方程模拟氮素营养盐 X 的吸收动力学特征，则有

$$U_{\text{tot-dyn}} = \frac{U_{\text{max}}}{K_{\text{m}} + [X_{\text{tot-dyn}}]} \times [X_{\text{tot-dyn}}] \tag{3.49}$$

式中，$U_{\text{tot-dyn}}$ 表示 X 总动态吸收速率，$\text{g}/(\text{m}^2 \cdot \text{s})$；$U_{\text{max}}$ 表示 X 的最大吸收速率，$\text{g}/(\text{m}^2 \cdot \text{s})$；$K_{\text{m}}$ 表示 X 的半饱和常数，mg/L。

由 U 与 V_{f} 的定量关系可知，式 (3.49) 中等号右侧第一项即 $V_{\text{f-tot-dyn}}$，从而可以实现螺旋指标 $U_{\text{tot-dyn}}$、$V_{\text{f-tot-dyn}}$ 与总动态浓度 $[X_{\text{tot-dyn}}]$ 关系的数学模拟。

值得注意的是，示踪实验浓度穿透曲线上用于动力学模拟的样本 X 浓度需要满足一定的条件，即 $[X_{\text{ambcorr}}]/[Y_{\text{ambcorr}}] \leqslant [X_{\text{add}}]/[Y_{\text{add}}]$。

3.5.2　氨氮吸收动力学特征及模拟

1. 示踪实验

2014 年 3 月，在选定的实验渠段，选择 NaCl 为保守示踪剂、NH_4Cl 为添加营养盐，开展瞬时投加示踪实验。为了获得高于环境背景浓度 1～2 个数量级的添加营养盐浓度，根据事先对排水沟 Cl^-、NH_4^+-N 浓度及流量的实地调查结果，确定 NaCl 和 NH_4Cl 的投加量，现场利用溪水将两者充分混合。投加点 O 选在水流速度相对较快的浅滩上，并在 15s 内将均匀混合的溶液大致平稳地投加到溪流中。在投加点下游依次布设 A、B、C、D 4 个采样点位，且 A、B 和 C 点在沟渠弯道前，D 点在弯道后。为确保示踪剂、添加营养盐与沟渠水流充分混合，根据已有经验，结合沟渠地貌和形态特征，将投加点 O 选择在采样点 A 上方 44m 处，渠段 AB、BC 和 CD 长度分别为 72m、82m 和 85m。

利用 100mL 塑料瓶，在断面上水流相对集中的位置处采集水样。为控制实验进程和获得较为完整的示踪剂浓度-时间过程曲线，在采样过程中利用 KL-138（Ⅱ）型笔式电导率计测定水样电导率，当水样电导率稳定回到背景值水平后停止采样。对 4 个采样点进行同步采样，两次采样的时间间隔设定为 1min。在实验室，将一部分水样利用氯离子选择性电极（参比电极 232-01、氯离子电极 PCl-1-01）和 PXS-215 型离子活度计，测定水样中 Cl^- 浓度；另一部分水样经滤膜过滤后，以奈斯勒试剂光度法测定 NH_4^+-N 浓度。

2. NH_4^+-N 与 Cl^- 浓度-时间过程

示踪实验中保守示踪剂 Cl^- 与添加营养盐 NH_4^+-N 的浓度-时间过程及 NH_4^+-N：Cl^- 值的变化情况，见图 3-14。

不难看出，采样点 A 的 Cl^-、NH_4^+-N 浓度都较下游 3 个采样点显著偏高；而采样点 B、C 和 D 的 Cl^-、NH_4^+-N 浓度峰值的变化幅度大体相近，且浓度-时间过程曲线（BTCs）拖尾现象也都较为严重。一些研究认为，溪流中溶质浓度-时间过程曲线的尾部形状主要受暂态存储区以及暂态存储区与流动水体之间交换作用的控制。根据图 3-14 的拖尾现象可以初步判断，排水沟渠实验段存在暂态存储作用。

由图 3-14 可知，并不是所有样本均满足条件 $[NH_4^+$-N：$Cl^-]_{\text{样本}} \leqslant [NH_4^+$-N：$Cl^-]_{\text{混合}}$，而且距离投加点较近的采样点，符合要求的样本数也就相对越少；反之，则越多。4 个采样点中，满足上述条件的样本数目依次为 10、11、17 和 18 个，见图 3-15。

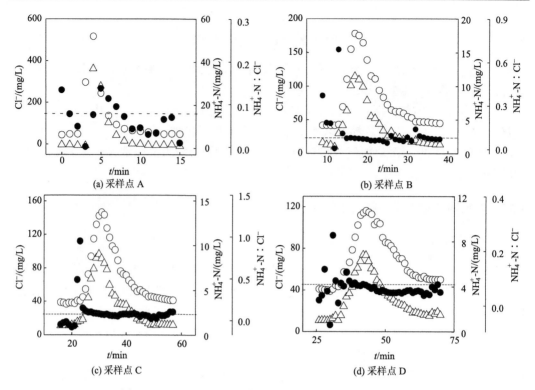

图 3-14　NH_4^+-N、Cl^-浓度及 NH_4^+-N：Cl^-比值的时间过程

○ 表示 Cl^-，△ 表示 NH_4^+-N，● 表示 NH_4^+-N：Cl^-，- - - 表示混合样中 NH_4^+-N：Cl^-

3. 环境背景浓度营养螺旋指标

利用式 (3.42) 计算 NH_4^+-N 保守性浓度，即 [NH_4^+-N_{cons}]；再由式 (3.44) 进一步计算 NH_4^+-N 总动态浓度值 [NH_4^+-$N_{tot-dyn}$]。与此同时，利用式 (3.41) 估算动态综合衰减系数 $k_{w-add-dyn}$，并以式 (3.38) 计算添加 NH_4^+-N 的动态吸收长度 $S_{w-add-dyn}$。在此基础上，利用回归分析技术，开展 $S_{w-add-dyn}$-[NH_4^+-$N_{tot-dyn}$] 线性拟合。每个采样点位 95% 置信水平的拟合结果，见图 3-15。

在图 3-15 中，回归直线与纵坐标轴 ($S_{w-add-dyn}$) 的截距，即 NH_4^+-N 背景浓度相应的吸收长度 S_{w-amb}。于是，由式 (3.45)、式 (3.46) 进一步计算得到背景浓度值相应的 U_{amb} 和 V_{f-amb}，见表 3-12。众所周知，吸收长度 S_w 是表征溪流营养盐滞留能力的重要指标，该值越大，意味着水流对营养盐的滞留能力越弱。本研究中，从投加点 O 到采样点 D 的沟渠总长度为 283m。由表 3-12 可知，仅有采样点 C 背景浓度相应的 S_{w-amb} 超过了该值。整个实验段 NH_4^+-N 背景浓度相应的 S_{w-amb} 平均值为 177.41m，与示踪实验所在的一级支流总长度相比，S_{w-amb} 明显较小，意味着该排水沟对 NH_4^+-N 具有很强的滞留能力，这对农业非点源氮素截留和转化是有利的。

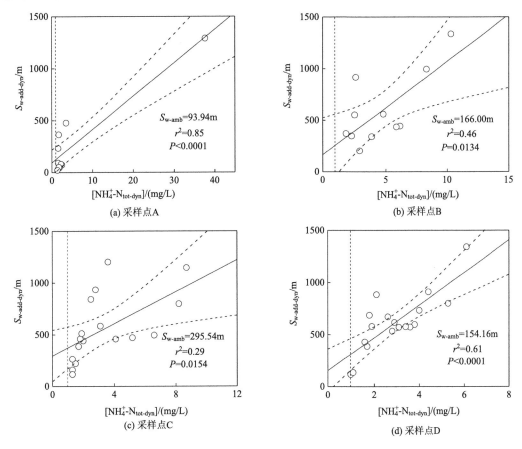

图 3-15　各采样点位 $S_{\text{w-add-dyn}}$ 与[NH_4^+-$N_{\text{tot-dyn}}$]拟合曲线图

垂直虚线对应的横坐标值表示采样点 NH_4^+-N 背景浓度

表 3-12　各采样点环境背景浓度相应的营养螺旋指标

采样点	NH_4^+-N_{amb}/(mg/L)	$S_{\text{w-amb}}$/m	U_{amb}/[mg/(m²·s)]	$V_{\text{f-amb}}$/(mm/s)
A	1.0	93.94	0.38	0.38
B	1.0	166.00	0.22	0.22
C	1.0	295.54	0.16	0.16
D	1.0	154.16	0.29	0.29
平均值	1.0	177.41	0.26	0.26

4. 总动态螺旋指标及其拟合

在计算得到 $S_{\text{w-add-dyn}}$ 后，利用式(3.39)计算相应的 $V_{\text{f-add-dyn}}$，并由式(3.42)计算得到动态的添加营养盐[NH_4^+-$N_{\text{add-dyn}}$]浓度后，根据式(3.40)进一步计算得到 $U_{\text{add-dyn}}$。在此基础上，分别计算总动态螺旋指标 $U_{\text{tot-dyn}}$ 和 $V_{\text{f-tot-dyn}}$，进而描绘 $U_{\text{tot-dyn}}$-[NH_4^+-$N_{\text{tot-dyn}}$]及 $V_{\text{f-tot-dyn}}$-[NH_4^+-$N_{\text{tot-dyn}}$]对应的关系。针对 $U_{\text{tot-dyn}}$-[NH_4^+-$N_{\text{tot-dyn}}$]的关系，考虑采用式(3.49)

的 M-M 方程进行近似拟合，95%置信水平及相应的拟合结果，见图 3-16。

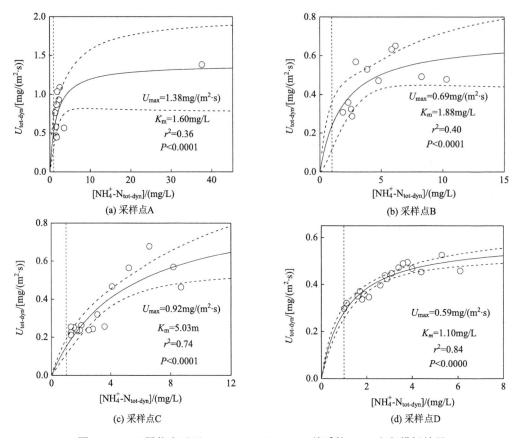

(a) 采样点A

(b) 采样点B

(c) 采样点C

(d) 采样点D

图 3-16　95%置信水平下 $U_{tot-dyn}$-[NH_4^+ -$N_{tot-dyn}$]关系的 M-M 方程模拟结果

从图 3-16 可见，U_{max} 的最大值出现在采样点 A，最小值则出现在采样点 D，总体上表现出沿水流前行方向下降的变化特点。而且，随[NH_4^+ -$N_{tot-dyn}$]浓度的增大，每个采样点 U_{max} 增加的幅度也都逐渐减小，与低浓度时吸附速度相对更高的一般规律相吻合。4个采样点相应的 U_{max}/U_{amb} 值分别为 3.63、3.14、5.75 和 2.03，K_m/[NH_4^+ -N_{amb}]值分别为 1.60、1.88、5.03 和 1.10。从拟合的效果看，采样点 D 的拟合效果最佳，决定系数 r^2 相对最大(0.84)；其次是采样点 C，r^2 达 0.74。尽管采样点 B 的 r^2 值仅为 0.40，但已基本能够展示 NH_4^+ -N 从环境背景浓度到饱和浓度水平的 $U_{tot-dyn}$-[NH_4^+ -$N_{tot-dyn}$]动态变化关系。由于满足条件的样本都集中在低浓度区，采样点 A 的拟合效果和可靠性相对较弱。从 K_m 来看，采样点 A、B 和 D 差别不大，且都明显低于采样点 C。

4 个采样点 95%置信水平的 $V_{f-tot-dyn}$-[NH_4^+ -$N_{tot-dyn}$]关系拟合结果见图 3-17。各采样点的 r^2 基本都高于相应采样点的 $U_{tot-dyn}$-[NH_4^+ -$N_{tot-dyn}$]拟合结果，特别是采样点 D，相应的 r^2 甚至高达 0.97，而且 18 个样本的 $V_{f-tot-dyn}$ 值基本都处在一条光滑下降的曲线上。采样点 B 和 C 的 $V_{f-tot-dyn}$-[NH_4^+ -$N_{tot-dyn}$]关系曲线也都呈现出较强的规律性。采样点 A 的 r^2 达到了 0.52，但从数据分布的情况看，绝大部分数据都集中在接近环境背景浓度的范围内，明显缺乏高于背景浓度的样本数据信息，而且拟合曲线在形状上受[NH_4^+-$N_{tot-dyn}$]=37.62mg/L 所控制。

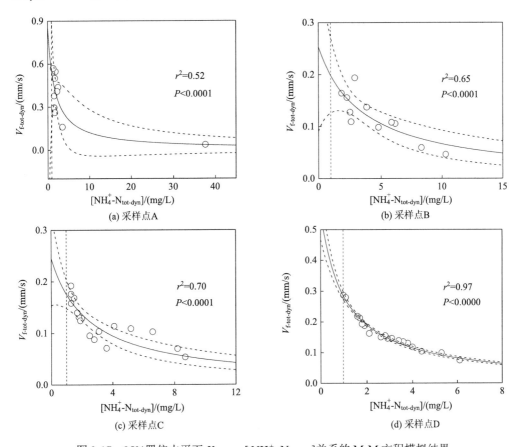

图 3-17　95%置信水平下 $V_{f-tot-dyn}$-[NH_4^+-$N_{tot-dyn}$]关系的 M-M 方程模拟结果

5. 讨论

由图 3-14 可见，在示踪剂浓度穿透曲线上，并非所有水质样本均能够满足模拟条件[NH_4^+-N：Cl^-]$_{样本}$≤[NH_4^+-N：Cl^-]$_{混合}$，而且在不满足要求的样本中，大多数都出现在浓度峰值及邻近范围，意味着此时不仅没有发生滞留，还可能存在 NH_4^+-N 的释放，特别是在采样点 A。Covino 等(2012)在对 NO_3^--N 的滞留动态性分析中也遇到类似现象，这可能与环境背景浓度相对较高有关。由表 3-12 可知，随着离开投加点 O 距离的增大，OA、AB 和 BC 段 NH_4^+-N 环境背景浓度相应的 S_{w-amb} 逐渐增大，而在 CD 段，情况发生了变化。S_{w-amb} 的上述变化，一方面反映 AB、BC 段对 NH_4^+-N 的滞留能力较弱，另一方面也表明 CD 段 NH_4^+-N 滞留能力较上部渠段有了明显提高。从实地调查的情况看，AB、BC 段渠底板结、沉积物较少，而且水面无水草阻滞，滨岸也无林木植被覆盖；而 CD 段属于弯度较大的弯曲渠段,不仅水面宽度较上游有所增大,而且水面水草覆盖率达 30%～40%,且沉积现象明显,这些都有利于 NH_4^+-N 滞留的发生,可能正是 CD 段 S_{w-amb} 显著下降的主要原因。

从图 3-16 和图 3-17 可知，随着离开投加点 O 距离的增大，$U_{tot\text{-}dyn}$ 与 [NH_4^+ -$N_{tot\text{-}dyn}$]、$V_{f\text{-}tot\text{-}dyn}$ 与 [NH_4^+ -$N_{tot\text{-}dyn}$] 的 95%置信水平变化区间减小，特别是在采样点 D，[NH_4^+ -$N_{tot\text{-}dyn}$] 不同动态浓度的 $U_{tot\text{-}dyn}$ 或 $V_{f\text{-}tot\text{-}dyn}$ 逐渐趋向于同一曲线。笔者以为，这可能与所投加的 NH_4^+ -N 到达采样点 D 时浓度已相对较低有关。Covino 等 (2010b) 在对 NO_3^- -N 研究中也发现了类似规律。上述情况表明，在采用 TASCC 方法开展源头溪流营养盐滞留特征动态变化性分析时，选择更长的溪流段或许更为合适，特别是第一个采样点距离投加点应适当更远一些。此外，Covino 等 (2012) 在对不同背景浓度的小河流研究中发现，NO_3^- -N 背景浓度越低的小河流，$U_{tot\text{-}dyn}$ 与 NO_3^- -$N_{tot\text{-}dyn}$、$V_{f\text{-}tot\text{-}dyn}$ 与 NO_3^- -$N_{tot\text{-}dyn}$ 动态变化的规律性越好。事实上，对于营养盐背景浓度较高，特别是处于或接近饱和状态的溪流水体，由于颗粒物的吸附点位数已相当少，加之原先吸附在颗粒表面的 NH_4^+ 带正电荷，可能与溪水中的 NH_4^+ 产生静电斥力作用，从而导致溪水中 NH_4^+ -N 吸收作用减弱和吸收速率下降。于是，一些在极低浓度时表现出的 NH_4^+ -N 吸收特征，在高浓度环境下难以展示出来。

本研究中，添加营养盐 NH_4^+ -N 动态螺旋指标与营养盐浓度关系是以 Michaelis-Menten 动力学模型进行模拟的，这种关系很好地反映了溪流水体营养盐吸收效率随营养盐浓度的升高而下降的变化特点。但动力学模拟模型的选择不是固定不变的 (Covino et al., 2010b)，实际应用中可以根据动态螺旋指标与营养盐浓度变化过程的具体特点，酌情筛选其他一些更为合适的动力学模型模拟 $U_{tot\text{-}dyn}$-[NH_4^+ -$N_{tot\text{-}dyn}$] 的关系，如一级 (或准一级) 动力学过程、二级 (或准二级) 动力学过程、Langmuir 模型、Freundlich 模型及 Temkin 模型等。目前，在小尺度流动水体氮磷营养盐滞留和吸收能力评估方面，恒速连续投加示踪实验已成为普遍采用的技术方法 (Weigelhofer et al., 2012)。由于每一实验过程仅能得到一个浓度水平的营养螺旋指标，存在工作效率偏低、难以从更宽浓度范围解析水体氮磷营养盐滞留能力的缺陷。相比而言，TASCC 方法可以直接反映从背景浓度到饱和浓度这样一个变化范围内营养螺旋指标的动态变化性，这是传统的恒速连续投加示踪实验难以比拟的。此外，从理论上讲，TASCC 方法不仅可以用于 NO_3^- -N、NH_4^+ -N，也可以用于其他具有生物活性的养分 (如可溶性磷酸盐) 的动态螺旋指标与营养盐浓度关系模拟。

3.5.3　硝态氮吸收动力学特征及模拟

1. 示踪实验

2016 年 10 月至 2017 年 4 月，选择 NaBr 为保守示踪剂、KNO_3 为添加营养盐，在排水沟渠选择合适的实验段，先后开展 5 次瞬时投加示踪实验。在投加点 O 下方，依次设置 A、B、C 和 D 4 个采样点位，子渠段 OA、AB、BC 和 CD 的长度分别为 20m、90m、100m 和 100m。根据水流流速状况，设定实验中的水样采集频率，并以 KL-138 (Ⅱ) 笔式电导率测定计，现场测定水样电导率，以获得完整的示踪剂浓度穿透曲线。在实验室，采用溴离子选择性电极(参比电极 232-01、溴离子电极 PBr-1-01)和 PXSJ-226 型离子活度计测定 Br^- 浓度,采用紫外分光光度法对经滤膜过滤的水样测定 NO_3^--N 浓度。

示踪实验开始前,采集各点位水样用于测定背景数据。示踪实验结束后,按 5m 长度为调查单元,开展沟渠河床地貌特征调查,测定水面宽度、水深,并计算过流断面面积。

2. 环境背景下硝态氮滞留潜力

图 3-18 为 2016-10-16 实验 NO_3^--N、Br^- 浓度穿透曲线及 NO_3^--N:Br^- 的时间变化过程。其中,采样点 A 由于距离投加点相对较近,水流对于投加的 NO_3^--N 稀释不充分,导致浓度穿透曲线上满足模拟要求的样本数明显少于下游充分混合渠段的采样点 B、C和 D,且三者符合要求的样本数相近。其他 4 次实验情形也基本如此。

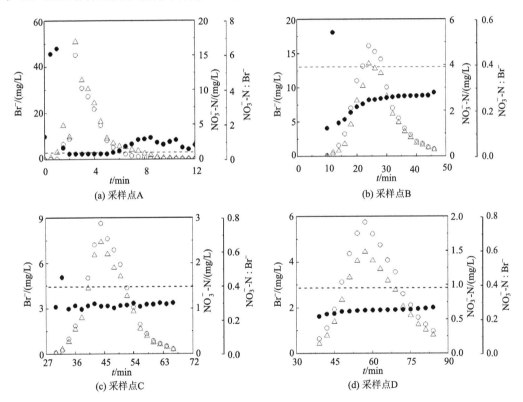

图 3-18　各采样点 NO_3^--N 和 Br^- 浓度及其比值的时间序列

○表示 Br^-;△表示 NO_3^--N;●表示 NO_3^--N:Br^-;- - -表示混合样中 NO_3^--N:Br^-

根据计算得到的各采样点水样 $S_{w\text{-add-dyn}}$,对 $S_{w\text{-add-dyn}}$-[NO_3^--$N_{tot\text{-dyn}}$]的关系进行线性拟合,得到每个采样点位 95%置信水平的拟合结果。其中,2016-10-16 实验的拟合关系曲线见图 3-19。其他 4 次实验情形也基本相似。

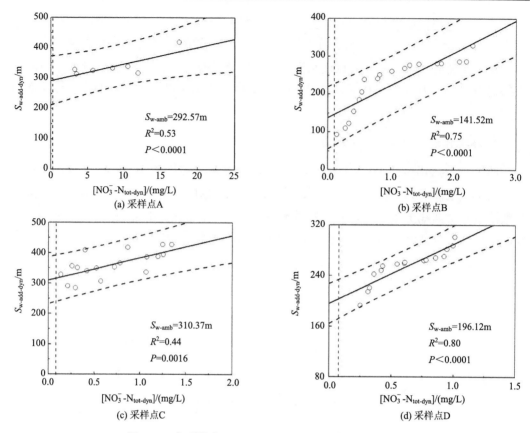

图3-19 各采样点 $S_{w\text{-add-dyn}}$-[NO_3^--$N_{tot\text{-dyn}}$]拟合关系曲线

垂直虚线对应的横坐标值表示采样点 NO_3^--N 背景浓度，下同

4 个采样点位对应的 95%置信水平拟合效果均较好，将 $S_{w\text{-add-dyn}}$-[NO_3^--$N_{tot\text{-dyn}}$]拟合关系曲线向左下方反向延伸，得到与纵坐标轴相交的截距，即 $S_{w\text{-amb}}$。有关 NO_3^--N 背景浓度相应的螺旋指标模拟和计算结果见表 3-13。整个 5 次实验中，子渠段 AB、BC 和 CD 相应的 NO_3^--N 背景浓度 $S_{w\text{-amb}}$ 值差异都非常明显，总体表现为 AB 段略低于 CD 段，且两者明显低于 BC 段，意味着 BC 段的 NO_3^--N 滞留能力相对最弱，AB 段则相对最强。此外，BC 段 U_{amb} 和 $V_{f\text{-amb}}$ 明显较低，且 AB 段较 CD 段略低一些，表明 CD 段 U_{amb}、$V_{f\text{-amb}}$ 略强于 AB 段，这与 $S_{w\text{-amb}}$ 存在一定出入。尽管 3 个螺旋指标都表明环境背景浓度条件

表 3-13 环境背景浓度条件下排水沟 NO_3^--N 螺旋指标

编号	采样点	Q /(m³/s)	u /(m/s)	NO_3^--N_{amb} /(mg/L)	$S_{w\text{-amb}}$ /m	R^2	P	U_{amb} /[μg/(m²·s)]	$V_{f\text{-amb}}$ /(mm/s)
	B	0.083	0.071	0.13	141.52	0.75	0.0001	31.85	0.25
I	C	0.080	0.093	0.12	310.37	0.44	0.0016	17.10	0.14
	D	0.079	0.128	0.13	196.12	0.80	0.0001	37.88	0.29

续表

编号	采样点	Q /(m³/s)	u /(m/s)	$NO_3^--N_{amb}$ /(mg/L)	$S_{w\text{-amb}}$ /m	R^2	P	U_{amb} /[μg/(m²·s)]	$V_{f\text{-amb}}$ /(mm/s)
Ⅱ	B	0.074	0.075	0.17	144.87	0.30	0.0077	45.63	0.27
	C	0.070	0.093	0.17	233.13	0.32	0.0125	34.03	0.20
	D	0.070	0.111	0.17	148.69	0.67	0.0024	61.56	0.36
Ⅲ	B	0.077	0.071	0.10	166.72	0.53	0.0002	25.22	0.25
	C	0.073	0.076	0.10	405.74	0.60	0.0002	11.40	0.11
	D	0.074	0.152	0.11	170.72	0.59	0.0003	34.06	0.31
Ⅳ	B	0.034	0.053	0.17	92.51	0.47	0.0001	34.59	0.22
	C	0.033	0.054	0.16	272.90	0.36	0.0040	11.87	0.07
	D	0.033	0.088	0.16	136.46	0.26	0.0170	31.63	0.20
Ⅴ	B	0.087	0.079	0.16	147.12	0.28	0.0110	43.01	0.27
	C	0.086	0.104	0.16	293.56	0.46	0.0009	27.73	0.17
	D	0.087	0.139	0.18	125.46	0.57	0.0002	69.13	0.43

注：编号 Ⅰ、Ⅱ、Ⅲ、Ⅳ和Ⅴ分别对应于 2016-10-16、2016-11-10、2016-12-01、2017-03-15 和 2017-04-12 这 5 次示踪实验，下同。

下子渠段 BC 的 NO_3^--N 滞留能力相对最弱，但由于最大值仅 405.74m，对于长约 2.5km 的排水沟渠而言，完全可以实现将 NO_3^--N 在沟渠内截留、净化的目标，表明排水沟渠具有较好的 NO_3^--N 滞留能力。

从河床地貌调查情况看，尽管 AB 段河床几乎没有大型植物存在，却分布有较长深坑，且局部渠段水面较宽，水流速度较为缓慢，表现出水塘型特点；BC 段呈现多个小水坑串联的地貌格局，但与其他两个子渠段相比，河床地貌更为简单；CD 段不仅河道形态弯曲程度较大，而且部分河床和漫滩有大量匍匐茎的水生或湿生植物，在该转弯处枯死杂草和底泥沉积明显。可以推断，三个子渠段河床地貌特征较为明显的差异性，造就了环境背景浓度条件下彼此营养螺旋指标的异质性。虽然在 CD 段内将近 50%渠段长度河床上没有大型植物，甚至河床底质还相当板结，但该渠段仍旧展现出与 AB 段相近甚至更高的 NO_3^--N 滞留能力。不难推断，若 CD 段内水生植物河段占比更大、底质沉积条件更好一些，则 U_{amb} 和 $V_{f\text{-amb}}$ 可能更大，相应的 $S_{w\text{-amb}}$ 也就更小。换言之，NO_3^--N 滞留潜力将更大。据此，可以推断河床地貌复杂性可能是影响排水沟渠 NO_3^--N 滞留的重要原因。

3. 硝态氮吸收动力学模拟

采用 M-M 方程模拟 $U_{tot\text{-dyn}}$-[$NO_3^--N_{tot\text{-dyn}}$]的对应关系。图 3-20 展示了 2016-10-16 实验中 95%置信水平的 4 个采样点拟合结果。

可以看出，参与模拟的样本点数据几乎都处于 95%置信水平范围内，且采样点 A 的吸收速率显著高于其他 3 个采样点，其余 4 次实验也都表现出类似特点。由于采样点 A 之前示踪剂与水流尚未实现完全掺混，这里仅就已实现完全混合的 AB、BC 和 CD 段进行分析。5 次示踪实验的采样点 B、C 和 D 最大面积吸收速率 U_{max}、半饱和常数 K_m 及其相应的可决系数 R^2 和 P 值见表 3-14。由 R^2 和 P 值可以看出，所有模拟都是较为令人满意的。尽管 AB、CD 段的 U_{max} 值相对大小并不固定，但都明显高于 BC 段，也就是说，在添加 $NO_3^- $-N 状态下依旧表现为 BC 段养分滞留能力最弱。笔者以为，AB、CD 段的 U_{max} 值大小之所以没有表现出规律性，可能与这两个子渠段都有丰富的河床地貌特征有很大关系。另外，在 U_{max}/U_{amb}、$K_m/ NO_3^- $-N$_{amb}$ 方面，5 次示踪实验中 3 个子渠段都没有表现出明显的规律性。由于各子渠段 $K_m/ NO_3^- $-N$_{amb}$ 值随沟渠水文水质条件都出现了较大幅度的波动，意味着排水沟渠 $NO_3^- $-N 滞留潜力的动态变化性和不确定性。

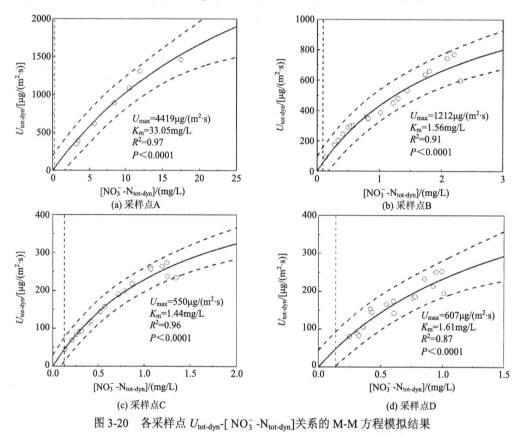

图 3-20　各采样点 $U_{\text{tot-dyn}}$-[$NO_3^- $-N$_{\text{tot-dyn}}$]关系的 M-M 方程模拟结果

表 3-14　5 次示踪实验的 M-M 方程参数模拟结果

编号	采样点	U_{max} /[μg/(m²·s)]	K_m /(mg/L)	R^2	P	U_{max}/ U_{amb}	$K_m/ NO_3^- $-N$_{amb}$
I	B	1212	1.56	0.91	< 0.0001	38.05	12.00
	C	550	1.44	0.96	< 0.0001	32.16	12.00
	D	607	1.61	0.87	< 0.0001	16.02	12.38
II	B	501	1.00	0.58	< 0.0001	10.98	5.88
	C	430	1.21	0.94	< 0.0001	12.64	7.12
	D	957	1.55	0.99	< 0.0001	15.55	9.12

续表

编号	采样点	U_{max} /[μg/(m²·s)]	K_m /(mg/L)	R^2	P	U_{max}/U_{amb}	$K_m/NO_3^--N_{amb}$
III	B	747	5.52	0.63	<0.0001	29.62	55.20
	C	158	0.84	0.60	<0.0001	13.86	8.40
	D	217	0.23	0.87	<0.0001	6.37	2.09
IV	B	1280	2.28	0.64	<0.0001	37.00	13.41
	C	228	0.53	0.69	<0.0001	19.21	3.31
	D	958	2.67	0.85	<0.0001	30.29	16.69
V	B	552	0.82	0.90	<0.0001	12.83	5.13
	C	320	0.16	0.50	<0.0001	11.54	1.00
	D	750	0.55	0.76	<0.0001	10.85	3.06

总体上，针对 $U_{tot-dyn}$-[NO_3^--$N_{tot-dyn}$]关系的 M-M 方程模拟结果，得到可决系数 R^2 变化范围为 0.50～0.99，平均值为 0.78，且均有 $P<0.0001$ 存在。笔者还尝试采用幂函数形式的效率-损失模型(efficiency-loss model) $U_{tot-dyn}=a\times$[NO_3^--$N_{tot-dyn}$]^b 对 5 次实验中各子渠段的 $U_{tot-dyn}$-[NO_3^--$N_{tot-dyn}$]动态关系进行模拟，得到各子渠段 a 的变化范围为 90～493（均值为 264），b 为 0.23～0.81（均值为 0.58），R^2 为 0.52～0.99（均值为 0.79），且均满足 $P<0.0001$。从拟合效果看，效率-损失模型与 M-M 方程大体相当，但由于无法提供 U_{max}、K_m，因此采用 M-M 方程模拟可能更合适。

类似地，可以得到所有 5 次示踪实验各子渠段 $V_{f-tot-dyn}$-[NO_3^--$N_{tot-dyn}$]关系的 M-M 方程拟合结果，且拟合效果均较好。限于篇幅，此处不再赘述。

4. 影响因素识别

不妨以水面宽度残差 Φ_w(m)、水深残差 Φ_d(m)和横断面积残差 Φ_A(m²)等刻画排水沟渠槽道的地貌特征(Baker et al., 2012; Price et al., 2015)，且残差值越大，地貌特征越复杂。其中，Φ_d 间接反映了河床地貌的凹凸平整程度。

$$\Phi_w = \left(\sum_{i=1}^{m} \left| W_{avg} - W_i \right| \right) / m \tag{3.50}$$

$$\Phi_d = \left(\sum_{i=1}^{m} \left| d_{avg} - d_i \right| \right) / m \tag{3.51}$$

$$\Phi_A = \left(\sum_{i=1}^{m} \left| A_{avg} - A_i \right| \right) / m \tag{3.52}$$

式中，W、d 和 A 分别表示水面宽度(m)、水深(m)和过水断面面积(m²)；W_{avg}、d_{avg} 和 A_{avg} 分别表示水面宽度平均值(m)、水深平均值(m)和过水横断面面积平均值(m²)；m 表示子渠段内的调查单元数目。

采用 Spearman 相关系数，解析环境背景条件 NO_3^--N 滞留潜力(S_{w-amb}、U_{amb} 和 V_{f-amb})、M-M 方程参数(U_{max} 和 K_m)、水文特征参数(Q 和 u)、沟渠槽道地貌特征指标(Φ_w、Φ_d

和 Φ_A）及环境背景浓度（$NO_3^- \text{-}N_{amb}$）的相关性，见表 3-15。

表 3-15　指标相关性分析结果（$n=15$）

	$NO_3^-\text{-}N_{amb}$	$S_{w\text{-}amb}$	U_{amb}	$V_{f\text{-}amb}$	U_{max}	K_m	Q	u	Φ_w	Φ_d	Φ_A
$NO_3^-\text{-}N_{amb}$	1.0	−0.534*	0.667**	0.312	0.346	−0.107	−0.108	0.098	−0.206	−0.328	−0.104
$S_{w\text{-}amb}$		1.0	−0.650**	−0.564*	−0.793**	−0.382	0.002	0.470	−0.543*	−0.168	−0.514*
U_{amb}			1.0	0.881**	0.421	0.000	0.256	0.154	0.193	0.236	0.457
$V_{f\text{-}amb}$				1.0	0.372	0.054	0.359	0.119	0.304	0.426	0.600*
U_{max}					1.0	0.718**	0.014	−0.318	0.539*	0.054	0.357
K_m						1.0	−0.292	−0.388	0.611*	0.193	0.307
Q							1.0	0.554*	0.025	0.281	0.301
u								1.0	−0.631*	−0.182	−0.327
Φ_w									1.0	0.696**	0.836**
Φ_d										1.0	0.918**
Φ_A											1.0

*为 $P<0.05$，**为 $P<0.01$。

不难看出，$NO_3^-\text{-}N_{amb}$ 仅与 $S_{w\text{-}amb}$、U_{amb} 呈现显著或极显著的相关关系，而与其他螺旋指标不存在显著相关性，这与 Covino 等（2012）的情形类似。$S_{w\text{-}amb}$ 与 $NO_3^-\text{-}N_{amb}$ 呈现显著的负相关性，意味着较高的 $NO_3^-\text{-}N_{amb}$ 反而对应于较小的 $S_{w\text{-}amb}$，这似乎与一般的经验认识存在出入。事实上，Covino 等（2012）在以 TASCC 技术对美国蒙大拿州 6 条溪流进行的硝态氮吸收动力学模拟研究中，也得出 $S_{w\text{-}amb}$ 随 $NO_3^-\text{-}N_{amb}$ 增大而下降的结论。养分吸收速率在数值上等于吸收速度与其背景浓度的乘积，故此 U_{amb} 与 $NO_3^-\text{-}N_{amb}$ 存在显著正相关性并不意外，但也存在特殊情形，如 Gibson 等（2015）在纽约州 16 条山地小溪流的研究中发现，$NO_3^-\text{-}N$ 吸收速率与其背景浓度并没有显著的相关性，而 $NH_4^+\text{-}N$、SRP 则与其相应的背景浓度存在极显著的线性相关关系。这里，$S_{w\text{-}amb}$ 与 U_{amb}、$V_{f\text{-}amb}$、U_{max} 均呈现显著或极显著的负相关性，符合一般规律性，因为 $S_{w\text{-}amb}$ 值越小，说明沟渠对养分的滞留能力越大，即 U_{amb}、$V_{f\text{-}amb}$ 越大。

从水文因素看，流量 Q 和流速 u 与体现 $NO_3^-\text{-}N$ 滞留能力的相关指标并没有表现出显著的相关性，表明排水沟渠 $NO_3^-\text{-}N$ 滞留对水文因素不敏感。一些研究表明，相对于 $NH_4^+\text{-}N$ 和 SRP，$NO_3^-\text{-}N$ 的滞留潜力与水文因素关系的不确定性更大（Jacobson and Jacobson，2013）。排水沟渠槽道地貌特征残差值越大，意味着渠段地貌格局差异性越大。这里，$S_{w\text{-}amb}$ 与 Φ_w、Φ_A 均存在显著的负相关性，表明排水沟渠水面宽度、过水断面不规则性有利于 $NO_3^-\text{-}N$ 的滞留。Φ_w 与 U_{max} 呈现显著的正相关性，也说明水面宽度的变化性有利于 $NO_3^-\text{-}N$ 滞留。Φ_w 与 K_m 呈显著的正相关关系，同样意味着复杂的沟渠水面宽度变化特征提升了溪流承受 $NO_3^-\text{-}N$ 滞留的能力或潜势。$V_{f\text{-}amb}$ 与 Φ_A 显著的正相关关系，表明过水断面的不规则性提升了 $NO_3^-\text{-}N$ 微粒吸收速度，即对于 $NO_3^-\text{-}N$ 滞留具有正面效应。但作为间接反映河床凹凸不均程度的水深变化残差 Φ_d，与 $NO_3^-\text{-}N$ 螺旋指标和 K_m 均没有较为显著的相关关系。

3.6　农田排水沟底质磷的生物、非生物吸收机制

在农田排水沟磷循环和滞留机制中，底质颗粒物的物理化学吸附和固着生物种群的生物吸收是不容忽视的因素(Khoshmanesh et al., 1999)。尽管目前针对水底固着生物磷吸收的研究已有很多，但与物理化学吸附相比，显得很不充分，尤其是对于磷循环中生物和非生物吸收的相对贡献水平，仍缺少权威、统一的评估技术和方法，评价结果的可比性还有待加强(Stutter et al., 2010)。随着农业非点源污染问题的日益突显，农田排水沟具有的氮磷截留、净化的环境生态功能引起人们的关注，这就使得对农田排水沟磷滞留机制的研究更显迫切。

城市边缘地处城乡过渡地带，不同程度地兼有城市和乡村特征，是人为活动和土地利用变化十分活跃的地区。土地利用类型和格局的巨大变化，深刻影响着城市边缘地带农田排水沟渠的几何形态、生境条件、污染来源和水质状况等，从而影响排水沟生源物质滞留潜力和变化特征。在城乡交互作用日趋活跃和城市规模不断扩大的大背景下，位于城乡交错带或城市边缘地区的农田排水沟的规模、数量相应增大，使这类沟渠水体成为不容忽视的重要对象。本节将以合肥城市外缘一处农田排水沟渠为例，通过沉积物的实验室培育，估算沟渠底质磷的生物和非生物吸收潜力，进而解析沉积物磷的生物非生物、吸收作用机制(李如忠等，2017)。

3.6.1　材料与方法

1. 研究区概况

本研究选择的农田排水沟为南淝河最大支流——二十埠河的源头溪流之一，位于合肥市磨店职教城附近。该流域属于低矮丘陵岗地，东西宽约 2km，南北长约 4.0km，溪流总体表现为农业排水沟渠特征，经年过流沟渠长约 2.5km。由于受到城市建设征地的影响，流域内的农田、人工林地有很大一部分处于抛荒状态，中下游用地类型开始向城市建设用地转化，在左侧边缘的岗坡上甚至已建成多所高校校区。调查发现，可能因为其中某高校校内污水管与雨水管错接，一部分生活污水通过横跨排水沟的道路桥涵内雨水排口进入沟渠，致使排水沟水质明显变差。另外，在排水沟左侧与沟渠走向大致平行的方向，一条设计宽约 30m 的柏油路正处于两侧管道基坑开挖和路基压实阶段。由于受多场暴雨的冲刷，大量基坑新翻土被冲入排水沟中，并在排水沟中淤积下来。表 3-16 为2016 年夏季(6～8 月)和秋季(9～11 月)该沟渠逐月水质调查结果。

表 3-16　溪流水质统计结果

采样点	TP /(mg/L)	SRP /(mg/L)	TN /(mg/L)	NH_4^+ /(mg/L)	NO_3^- /(mg/L)	COD_{cr} /(mg/L)	EC /(μS/cm)	ORP /mV	pH
1	0.095	0.041	3.74	1.86	0.508	35.21	402	133	7.76
2	0.089	0.046	4.09	1.83	0.511	34.84	358	129	7.60

采样点	TP /(mg/L)	SRP /(mg/L)	TN /(mg/L)	NH_4^+ /(mg/L)	NO_3^- /(mg/L)	COD_{cr} /(mg/L)	EC /(μS/cm)	ORP /mV	pH
3	1.246	0.938	21.92	16.55	0.935	96.32	540	66	7.40
4	1.087	0.842	19.09	14.78	0.800	79.99	505	84	7.46
5	0.834	0.549	14.11	10.27	0.693	67.80	511	99	7.56
6	0.604	0.431	13.30	9.49	0.657	51.41	496	107	7.51

注：TP、SRP 平均值±标准差分别为(0.659±0.512) mg/L、(0.475±0.415) mg/L；TN、NH_4^+、NO_3^- 分别为(12.708±8.019) mg/L、(9.13±6.33) mg/L、(0.684±0.204) mg/L；COD_{cr}、EC、ORP、pH 分别为(60.928±21.014) mg/L、(469±92) μS/cm、(103±24) mV、7.55±0.24。

2. 采样点布设

在排水沟渠中下游渠段，沿水流行进方向设置 6 个采样点位，依次标记为采样点 1，2，…，6 号。采样点 1、2 两侧主要为抛荒的旱地农田和人工林地，其中 1 号点处于芦苇生长茂盛渠段下方的坑潭中，水流流速约 0.1m/s；2 号点处于匍匐植物生长较为茂盛且断面稍宽的沟渠弧形转弯处；3 号采样点位于桥涵排污口下方 30m 处，该处为道路桥涵修建中在沟渠上开挖形成的面积约 70m² 水塘型渠段。由于过水断面面积较大，2、3 号采样点水体流动性较差。4～6 号点位于一般沟渠段，平均流速为 0.08m/s。

2016 年 6～11 月，按每月 1 次的采样频率，在每个采样点 1m² 范围内采集底质表层 5～10cm 的样品。将每个采样点新鲜底质均分为两份，分别用于磷吸收测定和底质磷形态及理化性质分析。由于 7 月发生了多场大暴雨，导致在建道路基坑堆土随径流冲刷进入排水沟渠，并大量沉积在河床上，导致 4～6 号采样点的沉积物理化性质出现显著变化。

3. 分析测试方法

将风干后的底质研磨并过 100 目筛，用于测定磷形态及理化指标。其中，可交换态磷(Ex-P)、铁铝磷(Fe/Al-P)和钙磷(Ca-P)含量，采用 SMT 法测定；将 0.2g 土样置于离心管中，加入 20mL 1mol/L HCl 溶液并恒温振荡(25℃，220r/min)16h 后离心，取适量上清液测无机磷(IP)含量；底质 pH 采用 pH 计测定(水土比为 5∶1)；有机质含量采用烧失量(LOI)估算；将 0.2g 土样置于坩埚中，在马弗炉于 450℃下煅烧 3h，待土样冷却至室温后转移到离心管中，然后加入 20mL 3.5mol/L HCl 溶液并恒温振荡(25℃，220r/min)16h 后离心，取适量上清液测总磷(TP)含量；总氮(TN)采用紫外分光光度法测定。

4. 培养前后沉积物磷含量的测定

培养前后底质磷含量的确定方法参照 Lottig 和 Stanley(2007)。依据是否滴加饱和 $HgCl_2$ 溶液，将新鲜底质样品划分为灭菌、未灭菌两组，并将灭菌处理泥样称作对照样。

1) 培养前样本磷含量的测定

针对每个采样点取 4g 新鲜底质，并置于离心管中，加入 40mL 磷提取液(0.1mol/L

NaOH、0.1mol/L NaCl)，对照组另加入 2mL 饱和 $HgCl_2$ 溶液。将离心管加塞置于 25℃、200 r/min 振荡器中振荡 16h。然后，将其置于 3000r/min 离心机中离心 5min；取上清液 2mL 置于 50mL 比色管，将其定容到标线刻度，并滴加 1mL 抗坏血酸和 2mL 钼酸盐溶液，振荡摇匀 15min，利用分光光度计测定磷酸盐浓度，再根据溶液体积换算得到新鲜底质(即培养前底质)相应的磷含量 $SRP_{initial}$。

2) 培养后样本磷含量的测定

在离心管中各注入 4g 新鲜底质样品，并滴加 20mL 培养液(1mg/L PO_4^{3-}-P、50mg/L $CaCl_2$ 溶液和 30mg/L $MgCl_2$ 溶液；其中 PO_4^{3-}-P 溶液采用 KH_2PO_4 配制，且以磷的质量分数按 1:4.28 取 KH_2PO_4)，对照组中另加入 2mL 饱和 $HgCl_2$ 溶液。将离心管加塞盖紧后置于 35℃的恒温培养箱中静置培养 24h。培养结束后，向各离心管中分别加入 20mL 磷提取液并盖塞振荡、离心，测定上清液的磷酸盐浓度，并根据溶液体积换算底质样品中可提取的磷含量 SRP_{final}(扣除培养液加入的磷量)。再将底质样品过滤，并将滤纸与底质一起置于烘箱中烘至恒重，确定底质烘干后的质量 dw(事先将滤纸置于烘箱中烘至恒重并记录质量)。

5. 底质磷的吸收潜力

沟渠底质磷的非生物吸收及总吸收潜力计算式如下(Lottig and Stanley, 2007)：

$$SPU_{live} = \frac{SRP_{initial}^{live} - SRP_{final}^{live}}{dw \times t} \tag{3.53}$$

$$SPU_{kill} = \frac{SRP_{initial}^{kill} - SRP_{final}^{kill}}{dw \times t} \tag{3.54}$$

式中，SPU_{live}、SPU_{kill} 分别代表总吸收潜力和非生物吸收潜力，$\mu g/(g \cdot h)$；$SRP_{initial}^{live}$、$SRP_{initial}^{kill}$ 分别表示培养前未滴加和滴入 $HgCl_2$ 提取的磷含量，μg；SRP_{final}^{live}、SRP_{final}^{kill} 分别表示培养后未滴加和滴入 $HgCl_2$ 提取的磷含量，μg；dw 表示底质的烘干质量，g；t 表示培养时间，h。

若将生物吸收潜力表示为 SPU_{biotic}，则由 SPU_{live}、SPU_{kill} 可以得到

$$SPU_{biotic} = SPU_{live} - SPU_{kill} \tag{3.55}$$

3.6.2 生物、非生物吸收潜力

1. 底质磷形态及理化性质

各采样点表层底质磷形态及基本理化性质见表 3-17。1、2 号采样点仅受农业排水影响，沉积物污染并不严重。3 号采样点氮、磷和有机质含量明显最高，而 4~6 号采样点 TN、TP 和有机质含量甚至低于采样点 1、2，尤其是秋季 TN、TP 呈现断崖式下降，表明道路施工水土流失给排水沟渠底质组成和理化性质带来了显著影响。

由于受到左侧岗地高校部分生活污水的影响，6 月时 4~6 号采样点 TP 含量分别达 483.80mg/kg、317.03mg/kg 和 401.27mg/kg，也明显高于 1、2 号采样点，这与 1、2 号采样点底质主要来自农业、林地水土流失有很大关系。另外，3 号采样点夏季 TP 明显低于

秋季，可能与高校暑期放假，生活污水补给显著减少有关。

表 3-17 底质磷形态及其基本理化特性

采样点	季节	Ex-P /(mg/kg)	Fe/Al-P /(mg/kg)	Ca-P /(mg/kg)	IP /(mg/kg)	TP /(mg/kg)	TN /(mg/kg)	LOI /%	pH
1	夏	1.31	86.24	38.79	247.11	327.49	1203.52	7.02	6.02
	秋	7.65	93.34	44.29	162.30	278.31	1216.22	4.23	6.96
2	夏	2.34	72.94	36.49	235.65	302.22	1236.86	5.19	6.89
	秋	10.47	105.72	56.21	209.29	289.23	1227.45	5.01	7.02
3	夏	7.50	238.45	91.97	605.29	741.86	2017.33	10.07	6.78
	秋	30.96	237.99	168.76	531.94	886.31	1935.04	7.22	7.04
4	夏	2.13	72.71	33.97	229.92	226.54	1549.21	5.13	7.15
	秋	5.38	49.10	35.35	118.74	197.86	792.38	2.80	7.65
5	夏	4.13	50.71	26.64	186.94	241.94	1455.59	4.22	7.06
	秋	4.00	36.72	56.44	119.32	180.04	771.02	2.98	7.80
6	夏	3.99	54.37	32.83	240.24	316.51	1364.96	5.45	7.13
	秋	3.80	37.87	47.04	100.41	181.19	748.79	2.90	7.95

2. 生物、非生物吸收潜力估算

6 个采样点的 SPU_{live} 和 SPU_{kill} 逐月变化情况见图 3-21。显然，3 号采样点各月的总吸收潜力 SPU_{live} 明显最高，4 号采样点仅 7 月的 SPU_{live} 相对高一些，其他月份表现并不突出。而且，4～6 号采样点绝大多数月份的 SPU_{live} 值大小接近，且 9～11 月的 SPU_{live} 都稍低于 1、2 号采样点。就非生物吸收而言，仍以 3 号采样点 SPU_{kill} 表现最为突出，该点位各月的 SPU_{kill} 值都较其他 5 个采样点同时段的非生物吸收潜力更大。4～6 号采样点除在 7 月有一些差异外，其他各月的值彼此都十分接近，而且三者的 8～11 月 SPU_{kill} 基本都低于 1 号点，与 2 号点相比大体相当。总体上，除 2 号采样点时间规律性稍差以外，其他各采样点都表现为 8～11 月吸收潜力逐月缓慢下降的变化态势。大体上，夏季磷的总吸收潜力和非生物吸收潜力较秋季更高一些。

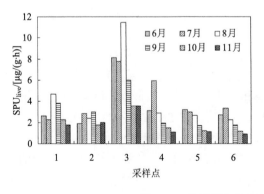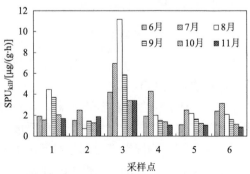

图 3-21 各采样点位底质磷的吸收潜力变化情况

在排污口下方的 4 个采样点位中，仅 3 号点沉积物未受道路施工泥土冲刷覆盖的影响。从 7 月开始，4～6 号采样点底质 TP 含量基本都处于 150～200mg/kg，与该区域土壤磷素背景值(裴婷婷等，2016)十分接近。根据碳含量测试结果，1～3 号采样点底质总碳(TC)含量分别为 1.97g/kg、2.65g/kg 和 10.33g/kg，4～6 号采样点几乎低于检测限，这与这些采样点底质来自道路施工现场的土壤流失有关。这些土壤主要来自排水管铺设沟槽开挖(2.5～4.0m 深度)的临时弃土，土壤中几乎没有生物质残体，因此碳含量相当低。显然，这应该也是这些点位底质 TP 含量接近该地区土壤磷素背景值的原因所在。就上述表现来看，似乎表现出沟渠底质污染越严重，SPU_{live}、SPU_{kill} 值也就越大的特点，也就是说，水体污染增强了底质磷的吸收潜力。

夏秋季各采样点底质磷的生物吸收潜力情况见表 3-18。显然，各采样点都表现为夏季 SPU_{biotic} 高于秋季，SPU_{kill} 和 SPU_{live} 也有类似特点。而且，5、6 号采样点明显更低，这可能与基坑深层土壤中"碳"源不足有很大关系。3 号采样点底质有机质和 TC 含量都相对较高，但由于污染过重，沉积物处于厌氧或缺氧状态，不仅抑制了磷的生物吸收，也促使底质中磷的释放(Khoshmanesh et al.，1999)，导致 3 号采样点 SPU_{biotic} 显著逊色于 SPU_{kill}。正是由于长期处于厌氧或缺氧状态，3 号采样点底质中部分 Fe^{3+} 离子被还原成 Fe^{2+} 离子，使得一部分的铁结合态磷从沉积物中释放出来进入间隙水，从而释放出了更多的磷吸附位点，这或许是 3 号采样点 SPU_{live} 和 SPU_{kill} 相对偏高的主要原因。3 号采样点沉积物较为疏松、有机质含量高，风干后物理性状明显表现出粒度较小的特点。由于较小粒径具有较大的比表面积，使得颗粒物可以为磷素提供更多的吸附位点，这可能也是 3 号采样点 SPU_{live}、SPU_{kill} 相对较强的原因之一。Lottig 和 Stanley(2007)采用与本研究相同的技术方法，针对不同粒度颗粒构成情况下源头溪流的研究，得到沙质河床沉积物 SPU_{live}、SPU_{kill} 值相对最高，平均值分别达 23.0μg/(g·h)、24.0μg/(g·h)；块石河床分别为 14.5μg/(g·h)、9.8μg/(g·h)；岩石河床则分别为 12.5μg/(g·h)、5.0μg/(g·h)。这些值都高于本研究的 6 个采样点，但悬殊并不显著。

表 3-18　夏秋季各采样点底质磷的生物吸收潜力　　　　[单位：μg/(g·h)]

项目	季节	1 号	2 号	3 号	4 号	5 号	6 号
SPU_{live}	夏	3.18	2.37	9.10	3.98	2.95	2.77
	秋	2.61	2.24	4.38	1.51	1.36	1.27
SPU_{kill}	夏	2.64	1.57	7.44	2.72	1.91	2.52
	秋	2.48	1.52	4.21	1.31	1.29	1.19
SPU_{biotic}	夏	0.54	0.80	1.66	1.26	1.04	0.24
	秋	0.13	0.72	0.17	0.21	0.07	0.09

3.6.3　生物、非生物吸收贡献率

不妨将底质磷的生物吸收贡献率表示为(SPU_{biotic}/SPU_{live})×100%，而将非生物吸收贡献率表示为(SPU_{kill}/SPU_{live})×100%，得到 6 个采样点位生物与非生物吸收贡献率逐月变

化情况，见图 3-22。不难看出，受生活污水影响的 3~5 号采样点位，6 月磷的生物吸收贡献率都高于其他月份，尤其是 3、5 号采样点，这似乎也从侧面说明人为扰动带来的水土流失对溪流底质磷的生物吸收贡献影响很大。总的来看，绝大多数采样点 8~11 月的生物吸收贡献率波动不是很大，而且生物吸收贡献率也不高，尤其是 1、3、5 和 6 号采样点。而 2、4 号采样点各月生物吸收贡献率都相对高一些，特别是 2 号采样点不仅在 8 月生物吸收贡献占比最高，9 月生物吸收贡献率也相当高。与生物吸收贡献率显著的变化性相比，非生物吸收贡献率变化则较为简单，半数点位仅在 6 月或 8 月较低一些，其他月份非生物吸收贡献占比大体相当。

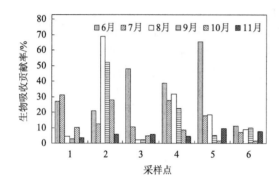 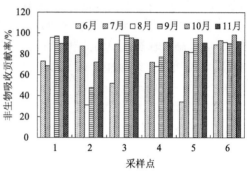

图 3-22　各采样点磷的生物与非生物吸收贡献率逐月变化

表 3-19 为夏秋季各采样点的生物与非生物吸收贡献水平平均值。不难看出，采样点 1、3、4、5 的秋季生物吸收贡献率明显低于夏季，相应的非生物吸收贡献率则恰好相反。而 2、6 号采样点在夏、秋季节差异不大。总体上，无论是夏季还是秋季，6 个采样点位底质磷的生物吸收贡献率都低于非生物吸收贡献率，且彼此之间生物吸收与非生物吸收贡献率的相对差异性较为显著。

表 3-19　夏秋季磷的生物与非生物吸收贡献率　　　　　　（单位：%）

季节	贡献率	1 号	2 号	3 号	4 号	5 号	6 号
夏季	生物吸收贡献率	16.89	33.66	18.21	31.60	35.21	8.80
	非生物吸收贡献率	83.11	66.34	81.79	68.40	64.79	91.20
秋季	生物吸收贡献率	5.10	32.08	3.98	13.68	5.38	6.80
	非生物吸收贡献率	94.90	67.92	96.02	86.32	94.62	93.12

3.6.4　讨论

应当说，从 7 月开始 4~6 号采样点采集的底质已不属于沉积物范畴，而是农田深层土壤经降雨径流冲刷淤积形成的堆积物。从感官和实测数据看，7 月以后 4~6 号采样点位底质都与相应的 6 月样品有显著的差异性，这与 1~3 号采样点明显不同。这些采样点夏、秋季沉积物磷的生物、非生物吸收贡献率没有表现出明显的规律性，可能与强烈的人为干扰而导致的采样点底质变化有直接关系。由于深部土壤与通常的水体沉积物在理化性质和生物特征等方面存在很大的差异,因此 4～6 号采样点底质应该不能代表排水沟渠的自然沉积物。当然,相应的生物、非生物吸收潜力也就不能简单地作为沉积物具有的磷吸收能力。事实上,作为土地利用类型变化剧烈、人为扰动影响显著的城乡交错带,雨水径流冲刷、携带土壤颗粒进入沟渠、河道的情形颇为常见,因此本研究结果具有代表性,可以体现城郊排水沟渠不同空间河段底质磷吸收潜力的变化性和不确定性。

目前,针对溪流沟渠磷素滞留和循环过程中生物、非生物贡献的研究已有一些报道,如 Stutter 等(2010)得到以藻类和细菌为主体的生物因素可以解释 37.5%的磷的净吸收,而沉积物吸附(即非生物吸收)作用达到了 62.5%;Aldridge 等(2010)针对城乡接合部溪流中岩石附生生物群落对于磷滞留的研究,发现非生物因素可以解释 70%以上的磷吸收,生物贡献不足 30%,与本研究结果具有很大的相似性。但由于相关研究不够充分,还缺乏权威的结果和结论,甚至对研究结果的表征也不一致。如 Khoshmanesh 等(1999)以湿地沉积物为对象,采用 KH_2PO_4 为培养液(1mg/L PO_4^{3-}-P),得到沉积物磷的总吸收率为 68%,生物吸收率仅为 9%;在同时添加葡萄糖为外源碳时,得到磷的总吸收率高达 99%,生物吸收率达 40%;而以醋酸酯作为外源碳时,磷的总吸收率也高达 99%,生物吸收率达到了 45%。Stutter 等(2010)在对受排污影响的河流磷循环研究中,推算得到水底藻类、细菌和沉积物作用相应的磷的净吸收能力分别达 $(0.2\pm0.1)\,mmol/(m^2 \cdot d)$、$(0.4\pm0.3)\,mmol/(m^2 \cdot d)$ 和 $(1.0\pm0.9)\,mmol/(m^2 \cdot d)$。不难看出,尽管这些研究也都将沉积物的磷吸收效应归结为生物和非生物作用,但计算结果的量纲不同,很难直接进行比较。

通常认为,有机质分解过程中形成的腐殖质可以形成胶膜覆被在黏粒矿物、氧化铁、铝及碳酸钙等无机物表面,从而减轻无机物对磷的固定,甚至对沉积物中磷的释放有明显的促进作用。但也有研究认为,腐殖质可以和铁、铝等形成有机无机复合体,为无机磷提供吸附位点,从而增强对磷的吸附(Yuan and Lavkulich, 1993)。就 3 号采样点而言,由于外源输入的生活污水具有较高的养分浓度和有机质含量,导致吸附点位早已处于饱和状态,从而影响对磷的进一步吸收。但也应看到,无论是依据实验室封闭装置(瓶、罐、槽等),还是利用室外开放渠道和原位技术,传统的磷循环研究方法几乎都未能清晰地展示磷滞留中生物与非生物吸收的相对贡献占比(Stutter et al., 2010)。水底沉积物是上覆水体中磷的一个重要的“汇”,对于削减上覆水体中的磷含量发挥着极为重要的作用。因此,针对流动水体沉积物磷的生物、非生物吸收潜力及其相对贡献水平的定量刻画意义显著,这是小河流磷循环与滞留机制研究无法回避的。

3.7 农田生态排水沟

3.7.1 农田生态排水沟主要特征

1. 功能多样

农田生态排水沟是在满足农田正常排水需求的基础上,通过生物、工程等措施进行改造后的一种新型排水沟。与传统排水沟相比,农田生态排水沟更加注重生态环境效应,不仅具备排涝降渍功能,而且能够有效截留、削减农田排水中的氮、磷等生源物质,减少进入下游水体的污染负荷，兼具农田径流污染物截留、净化和生物栖息、生态廊道等生态功能。

长期以来，农田排水沟在农田除涝排水、调节农田水平衡等方面发挥了重要水利功能，但其环境效应和生态功能未得到足够重视。近年来，农田中普遍存在过量施用化肥、农药等现象，导致农业面源污染加剧、水体富营养化和农田生态系统物种多样性减少等生态环境问题日益凸显，利用农田排水沟渠对物质的阻隔和过滤功能减轻和防治农业面源污染逐步引起人们的重视。因此，农田生态排水沟不仅可以及时排涝降渍，为农业高产稳产起到"保驾护航"的作用，其具有的物质传输通道、过滤或阻隔、生物栖息地等方面的生态功能还对维持农业生态系统平衡和流域生态系统健康有重要作用。

2. 生态友好

生态友好是生态排水沟的重要特征之一。生态排水沟能够为生物提供更加适宜的生存空间，这些生物相互作用，彼此依存而又相互制约，可最大限度地发挥出生态系统的自我净化和调节能力，使排水沟不再仅仅作为排水工程独立存在，而是更好地融入周边生态环境系统。

生态排水沟在汇集田间径流的同时，也承纳了农田排出的大量氮、磷等营养物质，使得芦苇、菖蒲等大型水生植物和各类草本植物生长茂盛，从而为鱼、虾、昆虫等提供了生境条件，也为青蛙、蟾蜍、鸟类等提供了觅食和庇护的场所。因此，农田中纵横交错的排水沟系在除涝排水、保障农业生产的同时，也成为农田的"生物廊道""人工湿地"，从而营造了生态友好的农田景观。

3. 保护环境

生态排水沟较好地发挥了现代农业发展对环境的保护作用，减轻了农业生产对周边环境的不利影响，从而促进生态环境保护与农业生产的协同发展。

为便于植物生存和形成生物群落，生态排水沟通常采用缓坡形式，护坡、沟底往往带有孔洞或缝隙，这种结构一方面能够沉淀、截留地表径流中的污染物，另一方面也为生物群落分解、吸收污染物提供了便利条件，从而减轻了下游地区水体污染压力。生态排水沟可以削减和控制农业区面源污染负荷输出，因此对降低下游水环境污染风险具有积极意义。

3.7.2　农田排水沟的生态环境效应

农田排水沟不仅是农田地表水体流入下游江河、湖泊的通道，也是农田生态环境的重要组成部分，其对农田生态环境的影响主要表现在加快地表水排泄、降低农田地下水位、增加生物多样性、汇集并降解农田污染物等方面。

1. 加快排水速度

排水沟作为农田水利基础设施的最主要功能就是及时将田间过多的水分排出，起到排涝降渍的作用。天然降雨首先会被作物叶面截留、土壤吸收，然后经土壤下渗补充地下水。当降雨量过大、超过土壤吸收和地下水储存能力，或降雨强度较大、超过土壤下渗速度时，就会产生地表径流，并经坡面和田间毛沟、垄沟等汇入田间排水沟。由不同深度、不同规格、不同间距排水沟渠组成的农田排水网络可以将农田积水汇集、输送至下游河道或蓄水体。

农田排水沟大多为人工开挖或天然形成的明沟，通常位于农田相对低洼之处，以加快地表径流的汇集和排泄速度，迅速排除多余雨水。同时，农田排水沟也能够作为蓄水载体，蓄纳部分降雨径流，在雨季田间水分较多时，可以汇集、存贮农田过多的水分，减少作物淹水时间及向下游河道排泄的径流量。不仅如此，排水沟中存留的水分也在一定程度上补充了地下水和农田水分亏缺，成为农田灌溉用水水源。

农田排水的目的是保障作物良好的生长环境条件，减少因涝渍灾害造成的损失。作物通常具有一定的耐淹性，农田短历时积水对作物生长影响很小，农田地表水的排泄需要在作物耐淹时段内完成，因此，农田排水沟的排泄速度需要满足一定的标准要求。排水沟排水标准是指在某一设计频率下一定时段降雨产生地面积水后，为使作物不受灾而及时排除地面积水的能力，通常采用降雨重现期表示，一般农田排水工程排涝标准为5～10年一遇、1～3d降雨、1～3d排除。

2. 降低地下水位

田间地下水位过高易引发作物渍害，地下水中含盐量较高时还会引起土壤盐碱化。在农田布置一定间距、深度的排水沟系，对于降低地下水位、控制地下水埋深效果明显。

安徽省(水利部淮河水利委员会)水利科学研究院在位于淮北平原的涡阳县明沟试验区实际观测和试验的资料表明，田间末级固定排水沟的沟深和间距共同影响着田间地下水位。表 3-20 中数据为 1983～1989 年涡阳双庙明沟排水试区不同沟深、间距的排水沟汛期排水洪峰后三日地下水埋深。根据观测数据，在降雨、土壤、作物等条件一致的情况下，排水沟沟深大、间距小，则地下水埋深较大；沟深相同的情况下，间距小则地下水下降快；间距相同情况下，沟深大则地下水埋深大。

表 3-20　1983～1989 年涡阳县明沟排水试区汛期峰后三日地下水埋深　　　　(单位：m)

	沟深/m	1.0			1.6		
	沟距/m	100	150	200	100	150	200
观测日期	1983-7-28	0.97	0.94	0.75	1.15	1.03	0.81
	1983-10-21	0.92	0.86	0.26	1.03	0.69	0.39
	1984-7-29	0.95	0.90	0.44	1.18	1.04	0.73
	1984-10-5	0.88	0.80	0.39	1.06	0.92	0.68
	1985-8-26	1.07	1.03	0.8	1.14	1.11	0.91
	1985-9-19	0.83	0.77	0.54	1.00	0.92	0.53
	1989-7-17	0.86	0.80	0.46	0.99	0.91	0.65
	1989-8-11	0.79	0.73	0.38	0.91	0.79	0.45

此外，在沟深、沟距确定的情况下，田间排水沟对地下水的排降效果还与排水地段含水层的平均渗透系数、作用水头（田间水位与沟水位差值）、给水度等因素有关。

相对于田间排水沟，骨干沟道对地下水位的影响范围更广、影响程度更大。根据安徽省（水利部淮河水利委员会）水利科学研究院在利辛县排水试区多年的实地观测资料，排水干沟的水位与其控制范围内的农田的地下水位之间存在密切相关性。同等规模干沟，建闸控制蓄水的干沟多年平均沟水位及其控制范围内农田地下水位均明显高于无控制方案干沟。同一时段内，田间地下水位距离干沟越远其值越大、越靠近干沟其值越小。根据有、无控制方案大沟两侧农田地下水位差观测资料，干沟水位对农田地下水位的影响范围最远可达 1000m，一般水文年，有、无控制方案大沟两侧影响范围内地下水位平均差值在 0.3～0.5m。

排水沟对农田地下水位的控制并非越低越好，农田适宜地下水位首先应考虑作物耐渍特性，其次应综合考量降雨特征、土壤特性、经济效益等多种因素。在淮北平原区，为提高当地降雨利用率、达到旱涝兼治的目的，可以利用骨干排水沟适当拦蓄地表径流，在不引发渍害的前提下适当抬高田间地下水位。一般而言，雨后农田地下水位下降要满足降渍要求，力求总时间短，以恢复主根系生长和功能发挥所需的水、土、气、热环境状态；达到降渍要求后，农田地下水埋深则应尽可能稳定在能够被作物根系利用的适宜范围内，以利于作物对地下水资源的利用。

3. 增加生物多样性

农田排水沟遍布于田间地头，沟内生态系统受农田耕种、施肥、喷药等农业生产活动干扰和影响；同时，排水沟可能在一定时段内保有水层，植被种类和生长状态受人为干扰相对较小，处于"半自然"状态，沟内土壤、生物群落等与农田往往存在较明显的区别。

排水沟中的植物多样性高于农田，主要植物类型为杂草、湿生植物等。由于排水沟经常汇集农田排水，而化肥、农药的使用造成沟内土壤养分和农药含量相对较高，沟内植物的生长也比在一般田间更为茂盛。同时，耕地类型、沟内水文状况等因素也会影响排水沟内植被的丰富度。一般而言，水田排水沟植物多样性高于旱作区，长期有水的排水沟植物多样性高于季节性存水排水沟。

2021 年 9 月对利辛县排水试区排水沟内陆生植物、水生植物的种类、分布、覆盖度进行了调查。根据排水试区排水沟生境及具体情况，选取 4 条中沟布设 5 个断面，监测范围为每断面长度 40m，两侧各延伸至沟口以外 20m；选取 3 条小沟 3 个断面，监测范围为每断面长度 20m，两侧各延伸至沟口以外 10m。根据调查结果，排水沟陆生植物共有 31 目 50 科 124 种，其中含 5 种以上的植物科有 5 科，分别为苋科（5 种）、蔷薇科（9种）、豆科（6 种）、菊科（19 种）和禾本科（13 种）。陆生植物中仅有 1 个种的科有 27 科，占该区域陆生植物科的比例高达 54%，单种的科比例偏高。水生植物共有 9 目 10 科 10种，其中挺水植物共有 6 种，分别为芦苇、蓼、香蒲、荷花、游草和莲子草，占该区域水生植物比例高达 60%。

浮游植物是水域中生命有机体的最原始生产者，其组成与多样性的变化直接影响到沟河生态系统的结构与功能，也是影响沟河水质状况的重要因素。根据调查结果，试区排水沟内浮游植物共 7 门 53 种，其中硅藻门 14 种，占总数的 26.42%；绿藻门 17 种，占总数的 32.08%；金藻门 1 种，占总数的 1.89%；隐藻门 3 种，占总数的 5.66%；蓝藻门 11 种，占总数的 20.75%；甲藻门 3 种，占总数的 5.66%；裸藻门 4 种，占总数的 7.55%。监测浮游植物密度范围为 112.02～941.90 万个/L，平均密度为 437.94 万个/L。生物量范围为 0.97～6.20mg/L，平均生物量为 3.13mg/L。

根据调查资料，利辛县排水试区不同规模排水沟的植物种类分布存在明显差异。在所调查的排水沟中，干沟规模最大，沟深 4～5m，年内水深在 1.5～4.0m 之间，沟内生物种类相对丰富，水中挺水、浮水和沉水植物均有一定的规模，水生植物中穗状狐尾藻占 60% 以上，其次为水鳖、浮萍等。边坡及两岸植被生长茂密，其中乔木以人工栽植的杨树、柳树、樟树为主，灌木则多为自然生成的牡荆、栾树、石楠等；草本植物覆盖面最广，约占沟坡面积 90% 以上，品种主要为鬼针草、牛膝、狗尾草、乌蔹莓、马兰等野生杂草。支沟沟深 2～3m，沟内汛期水深 1.0～1.8m，非汛期水深不足 1.0m，部分支沟干涸或局部低洼处存水，沟坡和两岸以灌木和草本植物为主；水生植物中浮萍、莲子草覆盖度相对较大，菖蒲、芦苇等挺水植物较干沟密集，但未发现穗状狐尾藻等沉水植物。斗沟沟深 1.0～1.5m，沟内仅在汛期强降雨及雨后短期有水，沟坡有构树、乌桕等零星灌木，葎草、狗尾草、牛筋草、狗牙根、翅果菊等草本植物在沟底和沟坡的覆盖度在 95% 以上。

农田排水沟往往也是鱼、虾、底栖动物、青蛙、蟾蜍、鸟类等生物栖息地和避难场所。干沟水体中鱼、虾丰富；支沟水层较浅，适合浮萍、水花生，以及青蛙等两栖动物生存，沟内浓密的芦苇、水烛等是鸟类生活的栖息地；斗沟内昆虫及无脊椎动物相对较多。不同尺度排水沟生物群落不同，但相互影响，沟渠规模越大，其作为食物和栖息地来源的功能也越强。

4. 削减面源污染

农田排水沟在排水除涝的同时，也成为农田养分转移的主要通道。在降雨过程中，农田土壤中营养物质以颗粒态或溶解态随雨水通过排水沟系统汇集、转移，部分营养物质在流动过程中因排水沟底泥截留吸附、物理沉降、植物吸收和微生物降解等多种作用机制而被滞留、吸收、固定，其余营养物质则随水流进入下级河道或湖泊等水体。目前，农田排水中氮、磷等营养物的过度排放是造成水体富营养化的重要营养来源。

受农业耕种、施肥和降雨影响，排水沟中总氮、总磷及氨氮浓度随时间呈现较强的波动性特征。淮北平原旱田区 6 月末降雨开始明显增多，6、7 月份排水沟中的氮、磷汇集量明显高于 8、9 月份。南方水稻种植区排水中氮、磷含量受水稻农事活动影响较大，6 月和 8 月表现出波峰，7 月浓度相对较小，排水中总氮和总磷迁移速度总体表现为总氮迁移和消除速度高于总磷。基于淮北平原自然降雨条件下 2 个连续汛期观测的降雨-径流试验数据，分析不同试验处理下农田地表产流规律和氮、磷浓度及其构成，探讨地表径流氮、磷浓度和流失量的时间变化过程及其分布差异。结果表明，当地农田地表径流的氮、磷浓度构成分别以可溶性氮和可溶性磷为主，而可溶性氮中又以溶解性有机氮为主，且硝态氮是农田地表径流无机氮流失的主要成分。汛初 7 月不同土地利用方式下农田地表径流量及铵态氮、硝态氮、可溶性氮磷和颗粒态氮磷的浓度及流失量间的差异相对较小，但 8 月期间的差异明显增加，低秆高密度作物种植模式下相应的流失量最低（焦平金等，2010）。

　　排水沟渠中的氮主要以有机氮、铵态氮和硝态氮形式存在，而磷主要以溶解态磷和颗粒结合态磷的形式存在，并在植物、微生物和基质底泥的共同作用下在排水沟渠系统中进行着迁移、转化。农田排水沟中氮的转化主要包括沉积吸附、植物吸收、微生物新陈代谢及硝化、反硝化作用等方式。降雨后包含颗粒态氮在内的泥沙随地表径流迁移至排水沟并沉积下来，通过沉积作用排水沟可以截留大部分颗粒态氮。这里，沉积物对于氮的吸附主要借助化学作用与离子交换作用。排水沟内各种植物及微生物的新陈代谢作用可以直接吸收利用较多的铵态氮、硝态氮等无机氮，而沟底沉积物中硝化与反硝化过程则使沟中的氮转化成含氮气体逸出或者通过渗滤而被底泥吸附。排水沟中磷可以和底泥中钙镁化合物发生化学沉淀反应，也可以与铁锰化合物形成络合态磷。总体上，沟中氮和磷等营养物质可以在植物吸收后通过收割而移出排水沟，也可以通过微生物活动暂时固定在排水沟内。

　　根据对利辛县农田排水试区排水沟底泥的采集与化验资料，田间中小沟底泥 pH 及全磷数值偏高。调查测定 4 条中沟、3 条小沟共 8 个点位的底泥，测定指标为 pH、有机质、全氮、全磷、铵态氮、硝态氮、六六六、甲基对硫磷、杀螟硫磷、甲拌磷、二嗪磷、水胺硫磷、杀扑磷。根据化验结果，pH 范围为 7.65～8.28，平均值为 8.00，底泥 pH 整体偏碱性；全磷含量范围为 420～869mg/kg，平均值为 584mg/kg，底泥全磷含量整体偏高。造成底泥 pH 及全磷含量偏高的原因是排水沟流经区域均是农田，农业施肥过程中大量使用磷肥，加上农业灌溉，跟随地表径流汇入排水沟，常年积累造成 pH 和全磷含量偏高。底泥采集与化验结果见表 3-21。

表 3-21　利辛县农田排水试区田间排水沟底泥采集与化验结果

检测项	高庄支沟上段	高庄支沟下段	刘寨子斗沟 1	刘寨子斗沟 2	刘寨子支沟	杨庄支沟	于庄斗沟 1	于庄斗沟 2	平均值
pH	7.83	8.18	8.02	8.28	7.76	7.65	8.22	8.11	8.00
有机质/(g/kg)	29.1	26.2	31.6	32.2	44.8	64.0	24.8	20.8	34.2
全氮/(g/kg)	1.85	1.88	2.14	2.23	2.82	3.36	1.78	1.52	2.20
全磷/(mg/kg)	528	420	606	567	693	869	545	446	584
铵态氮/(mg/kg)	111	115	109	114	117	118	117	97.3	112.3
硝态氮/(mg/kg)	7.58	7.63	8.84	10.4	8.41	7.80	7.83	6.98	8.18
六六六/(mg/kg)	L	L	L	L	L	L	L	L	L
甲基对硫磷/(mg/kg)	L	L	L	L	L	L	L	L	L
杀螟硫磷/(mg/kg)	L	L	L	L	L	L	L	L	L
甲拌磷/(mg/kg)	L	L	L	L	L	L	L	L	L
二嗪磷/(mg/kg)	L	L	L	L	L	L	L	L	L
水胺硫磷/(mg/kg)	L	L	L	L	L	L	L	L	L
杀扑磷/(mg/kg)	L	L	L	L	L	L	L	L	L

　　注："L"表示检测结果小于最低检出限。

农田排水沟的生态化对农田径流氮磷具有较好拦截效果。研究表明，动态进水条件下生态沟渠氮和磷去除率分别为 35.7% 和 41.0%（王岩等，2009），甚至可达 74.1% 和 68.6%（陈重军等，2015）；静态进水条件下则分别为 58.2% 和 84.8%（王岩等，2009），不同构造生态沟渠对氮磷的去除率均能分别超过 40% 和 50%（王岩等，2010）。

农田排水沟内植被的种类、数量受气候和降雨的影响，呈现季节性变化特征，因此其对氮、磷等营养物质的吸纳和降解能力并不是稳定不变的。同时，底泥吸附、植物吸收及微生物降解和转化作用也都受温度影响，因此温度条件和季节变化是影响氮、磷在排水沟渠中迁移转化的重要因素。此外，植物往往都具有最适生长温度，在一定温度范围内随着温度的升高，植物的光合作用也不断增强，从而在促进植物生长的同时，促使植物对氮、磷的吸收。

农田排水中氮、磷的迁移转化还与排水沟的长度、断面尺寸及沟中水位、流速等水力特征有关。排水沟长度、沟内流速决定了农田排水的滞留时间，而农田排水滞留时间与污染物去除率之间有很大关系。一般来说，排水沟中流速越慢越有利于泥土颗粒沉降，而泥土颗粒沉降也正是磷截留固持的重要过程。此外，宽浅型排水沟的氮、磷转化和去除率往往高于深窄型排水沟，一方面可能因为宽浅型排水沟的水生植物和生物膜的生物量高于深窄型排水沟，增大了水体与水生植物、沟底附着生物膜的接触程度；另一方面由于宽浅型排水沟纵向坡度较小，水体流速较慢，氮、磷在沟渠中的滞留时间较长，从而有利于氮和磷的去除。此外，排水沟尤其是斗沟等末级排水沟中往往频繁出现干湿交替现象。排水沟的干湿交替能够促进好氧和厌氧环境的交替转换，这对硝化、反硝化过程的发生是有利的。当沟内处于干涸状态时，干燥收缩形成的裂缝使得沟底在一定深度范围的沉积物暴露在空气中，产生有利于硝化作用的好氧环境条件，于是在亚硝化和硝化细菌作用下促使 NH_4^+ 转化为 NO_3^-；当沟内处于淹水状态时，出现的厌氧环境又促进反硝化作用的发生，在反硝化细菌作用下将 NO_3^- 进一步转化成 N_2 或 N_2O，从而将氮素从排水沟渠中彻底脱除。

3.7.3　农田生态排水沟结构类型

生态排水沟不仅是除涝排水的通道，还是一个完整的生态系统，包括植物、动物、微生物，以及支撑其生长、循环的土壤、水分、边坡及底部结构等。为节省土地、保证排水沟断面稳定，保障生态系统生存空间，通常需要采用一定工程手段对排水沟边坡和底部进行防护或硬质化改造。生态化的边坡和底部结构也称生态护坡，是由植物、工程材料组合而成的综合防护措施。

生态护坡的主要功能一是保证排水沟断面稳定，保障其除涝排水能力；二是营造动植物生存空间和栖息地，使沟体能够吸纳、分解水体污染物，减轻农田排水污染，为农田及水生态系统的健康提供保障。生态护坡根据使用的材料类型，可以分为植物护坡、混凝土护坡、三维土工网护坡及生态袋护坡等。

1. 植物护坡

植物护坡在沟河水环境治理中有着非常广泛的应用。大量实践表明，植物护坡不仅对净化水质、美化环境、涵养水源效果较好，能够为动物和微生物提供良好的生存环境，而且其中植物的根系还可以增强土体的凝聚力和抗剪强度，有利于沟坡结构的稳定。按照植物护坡的种类和实施手段，植物护坡可分为草皮护坡、乔灌木护坡、木材护坡等多种形式。

1) 草皮护坡

草皮护坡是指通过人工播撒草种或铺设草皮对沟坡进行防护的一种措施，材料易得且天然无公害，施工简单、造价低廉。但人工种草护坡草籽播撒均匀度难以控制，草皮抗冲刷性较差，容易形成坡面冲沟和表土流失，通常适用于小型排水沟或坡度较缓的边坡。

目前在生态排水沟或小型水利工程治理中，草皮护坡多与混凝土、浆砌石等传统护坡相结合，用于常水位以上部分，主要注重其环境绿化功效。安徽省利辛县农田原型排水试验区田间排水斗沟草皮护坡效果见图3-23。

2) 乔灌木护坡

乔木或者灌木作为岸坡防护植物，一般用于骨干排水沟道。乔木或灌木等岸边栽种的植被，通过根系保持水土的作用稳固边坡、保持生态系统平衡，常选用的树种为柳树、水杉、红树林等。

柳树耐水性强，具有一定抗冲刷能力，其迅速扎根发芽的特点可以用来加固堤坝、美化生态。柳树庞大的根系可以保护坡脚、支撑陡岸，其垂入水中的枝叶为水生动物提供了繁衍的栖息地。水杉根系发达，能够增强土壤的持水性，防止水土流失，改善土壤结构，增加土壤中有机物的含量，维持岸坡生态系统。

排水沟常选用的灌木包括牡荆、栾树、石楠等，它们根系发达且簇拥生长，其地下根系能够稳固边坡、改善土壤结构，地上茂密枝叶可以为鸟类、两栖动物、小型哺乳动物等提供栖息地和生存空间。安徽省利辛县农田原型排水试验区干沟乔灌木护坡效果见图3-24。

图3-23　草皮护坡

图3-24　乔灌木护坡

3) 木材护坡

木材护坡是指采用木桩等木材作为主要防护材料的沟河护坡方式，按照防护形式可分为木桩栅栏护坡和木质框格护坡。

　　木桩栅栏护坡利用废弃木材和木质材料，通过在坡脚位置夯入木桩加固坡脚，在木桩上安装木板或者木条形成木桩栅栏，然后将石料和土料填入岸坡与栅栏之间的空间，对边坡进行进一步加固，同时也为水生动植物和微生物提供了良好的生存环境。

　　木质框格护坡是通过铺置木质格框，在格框内填充土壤和石料，并种植植物，利用框格和植物树枝根系的组合结构功能，共同对沟河岸坡进行防护。

2. 混凝土护坡

1) 生态混凝土护坡

　　生态混凝土又称多孔种植混凝土、绿化混凝土，在实现除涝排水的同时能实现生态种植，是一种能将农田排水和生态修复很好结合起来的新型护坡材料。生态混凝土以碎石、水泥等为原料，按一定比例与水搅拌混合，振压成型，然后在孔隙内充填缓释肥料、保水剂等植物生长所需的材料，并在混凝土块体表面建植植被，最终植被根系穿透混凝土块体长至块体下面的土体中，形成生态护坡。

　　生态混凝土内部有很多连续的空隙，透水透气性好，空隙中填充腐殖土让种子生根发芽，茁壮成长，用以改善周围环境。生态混凝土中的空隙内凹凸不平的表面还可以为很多微生物和小型动物提供生存的条件，这样既保证了水体中生物的多样性，又净化了水质，更使草类、藻类生长茂盛，使生态环境得到有效的保护。

2) 预制块生态护坡

　　预制块生态护坡是一种具有多孔性、透水性、抗冲刷能力强的混凝土预制块护坡方式。生态预制块采用挤压成型施工工艺，护坡整体性、稳定性与耐久性较好，具有更加牢靠的整体联锁坡面优点，绿化种植也更易实现，植物根系在其中能够产生较好的固土作用。预制块生态护坡主要分为联锁式生态预制块护坡和生态型自嵌式预制块护坡两种。

　　联锁式生态预制块护坡采用预制混凝土块的自锁定结构，一块联锁块与周边六块联锁块连接，具有较高的稳定性，提高了变形调整能力，可适合坡面轻微的塌陷变形。预制块的连接孔可以作为植生孔，孔内可种植植物，还可以加入级配碎石起到抗冲刷的作用。其具有较强的变形能力和较高的稳定性，有利于生态循环，而且具有施工速度快、工程造价低等特点。

　　生态型自嵌式预制块护坡的主要结构材料是自嵌块，通过自嵌块体的重量提高岸坡的稳固性能，并通过其自身的锁定功能防止滑动倾覆；还可在孔隙间种植一些植物来提高生态景观效果。生态型自嵌式预制块护坡抗倾覆能力强，对地基要求低，耐水性、耐腐蚀性和抗冻性较好，结构形式多变，能够满足不同岸坡形态的要求，适合于多种规格排水沟。

3) 预制构件生态护坡

　　预制构件生态护坡是一种新型的钢筋混凝土生态护岸形式。混凝土构件采用一次成型，不做装饰，其外观以混凝土本身的自然质感与精细设计的构型作为表现形式。生态框材料采用工厂预制框格，表面镂空，外观做景观效果处理，施工时内部填充石材、土体、沙袋等，起防护作用，空隙为鱼、虾等水生生物提供空间，亲水和谐，可满足生态护岸的需求。同时该产品可实现坡脚至坡顶依次种植各类护坡植物的要求，形成多层次生态防护，构成完善的生态护坡系统。与传统护岸方式相比，其在观赏、耐久、生态及经济等方面优势明显。

常见预制构件生态护坡有挡墙式生态箱(图 3-25)和平铺式生态框(图 3-26)，前者内部可填充卵石，利用自重兼有挡土墙作用，耐冲刷、稳定性好，适用于边坡坡度较陡、过流速度较快的沟河水下部分；后者内部可充填客土、肥料，种植植物，用于常水位以上边坡防护。

图 3-25　挡墙式生态箱　　　　　　　　图 3-26　平铺式生态框

预制构件生态护坡外观多样、观赏性强，具有良好的透水、透气特征，被广泛应用于生态沟渠、景观河道等生态修复工程。预制构件生态护坡可以仿效自然岸坡，主要利用其自身的重力、构件间的锚固及植物的根系"加筋"作用，保障河流岸坡安全与稳定，同时作为水体和陆地之间物质、能量、信息交换的纽带，为河岸带动物、微生物提供了栖息繁衍的生境及植物生长的基质，增强了水体自净功能，修复生态环境。

3. 三维土工网护坡

三维土工网护坡是将植物材料和土工合成材料及其他工程材料相结合，通过植物自身的生长能力和植物的根系作用，对边坡进行加固和防护的一种护坡技术。三维土工网结构类似丝瓜网络，质地疏松、柔韧，留有约 90%的空间充填土壤、砂砾等。在三维土工网孔隙中添加适量土料和植物种子，植物生长后茎叶穿过网垫，而根系则深入土中，与三维土工网中的土紧密固结在排水沟边坡上形成生态表皮,起到改善生态环境的作用。

三维土工网护坡是近些年发展较为迅速的一种新型生态护坡形式。其优点在于可以明显减少土壤被雨水、洪水冲刷流失，空间网包与植被相结合可以达到改善生态环境的效果，保土固土效果非常明显。

4. 生态袋护坡

生态袋护坡是利用可生长植物的土工布料生态袋进行护坡和修复环境的一种护坡技术。生态袋系统由袋体、排水联结扣、扎扣带、加筋格栅等组成。

生态袋是一种无纺织的土工布料，具有透水不透土的过滤功能，既能防止填充物(土壤和营养成分混合物)流失,又能实现水分在土壤中的正常交流。生态袋使植物生长所需水分得以有效保持和及时补充,使植物能够穿过袋体生长,根系进入工程基础土壤中,在袋体与土体间起到稳固作用。

3.7.4　农田生态排水沟设计

1. 设计原则

1)排水优先,系统协调

生态排水沟的首要功能是农田排水,首先应满足农田除涝降渍需求。此外,生态排水沟的建设应服从排水系统总体规划,应与原有排水系统相协调,避免因生态建设对农田排水产生不利影响。

2)因地制宜,生态合理

生态排水沟应依据当地的气候、自然地理、生物群落等条件进行建设,遵循生态系统的演替规律,分步骤、分阶段,循序渐进构建生态系统,使生态系统能稳定、持久地维持和发展。

构建生态沟道采用的植物、材料等应以本地为主,以充分发挥本土物种适应环境的优势,尽量避免外来物种侵扰。

3)因势利导,环境协调

生态排水沟的建设应因势利导,结合水系、水塘、洼地等进行统筹规划,充分发挥其生态功能,增强对农田排水中污染物的吸收与分解能力;同时,生态排水沟的形式应与周边环境相协调,使其具备一定的生态景观功能。

4)经济合理,便于维护

生态排水沟位于田间地头,虽然个体规模小,但分布广、数量多。排水沟生态化建设对农田及周边地区的生态环境具有积极意义,但也有可能对部分农民的实际利益造成影响。生态排水沟建设,特别是后期管护应该考虑当地经济发展水平和承受能力,同时还应积极争取受益主体参与管理。

2. 资料收集

农田排水沟系规划设计,首先应对排水区域进行资料收集,必要时进行勘测,以取得地形、土壤、水文地质、农业种植、水利工程现状、农业区划、社会经济、自然灾害、生态环境等有关技术资料。

地形资料包括排水范围地形图、骨干排水工程及主要配套建筑物位置图、农业规划区界等,作为确定排水沟面积、排水系统位置及建筑物位置的依据。土壤资料是确定田间工程规格标准的重要依据参数,与排水有关的土壤资料包括土壤的透水性、持水性、给水度、胀缩率、毛管水上升高度等。如果缺乏资料,可以进行现场测试或参考类似地区的排水试验资料。

气象资料包括降雨、蒸发(水面蒸发和潜水蒸发)、气温、地温、湿度、日照、冰冻期、冻土深度及与农田排水有关的资料等,并将其作为确定设计净雨、推求排摸、排涝排渍工程设计的依据。水文地质资料包括地下水动态、不透水层深度、当地河流(尤其是下游承泄河道)的水位、流量等资料。

生态环境资料包括当地农田主要草本、灌木等植物种类和分布情况,现有沟渠生物状况,农田施肥、用药及耕种习惯,农田排水氮、磷含量等水质基本状况等。

其他相关资料包括主要农作物种植比例、轮作制度及耕作方式、旱涝渍碱等自然灾害情况、现行排水条件、农田排水经验、存在的主要排水问题、农业发展规划等。

3. 断面尺寸

生态排水沟常见的断面形式是梯形和矩形。排水沟断面较小者通常采用矩形断面,较大者多采用梯形或复式断面。生态排水沟为梯形断面时,其边坡应采用缓坡,以便于动物迁移。

1)设计标准

在生态排水沟规划设计中,排涝和降渍标准是最重要的参数,满足除涝和降渍标准的断面是排水沟的最小断面。排涝标准是指在某一设计频率下一定时段降雨产生地面积水后,为使作物不受灾而及时排除地面积水的能力,包含降雨量大小和排水时间长短两方面内容。排涝标准是确定排水沟过流能力和过流断面的主要依据,通常用降雨重现期表示,一般农田排水工程排涝标准为5~10年一遇、1~3d 降雨、1~3d 排除。降渍标准是为使作物不受渍害时田间地下水位应达到的埋深值,它是确定田间排水沟深度和间距的主要依据。

2)沟底坡降

沟底坡降对排水沟水位、流速及工程量影响很大,确定沟底坡降时应考虑排水沟沿线地形、土质、下游河道水位等因素,选择与地面坡度接近、通过设计流量时流速能够维持在不冲不淤范围内的坡降。一般来说,平原地区大沟沟底坡降可选 1/10000~1/8000,中沟可选 1/5000 左右,小沟可选 1/3000 左右。

3)糙率

排水沟道的糙率应根据沟道沿线的土壤地质条件、过水流量、边坡护砌程度、维修养护等具体情况确定。未进行护砌的土质排水沟中极易滋生杂草、灌木,导致沟坡坍塌、沟道淤积时常发生。排水沟糙率值可取 0.025~0.030。

4)边坡系数

排水沟道的边坡系数大小与沟的深度和土壤特性有关。对于土质排水沟,降雨时坡面径流冲刷强度、地下水渗透动水压力等也会影响边坡稳定性。一般而言,沟深较大、土质比较疏松时,边坡系数应偏大一些。排水沟不同沟深、土壤对应边坡系数参考表 3-22。

表 3-22　排水沟不同土质边坡系数

土质	不同沟深的边坡系数			
	4~5m	3~4m	1.5~3m	<1.5m
砂壤土	≥4	3~4	2.5~3	2
壤土	≥3	2.5~3	2~2.5	1.5
黏土	≥2	2	1.5	1

5) 设计流量

排水沟设计流量主要包括排涝和降渍两种流量，通常情况下排涝流量远大于降渍流量，因此，排水沟设计常以设计排涝流量作为设计流量。

设计排涝流量是指排涝设计标准下的暴雨产生的径流量，可用实测流量资料或暴雨资料进行推求，但在实际应用中大多采用排涝模数公式法和平均排除法进行推求。

排涝模数主要与设计暴雨、排水面积大小和形状、地下水埋深、土壤性质、下垫面条件等多种因素有关。排涝模数应根据近期当地或邻近地区的实测资料确定，无实测资料时，可根据当地的具体情况选用经验公式进行计算。平原地区排涝模数可按以下经验公式计算：

$$q = KR^m F^n \tag{3.56}$$

式中，q 为设计排涝模数，$m^3/(s \cdot km^2)$；K 为综合系数，与排水沟网配套程度、降雨历时、流域形状等因素有关；R 为设计暴雨径流深，mm；F 为排水沟控制的排涝面积，km^2；m 为峰量指数，反映流量洪峰与流量关系；n 为排涝面积递减指数，反映排水模数与面积关系。

平均排除法是指把排水沟控制范围内设计净雨在规定的排水时间内排除，以此求得的排涝模数作为排水沟设计排涝流量计算依据。旱田区平均排除法设计排涝模数计算公式为

$$q = \frac{R}{86.4t} \tag{3.57}$$

式中，q 为设计排涝模数，$m^3/(s \cdot km^2)$；R 为设计暴雨径流深，mm，$R = aP$，a 为径流系数，P 为设计降雨量，mm；t 为根据作物允许耐淹历时确定的排涝时间，d。

确定排涝模数后，以排涝模数乘以排水沟控制排涝面积，即可求得该排水沟设计排涝流量。将以上两种排水沟设计排涝流量计算方式相比较发现，平均排除法计算简单，更适用于小面积排水沟排涝流量的计算。

6) 设计水位

排水沟设计水位主要分为排涝设计水位和降渍水位。其中降渍水位是指根据作物降渍需求确定的末级固定排水沟的日常水位，排涝设计水位是指排水沟通过设计排涝流量时的沟水位。

降渍水位是确定小沟等末级固定排水沟沟深的主要依据，主要受作物类型、土壤等因素影响。在平原旱作区，以作物降渍埋深为基础，加上滞留水深和降渍时沟水深，可作为满足降渍需求的沟深。

排涝设计水位需要从末级固定沟道逐级推算，对于自流排水区，通常中、小沟设计排涝水位略低于地面 0.2~0.5m 即可，大沟排涝水位要略低于中沟对应水位。

设计水位确定后，可结合地形地势、田面高程、外河水位等逐级确定排水沟沟深和沟底高程。注意按排水顺序下一级沟道沟底不能高于上一级沟底。

7) 横断面

断面设计的主要任务是根据排水流量、降渍标准等，分析计算排水沟的沟深、底宽、

边坡等断面尺寸。横断面主要尺寸参数包括沟口宽、沟深、水深、边坡及沟底宽等。梯形断面排水沟横断面示意图见图3-27。

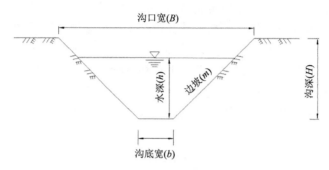

图3-27 梯形断面排水沟横断面示意图

排水沟横断面过流能力按照明渠均匀流公式进行计算，公式如下：

$$Q = \omega C \sqrt{Ri} \tag{3.58}$$

式中，Q 为设计排涝流量，m^3/s；ω 为沟道过水断面面积，m^2；R 为水力半径，m，$R = \omega/\chi$，χ 为沟道过水断面湿周；i 为沟道纵比降；C 为谢才系数，$C = \dfrac{R^{1/6}}{n}$，n 为沟道糙率。

排水沟通常采用梯形过水断面，边坡、糙率可根据土壤、护坡等情况选择经验数据，在已知设计排涝流量、纵比降、排涝水位的情况下，可通过试算确定排水沟底宽，最后结合边坡、沟深等数据确定排水沟横断面。

4. 生态护坡

1）护坡方案

生态排水沟护坡应仿造自然环境设计，同时具有保护排水沟及维持周围农田系统生态平衡的作用。现有护坡技术可分为纯植被护坡、工程措施+植物复合护坡两大类，其中工程措施+植物复合护坡技术主要有三维土工网护坡、生态混凝土护坡、植生型混凝土预制块等。纯植被护坡适用于边坡坡度较缓、水流流速较小的沟渠；工程措施+植物复合护坡技术可以有多种规格。

不同结构形式的排水沟有不同的适用性。选择适宜的排水沟不仅能够提高农田排水效果、抗灾能力，而且有助于减少农田建设投入，减轻对生态环境的影响。排水沟结构形式的选择首先应保证其除涝降渍效果，其次应综合考量建设与维护成本、生态环境影响等因素。排水沟结构优选主要影响因素见图3-28。

除涝降渍是排水沟最主要的任务，主要表现在降渍速率、过流能力和排涝水位等方面，影响排水沟除涝降渍效果的主要因素是排水沟断面形式和规格尺寸。农田除涝降渍指标是确定排水沟沟深、底宽等断面尺寸的重要依据。排水沟沟深的确定应兼顾降渍和排涝需求。淮北地区旱作物种植区降渍要求是雨后3d地下水位降至0.5m以下，通常排水小沟沟深不小于0.8m。排水沟断面尺寸根据排涝设计流量、沟底坡降等参数通过计算确定。

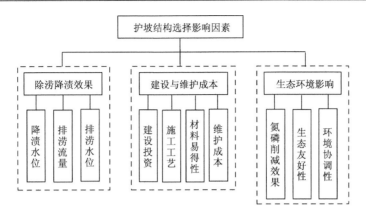

图 3-28　排水沟护坡结构选择影响因素

　　排水沟建设与维护成本包括工程建设直接投资、运行维护成本等。此外，采用不同的施工工艺和建筑材料也会对建设成本产生影响。

　　排水沟对生态环境的影响，应重点考虑氮磷削减效果、与周边环境的融入和协调性、生态友好性等方面。

　　2) 护坡材料选择

　　(1) 植物护坡。

　　在建设排水沟护坡时，应首先考虑纯植被生态护坡方案。纯植被生态型护坡通常依靠植物的根系及茎叶来保护排水沟的边坡，不同植物根系的力学作用并不相同，草本植物根系一般类似工程中加设钢筋的作用，而木本植物的根系通常有类似锚杆的锚固功能。此外，植物茎叶还具有拦挡和削弱地表径流等作用。

　　若纯植被护坡方案不能保证沟坡稳定或者生物多样性功能时，可考虑选择工程措施+植物复合护坡方案。

　　(2) 卵石、块石等天然生态型材料。

　　排水沟不需考虑渗漏因素，在当地石材充足、符合就地或就近取材原则时，尽量选用卵石、块石等具有较大孔隙率、较好透水性、调温和透气等多种功能的天然材料。

　　(3) 生态混凝土。

　　在当地缺少石材、运输石材经济成本较高的情况下，也可选择生态混凝土进行护坡浇筑。生态混凝土具有与普通混凝土相当的强度，同时具有较多的连通孔隙，可以使水、空气自由渗透，不仅能为周围植物提供良好的生长环境，还因其空隙内部以及外部表面能附着和栖息微生物、小型动物及藻类等，可以有效地提高水体的自然净化能力。

　　农田排水沟大多是季节性过流，流速、流量变化幅度大，边坡不仅受到水流、降雨、温度等引起的侵蚀，也受内在条件的水位变化而造成边坡土体的流失。因此，针对农田排水沟较陡边坡的防护，设计水位以下尽量选用反滤型生态混凝土，其既满足稳定、生态的要求，又能防止边坡水土流失，这对于生态平衡有着重要意义；设计水位以上可以选用植生型混凝土，便于草木生长，并为生物提供栖息地。

(4) 三维土工网。

三维土工网护坡技术一般用在边坡坡度 1∶1.5 左右的沟道，一是可稳固绿化填土，便于施工；二是防止因坡度太大，坡顶水分损失过快，植株不能正常生长；三是便于施工或后期管理，同时使边坡更趋稳定。施工步骤包括：边坡整理成形、施底肥、挂网、固定、覆土、播种、上覆盖土、覆纤维布或秸秆、浇水养护等。

三维土工网植草护坡技术具有施工简单、防护效果好、适用性广、工程造价低等特点。应根据当地气候环境条件及边坡土性质、边坡坡度等因素选用草种和施工方法。当边坡土质贫瘠、缺乏养分时，可先行在坡面上间隔换填种植土和有机复合肥，随着坡面植被形成，即可减缓雨水冲刷和下流速度。待植物根系深入土层固定了土壤后，利用植物生长的连续性和长期性达到持久防护边坡、绿化环境的效果。但三维土工网护坡受植物的生长限制较大，不适用于常水位线以下的沟坡防护。

(5) 生态袋护坡。

生态袋护坡系统将植物生长基质固定在袋体内，同时利用植物根系的"锚固"作用使护坡更稳定和具有抗冲刷能力，此外，生态护坡还具有造价低、能美化环境的效果。生态袋护坡应满足沟道排水功能和稳定要求，并能够营造一个适合陆生植物、水陆两生植物、水生动植物生长的生态环境。

生态袋为柔性结构，具有可塑性强、随坡就势等特点，既可单独摆放也可堆叠发挥群集效应。在生态袋护坡结构系统应用中，应依据边坡角度、高度不同，采用多种不同的应用方式。正常应用情况下，边坡平缓(坡度小于 30°)可采用斜铺和叠铺方式；边坡坡度在 30°～60°之间时生态袋可采用叠码或错台分级铺设。摆放完成后既可结合喷混植生绿化工艺实现水土保持、生态修复，也可为景观苗木的种植提供良好的物质基础，从而丰富植被层次感和提高观赏性。

生态袋护坡具有透水、透气、不透土颗粒的优点，对水环境和潮湿环境有很好的适应性，施工快捷、方便，材料搬运轻便，但由于空间环境所限，后期植被生存条件受到限制，整体稳定性较差。目前，生态袋护坡主要运用于建造柔性植被边坡，是河沟整治中进行边坡防护的主要方法之一。

5. 潜流床设计

潜流带是指位于河流河床之下并延伸至河边岸带和两侧的水分饱和的沉积物层，地下水和地表水在此交汇，是地表水和地下水相互作用的界面。在更广泛的意义上可以把潜流带定义为与地表进行水体交换的地下区域。当水流通过潜流带时，微生物和化学过程通过营养转化、耗氧和有机物分解等作用改变水体性质。

农田排水沟既是农田排水通道，也是地下水与地表水交互点，降雨时地表径流通过田中的农沟、毛沟等汇入排水沟，降雨后田间土壤水则通过侧渗不断汇集到排水沟。而且，地下水位升高时，地下水往往也首先通过排水沟溢出，因此，排水沟沟底可以看作是另一种意义上的"潜流带"，或称为"沟底潜流带"。受降雨和农田排水的影响，沟底潜流带常常处于浅水层之下，受温度、湿度、光照等因素影响多，断面尺寸较小的沟渠可能表现出干湿交替频繁、生态环境变化幅度大、微生物和化学过程更加丰富多变的特点。但由于受洪水冲刷、岸边崩塌、泥沙淤积等因素影响,自然情形下大多数农田排水沟沟底潜流带滞留和去除氮磷营养盐的环境生态功能都较弱,需要通过一定的工程措施进行强化处理。根据排水沟分布的广泛性及沟底潜流带独特的生态特性,基于生态环保理念,考虑对沟底潜流带进行技术改造,形成类似于微型人工湿地系统的"沟底潜流床"结构模式。

1)沟底潜流床布置

农田排水沟分为干、支、斗沟等多种规格,不同规格排水沟的具体功能和水文条件存在一定的差别。通常干沟沟深在 4m 以上,水深超过 2m;支沟沟深在 1.5m 以上,水深在 0.5～1.5m;斗沟沟深 1.0m 左右,仅在汛期降雨期间沟内有水,其余时间长期干涸。结合沟深、水位变化、沟系布局及农田排水等特点,沟底潜流床宜布设在支沟内地势相对低洼的沟段,以增强潜流交换和净化效果;也可布置在斗沟与支沟交汇处,利用交汇处的素流增强潜流床的表层曝气效能。

根据农田排水沟规模较小、呈线状分布的特点,沟底潜流床宜设置成条块状,可以通过间隔设置以降低工程成本,具体间隔距离可根据斗沟间距和支沟断面情况确定。如支沟中潜流床宽度可以设计为 2.0～2.5m(其中基质层宽度 1.5m),深度 0.7m,顺水流方向长度根据具体地形地势,可设置在 30～50m。

2)沟底潜流床结构

沟底潜流床宜布设在支沟沟底,可以在沟底现状高程基础上下挖一定的深度(一般在 0.6～1.0m),然后分层铺设基质填料并种植水生、湿生植被,进而构造多层次的床体结构形式。一般地,沟底潜流床由上至下依次包括植物层、种植层、基质层及透水土工布。其中种植层包括底泥、根系及为田间杂质淤积预留的水层空间,考虑到植物固着生长需要,底泥层厚度应不低于 0.3m,预留水层深度视植物生长需求一般在 0.2～0.5m;基质层厚度为 0.4m,为增强透水性和提高水流、溶质交换能力,可以选择碎石、砂砾石和沸石为骨料,也可利用页岩、钢渣、陶粒等为填料,并通过补充一些木块作为碳源供体,增强潜流床的生物脱氮除磷效果。沟底潜流床结构见图3-29。

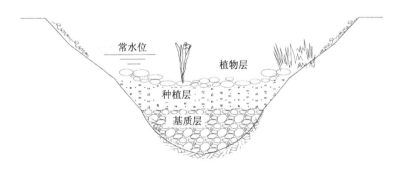

图 3-29 沟底潜流床结构示意图

沟底潜流床在延长水力停留时间、强化水质净化效果、丰富环境生态功能等方面的有效性,进一步增强了排水沟的环境生态效应。排水沟内水层深度和水文环境的季节性变化较大，非汛期水位较低甚至可能呈现出干涸状态。由于潜流床位于沟底以下，在水位下降时仍能够通过蓄积一部分水量而表现出微型湿地特征，并延长生物对氮、磷等物质的吸收和分解反应时间。同时，蓄积的水量也为两栖动物、无脊椎动物提供了避难场所和生存空间，与接近干涸的沟底共同构建了丰富多样的沟内生态环境。潜流床内的填料颗粒对污染物的吸附能力强于一般沟渠底泥，颗粒表面附着的微生物群落也能进一步提升污染物截留和净化能力，从而改善入渗补给地下水的水质品质。

3）基质填料选择

在人工湿地系统中，基质是植物和微生物生长的介质和载体，可以为物理、化学和生物过程提供作用界面。当污水流经潜流带时，基质发挥吸附过滤、沉淀、离子交换、胶体络合等作用，以此去除污染物。同样，基质的选择也直接影响沟底潜流床的处理效果。不同种类基质为植物和微生物提供的生长环境不同，对污染物的去除效率也不同。有资料表明，钢渣、煤渣、炉渣等基质对磷的吸附去除效率较高，按一定比例掺杂于其他基质中可强化湿地除磷效果。一般地，碎石对总磷去除效果较好，页岩、陶粒次之。基质粒径大，则通气性好，有利于潜流床复氧，可为硝化细菌提供充足氧气，提高系统硝化脱氮效果，而且较大粒径还可以降低堵塞发生率。但潜流床基质的孔隙过大又会缩短水力停留时间，从而可能影响净化效果。当基质粒径较小时，沟内水流的水力停留时间增加，微生物可以充分吸收和分解有机物，有利于提高水质净化效果。然而，基质粒径过小，容易因基质堵塞而影响水流交换，影响氮磷营养物的滞留和调控。在实际应用中，可以优先考虑选用比表面积大、有足够的机械强度、孔隙率高、无害环保、吸附能力强、寿命长的新型复合填料。

此外，不同基质的合理搭配还可以进一步提高氮磷污染物的净化效果，所产生的互补效应优于单一基质。另外，基质的选择对植物生长和微生物活性等方面也发挥了重大作用，尤其在寒冷季节植物收割以后，潜流床对污染物的去除就主要依赖于基质及部分微生物的作用。

4）水生植物的选配

水生植物根系的生长有利于种植层乃至基质层中形成好氧、缺氧、厌氧共存的环境条件，特别是通过植株和根系的输送作用，可以为根系周边微生物代谢活动提供良好的溶解氧条件。而且，植物根系的发展也可使滤料保持一定的空隙率，使得滤料能够充分发挥过滤和吸附作用。另外，水生植物（如茭白、慈姑等）也有一定经济价值和景观观赏效果。

植物的选配需要综合考虑以下几个方面：一是植物的根系较为发达，要求根系较长较多，根系密度大且呈海绵体状最佳；二是适应当地环境且抗病害能力强；三是生长期长且去污效果好；四是有一定的景观效果且便于管理。

在水环境修复中，较为常用的水生植物主要有芦苇、香蒲、美人蕉、水葱、再力花等。大量试验证实，芦苇和美人蕉的脱氮效果普遍高于其他植物；美人蕉可提高湿地的除磷能力，又可起到美化环境的作用。芦苇、美人蕉、香蒲等植物的根系密度都较大，根系也比较长，一般都在 400mm 以上，尤其是芦苇最长可达 600mm，经过诱导后还可以长得更长。潜流床及周边适当增加植物种植密度，能有效缓解前端污染负荷过高带来的影响，有利于提高潜流床净化效果。但浓密的挺水、湿生植物可能堵塞沟道，因此需要注意沟底大型植物的种植密度、空间分布等，可以考虑将其与本土杂草(如葎草、狗尾草、牛筋草、狗牙根、翅果菊等草本植物)或其他低矮草本植物搭配种植。

植物栽种宜选择在春季，栽种时填料应保持一定湿度和水深。植物的收割一般在秋末冬初开始，尽量在植物倒伏前收割完成。

6. 植被建设

利用植物去除农田排水中氮、磷等营养物质是生态排水沟的重要环境功能。单纯从植物吸收、利用角度看，不同植物对氮、磷污染物的吸收和净化能力不尽相同，因此为生态护坡选择合适的种植植物对发挥生态排水沟的环境净化功能具有重要意义。

常用于生态排水沟的植物可分为陆生和水生植物两大类，其中水生植物又包括挺水、浮水和沉水植物。陆生护坡植物适宜旱地或浅水栽培，典型作物有菖蒲、芦苇、狗牙根和黑麦草等。挺水植物多分布在浅水区域，它们的根以及茎的一部分长在水底泥土中，茎、叶部分挺出水面，在空气中的部分具备陆生植物特征，而生长在水中的部分则具备水生植物特征，代表作物有荸荠、莲、水芹和茭白等。浮水植物多生长在浅水中，叶片部分浮于水面，根则长在水底的泥土里，典型作物有浮萍、睡莲和凤眼莲。沉水植物的植物体全部位于水层之下，代表作物有苦草、金鱼藻、狐尾藻和黑藻。

用于生态排水沟的植物筛选主要考虑以下因素：对氮、磷等营养元素有较强的拦截和去除能力；对种植地的气候和环境有较强的适应能力，优先选用本土植物，谨慎选择外来植物；茎叶较为茂盛、根系发达，便于微生物生长；能够循环利用，有一定经济价值；具有一定生态景观效益。

淮北平原区农田排水沟的生态绿化，可以播撒狗牙根或采用结缕草与高羊茅混播，两侧可稀植水杉、垂柳、杨树、紫穗槐等，实行乔、灌、草结合的生态组合方式。有条件的地区，还可结合周边环境的治理，在河沟横断面上，以复层模式进行生态护坡，如图 3-30 所示。淮北平原区生态排水沟立体绿化主要植物搭配可参考表 3-23。

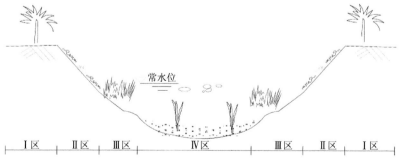

图 3-30　生态排水沟立体绿化横断面布置

表 3-23 淮北平原河沟生态护坡立体绿化主要植物搭配

适用区域	类型		名称		备注
			常绿	落叶	
I	乔木		龙柏、蜀桧、香樟、女贞	无患子、乌桕、国槐、枫杨	
	灌木		桂花、黄杨、小蜀桧、红花檵木	栾树、黄山栾树	
II	乔木		女贞、龙柏、棕榈	垂柳、旱柳、池杉、水杉、枫杨、刺槐、香花槐、合欢、乌桕、银杏、杨树、苦楝、榆树、榉树、重阳木、柿	
	灌木		桂花、石楠、火棘、南天竹、杜鹃、小龙柏、小蜀桧、红花檵木、夹竹桃	紫玉兰、紫叶李、紫穗槐、木槿、连翘、金钟花、木芙蓉、绣线菊	可利用的野生植物有：枸杞、艾草
	藤本		野蔷薇、常春藤、扶芳藤	迎春	从丰富植物多样性的角度可适当配置迎春，但不宜单处大面积应用
	草本及地被		白三叶、麦冬、沿阶草、玉龙草、八角金盘、熊掌木	狗牙根、矮生百慕大、马尼拉、结缕草	可利用的野生植物有：狗尾草、牛筋草、莎草、小巢菜、打碗花、鸡眼草、地榆、酢浆草
III	水生及湿生			鸢尾、花菖蒲、千屈菜、美人蕉、香蒲、水烛、茭白、五节芒、芦苇、荻、水葱、灯心草、石菖蒲、鱼腥草	可利用的野生植物有：白茅、芒草、羊蹄、水蓼、水芹、半边莲、铜钱草、老鸦瓣、蛇莓、鸭跖草
IV	水生	挺水		荷花、黄花鸢尾、美人蕉、千屈菜	
		浮水		菱、大薸、莕草、浮萍	
		浮叶		睡莲、萍蓬草、荇菜、莼菜	
		沉水		菹草、苦草、金鱼藻、狐尾藻	

7. 缓冲带

缓冲带是指沟道与陆地之间的植被带。缓冲带主要由草皮、灌木、乔木等植被组成，不仅具有过滤径流、吸收养分、降低流速、蓄滞涝水的作用，而且能够为鸟类等野生动物提供栖息场所，利用林冠层遮阴，还可以调节水温，在炎热的夏季为水生生物提供庇护。缓冲带的另一重要作用是作为动物的逃生通道。边坡较陡的排水沟往往不利于动物在两岸间的迁移活动，此时缓冲带可作为动物的生态走廊、逃生通道。

在设计缓冲带植被组成时，应注意一般生态沟道与有景观要求的生态河道的区别。一般生态沟道缓冲带宜栽植经济林草，如水杉、杨柳、果树等。具有景观要求的生态河道则应注重景观效果，可选择栽植香樟、女贞、广玉兰、紫薇、红叶石楠、美人蕉、白三叶等植物。生产实践中，可利用排水沟流经的洼地、池塘等进行缓冲带建设。由于缓冲带占地较多，在农田生态排水沟中往往应用较少，多见于生态湿地和大型河道生态治理工程中。

8. 排水沟生态设计实例

1) 基本情况

现结合淮北平原区中部某排水区排水沟生态建设情况,对排水沟生态设计进行说明。该排水区内主要排水工程有排水干沟 1 条、支沟 1 条、斗沟 2 条,沟系分布情况见图 3-31。

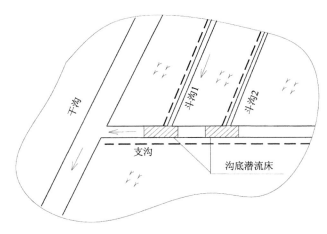

图 3-31　排水区骨干排水沟系分布

排水区排涝设计标准为 5 年一遇,降渍标准为雨后 3d 地下水埋深降至 0.5m 以下。根据除涝降渍标准和排水控制面积,各排水沟初始设计断面如下:干沟上口宽 30m,底宽 5m,深 5m;支沟上口宽 15m,底宽 3.0m,深 2.5m;斗沟 1 上口宽 5.3m,底宽 0.5m,深 1.2m;斗沟 2 上口宽 1.2m,过水断面为“U”形断面,底部圆弧段高 0.5m,沟深 0.8m。

2) 斗沟

(1) 斗沟 1。

受降雨和地下水变化影响,斗沟 1 仅在强降雨期间和雨后短时间内有一定水深,平均每年累计过水天数不超过 20d。同时,斗沟 1 排水时流量小、流速相对较慢,因此,斗沟横断面可建设为梯形断面、土质边坡,沟坡和沟底不需进行硬化处理。根据当地生态环境可布置矮生百慕大、马尼拉等进行边坡防护,也可种植狗尾草、牛筋草等当地较为普遍的野生草作为护坡植被,以防止雨水冲刷等造成的沟坡坍塌。斗沟 1 草皮生态护坡示意见图 3-32。

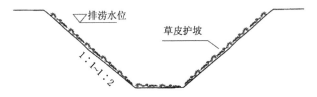

图 3-32　斗沟 1 草皮生态护坡示意图

(2)斗沟 2。

斗沟 2 排水控制区内主要种植蔬菜等经济作物，综合考虑占地、排水标准、土壤类型及降雨特征等因素，排水沟断面采用带孔"U"形混凝土预制块进行护砌，以避免雨水淋洗及地表径流冲刷造成排水沟坡面坍塌、沟段淤堵变形，同时便于工程运行管理。

排水沟上口净宽 1.2m，沟深 0.8m，预制块外侧为倒梯形，内侧为"U"形断面，便于排水过流。底部和侧壁预留孔洞，有利于农田土壤中盈余水分或过高的地下水通过孔洞排入沟中，保证农田除涝降渍效果，同时孔洞处可以种植或自然生长水生植物，用于截留和削减农田土壤流失的氮磷等污染物，有利于净化水质、改善生态环境。

斗沟 2 生态护坡结构尺寸和效果分别见图 3-33(a) 和图 3-33(b)。

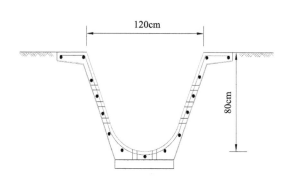

(a)斗沟 2 生态护坡结构示意图　　　　　　(b)斗沟 2 生态护坡实施效果图

图 3-33　斗沟 2 生态护坡示意图及照片

3) 支沟

支沟沟深 2.5m，非汛期沟内水深在 0.5m 左右，汛期强降雨期间水深可达 2.0m。根据支沟水深变化情况，支沟仍以梯形断面、土质边坡为主，边坡采用 1∶2 以上缓坡，常水位以下及附近种植菖蒲、芦苇、莲、茭白等植物。支沟土质边坡植物护坡效果见图 3-34。

在穿越村庄等陡坡沟段，边坡减小为 1∶1.5，沟底不护砌，但可铺设卵块石为动物提供生存空间。排涝水位以下采用三维土工植被网进行防护，排涝水位以上采用狗牙根、马尼拉等草皮作为护坡植物。支沟陡坡段生态护坡见图 3-35。

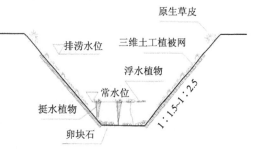

图 3-34　支沟土质边坡植物护坡效果　　　　图 3-35　支沟陡坡段生态护坡

4）沟底潜流床

支沟与两条斗沟交汇处分别在沟底设置潜流床各 1 处。支沟沟底宽 3.0m，潜流床上口宽 2.5m，顺水流方向长度 30m，沿沟底下挖 0.8m，下挖面铺设透水土工布，然后分层填铺碎石、沙砾石、陶粒，填铺厚度 0.4m，最后分段种植芦苇、香蒲、美人蕉、荷花。沟底潜流床结构见图 3-36（a），植物生长及护坡效果见图 3-36（b）。

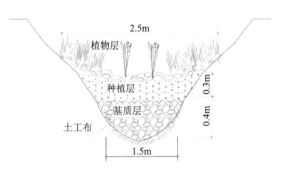

（a）沟底潜流床结构图　　　　　（b）沟底潜流床植物生长状况

图 3-36　沟底潜流床示意图和照片

5）干沟

干沟下游建有节制闸，通过干沟节制闸拦蓄降雨径流、控制沟水位，使得干沟水深长期维持在 3.0m 以上，为水生态建设提供了前提条件。考虑干沟水体与浅层地下水的交互作用及水生态建设需求，干沟断面以梯形断面、土质边坡为主。干沟边坡较缓（1∶2.5～1∶3）沟段常水位以上种植狗牙根等原生植被，或铺设马尼拉等绿化草皮，沟边种植垂柳、杨树等乔木；常水位以下间断布置水浮莲、睡莲、金鱼藻、黑藻等植物。在经过村庄等边坡较陡（1∶1.5～1∶2.5）沟段，排涝水位以下采用生态混凝土进行防护。干沟梯形断面生态护坡结构及效果见图 3-37（a）和图 3-37（b）。

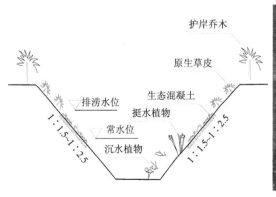

（a）干沟梯形断面生态护坡示意图　　　　　（b）干沟梯形断面生态护坡效果图

图 3-37　干沟梯形断面示意图及照片

干沟城区段沟口缩窄，边坡不足 1：1，需要对边坡进行硬化护砌。常水位以下采用挡墙式生态预制箱进行护砌，边坡可达到 1：0.5，既能防止边坡塌落，也能耐受高速水流冲刷。预制箱采用互锁结构，内部填充卵块石作为鱼、虾等生物生存繁衍的空间，同时种植菖蒲、芦苇、睡莲、迎春等植物。常水位与排涝水位之间采用平铺式预制框护砌，边坡可达到 1：1，预制箱内种植狗牙根、芦苇等植物，排涝水位以上及沟边，铺设绿化草皮、种植柳树等乔木作为城区景观。干沟城区段生态护坡结构及效果见图 3-38(a)和图 3-38(b)。

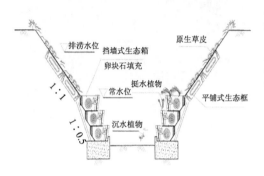 

(a)干沟城区段生态护坡示意图　　　　　　　(b)干沟城区段生态护坡效果图

图 3-38　干沟城区段示意图及照片

3.8　小　　结

农田排水沟系分布广泛、数目众多，是面源污染物汇集和向下游水体传输的重要载体和通道。作为源头溪流的一种重要形式，农田排水沟系是河流水系的重要组成部分，具有较好的氮磷滞留和转化的环境生态功能。农田排水沟系潜流带内发生着强烈的环境生物地球化学过程，在改善水环境质量和维持水生态系统稳定中发挥着重要作用。农田生态排水沟应该做到将生态环保理念充分融入沟渠系统建设和管理过程中，重视沟底、沟壁及滨水岸边生态工程技术或工程措施的应用，塑造(或保留)有利于物质流、能量流和信息流交换的物理结构，强化沟渠中地表水流与地下水的交互作用效应，进而在发挥农业排水沟渠系统排、蓄水主流职能的同时，同步实现对农业面源污染负荷的有效削减和调控，从而净化水质、改善生态环境系统质量，提高农业生产活动的生态效益。

1. 农田排水沟氮磷滞留效应的水文作用机制

(1)基于水文条件的动态变化性，从水文概率密度模型与营养盐滞留率模型综合集成角度，解析农田排水沟营养盐滞留有效流量的动态变化性，评估营养盐滞留的总体水平，并估算最有效流量和功能等效流量，实例研究证明了技术方法的合理性和有效性。

(2)农田排水沟营养盐吸收速度总体偏低，NH_4^+、PO_4^{3-} 期望滞留率分别为 6.71%、5.41%，相应的最有效流量分别为 $0.0051m^3/s$、$0.0049m^3/s$，相应的功能等效流量分别为 $0.044m^3/s$、$0.043m^3/s$。

(3)实例研究表明，Monte Carlo 模拟技术在水文资料较为有限的农田排水沟水文概率密度模型参数求解方面具有很好的适用性。

(4) 营养盐吸收速度是影响农田排水沟营养盐滞留能力的主要因素,极低的最有效流量表明,沟渠物理和生境条件不利于 NH_4^+、PO_4^{3-} 滞留,需要通过人工改造提升排水沟的氮磷营养盐滞留能力。

2. 农田排水沟芦苇氮磷阻控效应及机制

(1) 芦苇占优势渠段暂态存储区的 NH_4^+、PO_4^{3-} 一阶吸收系数都较主流区高一个数量级,且吸收系数均为正值,表明芦苇湿地扮演着氮、磷 "汇" 的角色。

(2) 芦苇占优势渠段 NH_4^+ 的吸收长度明显低于 PO_4^{3-},特别是在冬季和初春,意味着农田排水沟渠对 NH_4^+ 的滞留能力更强;但 NH_4^+、PO_4^{3-} 的营养盐吸收速度基本都处于同一数量级(10^{-5})。

(3) 芦苇占优势渠段的 NH_4^+ 总滞留率、生物滞留率均值分别为 14.46%、9.17%;PO_4^{3-} 总滞留率、生物滞留率均值分别为 10.73%、3.67%。

(4) 主流区流动水体和暂态存储区对于 NH_4^+ 滞留的平均贡献率分别为 43.12%、56.88%;对于 PO_4^{3-} 滞留的平均贡献率分别为 50.13%、49.87%。

3. 农田排水沟氮磷滞留的水文与生物协同作用机制

(1) 芦苇占优势渠段水流表现出显著的紊动性特征,Re 平均值为 39741,远高于明渠流临界雷诺数;渠段水流流态属于缓流类型,Fr 平均值为 0.098,远低于临界判别标准 1.0;渠道曼宁糙率系数 n 变化范围为 0.066~0.112,平均值为 0.089,芦苇滞水作用效果显著。

(2) NH_4^+ 总滞留损失率变化范围为 9.17%~28.27%,平均值为 14.68%;水文作用和生物过程对 NH_4^+ 滞留贡献率变化范围分别为 4.80%~13.08% 和 0.16%~15.19%,相对贡献水平分别为 46.27%~98.33% 和 1.67%~53.73%,表明 NH_4^+ 滞留损失主要来自于水文过程。

(3) PO_4^{3-} 总滞留损失率变化范围为 5.75%~17.79%,平均值为 12.53%;水文作用和生物过程对 PO_4^{3-} 滞留贡献率变化范围分别为 4.80%~13.08% 和 0.92%~4.71%,相对贡献水平分别为 69.29%~91.86% 和 8.14%~30.71%,表明 PO_4^{3-} 滞留损失也主要来自于水文因素作用。

(4) NH_4^+ 和 PO_4^{3-} 的滞留率都没有表现出明显的季节性特征,表明来自芦苇的直接吸收贡献极为有限,此时芦苇主要起着营造有利于物理滞留发生的水动力条件、增大接触界面及为微生物群落提供附着基质的作用。

4. 农田排水沟氮素吸收动力学特征及机制

(1) 采用 TASCC 方法定量刻画农田排水沟 NH_4^+-N、NO_3^--N 滞留的动态变化性和吸收动力学特征,展示了从背景浓度直至饱和浓度的氮素营养螺旋指标 $S_{w\text{-add-dyn}}$、$U_{tot\text{-dyn}}$ 和 $V_{f\text{-tot-dyn}}$ 动态变化效果,验证了 TASCC 解析 NH_4^+-N、NO_3^--N 滞留动态和吸收动力学特征的可行性和有效性。

(2)环境背景浓度条件下排水沟 NH_4^+-N 背景浓度相应的 $S_{w\text{-amb}}$ 变化范围为 93.94～295.54m(均值为 177.41m); NO_3^--N 背景浓度的 $S_{w\text{-amb}}$ 变化范围为 92.51～405.74m(均值为 199.06m),显著低于排水沟渠长度,表明沟渠具有较好的 NH_4^+-N、NO_3^--N 滞留能力。

(3)采用 Michaelis-Menten 方程可以较好地拟合农田排水沟 NH_4^+-N、NO_3^--N 吸收的动力学特征,得到沟渠实验段 NH_4^+-N 的 U_{max} 变化范围为 590～1380μg/(m²·s),K_m 变化范围为 1.10～5.03mg/L; NO_3^--N 的 U_{max} 变化范围为 158～1280μg/(m²·s)[均值为 631.13μg/(m²·s)]、K_m 变化范围为 0.16～5.52mg/L(均值为 1.46mg/L)。

(4)环境背景浓度条件下,农田排水沟 NO_3^--N 的 $S_{w\text{-amb}}$ 与沟渠槽道地貌特征指标 Φ_w、Φ_A 均呈显著负相关关系,U_{amb} 和 K_m 均与 Φ_w 呈显著正相关性,$V_{f\text{-amb}}$ 与 Φ_A 表现为显著正相关性,表明槽道地貌特征对 NO_3^--N 滞留影响的重要性较大,可以通过提高河床地貌复杂性以提升农田排水沟 NO_3^--N 滞留潜力。

(5)农田排水沟渠流量 Q 和流速 u 对 NO_3^--N 滞留没有表现出显著的相关性,表明排水沟 NO_3^--N 滞留对水文因素的影响不敏感。

5. 农田排水沟底质磷的生物、非生物吸收机制

(1)无论是生物吸收潜力、非生物吸收潜力还是总吸收潜力,各采样点基本都表现为夏季高于秋季,表明水土流失和淤积对排水沟底质磷吸收影响明显。

(2)由各采样点底质磷的生物与非生物吸收贡献率的逐月变化态势可知,人为扰动带来的显著水土流失对排水沟底质磷的生物吸收贡献率影响很大。

(3)无论是夏季还是秋季,各采样点位底质磷的生物吸收贡献率都低于相应的非生物吸收贡献率,而且彼此之间的差异性较为明显。

(4)毗邻排污口的 3 号采样点各月沉积物磷的总吸收潜力和非生物吸收潜力都明显较其他采样点高一些,表现出水体污染使得底质磷吸收潜力增大的现象,可能与该采样点底质长期处于厌氧或缺氧的环境条件及相对较高的有机质含量有一定关系。

6. 农田生态排水沟

沟渠生态化建设应遵循排水优先、因地制宜、环境协调、经济合理的原则,制定相应的沟渠生态化建设方案。排水沟生态护坡要能够营造动植物生存空间和栖息地,使沟体不仅具有景观效果,还能够吸纳、分解水体污染物,减轻农田排水污染。针对不同等级排水沟,制定相应的沟渠生态化建设方案,对于断面尺寸相对较大的沟道,选择生态透水砖或生态袋,辅助草本植物或扦插植物进行护坡;边坡底部适量种植芦苇、菖蒲等,滨岸种植灌、乔木;对于断面尺寸相对较小的沟道,推荐采用土质边坡,并以草本植物进行植被化覆盖。

结合排水沟渠的断面尺寸、水位变化、沟系布局及农田排水等特点,在支沟内地势相对低洼沟段或斗沟与支沟交汇处布设沟底潜流床,可增强沟底潜流交换和生态净化效果。沟底潜流床由上至下依次包括植物层、种植层、基质层及透水土工布,形成类似于微型人工湿地系统的"沟底潜流床",能够有效加强沟底滞留和去除氮磷营养盐的环境生态功能。

第4章 农田控制排水及其生态效应

4.1 农田控制排水概述

我国传统的农田灌溉排水系统的主要目标是调节农田水分状况，以保证作物的正常生长并获得高产。在农田水分不足时尽快将水源地的水输送到田间，在农田水分过多时将农田里多余的水排到农田之外。这种水管理系统主要是考虑农田水量的调节。然而，随着人类活动的影响，特别是农业化学物质(化肥、农药、除草剂等)使用量的增加，从农田中排出的水分已成为农业面源污染的主要污染源。过量施用农药和化肥带来的水生态环境污染问题包括：污染地下水，湖泊、池塘、河流和浅海水域生态系统营养化，导致水藻生长过盛、水体缺氧、水生生物死亡等严重后果。为了改善农田面源污染对生态环境的影响，势必要改进农田灌溉排水系统，增加对农田排水水质的有效控制和处理。

起初人们单方面强调农田排水对农业生产的重要性，忽视过度排水对生态环境的不良影响，导致水污染问题不能得到有效地解决。为了有效地解决过量排水，保持土壤肥力，充分利用雨水资源，降低排水中污染物对环境造成的危害，人们开始关注农田排水的控制问题，主要研究作物种植区的暗管控制排水，研究的目的是节水保肥，通过控制排水可对土壤湿度进行合理调控，更有效地利用地下水，有利于作物生长和提高作物产量，相应提高了氮磷的吸收利用率。在控制排水条件下，地下水位抬高，土壤湿度增加，土壤的厌氧条件加强，更利于微生物的反硝化作用。

控制排水技术包括明沟控制排水技术和暗管控制排水技术两种，前者属于地表控制排水，后者属于地下控制排水。明沟控制排水是在排水沟上修建控制排水建筑物，对地表径流进行控制管理。明沟控制排水工程主要有闸、堰、坝等几种形式，通过对地表径流的控制，减少排泄，抬高地下水位；暗管控制排水装置主要由埋于地下的暗管和调节水位高低的暗井组成，通过调节排水出口的高度，对地下水位进行控制管理，适用于对田间涝渍水进行控制。暗管控制排水使得地下水位抬高，增加土壤湿度，形成厌氧环境，促进微生物反硝化作用。沟道控制排水和田间控制排水共同组成农田控制排水技术，通过控制排水技术的实施，可以实现对沟道水位和地下水位的合理调控、保持作物适宜的土壤水分条件、增加作物对农田水分的使用、提高雨水资源利用效率、在保证作物正常生长前提下减少排水量和污染物的排泄，其目的在于提高水资源的利用效率、减少排水对下游水体的污染。

淮北地区多年平均降雨量适中，但存在较为严重的时空分布不均问题，结果造成水旱灾害频繁发生。经过七十多年的治理，尤其是 20 世纪 80 年代开始以干沟为单元的除涝配套建设，已基本解决长期以来困扰该地区的涝渍灾害问题。但是，由于在长期的除涝治理中，没有充分考虑蓄水灌溉问题，干沟多数无控制，地表水流失严重；同时，排水沟控制范围内地下水的过度排泄，地下水位和治理前比较有大幅度下降，地下水位的下降减少了作物对地下水的利用，加重了植被受旱程度。同时，由于近年工农业的发展和人口的增长，对水资源的需求量不断增加，使得本区水资源供需矛盾突出。

自 2002 年开始，安徽省(水利部淮河水利委员会)水利科学研究院选定利辛县车辙沟流域作为农田排水原型试验区，开展干沟控制排水技术试验研究，结合淮北地区农田排水实践，总结提出以充分利用当地降雨径流和排水再利用为目的的干沟控制排水技术。干沟控制排水技术的主要工程手段是在排水沟上加设控制设施，根据农田的地表水与地下水状况对排水沟的水位实行调控，不仅可以在洪涝季节有效地排除农田中多余的水量，而且可以避免过度排水，适度抬高地下水位，供农作物直接利用，同时也可将沟内蓄水作为灌溉水源。近年来，中国水利水电科学研究院在安徽省(水利部淮河水利委员会)水利科学研究院新马桥农水综合试验站、利辛县农田原型排水试验区开展田间控制排水试验研究，取得了有价值的创新成果。田间控制排水技术与干沟控制排水技术构成了淮北平原农田控制排水与农田水资源调控技术体系，该项技术体系具有拦蓄降雨径流、调控地下水位、增加作物对地下水的利用、改善农田生态环境、调节水资源时空分配等作用。实践表明，控制排水技术是协调旱与涝、排与蓄和实现旱涝兼治的纽带，是控制面源污染物排泄的重要技术措施，是干旱、涝渍治理与生态环境相协调的关键，是安徽淮北地区农田水利发展方向性措施。

4.2 田间控制排水技术与装置

田间控制排水通过抬高沟管出口高度或安装闸阀等调控田间地下水埋深和排水流速，在减少涝渍胁迫的同时，减少了排水量，以缓解后期干旱胁迫。控制排水的生态效应表现在维持地下水埋深的平衡、减少排水及缓解植被水旱胁迫等方面。下面通过抬高暗管出口高度的方式研究田间控制排水调控地下水平衡、减少排水和缓解干旱的效应。

4.2.1 研究方法

1. 控制排水调控方案

田间控制排水常通过抬高出口高度来调控田间水位，具体可分为定水位和动水位两种调控方法。定水位指在整个作物生育期内出口控制高度为定值；若考虑作物根系等生长需求和当地降雨等气象水文影响，变化生育期内的出口控制高度，以满足作物生长的水分需求和缓解水旱胁迫。

为考察控制排水驱动的田间水分运动规律及其作物响应和水旱缓解效应特性，针对不同暗管埋深条件设置 3 种定水位控制高度：20cm、40cm、50cm(或 70cm)。动水位调控设定 2 种时序动态调控方式，其中根据根系生长等作物生理特性及其水分胁迫响应特征，设定了生育期内出口抬高高度随时间逐渐减少的时序动态调控方式(图 4-1)。考虑到淮北平原的涝渍胁迫大多发生在 7 月份的特性，设置了 7 月份出口高度抬高最小、6月份抬高最大，而 8、9 月份高度居中的时序动态调控方式(图 4-2)。

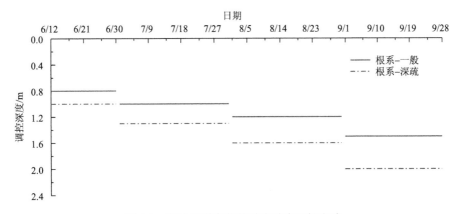

图 4-1　基于根系变化的时序动态调控方式

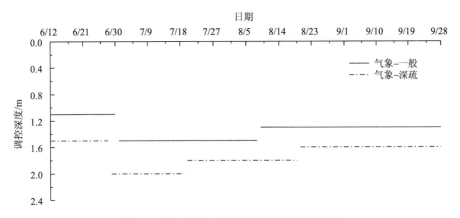

图 4-2　基于水文变化的时序动态调控方式

2. 暗管埋深与间距

暗管埋深及其对应间距决定了排水暗管的除涝降渍效率，以及后期遭遇干旱时的作物水分胁迫程度。故讨论田间控制排水的生态效应，首先要明确其埋深与间距状况。为此，结合淮北地区的降雨等气象和作物种植状况，以 48h 内将地下水埋深从田面降至 0.6m 以下为排水标准计算暗管埋深与间距。

考虑机械作业对地下水埋深控制要求（在地表以下 0.6~0.8m）、排水工程规范及除涝降渍的实地调查，设置了 0.8m、1.5m 和 2.0m 三种典型暗管埋深，后文中把其分别称为浅密型、一般型和深疏型暗管埋设类型。不同暗管埋深的间距 (L) 计算方程式如下：

$$L = \pi \left[\frac{K d_e t}{\mu \ln\left(1.16 H_0 / H_t\right)} \right]^{1/2} \tag{4.1}$$

式中，t 为地下水位降落过程的历时，d；K 为排水地段含水层的平均渗透系数，m/d；μ 为地下水位降落范围内含水层的平均给水度；H_0、H_t 为 t 时段始、末排水地段中部地下水位至沟中水位或暗管中心的垂向距离，即作用水头，m；d_e 为等效深度，m。

治渍排水模数采用的方程式为

$$q = \frac{\mu \Delta \overline{h}}{t} \tag{4.2}$$

式中，q 为调控地下水位要求的治渍排水模数，m/d；$\Delta\overline{h}$ 为满足治渍要求的地下水位平均降深值，m。

排水暗管内径方程式为

$$d = 2\left(\frac{nQ}{\alpha\sqrt{3i}}\right)^{3/8} \tag{4.3}$$

式中，d 为排水暗管内经，m；Q 为设计排水流量，m³/s；i 为水力比降；α 为与管内充盈度有关的系数，此处选用 1.66；n 为管内糙率，波纹塑料管可取 0.016。

经上述计算并考虑实际使用要求，排水暗管的布局及其主要参数的设计结果如表 4-1 所示。需要说明的是，考虑到作物降渍要求，暗管埋深不宜过浅，并且由于试验区斗沟和农沟的深度限制，暗管埋深也不宜太深。如果排水期外河水位较高，则需及时抽排降低水位，为暗管出流提供条件。

表 4-1　排水暗管布局及其主要参数

参数名称	参数值		
暗管埋深/cm	80（浅密型）	150（一般型）	200（深疏型）
暗管间距/cm	1700（浅密型）	3000（一般型）	3500（深疏型）
排渍模数/(m/d)	0.0143		
暗管有效半径/cm	4		

综合控制排水的定水位及动水位调控方法、作物生长特点和当地气象变化的共同影响及暗管埋深状况，表 4-2 给出了控制排水的具体调控方案。

表 4-2　控制排水调控方案的主要参数

调控方式	调控参数	出口水位调控时段与高度			
定水位	排水控制时段/月	1～12			
	出口抬高高度(浅密型)/cm	20、40			
	出口抬高高度(深疏型)/cm	20、40、50			
	出口抬高高度(一般型)/cm	20、40、70			
基于根系的时序动态调控	排水控制时段/月	1～6	7	8	9～12
	出口抬高高度(一般型)/cm	70	50	30	0
	出口抬高高度(深疏型)/cm	100	70	40	0
基于水文的时序动态调控	排水控制时段(一般型)/日期	1.1～6.30	7.1～8.8		8.9～12.31
	出口抬高高度(一般型)/cm	40	0		20
	排水控制时段(深疏型)/日期	1.1～6.28	6.29～7.19	7.20～8.19	8.20～12.31
	出口抬高高度(深疏型)/cm	50	0	20	40

3. 气象与水文年

气象数据来自于蚌埠气象站(116°21′E, 33°14′N, 海拔 20m)1954～2020 年的逐日气象数据，包括降雨量、最高气温、最低气温、相对湿度、风速和日照时数等。潜在腾发量(ET_0)采用 Penman-Monteith 公式计算得到。为研究降水变化对排水调控效应的影响，采用国内常用的降水保证率分类标准，根据试区的降水资料对降水年型进行分类。25%保证率的降水年份为丰水年，即 2005 年；50%保证率的降水年份作为平水年，即 1971年；75%保证率的降水年份为干旱年，即 1992 年。不同水文年的日潜在腾发量和降雨量由图 4-3～图 4-5 给出，1954～2020 年的长期年降雨量由图 4-6 给出。

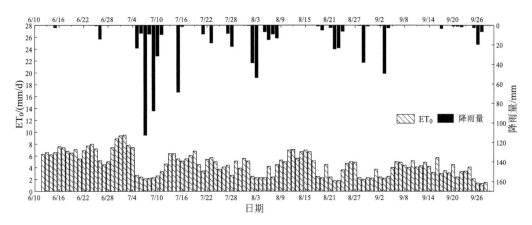

图 4-3　丰水年的生育期内 ET_0 和降雨变化

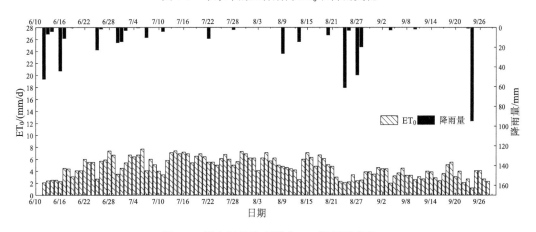

图 4-4　平水年的生育期内 ET_0 和降雨变化

4. 模拟模型

为评价 DRAINMOD 模型模拟暗管排水的田间水位和排水量精度，选取安徽省亳州市利辛县排水试区 2020 年 7 月 11 日至 8 月 9 日时段，埋深 80cm、间距 30m 的暗管排水量和两暗管中点地下水埋深的监测值，验证模型和率定排水参数。

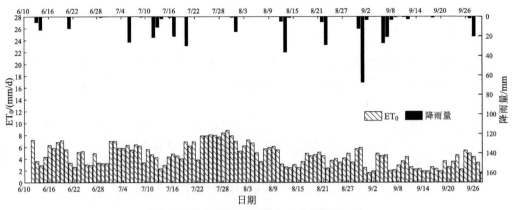

图 4-5　枯水年的生育期内 ET_0 和降雨变化

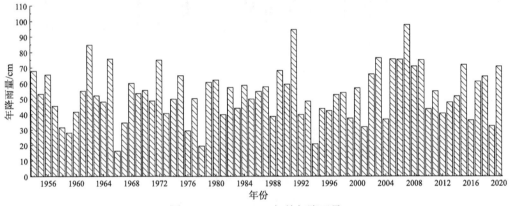

图 4-6　1954～2020 年的年降雨量

共计 30 次的排水量实测值与模拟值如图 4-7 所示，结果发现纳什系数 E 为 0.71、平均相对误差 MRE 为 −8.84%、决定系数 R^2 为 0.77，并且模拟值与实测排水量的变化趋势

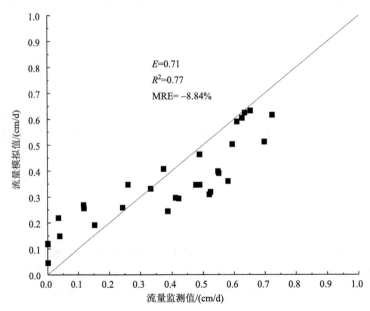

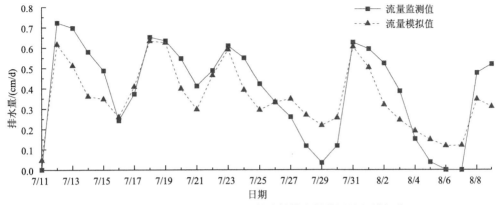

图 4-7 埋深 80cm、间距 30m 的暗管排水量监测值与模拟值

基本一致。28 次地下水埋深的实测值与模拟值如图 4-8 所示，模拟结果的纳什系数为 0.73、平均相对误差为 10.62%、决定系数为 0.76，并且模拟值与实测地下水埋深的变化范围及变化趋势基本一致。这表明模拟模型及其参数取值能较好地反映试验区排水暗管的实际排水过程，可运用 DRAINMOD 模型准确模拟试验区暗管排水布局及其水文效应。

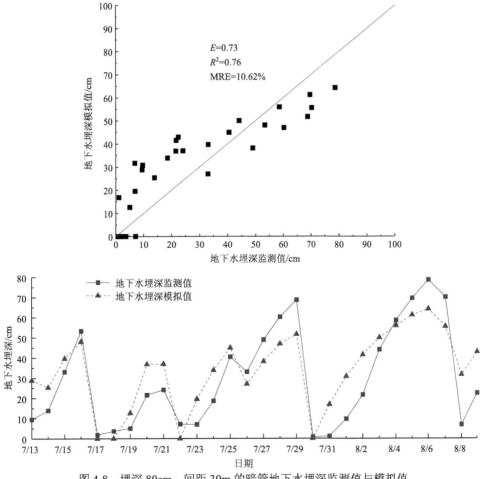

图 4-8 埋深 80cm、间距 30m 的暗管地下水埋深监测值与模拟值

通过对比监测数据，以模拟值与监测值的误差最小为判定标准，率定的排水系统主要参数见表 4-3。

表 4-3　DRAINMOD 模型主要输入参数

参数类别	参数名称	参数值									
土壤水分特征曲线	体积含水率/(cm³/cm³)	0.35	0.318	0.262	0.184	0.123	0.095	0.08	0.065	0.053	0.051
	吸力/cm	0	−25	−50	−100	−200	−330	−500	−1000	−5000	−15000
土壤排水特性	地下水埋深/cm	0	6	20	60	120	150	200	500	1000	
	土壤可排空体积/cm	0	0.023	0.253	2.86	11.875	17.675	28.485	100	100	
	潜水上升通量/(cm/h)	0.5	0.5	0.5	0.1812	0.0172	0.0071	0.0022	0	0	
排水系统设计	暗管间距/cm	3000									
	暗管埋深/cm	80									
	不透水层深度/cm	500									
	暗管有效半径/cm	4									
	最大地表蓄水深度/cm	0.5									
	Kirkham 积水深度/cm	9.47									

5. 水旱胁迫与作物响应评价方法

作物生长期的涝渍和干旱胁迫是影响作物产量的关键环境条件。缓解作物水旱胁迫是控制排水、维持田间生态系统的关键，将直接影响作物生长及其产量。为此我们采用 $\mathrm{SEW_{30}}$ 和 $\mathrm{SDI_d}$ 表征作物分别受涝渍和干旱的胁迫影响程度，用相对产量 Y_r 描述水旱胁迫的产量响应。

涝渍胁迫指标 $\mathrm{SEW_{30}}$ 的计算公式为

$$\mathrm{SEW_{30}} = \sum_{i=1}^{n}\left(30 - x_i\right) \tag{4.4}$$

式中，x_i 为第 i 天的地下水埋深，cm；当埋深大于 30cm 时，x_i 值为 0。

干旱胁迫指标 $\mathrm{SDI_d}$ 的计算公式为

$$\mathrm{SDI_d} = \sum_{j=1}^{n}\left(\mathrm{SD_{dj}} \times \mathrm{CS_{dj}}\right) \tag{4.5}$$

式中，$\mathrm{SD_{dj}}$ 为生长期内第 j 个生长阶段干旱胁迫指标；$\mathrm{CS_{dj}}$ 为第 j 个生长阶段的干旱敏感因子；n 为生长期内的生长阶段总数。$\mathrm{SD_{dj}}$ 的计算方法如下所示：

$$\mathrm{SD_{dj}} = \sum_{k=1}^{n_j}\left(1 - \mathrm{AET}_k / \mathrm{PET}_k\right) \tag{4.6}$$

式中，AET_k 为第 k 天的实际腾发量；PET_k 为第 k 天的潜在腾发量；n_j 为第 j 个生长阶段的天数。

相对产量 Y_r 的计算公式为

$$Y_r = \frac{Y}{Y_0} = Y_{r_w} \times Y_{r_d} \times Y_{r_p} \tag{4.7}$$

式中，Y_r 为作物相对产量，%；Y 为所求年份实际产量；Y_0 为多年平均最大产量；Y_{r_p} 为仅考虑播种延误得到的相对产量，%；Y_{r_w} 为仅考虑涝渍因素得到的相对产量，%；Y_{r_d} 为仅考虑干旱因子得到的相对产量，%。

4.2.2　定水位调控影响的水分运动与水旱缓解效应

1. 地下水埋深变化

丰水年不同暗管埋深下抬高出口水位控制高度的生育期田间地下水埋深变化见图 4-9。由图 4-9 可见，不同暗管埋深条件下地下水埋深受排水暗管出口水位控制高度的影响均比较明显。由图 4-9(a)可见，在浅密型暗管埋深条件下的地下水埋深由浅至深为：暗管出口高度 0.4m<暗管出口高度 0.2m<自由排水。由图 4-9(b)可见，在一般型暗管埋深条件下的地下水埋深由浅至深为：暗管出口高度 0.7m<暗管出口高度 0.4m<暗管出口高度 0.2m<自由排水。由图 4-9(c)可见，在深疏型暗管埋深条件下的地下水埋深由浅至深为：暗管出口高度 0.5m<暗管出口高度 0.4m<暗管出口高度 0.2m<自由排水。这表明，在不同暗管埋深条件下，地下水埋深均随着暗管出口高度的增加而变浅。

平水年不同暗管埋深下抬高出口水位控制高度的生育期田间地下水埋深变化见图 4-10。由图 4-10(a)可见，在浅密型暗管埋深条件下的地下水埋深受暗管出口水位控制高度变化影响不明显。由图 4-10(b)可见，在一般型暗管埋深条件下的地下水埋深由浅至深为：暗管出口高度 0.7m=暗管出口高度 0.4m<暗管出口高度 0.2m<自由排水。由图 4-10(c)可见，在深疏型暗管埋深条件下的地下水埋深由浅至深为：暗管出口高度 0.5m<暗管出口高度 0.4m<暗管出口高度 0.2m<自由排水。这表明，在浅密型暗管埋深条件下，抬高暗管出口高度对地下水埋深无影响；在一般型和深疏型暗管埋深条件下，地下水埋深随着暗管出口高度的增加而变浅。

枯水年不同暗管埋深下抬高出口水位控制高度的生育期田间地下水埋深变化见图 4-11。由图 4-11 可见，在深疏型暗管埋深条件下的地下水埋深受暗管出口水位控制高度的影响比较明显。由图 4-11(a)和(b)可见，在浅密型和一般型暗管埋深条件下的地下水埋深受暗管出口水位控制高度变化影响不明显。由图 4-11(c)可见，在深疏型暗管埋深条件下的地下水埋深由浅至深为：暗管出口高度 0.5m=暗管出口高度 0.4m<暗管出口高度 0.2m<自由排水。这表明，在浅密型和一般型暗管埋深条件下，抬高暗管出口高度对地下水埋深均无影响；在深疏型暗管埋深条件下，地下水埋深随着暗管出口高度的增加而变浅。

综上所述，地下水埋深变化受出口水位控制高度的影响在不同水文年和暗管埋深间存在差异。对于深疏型暗管，3 种水文年下地下水埋深随出口水位抬高高度的增加而逐渐变浅；对于一般型暗管，除了枯水年无影响外，地下水埋深随出口水位抬高高度的增加而逐渐变浅；对于浅密型暗管，仅丰水年呈现地下水埋深随出口水位抬高高度的增加而逐渐变浅的情况。总之，暗管埋深较大时实施控制排水能更明显地调控地下水埋深。

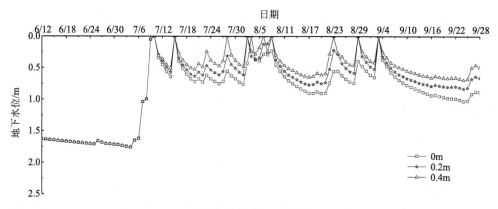

(a) 浅密型(埋深80cm，间距17m)

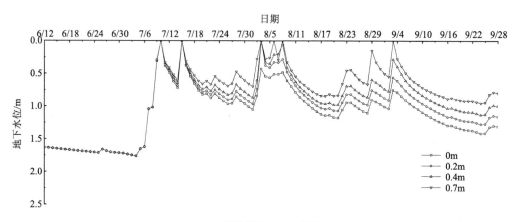

(b) 一般型(埋深150cm，间距30m)

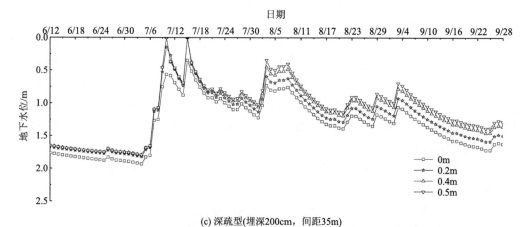

(c) 深疏型(埋深200cm，间距35m)

图 4-9　丰水年 3 种暗管埋深下抬高出口高度对地下水埋深的影响

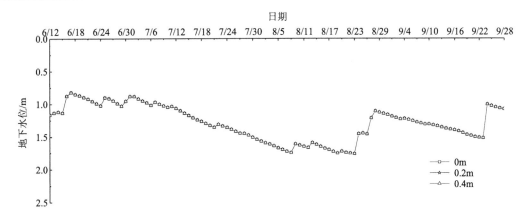

(a) 浅密型(埋深80cm，间距17m)

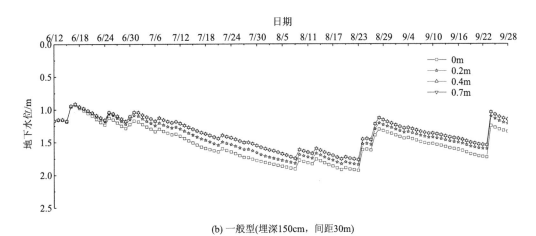

(b) 一般型(埋深150cm，间距30m)

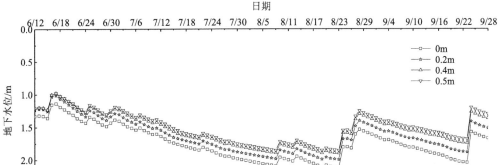

(c) 深疏型(埋深200cm，间距35m)

图 4-10　平水年 3 种暗管埋深下抬高出口高度对地下水埋深的影响

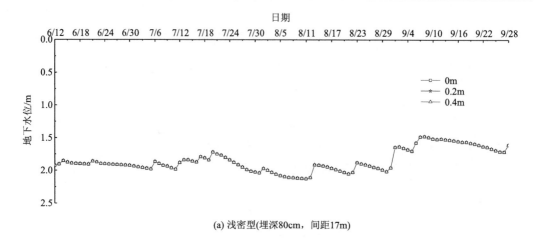

(a) 浅密型(埋深80cm，间距17m)

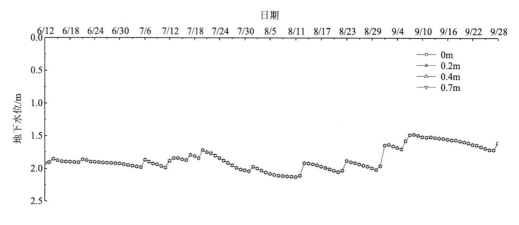

(b) 一般型(埋深150cm，间距30m)

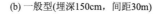

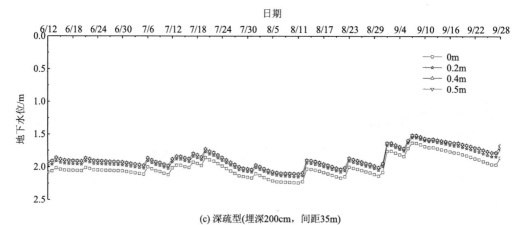

(c) 深疏型(埋深200cm，间距35m)

图 4-11　枯水年 3 种暗管埋深下抬高出口高度对地下水埋深的影响

2. 暗管排水量变化

丰水年不同暗管埋深下抬高出口水位控制高度的生育期田间地下排水量变化见图4-12。

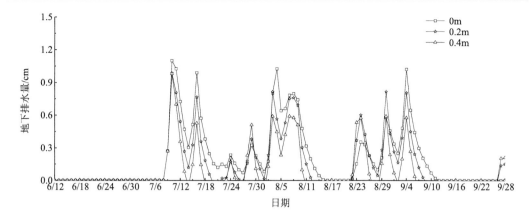

(a) 浅密型(埋深80cm，间距17m)

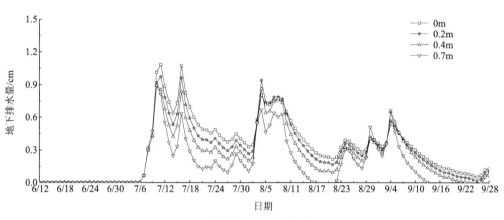

(b) 一般型(埋深150cm，间距30m)

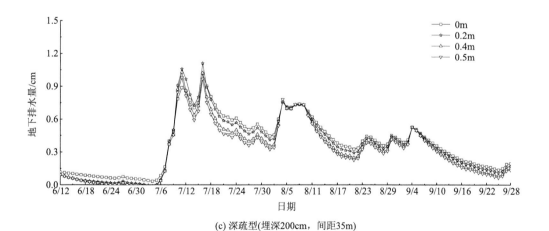

(c) 深疏型(埋深200cm，间距35m)

图 4-12　丰水年 3 种暗管埋深下抬高出口高度对地下排水量的影响

由图 4-12 可见，不同暗管埋深条件下地下排水量受排水暗管出口水位控制高度的影响均比较明显。由图 4-12(a)可见，在浅密型暗管埋深条件下的地下排水量由小至大为：暗管出口高度 0.4m<暗管出口高度 0.2m<自由排水。由图 4-12(b)可见，在一般型暗管埋深条件下的地下排水量由小至大为：暗管出口高度 0.7m<暗管出口高度 0.4m<暗管出口高度 0.2m<自由排水。由图 4-12(c)可见，在深疏型暗管埋深条件下的地下排水量由小至大为：暗管出口高度 0.5m<暗管出口高度 0.4m<暗管出口高度 0.2m<自由排水。这表明，在不同暗管埋深条件下，地下排水量均随着暗管出口抬升高度的增加而变小。

平水年不同暗管埋深下抬高出口水位控制高度的生育期田间地下排水量变化见图 4-13。由图 4-13 可见，在一般型和深疏型暗管埋深条件下地下排水量受暗管出口水位控制高度的影响比较明显。由图 4-13(a)可见，在浅密型暗管埋深条件下的地下排水量受暗管出口水位控制高度变化影响不明显。由图 4-13(b)可见，在一般型暗管埋深条件下的地下排水量由小至大为：暗管出口高度 0.7m=暗管出口高度 0.4m<暗管出口高度 0.2m<自由排水。由图 4-13(c)可见，在深疏型暗管埋深条件下的地下排水量由小至大为：暗管出口高度 0.5m<暗管出口高度 0.4m<暗管出口高度 0.2m<自由排水。这表明，在浅密型暗管埋深条件下，抬高暗管出口高度对地下排水量变化无影响；在一般型和深疏型暗管埋深条件下，地下排水量随着暗管出口抬升高度的增加而变小。

枯水年不同暗管埋深下抬高出口水位控制高度的生育期田间地下排水量变化见图 4-14。由图 4-14 可见，在深疏型暗管埋深条件下地下排水量受暗管出口水位控制高度的影响比较明显。由图 4-14(a)和(b)可见，在浅密型和一般型暗管埋深条件下的地下排水量受暗管出口水位控制高度变化影响不明显。由图 4-14(c)可见，在深疏型暗管埋深条件下的地下排水量由小至大为：暗管出口高度 0.5m=暗管出口高度 0.4m<暗管出口高度 0.2m<自由排水。这表明，在浅密型和一般型暗管埋深条件下，抬高暗管出口高度对地下排水量无影响；在深疏型暗管埋深条件下，地下排水量随着暗管出口抬升高度的增加而变小。

1954～2020 年不同暗管埋深下抬高出口水位控制高度的生育期地下排水总量变化见图 4-15。由图 4-15 可见，在不同暗管埋深条件下地下排水量受暗管出口水位控制高度的影响均比较明显。由图 4-15(a)可见，在浅密型暗管埋深条件下的地下排水量由小至大为：暗管出口高度 0.4m<暗管出口高度 0.2m<自由排水。由图 4-15(b)可见，在一般型暗管埋深条件下的地下排水量由小至大为：暗管出口高度 0.7m<暗管出口高度 0.4m<暗管出口高度 0.2m<自由排水。由图 4-15(c)可见，在深疏型暗管埋深条件下的地下排水量由小至大为：暗管出口高度 0.5m<暗管出口高度 0.4m<暗管出口高度 0.2m<自由排水。这表明，在不同暗管埋深条件下，地下排水量均随着暗管出口抬升高度的增加而降低。

综上所述，地下排水量随出口水位控制高度的增加而减少，这种变化在不同水文年和暗管埋深间存在差异。对于深疏型暗管，3 种水文年下生育期内日排水量随出口水位抬高深度的增加而减少；对于一般型暗管，除了枯水年无影响外，生育期内日排水量随出口水位抬高深度的增加而减少；对于浅密型暗管，仅丰水年为生育期内日排水量随出口水位抬高深度的增加而减少。从多年生育期总地下排水量看，地下排水总量仍随出口水位控制高度的增加而减少。

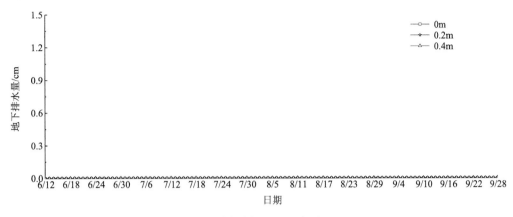

(a) 浅密型(埋深80cm，间距17m)

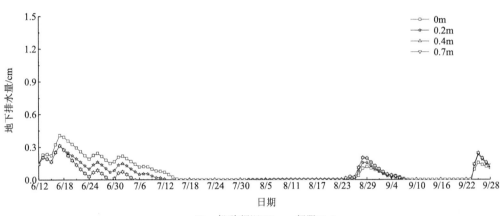

(b) 一般型(埋深150cm，间距30m)

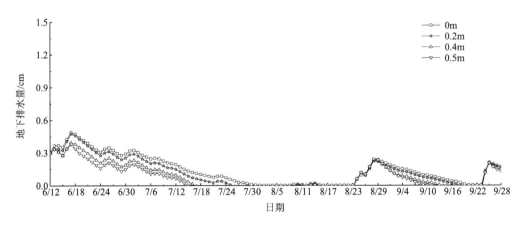

(c) 深疏型(埋深200cm，间距35m)

图 4-13 平水年 3 种暗管埋深下抬高出口高度对地下排水量的影响

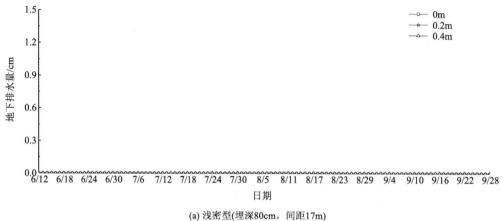

(a) 浅密型(埋深80cm，间距17m)

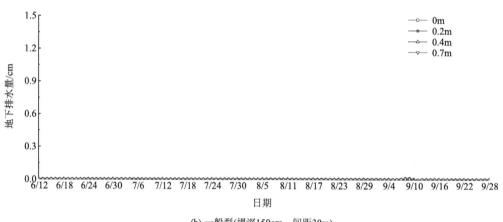

(b) 一般型(埋深150cm，间距30m)

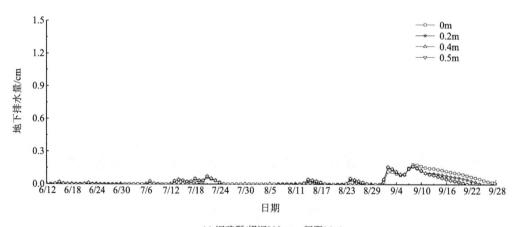

(c) 深疏型(埋深200cm，间距35m)

图 4-14　枯水年 3 种暗管埋深下抬高出口高度对地下排水量的影响

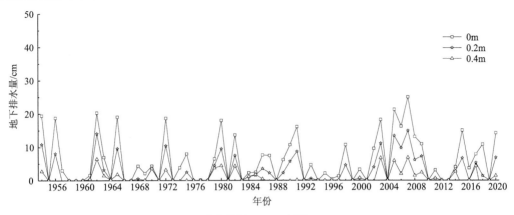

(a) 浅密型(埋深80cm，间距17m)

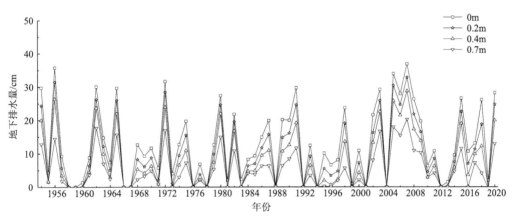

(b) 一般型(埋深150cm，间距30m)

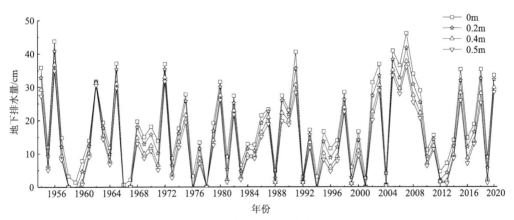

(c) 深疏型(埋深200cm，间距35m)

图 4-15　1954～2020 年 3 种暗管埋深下抬高出口高度对生育期地下排水总量的影响

3. 地表排水量变化

丰水年不同暗管埋深下抬高出口水位控制高度的生育期田间地表排水量变化见图 4-16。由图 4-16 可见，在不同暗管埋深条件下的地表排水量受排水暗管出口水位控制高度的影响均比较明显。由图 4-16(a)可见，在浅密型暗管埋深条件下的地表排水量由小至大为：自由排水<暗管出口高度 0.2m<暗管出口高度 0.4m。由图 4-16(b)可见，在一般型暗管埋深条件下的地表排水量由小至大为：自由排水<暗管出口高度 0.2m<暗管出口高度 0.4m<暗管出口高度 0.7m。由图 4-16(c)可见，在深疏型暗管埋深条件下的地表排水量由小至大为：自由排水<暗管出口高度 0.2m<暗管出口高度 0.4m<暗管出口高度 0.5m。这表明，在不同暗管埋深条件下，地表排水量均随着暗管出口高度的增加而变大。

平水年不同暗管埋深下抬高出口水位控制高度的生育期田间地表排水量变化见图 4-17。由图 4-17 可见，在不同暗管埋深条件下均无地表排水量。这表明，平水年在不同暗管埋深条件下，抬高暗管出口高度对地表排水量均无影响。

枯水年不同暗管埋深下抬高出口水位控制高度的生育期田间地表排水量变化见图 4-18。由图 4-18 可见，在不同暗管埋深条件下均无地表排水量。这表明，枯水年在不同暗管埋深条件下，抬高暗管出口高度对地表排水量均无影响。

1954～2020 年不同暗管埋深下抬高出口水位控制高度的生育期地表排水总量变化见图 4-19。由图 4-19 可见，在不同暗管埋深条件下的地表排水量受排水暗管出口水位控制高度的影响均比较明显。由图 4-19(a)可见，在浅密型暗管埋深条件下的地表排水量由小至大为：自由排水<暗管出口高度 0.2m<暗管出口高度 0.4m。由图 4-19(b)可见，在一般型暗管埋深条件下的地表排水量由小至大为：自由排水<暗管出口高度 0.2m<暗管出口高度 0.4m<暗管出口高度 0.7m。由图 4-19(c)可见，在深疏型暗管埋深条件下的地表排水量由小至大为：自由排水<暗管出口高度 0.2m<暗管出口高度 0.4m<暗管出口高度 0.5m。这表明，在不同暗管埋深条件下，地表排水量均随着暗管出口抬升高度的增加而变大。

综上所述，地表排水量随出口水位控制高度的增加而增加，这种变化在不同水文年和暗管埋深间存在差异。仅丰水年生育期内日排水量随出口水位抬高高度的增加而增加。从多年生育期地表排水总量看，地表排水总量仍随出口水位控制高度的增加而增加。

4. 作物产量响应

浅密型暗管埋设条件下作物相对产量在不同水文年和水位调控高度间的变化见图 4-20。由图 4-20 可见，作物相对产量在不同水文年和水位调控高度间变化明显。丰水年抬高暗管出口控制高度明显减少了作物产量，这主要是由于增加了作物的涝渍胁迫引起的产量下降[图 4-20(a)]。平水年抬高暗管出口控制高度未改变相对产量[图 4-20(b)]。枯水年抬高暗管出口控制高度也没改变相对产量，抬高水位也未缓解枯水年干旱对作物产量的影响[图 4-20(c)]。这表明，在暗管埋深较浅条件下，调控幅度较小，即使抬高出口高度也不能改变作物的水分供应条件。

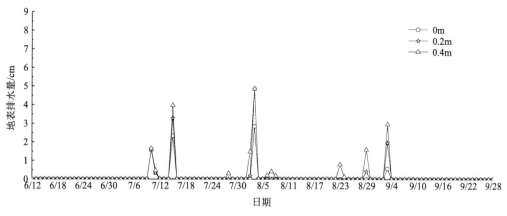

(a) 浅密型(埋深80cm，间距17m)

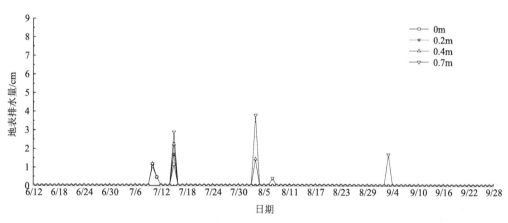

(b) 一般型(埋深150cm，间距30m)

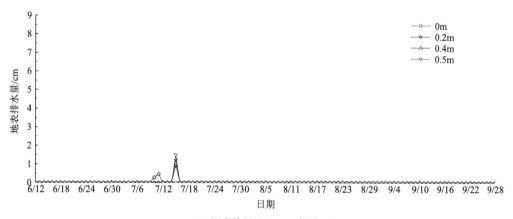

(c) 深疏型(埋深200cm，间距35m)

图 4-16　丰水年 3 种暗管埋深下抬高出口高度对地表排水量的影响

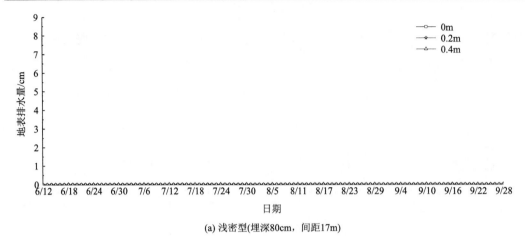

(a) 浅密型(埋深80cm，间距17m)

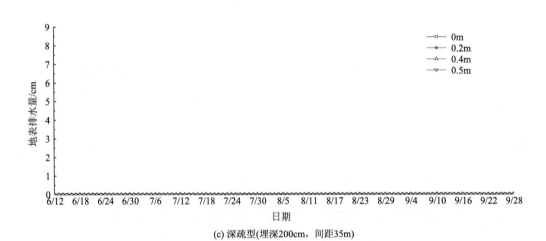

(b) 一般型(埋深150cm，间距30m)

(c) 深疏型(埋深200cm，间距35m)

图 4-17　平水年 3 种暗管埋深下抬高出口高度对地表排水量的影响

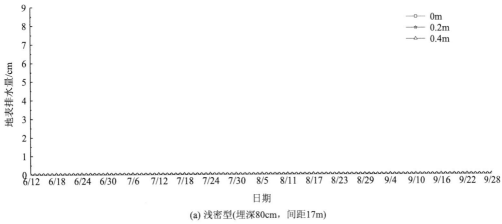

(a) 浅密型(埋深80cm，间距17m)

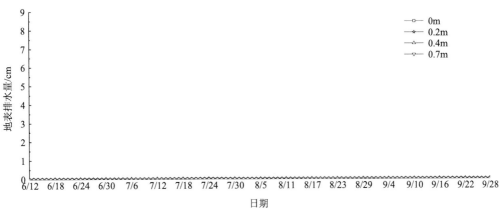

(b) 一般型(埋深150cm，间距30m)

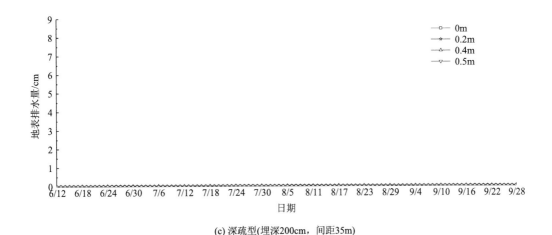

(c) 深疏型(埋深200cm，间距35m)

图 4-18　枯水年 3 种暗管埋深下抬高出口高度对地表排水量的影响

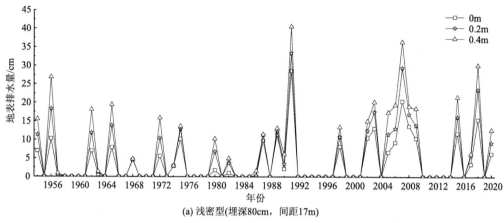

(a) 浅密型(埋深80cm，间距17m)

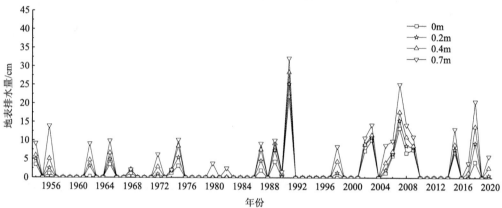

(b) 一般型(埋深150cm，间距30m)

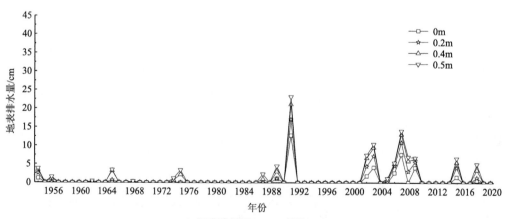

(c) 深疏型(埋深200cm，间距35m)

图 4-19　1954～2020 年 3 种暗管埋深下抬高出口高度对地表排水量的影响

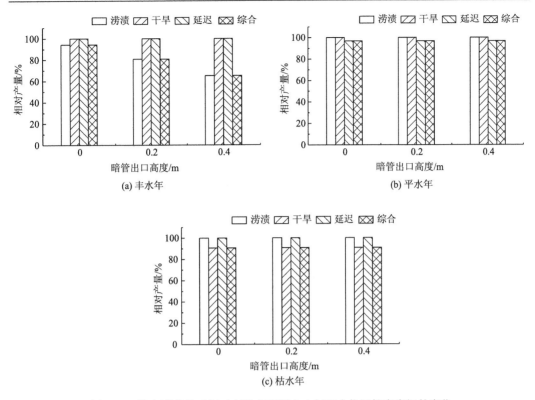

图 4-20　浅密型条件下相对产量在不同水文年和水位调控高度间的变化

一般型暗管埋设条件下作物相对产量在不同水文年和水位调控高度间的变化见图 4-21。由图 4-21 可见，作物相对产量在不同水文年和水位调控高度间差异明显。丰水年抬高暗管出口控制高度将明显减少作物产量，这归因于其增加了作物涝渍胁迫 [图 4-21（a）]。平水年抬高暗管出口控制高度增加了作物相对产量，主要因其缓解了干旱胁迫对作物生长的影响 [图 4-21（b）]。枯水年抬高暗管出口控制高度未改变相对产量，抬高水位不足以缓解干旱胁迫对作物产量的影响 [图 4-21（c）]。这表明，一般型暗管埋设条件下，针对不同降雨气象条件进行控制排水可提高作物产量。

深疏型暗管埋设条件下作物相对产量在不同水文年和水位调控高度间的变化见图 4-22。由图 4-22 可见，作物相对产量在不同水文年和水位调控高度间差异明显。丰水年抬高暗管出口控制高度减少了作物产量，这归因于其增加了作物涝渍胁迫 [图 4-22（a）]。平水年抬高暗管出口控制高度明显增加了作物相对产量，主要因其缓解了干旱胁迫对作物生长的影响 [图 4-22（b）]。枯水年抬高暗管出口控制高度也增加了作物相对产量，也是缓解了干旱胁迫对作物产量的影响结果 [图 4-22（c）]。这表明，在暗管埋深较大条件下，适当抬高出口水位控制高度可缓解干旱对作物生长的影响，以提高作物产量。

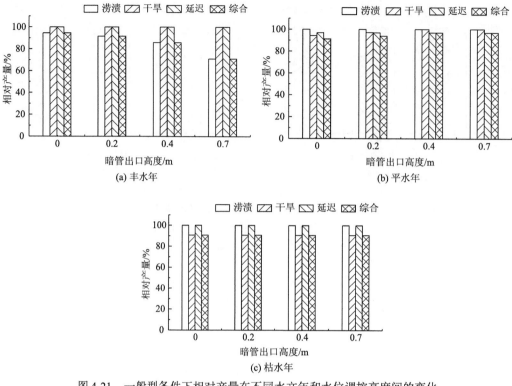

图 4-21　一般型条件下相对产量在不同水文年和水位调控高度间的变化

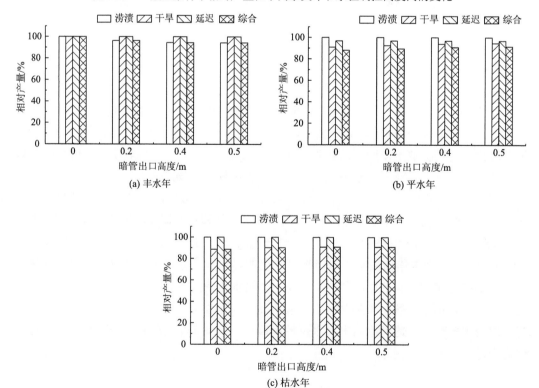

图 4-22　深疏型条件下相对产量在不同水文年和水位调控高度间的变化

浅密型暗管埋设条件下 1954～2020 年的作物相对产量在不同出口抬高高度间的变化见图4-23。由图4-23可见，控制排水对作物产量的影响在年际间变化明显。由图4-23（d）

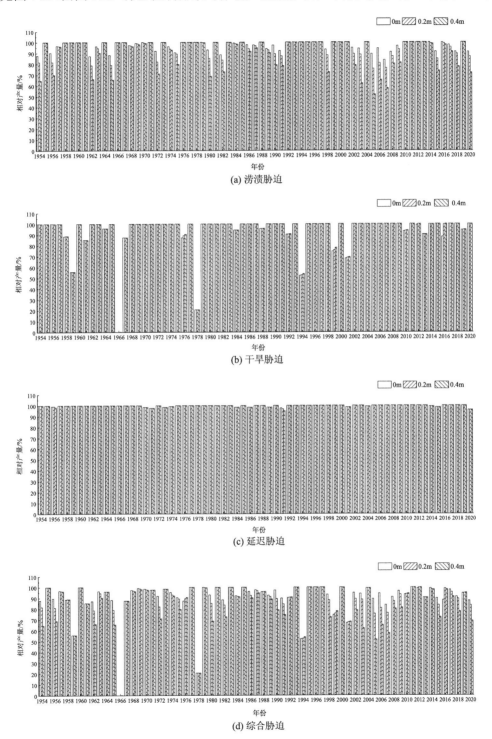

(a) 涝渍胁迫

(b) 干旱胁迫

(c) 延迟胁迫

(d) 综合胁迫

图 4-23 浅密型条件下 1954～2020 年的相对产量在不同出口水位抬高高度间的变化

可见，抬高出口控制高度减少了作物相对产量，与自由排水相比，抬高 0.2m 和 0.4m 分别减少了 2.29% 和 7.32% 的多年平均产量；在 67 年中明显减少了 28 年的产量，有 29 年的产量不受控制排水影响。由图 4-23(a)~(c)可见，这种长期的产量影响主要是因增加了涝渍胁迫而减少了作物产量，其次是通过缓解干旱胁迫对作物影响而提高了作物产量，两者共同作用下改变了作物产量，且两种效应随着出口抬高高度的增加而强化。

一般型暗管埋设条件下 1954~2020 年的作物相对产量在不同出口抬高高度间的变化见图 4-24。由图 4-24 可见，控制排水对作物产量的影响在年际间变化明显。由图 4-24(d)可见，抬高出口控制高度对作物相对产量的影响变化较大，在 67 年中，有 25 年增产，23 年减产，19 年产量不变。从多年平均产量变化上看，与自由排水相比，抬高出口高度 0.2m、0.4m 和 0.7m 产量分别减少了 0.58%、0.18% 和 2.67%。由图 4-24(a)~(c)可见，减产效应是由增加了涝渍胁迫对作物生长的影响导致的，增产效应是通过缓解干旱胁迫对作物的影响形成的，在两者共同作用下改变了作物产量，且两种效应随着抬高高度的增加而增强。

深疏型暗管埋设条件下 1954~2020 年的作物相对产量在不同出口抬高高度间的变化见图 4-25。由图 4-25 可见，控制排水对作物产量的影响在年际间变化明显。由图 4-25(d)可见，抬高出口控制高度增加了作物相对产量，与自由排水相比，抬高出口高度 0.2m、0.4m 和 0.5m 多年平均产量分别增加了 2.66%、4.31% 和 4.64%；在 67 年中明显增加了 44 年的产量，减少了 16 年的产量，7 年的产量不变。由图 4-25(a)~(c)可见，这种长期的产量影响主要是通过缓解干旱胁迫对作物的影响而提高的，其次是通过增加涝渍胁迫减少了作物产量，在两者共同作用下改变了作物产量，且两种效应随着抬高高度的增加而增强。

综上，适当抬高暗管出口控制高度可缓解因干旱胁迫对作物产量的影响，但也可能会增加涝渍胁迫。控制排水的作物产量响应受暗管埋深和降雨状况的交互影响。对于埋深较大的暗管，除了丰水年份有少许减产外，抬高出口控制高度因缓解干旱胁迫而提高了作物相对产量；对于常规暗管埋深，控制排水对产量的影响受年降雨状况影响较大，表现为丰水年减产、平水年增产和枯水年产量不变；对于埋深较浅的暗管，因抬高出口控制高度增加了涝渍胁迫而使减产发生的年份比较多，表现为丰水年减产、平水年和枯水年产量不变。

5. 胁迫指数变化

不同水文年下浅密型暗管埋设的出口高度变化的涝渍和干旱胁迫指数见图 4-26。由图 4-26 可见，抬高暗管出口高度会增加丰水年的涝渍胁迫指数，对平水年和枯水年的涝渍胁迫指数及 3 个水文年的干旱胁迫指数影响不明显。

不同水文年下一般型暗管埋设的出口高度变化的涝渍和干旱胁迫指数见图 4-27。由图 4-27 可见，抬高暗管出口高度增加了丰水年的涝渍胁迫指数，降低了平水年的干旱胁迫指数，且这种作用随着高度抬高量的增加而增加。

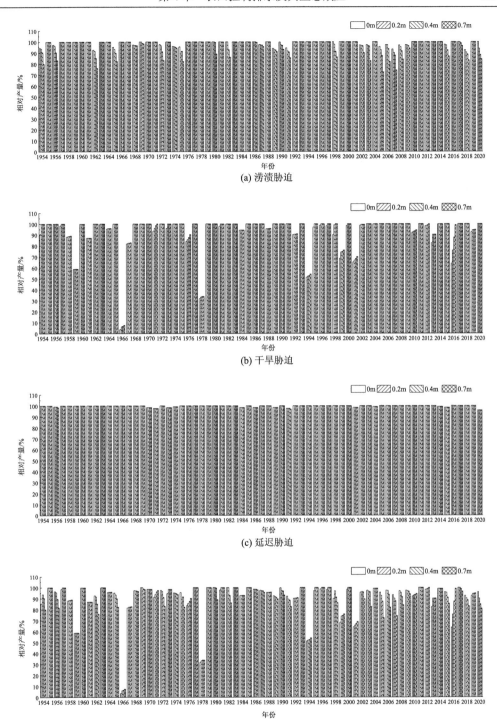

图 4-24 一般型条件下 1954~2020 年的相对产量在不同出口水位抬高高度间的变化

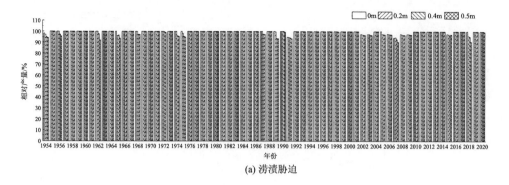

(a) 涝渍胁迫

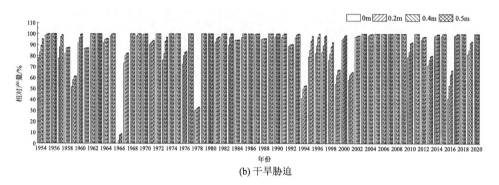

(b) 干旱胁迫

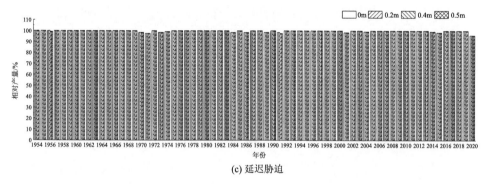

(c) 延迟胁迫

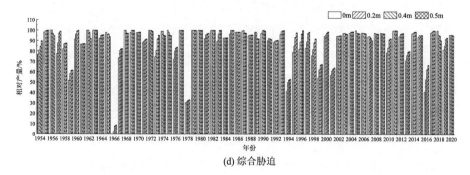

(d) 综合胁迫

图 4-25　深疏型条件下 1954～2020 年的相对产量在不同出口水位抬高高度间的变化

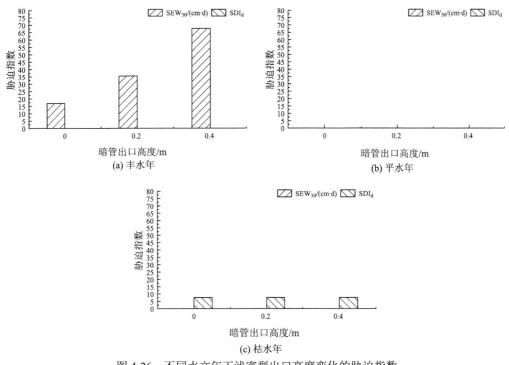

图 4-26　不同水文年下浅密型出口高度变化的胁迫指数

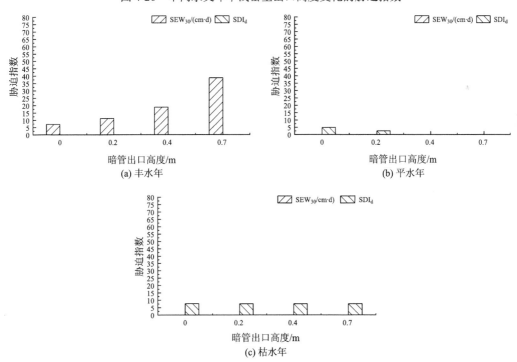

图 4-27　不同水文年下一般型出口高度变化的胁迫指数

不同水文年下深疏型暗管埋设的出口高度变化的涝渍和干旱胁迫指数见图 4-28。由图 4-28 可见，抬高暗管出口高度增加了丰水年的涝渍胁迫指数，降低了平水年和枯水年的干旱胁迫指数，且这种作用随着高度抬高量的增加而增加。

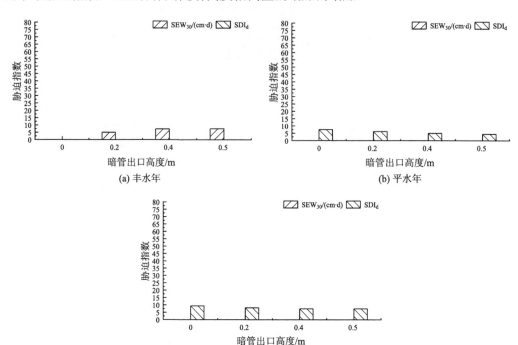

图 4-28　不同水文年下深疏型出口高度变化的胁迫指数

　　浅密型暗管埋设下 1954～2020 年的涝渍胁迫指数和干旱胁迫指数受出口控制高度的影响见图 4-29。由图 4-29 可见，抬高暗管出口高度明显增加了涝渍胁迫指数，增加量随着抬高深度的增加而增加；与自由排水相比，抬高 0.2m 和 0.4m 分别增加了 72.7% 和217.54% 的多年平均涝渍胁迫指数。抬高暗管出口高度降低了部分年份的干旱胁迫指数，67 年中有 12 年的干旱胁迫指数有所减少，其余年份不变。

　　一般型暗管埋设下 1954～2020 年的涝渍胁迫指数和干旱胁迫指数受出口控制高度的影响见图 4-30。由图 4-30 可见，抬高暗管出口高度明显增加了涝渍胁迫指数，增加量随着抬高深度的增加而增加；与自由排水相比，抬高 0.2m、0.4m 和 0.7m 分别增加了47.7%、130.84% 和 341.39% 的多年平均涝渍胁迫指数。抬高暗管出口高度降低了部分年份的干旱胁迫指数，67 年中有 24 年的干旱胁迫指数有所减少，其余年份不变。

　　深疏型暗管埋设下 1954～2020 年的涝渍胁迫指数和干旱胁迫指数受出口控制高度的影响见图 4-31。由图 4-31 可见，抬高暗管出口高度增加了部分年份的涝渍胁迫指数，67 年中有 21 年的涝渍胁迫指数有所增加，其余年份不变。抬高暗管出口高度降低了干旱胁迫指数，67 年中有 24 年的干旱胁迫指数明显减少；与自由排水相比，抬高 0.2m、0.4m 和 0.5m 分别减少了 20.95%、36.12% 和 41.02% 的多年平均干旱胁迫指数。

　　综上，在自由排水基础上控制排水可明显降低干旱胁迫指数，且这种效应随着暗管埋深的增加而增强，随着年降雨量的增加效应减弱。抬高出口高度可增加涝渍胁迫指数，这种效应随着暗管埋深的增加而减弱，尤其在丰水年份的增加较为明显。

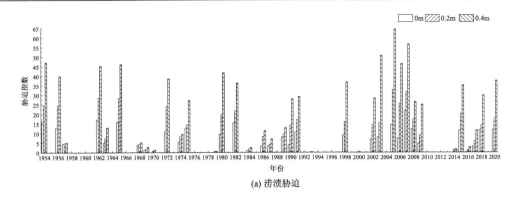

(a) 涝渍胁迫

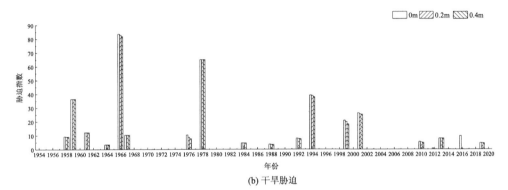

(b) 干旱胁迫

图 4-29 1954～2020 年浅密型出口高度变化的胁迫指数

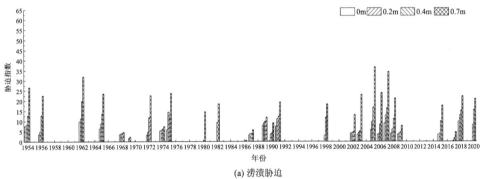

(a) 涝渍胁迫

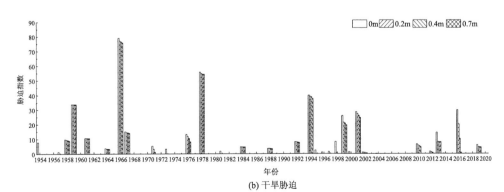

(b) 干旱胁迫

图 4-30 1954～2020 年一般型出口高度变化的胁迫指数

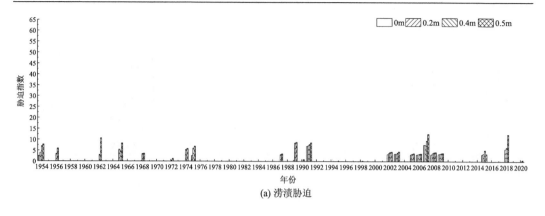

(a) 涝渍胁迫

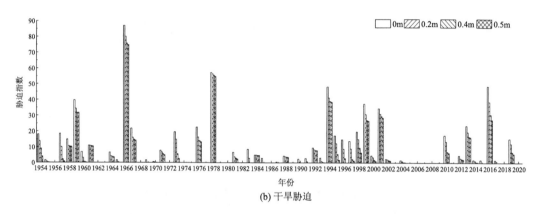

(b) 干旱胁迫

图 4-31　1954～2020 年深疏型出口高度变化的胁迫指数

4.2.3　时序动态调控影响的水分运动与水旱缓解效应

控制排水能够缓解涝渍和干旱胁迫对农田生态系统的影响,为淮北平原农田植被生态系统提供适宜的田间墒情条件,拟通过在植被生长期间进行变水位调控。考虑根系生长等植被生理特性及其水分胁迫响应特征,提出了生育期内出口抬高高度随时间逐渐减少的基于根系变化的时序动态调控;考虑到淮北平原的涝渍胁迫大多发生在 7 月份,干旱胁迫常发生在 6 月、8 月下旬和 9 月份的气象水文特性,提出了涝渍胁迫期自由排水和干旱期间控制排水的基于水文变化的时序动态调控。

1. 地下水埋深变化

丰水年不同时序动态调控方式的生育期田间地下水埋深变化见图 4-32。由图 4-32 可见,在不同暗管埋深条件下的地下水埋深受不同时序动态调控的影响均比较明显。一般型暗管埋深条件下,9 月 10 日之前生育阶段的地下水埋深由浅至深为:根系-一般<水文-一般,在此之后地下水埋深由浅至深为:水文-一般<根系-一般。深疏型暗管埋条件下 9 月 10 日之前生育阶段内地下水埋深由浅至深为:根系-深疏<水文-深疏,在此之后地下水埋深由浅至深为:水文-深疏<根系-深疏。这表明,丰水年不同暗管埋深条件下,生育阶段前期基于根系时序动态调控的地下水埋深较基于水文时序动态调控的浅,

后期基于水文时序动态调控方式下的地下水埋深较基于根系时序动态调控的浅，这与前期基于根系时序动态调控的调控深度较浅和后期基于水文时序动态调控的调控深度较浅相一致。

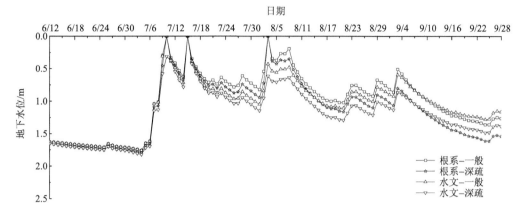

图 4-32　丰水年 2 种暗管埋深下不同时序动态调控方式对地下水位的影响

平水年不同时序动态调控方式的生育期田间地下水埋深变化见图 4-33。由图 4-33可见，在一般型和深疏型暗管埋深条件下的地下水埋深受不同时序动态调控方式的影响均比较明显。在一般型暗管埋深条件下的地下水埋深由浅至深为：根系-一般<水文-一般。在深疏型暗管埋深条件下的地下水埋深由浅至深为：根系-深疏<水文-深疏。这表明，基于根系时序动态调控下的地下水埋深较基于水文时序动态调控的浅。

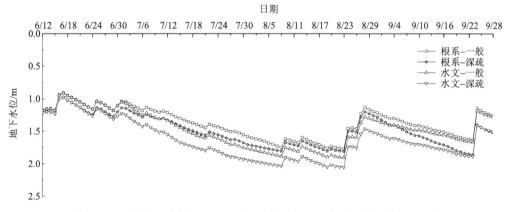

图 4-33　平水年 2 种暗管埋深下不同时序动态调控方式对地下水位的影响

枯水年不同时序动态调控方式的生育期田间地下水埋深变化见图 4-34。由图 4-34可见，在一般型暗管埋深条件下整个生育阶段的地下水埋深受不同时序动态调控方式的影响都不明显。而深疏型暗管埋深条件下，在 9 月 10 日之前的生育阶段内的地下水埋深受不同时序动态调控方式的影响不明显，在此之后深疏型暗管埋深条件下的地下水埋深由浅至深为：水文-深疏<根系-深疏。这表明，在一般型暗管埋深条件下，改变时序动

态调控方式对地下水埋深无影响；在深疏型暗管埋深条件下，基于水文时序动态调控下的地下水埋深较基于根系时序动态调控的浅。

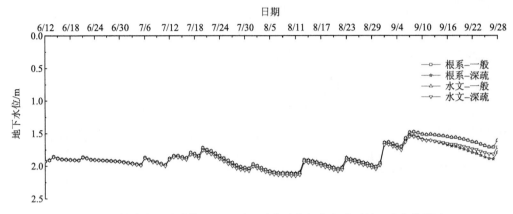

图4-34　枯水年2种暗管埋深下不同时序动态调控方式对地下水位的影响

综上所述，地下水埋深变化受时序动态调控方式的影响在不同水文年和暗管埋深间存在差异。丰水年生育阶段前期基于根系时序动态调控下的地下水埋深较基于水文时序动态调控的浅，后期基于水文时序动态调控下的地下水埋深较基于根系时序动态调控的浅。平水年在整个生育阶段基于根系时序动态调控的地下水埋深均较基于水文时序动态调控的浅。枯水年在生育阶段前期改变时序动态调控方式，地下水埋深变化不明显；在后期深疏型暗管埋深条件下，基于水文时序动态调控下的地下水埋深较基于根系时序动态调控的浅。从调控效果上看，3个水文年对深疏型暗管进行调控可显著改变地下水埋深；而一般型暗管埋深仅改变了丰水年和平水年的地下水埋深。

2. 暗管排水量变化

丰水年2种暗管埋深下不同时序动态调控方式的生育期田间地下排水量变化见图4-35。由图4-35可见，在不同暗管埋深条件下的地下排水量受不同时序动态调控方式的影响均比较明显。一般型暗管埋深条件下，在8月30日之前的生育阶段内的地下排水量

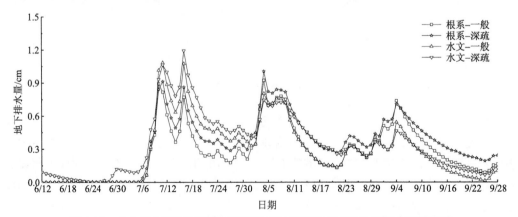

图4-35　丰水年2种暗管埋深下不同时序动态调控方式对地下排水量的影响

总体规律由小至大为：根系–一般<水文–一般，在此之后地下排水量由小至大为：水文–
一般<根系–一般。深疏型暗管埋深条件下，在 8 月 20 日之前的生育阶段内的地下排水
量总体规律由小至大为：根系–深疏<水文–深疏，在此之后地下排水量由小至大为：水
文–深疏<根系–深疏。这表明，丰水年在不同暗管埋深条件下，在生育阶段前期基于根
系时序动态调控下的地下排水量较基于水文时序动态调控的小；在后期基于水文时序动
态调控下的地下排水量较基于根系时序动态调控的小，与两者出口水位深度调控相一致。

　　平水年 2 种暗管埋深下不同时序动态调控方式的生育期田间地下排水量变化见
图 4-36。由图 4-36 可见，在不同暗管埋深条件下的地下排水量受不同时序动态调控方式
的影响均比较明显。在 8 月 23 日之前的生育阶段内一般型暗管埋深条件下的地下排水量
由小至大为：根系–一般<水文–一般，在此之后地下排水量由小至大为：水文–一般<根
系–一般；在 8 月 23 日之前的生育阶段内深疏型暗管埋深条件下的地下排水量由小至大
为：根系–深疏<水文–深疏，在此之后地下排水量由小至大为：水文–深疏<根系–深疏。
这表明，平水年在不同暗管埋深条件下，在生育阶段前期基于根系时序动态调控下的地
下排水量较基于水文时序动态调控的小，在后期基于水文时序动态调控下的地下排水量
较基于根系时序动态调控的小，与两者出口水位深度调控相一致。

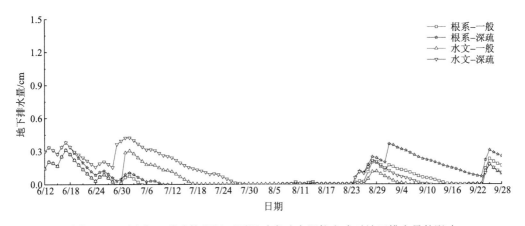

图 4-36　平水年 2 种暗管埋深下不同时序动态调控方式对地下排水量的影响

　　枯水年 2 种暗管埋深下不同时序动态调控方式的生育期田间地下排水量变化见
图 4-37。由图 4-37 可见，一般型暗管埋深条件下在整个生育阶段的地下排水量受不同时
序动态调控的影响不明显。深疏型暗管埋深条件下，在 8 月 14 日之前的生育阶段内的地
下排水量由小至大为：根系–深疏<水文–深疏，在此之后地下排水量由小至大为：水文–
深疏<根系–深疏。这表明，在一般型暗管埋深条件下，改变时序动态调控方式对地下排
水量无影响；在深疏型暗管埋深条件下，在生育阶段前期基于根系时序动态调控下的地
下排水量较基于水文时序动态调控的小；在后期基于水文时序动态调控下的地下排水量
较基于根系时序动态调控的小，与两者出口水位深度调控相一致。

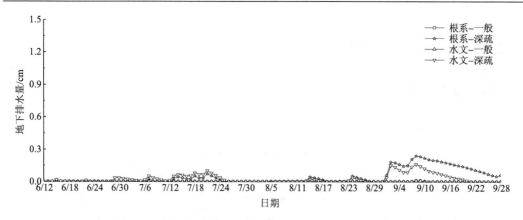

图 4-37 枯水年 2 种暗管埋深下不同时序动态调控方式对地下排水量的影响

1954～2020 年不同暗管埋深下不同时序动态调控方式的生育期田间地下排水总量变化见图 4-38。由图 4-38 可见,一般型和深疏型暗管埋深条件下的地下排水量变化趋势基本一致,受不同时序动态调控方式的影响均不明显。

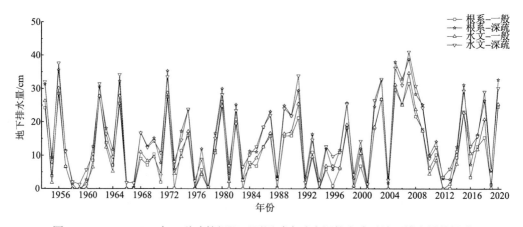

图 4-38 1954～2020 年 2 种暗管埋深下不同时序动态调控方式对地下排水量的影响

综上所述,地下排水量变化受时序动态调控方式的影响在年际间均存在差异。丰水年和平水年生育阶段前期基于根系时序动态调控的地下日排水量均较基于水文时序动态调控的小,后期基于水文时序动态调控的地下日排水量均较基于根系时序动态调控的小。枯水年在深疏型暗管埋深条件下,生育阶段前期基于根系时序动态调控的地下日排水量较基于水文时序动态调控的小,后期基于水文时序动态调控的地下日排水量较基于根系时序动态调控的小。多年的整个生育阶段地下排水总量受时序动态调控方式的影响不明显。从调控效果看,3 个水文年对深疏型暗管进行调控可显著改变日排水量,而一般型仅改变了丰水年和平水年的日排水量。

3. 地表排水量变化

丰水年 2 种暗管埋深下不同时序动态调控方式的生育期田间地表排水量变化见

图 4-39。由图 4-39 可见，在不同暗管埋深条件下的地表排水量受不同时序动态调控方式的影响均比较明显。在一般型暗管埋深条件下的地表排水量由小至大为：水文－一般<根系－一般；在深疏型暗管埋深条件下的地表排水量由小至大为：水文-深疏<根系-深疏。这表明，基于水文时序动态调控下的地表排水量较基于根系时序动态调控的小。

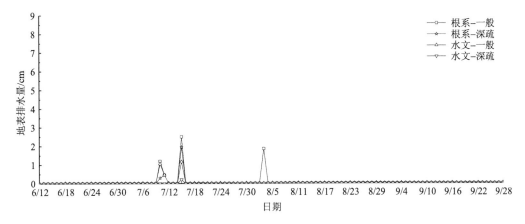

图 4-39 丰水年 2 种暗管埋深下不同时序动态调控方式对地表排水量的影响

　　平水年 2 种暗管埋深下不同时序动态调控方式的生育期田间地表排水量变化见图 4-40。由图 4-40 可见，在不同暗管埋深条件下均无地表排水量。这表明，平水年在不同暗管埋深条件下，改变时序动态调控方式对地表排水量均无影响。

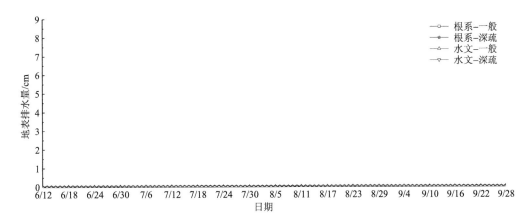

图 4-40 平水年 2 种暗管埋深下不同时序动态调控方式对地表排水量的影响

　　枯水年 2 种暗管埋深下不同时序动态调控方式的生育期田间地表排水量变化见图 4-41。由图 4-41 可见，在不同暗管埋深条件下均无地表排水量。这表明，枯水年在不同暗管埋深条件下，改变时序动态调控方式对地表排水量均无影响。

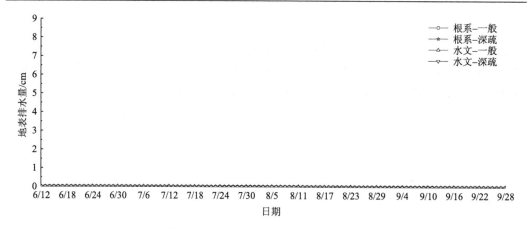

图 4-41　枯水年 2 种暗管埋深下不同时序动态调控方式对地表排水量的影响

1954～2020 年 2 种暗管埋深下不同时序动态调控方式的生育期田间地表排水量变化见图 4-42。由图 4-42 可见，在不同暗管埋深条件下的地表排水量受时序动态调控方式的影响均比较明显。在一般型暗管埋深条件下的地表排水量由小至大为：水文-一般<根系-一般；在深疏型暗管埋深条件下的地表排水量由小至大为：水文-深疏<根系-深疏。这表明，基于水文时序动态调控下的地表排水量较基于根系时序动态调控的小。

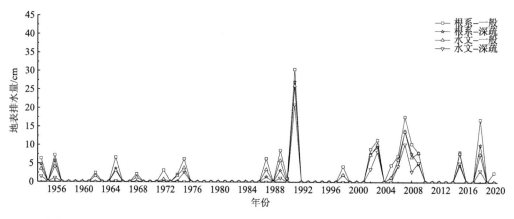

图 4-42　1954～2020 年 2 种暗管埋深下不同时序动态调控方式对地表排水量的影响

综上所述，地表排水量变化受不同时序动态调控方式的影响在连续年和不同水文年间均存在差异。丰水年在整个生育阶段下，基于水文时序动态调控的地表日排水量较基于根系时序动态调控的小。平水年和枯水年在整个生育阶段下，改变时序动态调控方式对地表日排水量均无影响。对于多年的整个生育阶段地表排水总量来说，基于水文时序动态调控的排水量较基于根系时序动态调控的小。从调控效果看，时序动态调控可明显改变年地表排水总量和丰水年的日地表排水量，却不能改变平水年和枯水年的日地表排水量。

4. 作物产量与水旱胁迫缓解效应

1) 产量变化

一般型和深疏型暗管埋设条件下丰水年作物因不同水旱胁迫的相对产量受时序动态调控变化的影响见图 4-43。由图 4-43 可见,一般型暗管埋设下基于根系时序动态调控的产量小于基于水文时序动态控制的产量,主要是因后者降低了涝渍胁迫的减产效应。深疏型暗管埋设下基于根系动态控制的产量也小于基于水文时序动态调控的产量,也因为后者降低了涝渍胁迫的减产效应。

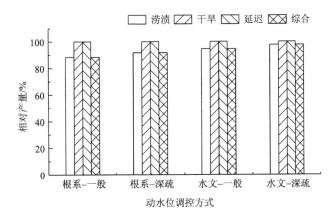

图 4-43 丰水年 2 种暗管埋设条件下时序动态调控影响的作物相对产量

一般型和深疏型暗管埋设条件下平水年作物因不同水旱胁迫的相对产量受时序动态调控变化的影响见图 4-44。由图 4-44 可见,一般型暗管埋设下基于根系时序动态调控的产量大于基于水文时序动态调控的产量,主要是因前者缓解了干旱胁迫的减产效应。深疏型暗管埋设下基于根系时序动态调控的产量也大于基于水文时序动态调控的产量,也是因为前者缓解了干旱胁迫的减产效应。

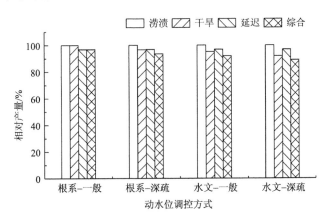

图 4-44 平水年 2 种暗管埋设条件下时序动态调控影响的作物相对产量

一般型和深疏型暗管埋设条件下枯水年作物因不同水旱胁迫的相对产量受时序动态调控变化的影响见图4-45。由图4-45可见，一般型暗管埋设下基于根系时序动态调控的产量略大于基于水文时序动态调控的产量，主要是因前者缓解了干旱胁迫的减产效应。深疏型暗管埋设下基于根系时序动态调控的产量也略大于基于水文时序动态调控的产量，也是因为前者缓解了干旱胁迫的减产效应。

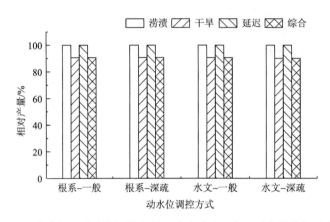

图 4-45 枯水年 2 种暗管埋设条件下时序动态调控影响的作物相对产量

一般型和深疏型暗管埋设条件下 1954～2020 年作物因不同水旱胁迫的相对产量受时序动态调控变化的影响见图4-46。一般型暗管埋设下基于根系时序动态调控的产量小于基于水文时序动态调控的产量，前者的多年平均产量比后者降低了 1.1%，67 年中有 10 年前者大于后者，有 36 年前者小于后者，有 21 年两者的差异不明显，主要是因后者不同程度地缓解了涝渍胁迫的减产效应。深疏型暗管埋设下基于根系时序动态调控的产量也小于基于水文时序动态调控的产量，前者的多年平均产量比后者降低了 0.7%，67 年中有 29 年前者大于后者，有 38 年前者小于后者，主要是因后者不同程度地缓解了涝渍胁迫的减产效应。

综上可见，基于根系时序动态调控的作物相对产量略小于基于水文时序动态调控的响应值，主要是由于后者不同程度地缓解了涝渍胁迫的减产效应。丰水年基于根系时序动态调控的作物相对产量小于基于水文时序动态调控的相对产量，主要源于后者降低了涝渍胁迫的减产效应。平水年和枯水年基于根系时序动态调控的作物相对产量略大于基于水文时序动态调控的相对产量，主要源于后者降低了干旱胁迫的减产效应。

2)胁迫指数变化

一般型和深疏型暗管埋设条件下不同水文年涝渍与干旱胁迫指数受时序动态调控变化的影响见图4-47～图4-49。丰水年一般型暗管埋深下基于根系时序动态调控的涝渍胁迫指数明显高于基于水文时序动态调控的涝渍胁迫指数，深疏型暗管埋深下基于根系时序动态调控的涝渍胁迫指数明显高于基于水文时序动态调控的涝渍胁迫指数；而干旱胁迫指数都为 0。平水年一般型暗管埋深下基于根系时序动态调控的干旱胁迫指数明显低于基于水文时序动态调控的干旱胁迫指数，深疏型暗管埋深下基于根系时序动态调控的干旱胁迫指数明显低于基于水文时序动态调控的干旱胁迫指数；而涝渍胁迫指数都为 0。

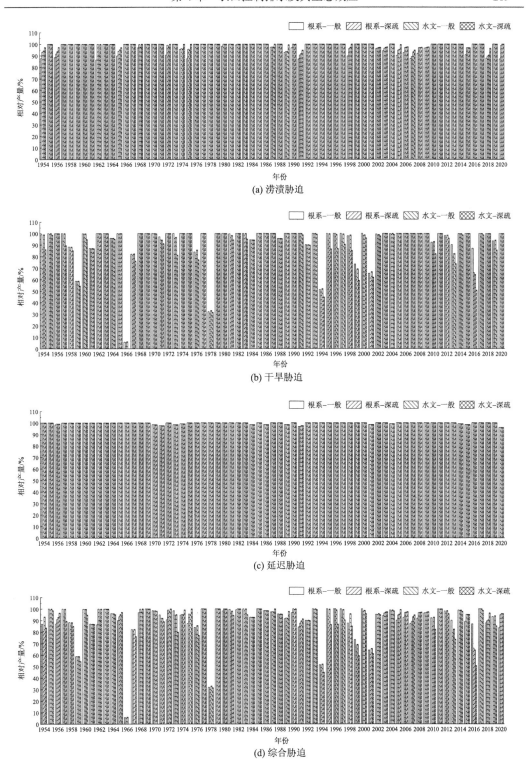

图 4-46　1954～2020 年 2 种暗管埋设条件下时序动态调控影响的作物相对产量

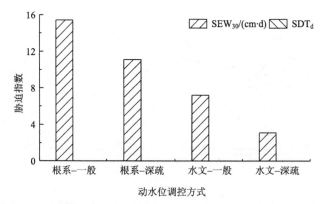

图 4-47 丰水年 2 种暗管埋设条件下时序动态调控影响的胁迫指数

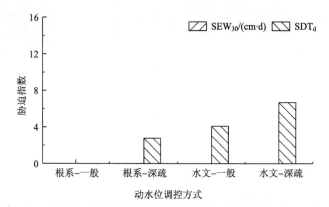

图 4-48 平水年 2 种暗管埋设条件下时序动态调控影响的胁迫指数

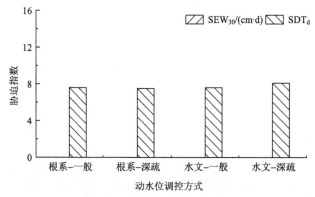

图 4-49 枯水年 2 种暗管埋设条件下时序动态调控影响的胁迫指数

枯水年一般型暗管埋深下基于根系时序动态调控的干旱胁迫指数与基于水文时序动态调控的干旱胁迫指数差异较小，深疏型暗管埋深下基于根系时序动态调控的干旱胁迫指数明显低于基于水文时序动态调控的干旱胁迫指数；而涝渍胁迫指数都为 0。这表明，丰水年仅发生涝渍胁迫且基于水文时序动态调控方式更能减少这种胁迫，平水年和枯水年仅发生干旱胁迫且基于根系时序动态调控方式更利于缓解干旱胁迫。

一般型和深疏型暗管埋设下 1954～2020 年的涝渍胁迫指数受时序动态调控方式的

影响见图 4-50(a)。一般型暗管埋设下基于根系时序动态调控的涝渍胁迫指数大于基于水文时序动态调控的涝渍胁迫指数,前者的多年平均涝渍胁迫指数比后者提高了 1.01 倍。深疏型暗管埋设下基于根系时序动态调控的涝渍胁迫指数也大于基于水文时序动态调控的涝渍胁迫指数,前者的多年平均涝渍胁迫指数比后者提高了 1.54 倍。

一般型和深疏型暗管埋设下 1954～2020 年的干旱胁迫指数受时序动态调控方式的影响见图 4-50(b)。一般型暗管埋设下基于根系时序动态调控的干旱胁迫指数略小于基于水文时序动态调控的干旱胁迫指数,前者小于后者的情况发生了 13 次,前者大于后者的情况发生了 12 次,前者的多年平均干旱胁迫指数比后者减少了 7.7%。深疏型暗管埋设下基于根系时序动态调控的干旱胁迫指数小于基于水文时序动态调控的干旱胁迫指数,前者小于后者的情况发生了 58 次,前者大于后者的情况发生了 9 次,前者的多年平均干旱胁迫指数比后者减少了 15.2%。

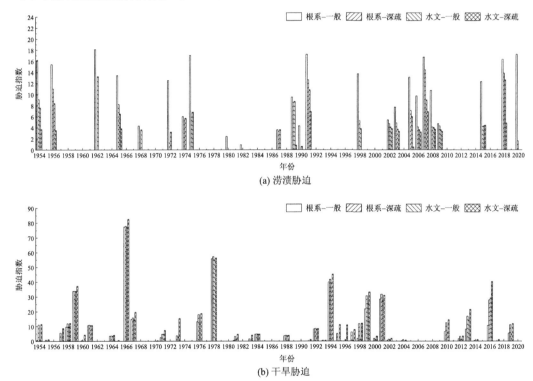

图 4-50　1954～2020 年 2 种暗管埋设条件下时序动态调控影响的胁迫指数

4.2.4　田间控制排水装置研发

1. 组装式排水控制装置

暗管排水控制装置可以调控田间水位深度和排水持续时间。采用模块化设计,根据作物不同生长期的田间水位控制需求,手动增减模块来控制暗管向明沟的排水出口高度与排水流量。该控制装置包括连接构件、调节弯头和环形模块(专利号:201710344406.5,图 4-51)。连接构件通过变径一端与暗管出口相连,另一端与环形模块螺纹连接,连接构件下端是螺纹封口，便于随时排出淤积泥沙等杂物。环形模块为同等大小的标准构件，两端分别为内螺纹母头和外螺纹公头，可实现不同模块间的快速连接，以调节暗管排水出口高度来控制田间地下水埋深。应用暗管排水控制技术可获得较高的水分分布均匀性和保墒效应，有助于控制土壤渍害、减少过度排水和提高农业用水效率(图 4-52)。

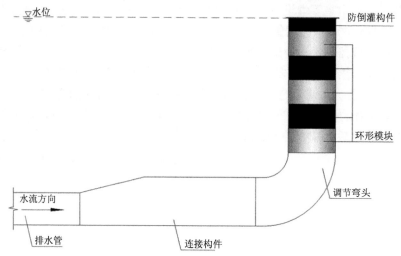

图 4-51　组装式暗管排水控制装置结构图

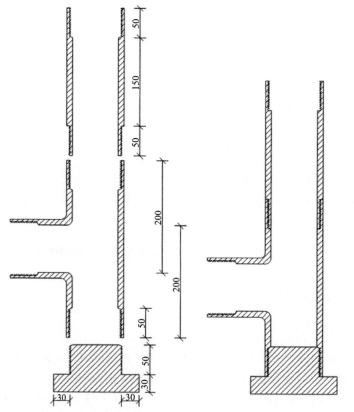

图 4-52　组装式暗管排水控制装置的加工图(单位：mm)

2. 浮子式排水控制装置

组装式排水控制装置因便于操作和水位控制高度直观而易于使用，但这种水位控制方式在需要快速排泄涝渍水的时候会限制排水速度。为了解决这一问题，我们开发了浮子式暗管控制排水装置（专利号：201110121894.6），既实现了抬高控制水位的目的，又能随着田间水深逐渐增加而使排水速度逐渐增大。浮子式排水控制装置经整体设计而成，直接把装置连接至暗管出口便可实现控制排水水位的目的。

浮子式暗管控制排水装置由核心控制部件和配套的框架外壳构成，其中控制部件可实现控制排水功能，框架外壳起到支撑和保护作用。框架外壳包括顶盖、竖管和横管。控制部件包括柱状浮子、柔性挡片和网状圆环三个部分，其中浮子通过绳索与柔性挡片下端相连，柔性挡片固定在网状圆环上端（图 4-53）。网状圆环通过卡扣结构安装至横管出口侧，柱状浮子安装于竖管内，实际使用时，直接把横管进水端与暗管出口连接即可。

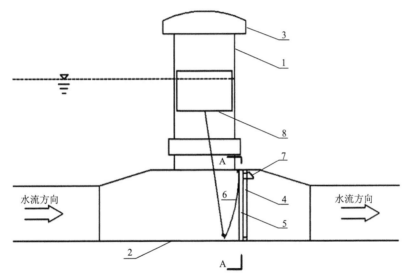

图 4-53　浮子式暗管排水控制装置的结构
1-竖管；2-横管；3-顶盖；4-凸环；5-圆盘；6-圆形挡片；7-弹性卡片；8-圆柱状浮子

4.3　干沟控制排水技术

干沟控制排水是利用现有农田排水沟系，通过在排水干沟中建设控制性工程来控制排水，合理拦蓄当地降雨，减少径流排泄，适度抬高农田地下水位，进行农田水资源调控，实现旱涝兼治。根据区域生态健康要求，为协调排水与蓄水关系，研究分析干沟控制排水的综合效应、不同控制排水与蓄水方案的农田地下水动态过程，提出干沟控制排水技术的工程形式、设计参数、控制运行方案与管理策略等。

4.3.1 试验区概况及试验布置

1. 试验区概况

1949 年以来，经过 70 余年的农田水利基本建设和综合治理，农业生产基本上可以抗御一般性的水旱灾害。目前，淮北大部分地区已基本建成以干沟为单元的除涝配套体系，除涝标准达到 5 年一遇左右。该区常遭受洪、涝、渍等灾害侵袭，尤其是位于中南部低洼区域的涝渍灾害危害更为严重。鉴于淮北地区涝渍灾害的特征，以及土壤、水文地质条件和作物种植的差异，将淮北地区涝渍灾害分为南部、中部和北部三个分区，各分区基本情况如下。

南部区域靠近淮河及其骨干河道下游，全区整体地势低洼，分布有很多湖泊洼地，大多被辟为淮河干流和沿淮区域的行蓄洪区、滞涝区和受堤防保护的种植区、养殖区。由于地势低洼，汛期常受洪水威胁，农田地表涝水排泄速度缓慢，成为全域最易发生涝渍灾害的地区。沿淮地区地下水位比较高，一般在地面以下 1.0～2.0m，汛期暴雨后可迅速上升到地表，水质也较好，但目前尚未得到充分利用。在作物种植方面，沿淮区域水稻面积有 300 多万亩，其种植模式大都采取稻麦轮作，其他为玉米、花生、豆类等旱作物。本区农田排水存在的主要问题是由于淮河及主要干支流河道汛期水位长时间过高，内水难以自流排除，经常会出现"关门淹"的情况，需要解决的主要是排水问题。

中部区域作物种植以小麦、玉米、大豆等旱作物为主，土壤主要为砂姜黑土，其干缩湿胀性强，垂直裂隙发育，适耕期短，排水性能不良，易涝易旱。本区排水不利因素是区域微地形洼地广泛分布，大中小河道坡降平缓，农田涝渍水下泄速度比较缓慢；由于投入不足，目前骨干排水系统和与其相通的河道的排涝标准还有相当数量未能满足3～5 年一遇的规划设计标准，有的不足 3 年一遇标准；虽然本区绝大部分属于自流排水区域，但在遇到超标准涝水或遭遇淮河洪水时，由于河水倒灌、淮（湖）水位顶托、腹地河道（茨淮新河、怀洪新河）分洪等引发的涝渍灾害较为突出，尤其是该区域的中南部属于涝渍易发区；同时，由于降水量相对较少、蒸发量偏大、耕地率高、水资源分布不均等多因素影响，干旱问题也比较突出。

北部区域地势较高，位于淮河主要支流河道的上中游，外排水条件优越；土壤以砂壤土、两合土为主，通透性较强，排水性能好；作物种植以旱作物为主，绝大部分属纯井灌区，井排作用明显。这一区域虽然存在一定的排水问题，如田间排水系统不健全、有些河道及骨干排水系统的排涝标准低等，但由于降雨相对较少，地下水位低，自然地理条件特殊，在农业生产中一般表现为易旱不易涝，且渍的问题也不明显。从区域综合治理的角度出发，蓄水、引水、补源、节水将是该区域农田水利工作的主要任务。

作为我国粮食主产区之一的淮北平原，在地理上属黄淮海平原的重要组成部分，是以旱作为主的农业区。该区域人口密度大、人均资源量少、人类活动对生态环境的影响较为剧烈，加之地势低平，降水年际间变率大、年内分布不均，土壤（尤其是砂姜黑土）持水保肥性差，易涝、易渍、易旱农田占比大，因旱涝灾害频繁，限制了水、土、光、热等资源优势的发挥。该区河流多变，为季节河，常年干涸，工业废水、城镇生活和养

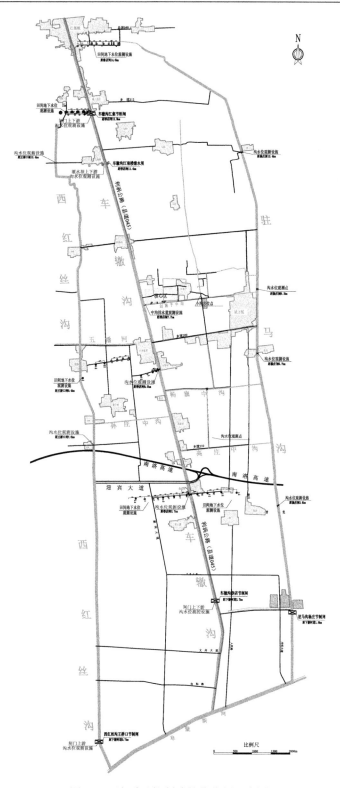

图 4-54　沟系及控制建筑物位置示意图

殖场污水等点源污染尚未得到有效控制，农耕肥料、农药的过度施用和无节制的排放加重了面源污染，对地表水、地下水和生态环境构成严重威胁。以牺牲资源和环境为代价，换取农产品增产的短视行为屡屡发生，农业环境污染的范围和程度正在不断扩大和加重。因此，淮北平原区更应该处理好粮食生产与生态环境的关系，走可持续发展的道路。

安徽省利辛县农田原型排水试验区(简称试验区)属暖温带半湿润气候，多年平均降水量 860mm，年内 6～9 月份降水占全年的 60%，年际最大降水量为 1360mm，最小为 472mm，比值为 2.88。多年平均干旱指数为 1.24，多年平均气温为 14.9℃，日照时数为 2318.8h，无霜期为 210d。地势平坦，地面高程 28.0～30.0m，地面坡度 1/10000。土壤为砂姜黑土，是典型的中低产土壤。浅层地下水主要来自大气降水，属典型的入渗-蒸发、开采型。该区位于古河床粉细砂富水 I 区，含水砂以细砂为主，结构松散、颗粒均匀、沉积稳定。含水层顶板埋深 5～8m，厚度一般为 12.0m，多年平均地下水埋深 1.5～3.0m，汛期为 0.5～2.0m，浅层地下水矿化度小于 1.0g/L，土壤渗透系数为 0.75～1.7m/d。

试验区主要粮食作物有小麦、玉米、红芋、水稻，经济作物有大豆、油菜、花生、棉花、烟叶、瓜果、药材等。农田排渍标准方面，以玉米、大豆苗期对地下水埋深的要求作为基础，考虑其他旱作物的耐渍情况，设计排渍指标采用雨后 3d 将地下水从地表降到 0.5m 以下。农田排涝治理标准为 5 年一遇，干、支、斗沟等农田排水系统基本配套，以及农田除涝降渍工程配套情况在淮北平原区具有典型性。

试验区(图 4-54)有驻马沟、车辙沟、西红丝沟三条干沟(表 4-4)，均由北向南汇入阜蒙新河，沟深 3.0～4.5m，上口宽 20～40m，底宽 5m 左右，相邻干沟间距 1.5～2.5km。驻马沟位于试验区东侧，流域地势平坦，地面高程处于 27.5～29.5m，耕地面积 2.8 万亩，其西北较高，汛期地表及地下水资源比较容易流失。排水控制区域涉及江集镇、城北镇和城关镇，人口 1.8 万人。车辙沟位于试验区中部，流域地势比较平坦，地面高程处于 27.0～29.5m，耕地面积 2.8 万亩，排水控制区涉及涡阳县楚店镇、利辛县江集镇和城北镇三个乡镇，人口约 2.0 万人。西红丝沟位于试验区西侧，流经利辛县江集镇、城北镇、城关镇三个乡镇，全长 19.3km，地面高程处于 27.5～29.3m，耕地面积 3.2 万亩，人口 2.3 万人。

表 4-4　试验区干沟情况

干沟名称	干沟长度 /km	排水控制面积 /km²	设计排 涝标准	控制工程
西红丝沟	19.3	39.7	5 年一遇	王桥口节制闸
车辙沟	27.5	39.3	5 年一遇	春店节制闸、江南楼滚水坝、江集节制闸
驻马沟	18.0	35.0	5 年一遇	杨庄节制闸

驻马沟、车辙沟、西红丝沟下游均建有节制闸作为控制工程。驻马沟杨庄节制闸位于春店乡胜利村，距阜蒙新河 1.8km，为开敞式平底板水闸，控制流域面积 35.0km²，按 5 年一遇除涝标准设计，设计流量 36.75m³/s，设计蓄水位 27.50m，闸门底板高程 23.0m；车辙沟春店节制闸与滚水坝分别位于距阜蒙新河 2.7km、14.1km 处，控制流域面积分别

为 37.5km²、26.0km²，控制断面以上车辙沟长度分别为 26.0km 和 13.0km，均按 5 年一遇除涝标准进行设计。设计排涝流量分别为 39.3m³/s 和 27.3m³/s，设计蓄水位分别为 27.0m 和 28.2m，节制闸闸门槽顶高程27.6m；西红丝沟王桥口节制闸，按 5 年一遇除涝标准设计，设计流量 41.69m³/s，设计蓄水位 27.5m，闸门底板高程 23.0m(表 4-5)。

表 4-5　试验区干沟控制建筑物

控制工程	所在干沟	设计过流能力/(m³/s)	设计排涝水位/m	设计蓄水位/m	闸门底板高程/m	闸门尺寸	管理主体
王桥口节制闸	西红丝沟	41.69	27.4/27.25	27.5/24.0	23.0	2×3.9m×4.2m 净宽 2m×3m	水利局
春店节制闸	车辙沟	39.3	26.95/26.8	27.0/24.0	22.0	2×3.46m×4.7m 净宽 2×3m	水利局
江南楼滚水坝	车辙沟	27.3	28.8/28.2	28.2	底板 24.5	坝顶 28.2m，长 28m	村
江集节制闸	车辙沟	39.3	26.95/26.8	27.0/24.0	22.0	2×3.46m×4.7m 净宽 2×3m	江集镇
杨庄节制闸	驻马沟	36.75	27.30/27.15	27.5/24.0	23.0	1×5.46m×4.7m 净宽 5.0m	村

2. 试验设施布设与观测

主要观测内容包括：排水沟水位、田间地下水位、排水流量、土壤墒情、作物生长动态及降雨等。试验区观测设施布置见图 4-55。

1)排水沟水位观测

干沟水位观测设施共 8 处，分别位于车辙沟闸上游 2.7km(S 和 D 断面)、6.0km(M 断面)、12.8km(N 断面)和 14.6km(J 断面)。S(D)断面 1 处，M 断面 1 处，N 断面江集闸上下游各 1 处，江南楼滚水坝、春店节制闸上下游各 1 处。

沟水位监测以自记水位计自动监测为主，观测间隔时长为 1h；人工观测每 5 天一次。

2)田间地下水位观测

田间地下水位观测设施 5 排，共计 63 处，分别位于车辙沟闸上游 2.7km(S 和 D 断面)、6.0km(M 断面)、12.8km(N 断面)和 14.6km(J 断面)。

S 断面位于车辙沟西侧，长度 1.42km，布设 10 个地下水位观测孔；D 断面位于车辙沟东侧，东至东流沟，长度 3.93km，布设 19 个地下水位观测孔；M 断面位于车辙沟西侧，西至枣阳沟，长度 4.8km，布设 16 个地下水位观测孔；N 断面位于干沟西侧、车辙沟滚水坝坝上 1.5km，长度 0.85km，设置 8 个地下水位观测孔；J 断面位于干沟东侧，长度 1.1km，共设置 10 个地下水位观测孔。

地下水位观测以自记水位计自动监测为主，观测间隔时长为 1h；人工观测每 5 天一次。

3)作物生长动态观测

从播种开始记录，记录作物每个生育期起止时间及生长发育情况。

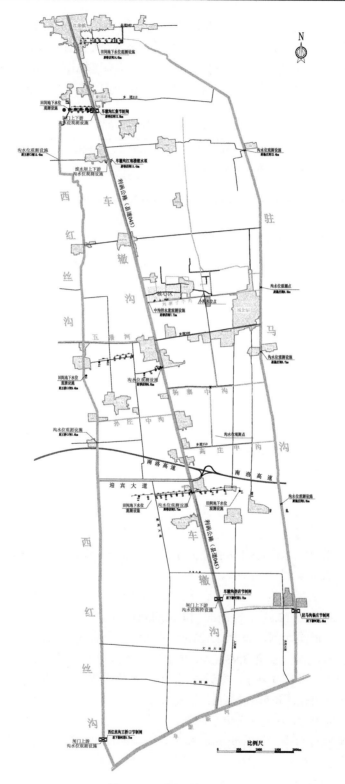

图 4-55　观测设施布置图

①作物生长发育过程观测：生育期调查，根据茎和叶生长状况及生育期特点确定生育期起止时间；②株高和生长状态观测：定期观测作物的株高，在选定的地块选取 10 株测量株高；③定期调查观测受涝渍影响后的玉米茎和叶的生长状态；④农业技术措施：主要包括播种品种，种植密度，除草、施肥和打药情况；⑤产量及产量构成因子测定：测量玉米的穗长、穗粗、秃尖长、百粒重及最终的产量。

4) 气象观测

在车辙沟江集闸附近设有自动气象站，以获得逐日气象数据，主要记录降雨、气压、风向、风速、温度、湿度等气象数据，自动气象站每小时记录一次数据，车辙沟春店节制闸由人工每日记录降雨数据。

试验区自 2002 年开始观测至今，具体成果分析如下。

4.3.2　干沟控制排水效应

1. 降雨与水位变化特征

1) 降雨

根据试验区附近代表性雨量站王市集站 70 年长系列逐日降雨资料(1951～2020 年)，分别以 1982～2020 年年降雨量(图 4-56)、最大 1 日降雨(图 4-57)、最大 3 日降雨序列(图 4-58)进行水文频率统计分析，频率曲线线型选皮尔逊Ⅲ型(P-Ⅲ)曲线。年降雨量频率分析结果见表 4-6 和表 4-7。

根据王市集站长系列降雨资料分析成果，对试验区降雨观测时段 2004～2020 年降雨特征(表 4-8)进行分析，2005 年降雨量 1359.7mm，达到 20 年一遇标准；2007 年、2008 年降雨量分别为 1257.8mm、1228.4mm，达到 10 年一遇标准；2017 年降雨量 1083mm，接近 5 年一遇标准；2006 年、2009 年、2010 年、2014 年、2020 年分别达到 3 年一遇标准。

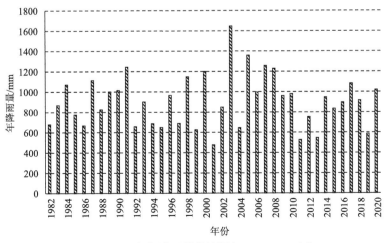

图 4-56　历年年降雨量统计图(1982～2020 年)

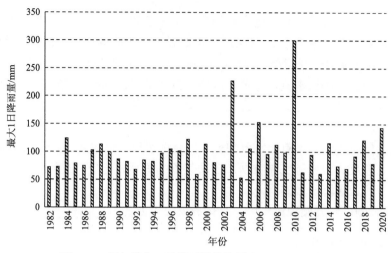

图 4-57　历年最大 1 日降雨量统计图（1982～2020 年）

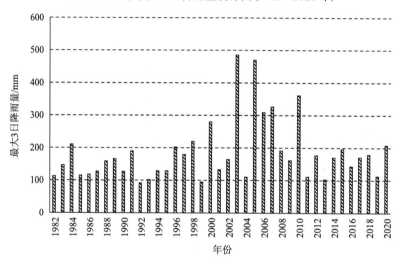

图 4-58　历年最大 3 日降雨量统计图（1982～2020 年）

表 4-6　P-Ⅲ配线成果表

参数	年降雨量	最大 1 日降雨量	最大 3 日降雨量
均值/mm	902.641	99.8	143.2
C_v	0.29	0.36	0.4
C_v/C_s	2.359	3.89	3.2

表 4-7　王市集站暴雨频率分析结果　　　　　　　　　（单位：mm）

雨量	重现期						
	3 年一遇	5 年一遇	10 年一遇	20 年一遇	50 年一遇	100 年一遇	500 年一遇
年降雨量	989.3	1109.4	1250.8	1379.1	1530.9	1640.8	1876.4
最大 1 日降雨量	107.4	125.3	147.6	169.5	197.2	217.3	237.4
最大 3 日降雨量	156.7	188.4	227.9	266.8	315.8	351.4	433.6

试验区最大 1 日、最大 3 日降水量出现时段集中于 6 月下旬至 8 月上旬。年降雨量重现期 3 年一遇、5 年一遇、10 年一遇、20 年一遇典型年分别是 2014 年、2017 年、2008 年和 2005 年，最大 1 日降雨量重现期 3 年一遇、5 年一遇、10 年一遇典型年分别是 2005 年、2018 年、2006 年，最大 3 日降雨量重现期 3 年一遇、20 年一遇典型年分别是 2006 年和 2005 年。

表 4-8　试验区 2004～2020 年降雨特征

年份	年降雨量 /mm	重现期	最大 1 日降雨量 /mm	重现期	最大 3 日降雨量 /mm	重现期
2004	645.4	1 年一遇	53	1 年一遇	101	1 年一遇
2005	1359.7	20 年一遇	105.5	3 年一遇	265	20 年一遇
2006	996.7	3 年一遇	153	10 年一遇	170	3 年一遇
2007	1257.8	10 年一遇	95.5	2 年一遇	159	3 年一遇
2008	1228.4	10 年一遇	112.5	3 年一遇	151	3 年一遇
2009	960.6	3 年一遇	98	3 年一遇	152	3 年一遇
2010	980.5	3 年一遇	299.5	1000 年一遇	345.5	100 年一遇
2011	527.5	1 年一遇	63	1 年一遇	86.5	1 年一遇
2012	752	1 年一遇	94.5	2 年一遇	125	2 年一遇
2013	546	1 年一遇	60.5	1 年一遇	71.5	1 年一遇
2014	947	3 年一遇	116	3 年一遇	170.5	3 年一遇
2015	835	2 年一遇	74	1 年一遇	143	3 年一遇
2016	897	2 年一遇	69.5	1 年一遇	94.5	1 年一遇
2017	1083	5 年一遇	92	2 年一遇	109.5	2 年一遇
2018	916.5	2 年一遇	121	5 年一遇	148.5	3 年一遇
2019	586	1 年一遇	78.5	1 年一遇	81	1 年一遇
2020	1021	3 年一遇	143.5	10 年一遇	150.5	3 年一遇

干沟排水效应分析采用试验区雨量观测资料，分析年份分别为 2002 年、2003 年、2007 年、2008 年、2010 年和 2019 年，降雨特征见表 4-9 和表 4-10。

2002 年、2003 年全年降雨（借用王市集站观测资料，非试验区观测资料）总量分别为 846.0mm 和 1545.7mm，年降雨频率分别为 52.0% 和 1.85%，分属偏丰水年和丰水年。2002 年最大 1 日、3 日降雨分别为 103.6mm 和 126.8mm，发生频率分别为 27.0% 和 40.0%；2003 年最大 1 日、3 日降雨分别为 138.9mm 和 223.1mm，发生频率相应为 12.0% 和 6.7%。

2007 年全年降雨量为 1171.0mm，年降雨频率为 19%，属偏丰水年，6～9 月降雨 835mm，占全年降雨的 71.3%。最大 1 日、3 日降雨分别为 87mm 和 134mm。

2008 年全年降雨 933.0mm，属平水年份，年降雨频率为 42%。1～6 月降雨 371mm，占全年降雨量的 39.77%，7 月、8 月降雨分别为 339.0mm、186.0mm，分别占全年降雨量的 36.33% 和 19.94%；最大 1 日、3 日降雨分别为 106mm 和 114mm。

表 4-9 排水效应分析典型年月降雨分布

年份	参数	1	2	3	4	5	6	7	8	9	10	11	12	全年	年降雨频率/%
2002	降雨量/mm	33.0	0.0	40.0	61.6	138.2	111.0	180.1	150.5	41.3	17.4	7.6	65.3	846.0	52.0
	占全年百分比/%	3.90	0.00	4.73	7.28	16.34	13.12	21.29	17.79	4.88	2.06	0.90	7.72	100	
2003	降雨量/mm	8.7	37.0	98.6	93.3	30.5	327.3	457.2	225.1	21.8	154.1	83.7	8.4	1545.7	1.85
	占全年百分比/%	0.56	2.39	6.38	6.04	1.97	21.17	29.58	14.56	1.41	9.97	5.42	0.54	100	
2007	降雨量/mm	4.0	29.0	124.0	33.0	74.0	122.0	417.0	219.0	77.0	29.0	20.0	23.0	1171.0	19
	占全年百分比/%	0.34	2.48	10.59	2.82	6.32	10.42	35.61	18.70	6.58	2.48	1.71	1.96	100	
2008	降雨量/mm	46.0	7.0	15.0	143.0	117.0	43.0	339.0	186.0	9.0	23.0	5.0	0.0	933.0	42
	占全年百分比/%	4.93	0.75	1.61	15.33	12.54	4.61	36.33	19.94	0.96	2.47	0.54	0.00	100	
2010	降雨量/mm	3.0	64.0	57.0	55.0	50.0	110.0	180.0	122.0	117.0	8.0	5.0	3.0	774.0	56
	占全年百分比/%	0.39	8.27	7.36	7.11	6.46	14.21	23.26	15.76	15.12	1.03	0.65	0.39	100	
2019	降雨量/mm	34.3	29.3	22.5	30.3	4.6	154.5	35.6	106.8	0	37.2	17.6	8.2	480.9	72
	占全年百分比/%	7.13	6.09	4.68	6.3	0.96	32.13	7.4	22.21	0	7.74	3.66	1.71	100	

表 4-10 排水效应分析典型年降雨特征

| 年份 | 全年降雨 | | 6~9 月降雨 | | | 10~5 月降雨 | | | 最大 1 日降雨 | | 最大 3 日降雨 | | 备注 |
	降雨量 /mm	频率 /%	降雨量 /mm	占全年百分比 /%	频率 /%	降雨量 /mm	占全年百分比 /%	频率 /%	降雨量 /mm	频率 /%	降雨量 /mm	频率 /%	
2002	846.0	52.0	482.9	57.1	48.0	363.1	42.9	30.0	103.6	27.0	126.8	40.0	
2003	1545.7	1.85	1031.4	66.7	1.0	514.3	33.3	4.0	138.9	12.0	223.1	6.7	"10~5 月降雨"均为当年 1~5 月和 10~12 月合计值
2007	1171.0	19	835	71.3	16	336	28.7	50	87	34	134	36	
2008	933.0	42	577	61.8	41	356	38.2	37	106	27	114	45	
2010	774.0	56	529	68.3	44	245	31.7	62	60	46	95	52	
2019	480.9	72	296.9	61.7	63	184	38.3	70	82	37	82	58	

2010 年全年降雨量为 774.0mm,年降雨频率为 56%,属平水年,6~9 月份降雨 529mm,占全年降雨 68.3%。最大 1 日、3 日降雨分别为 60mm 和 95mm。

2019 年全年降雨量为 480.9mm,年降雨频率为 72%,属枯水年,6~9 月份降雨 296.9mm,占全年降雨 62%。最大 1 日、3 日降雨均为 82mm。

2)地下水及其变化特征

2006 年以来分别在车辙沟闸以上 2.7km、6.0km、12.8km、14.6km 位置,垂直纵向干沟布设四排地下水位观测排井,为消除上、下游控制工程及河流对地下水位的影响,研究选取流域中断面距离车辙沟闸 6.0km 的 M 断面地下水位观测数据进行分析(表 4-11)。

表 4-11 车辙沟流域 M 断面地下水动态变化特征　　　　　　(单位:m)

| 年份 | 地下水埋深 | | | | |
	汛期(6~9 月)	非汛期(10~5 月)	全年	年最大	年最小
2006	1.71	1.92	1.80	2.74	0.76
2007	1.75	2.37	2.17	2.78	0.33
2008	1.61	1.77	1.70	2.50	1.10
2009	2.43	2.49	2.48	3.44	1.96
2010	2.06	2.34	2.20	2.90	1.24
2011	2.27	2.26	2.26	2.80	1.76
2012	1.90	2.03	1.99	2.73	1.40
2013	2.20	2.31	2.27	2.79	1.63
2015	1.80	1.89	1.85	2.30	1.35
2016	2.31	2.28	2.29	3.01	1.75
2017	2.57	2.31	2.39	3.16	0.98
2018	2.21	2.22	2.22	2.71	1.61
2019	2.51	2.57	2.55	3.10	2.00
2020	2.10	2.41	2.29	3.08	0.77
2021	2.28	2.15	2.20	3.47	1.21

车辙沟流域 M 断面地下水观测系列中，全年平均地下水埋深为 1.70～2.55m，非汛期埋深为 1.77～2.57m，汛期埋深为 1.61～2.57m，最大埋深为 3.47m，最小埋深为 0.33m。

观测系列中 2019 年全年地下水埋深最大，2008 年全年地下水埋深最小。根据降雨特征分析，2008 年、2019 年分属平水年和枯水年。2008 年全年平均地下水埋深为 1.70m，汛期（6～9 月）、非汛期（10～5 月）平均埋深分别为 1.61m、1.77m，年最大、最小埋深分别为 2.50m、1.10m，分别发生在 11 月 26 日、7 月 26 日；2019 年全年平均地下水埋深为 2.55m，汛期（6～9 月）、非汛期（10～5 月）平均埋深分别为 2.51m、2.57m，年最大、最小埋深分别为 3.10m、2.00m，分别发生在 12 月 6 日和 2 月 21 日。

选取试验区有代表性的观测点分析其变化特征，地下水位变化特征分析成果特征列于表 4-12 中，有、无控制方案影响地下水多年变化过程参见图 4-59。从图 4-59 可见，试验区的地下水变化随降雨的变化而变化，降雨多地下水位就高，降雨少地下水位就低，有时一场较大的降雨（＞100mm）就可使地下水升临地表，这是淮北地区地下水变化的基本特征，也就是该地区涝渍灾害频繁发生的主要原因。有、无控制方案的地下水动态变化特征分析如下。

表 4-12　试验区地下水动态变化特征（无控制方案）　　　　　　（单位：m）

年份	地下水埋深				
	6～9 月	10～5 月	1～12 月	年最大	年最小
2002	1.51	1.70	1.63	2.97	0.35
2003	0.74	1.33	1.16	1.80	0.00

从表 4-12 的分析成果可知，试验区 2002 年、2003 年分属偏丰水年和丰水年。2002 年无控制方案平均地下水埋深为 1.63m，汛期（6～9 月）、非汛期（10～5 月）平均埋深分别为 1.51m 和 1.70m，年最大、最小埋深分别为 2.97m 和 0.35m，分别发生在 7 月 16 日和 8 月 26 日；2003 年无控制方案平均地下水埋深 1.16m，年最大、最小埋深分别为 1.80m 和 0m，非汛期（10～5 月）地下水平均埋深为 1.33m，汛期（6～9 月）为 0.74m。

3）干沟水位动态变化

车辙沟春店节制闸设计蓄水位 27.0m，闸门底高程 22.0m。从车辙沟节制闸上下游水位动态变化过程可见，在降雨、蒸发及地下水开发利用等综合因素的作用下，蓄水位发生动态变化，通常汛期水位高于非汛期水位，非汛期的上下游水位差大于汛期，并在年内形成多次蓄泄变化，周期性地调节降雨径流时程分配。

依据统计结果，车辙沟节制闸上游水位平均为 26.33m，下游水位平均为 25.01m，上游比下游水位平均高 1.32m；汛期和非汛期上下游水位差分别为 1.25m 和 1.39m。具体见表 4-13。

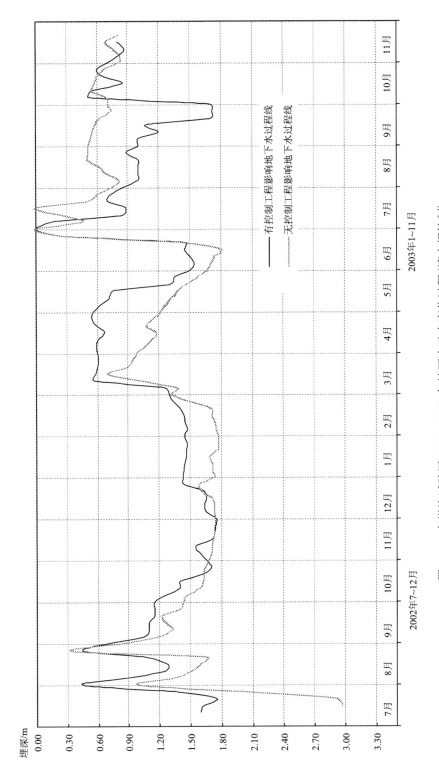

图 4-59　车辙沟试验区 2002～2003 年地下水动态变化过程 (滚水坝控制)

说明：江南楼滚水坝非常排水沟于 9 月下旬挖通过水，N 断面地下水排泄处于无控制状态

表 4-13　车辙沟春店节制闸上下游水位动态变化特征

年份	上游水位/m			下游水位/m			上下游水位差/m			
	6～9月	10～5月	1～12月	6～9月	10～5月	1～12月	6～9月	10～5月	1～12月	最大水位差
2011	26.06	26.28	26.21	24.45	24.50	24.48	1.61	1.79	1.73	2.45
2012	26.48	26.36	26.45	25.19	24.84	25.02	1.29	1.52	1.43	2.17
2013	26.41	25.99	26.07	25.50	25.26	25.34	0.91	0.73	0.73	1.62
2014	/	26.59	/	/	25.11	/	/	1.48	/	/
2016	26.42	26.37	26.39	24.52	24.98	24.83	1.90	1.38	1.55	2.67
2017	25.95	26.14	26.08	24.94	24.83	24.87	1.00	1.30	1.21	2.54
2018	26.40	26.57	26.52	24.98	24.75	24.82	1.43	1.83	1.70	2.64
2019	26.27	26.39	26.34	25.28	25.33	25.31	0.99	1.05	1.03	1.41
2020	26.43	26.40	26.41	25.21	25.24	25.23	1.22	1.16	1.18	2.24
2021	26.07	26.72	26.43	25.19	25.26	25.23	0.88	1.47	1.20	1.71
平均	26.31	26.37	26.33	25.05	24.98	25.01	1.25	1.39	1.32	2.20

丰水年（2020年）和枯水年（2019年）闸上、闸下平均水位差分别为 1.18m 和 1.03m；汛期平均水位差分别为 1.22m 和 0.99m，非汛期平均水位差分别为 1.16m 和 1.05m，最大水位差分别为 2.24m 和 1.41m。

2. 控制工程蓄水位动态变化规律

利用干沟控制工程能够有效拦蓄降雨径流，抬高干沟蓄水位。但干沟蓄水位的抬高要考虑农田种植作物的要求，要在不影响排涝降渍的前提下，适度增加耕作层土壤含水量，以促进作物直接吸收利用。干沟上修建控制工程，拦蓄地表径流，在降雨、蒸发及开发利用等综合因素的作用下，上下游水位发生变化，其动态变化规律是本研究的重要内容。

从控制工程上下游水位动态变化过程（表 4-14）可见，水位消长与降雨关系密切。降雨多，蓄水位就高；降雨少，蓄水位就低。在降雨、蒸发及开发利用等综合因素的作用下，蓄水位发生动态变化，常常在年内形成多次蓄泄变化。一般来说，汛期水位高于非汛期水位，非汛期的上下游水位差常常大于汛期，这正是控制工程调蓄的结果，说明控制工程确实能调节降雨径流的时程分配。

1）江南楼滚水坝上下游水位动态变化

2002年、2003年，江南楼滚水坝上下游平均水位差为 1.31m 和 1.29m，最大水位差为 2.16m，发生在 2003 年 2 月。汛期坝上下游年水位差分别为 1.44m 和 1.21m，非汛期坝上下游年水位差分别为 1.21m 和 1.35m，控制工程分别有 1 次和 2 次蓄水过程（图 4-60）。

2007年，车辙沟江南楼滚水坝上下游平均水位差为 0.73m，最大水位差为 1.42m，发生在 2007 年 3 月；汛期坝上下游平均水位差为 0.59m，非汛期为 0.80m（图 4-61）。

表 4-14 控制工程上下游水位对比分析成果

工程名称	年度	上游水位/m			下游水位/m			上下游水位差/m				备注
		6~9月	10~5月	1~12月	6~9月	10~5月	1~12月	6~9月	10~5月	1~12月	最大水位差	
总平均		18.49	18.59	18.50	17.75	17.68	17.71	0.75	0.91	0.87	1.98	
江南楼滚水坝	2002	28.15	27.94	28.03	26.71	26.73	26.72	1.44	1.21	1.31	2.05	"10~5月"一列为当年10~12月和1~5月的合计值
	2003	28.20	27.76	27.94	26.99	26.41	26.65	1.21	1.35	1.29	2.16	
	平均	28.18	27.85	27.99	26.85	26.57	26.69	1.33	1.28	1.30	2.11	
	2007	27.34	26.75	26.95	26.75	25.95	26.21	0.59	0.80	0.73	1.42	
	2008~2009	27.21	27.30	27.27	26.62	26.63	26.62	0.59	0.68	0.65	1.17	
	平均	27.28	27.03	27.11	26.69	26.29	26.42	0.59	0.74	0.69	1.30	
春店节制闸	2002	26.58	26.61	26.60	25.01	24.75	24.87	1.57	1.86	1.73	2.15	
	2003	26.32	25.96	26.11	25.33	24.88	25.06	0.99	1.08	1.05	2.55	
	平均	26.45	26.29	26.36	25.17	24.82	24.97	1.28	1.47	1.39	2.35	
	2007	26.75	25.95	26.21	25.26	24.81	24.96	1.49	1.14	1.26	2.18	
	2008~2009	26.62	26.63	26.62	24.97	24.95	24.95	1.65	1.68	1.67	2.15	
	平均	26.69	26.29	26.42	25.12	24.88	24.96	1.57	1.41	1.46	2.17	

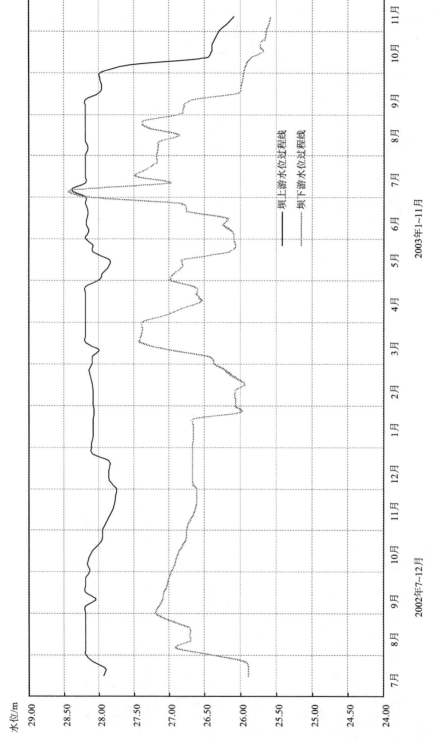

图 4-60　2002～2003 年车辙沟江南楼滚水坝上下游水位动态变化

说明：横轴每一个网格线间距代表一个月

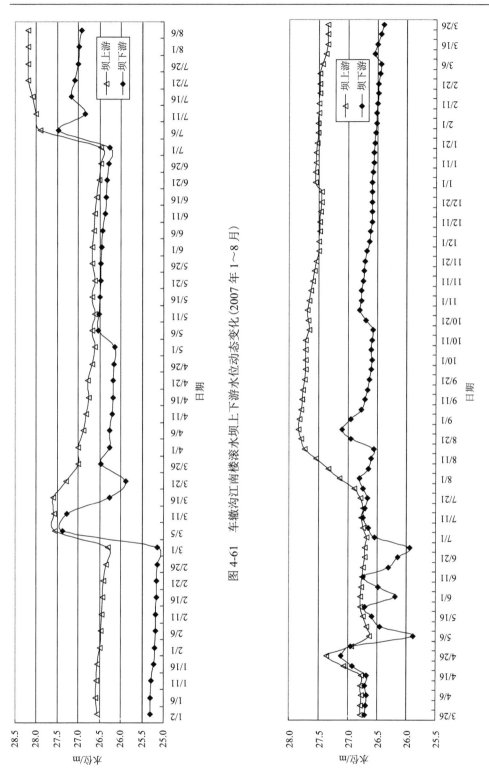

图 4-61　车辙沟江南楼滚水坝上下游水位动态变化（2007 年 1～8 月）

图 4-62　车辙沟江南楼滚水坝上下游水位动态变化（2008 年 3 月～2009 年 3 月）

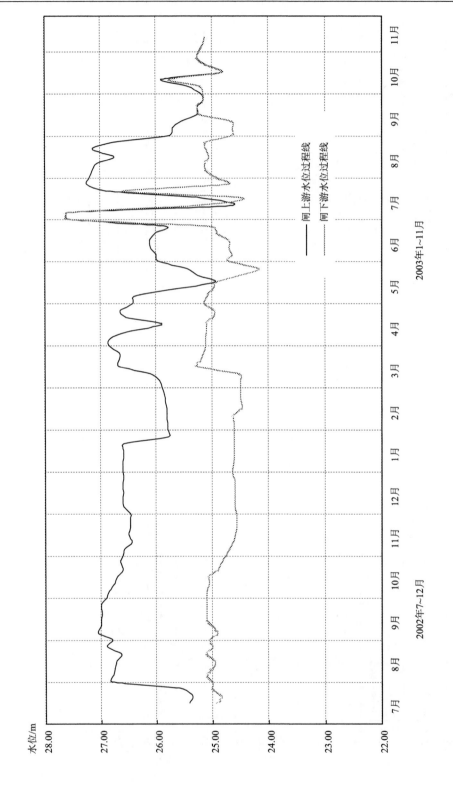

图 4-63　2002～2003 年车车撖沟春店节制闸上下游水位动态变化

说明：横轴每一个网格线间距代表一个月

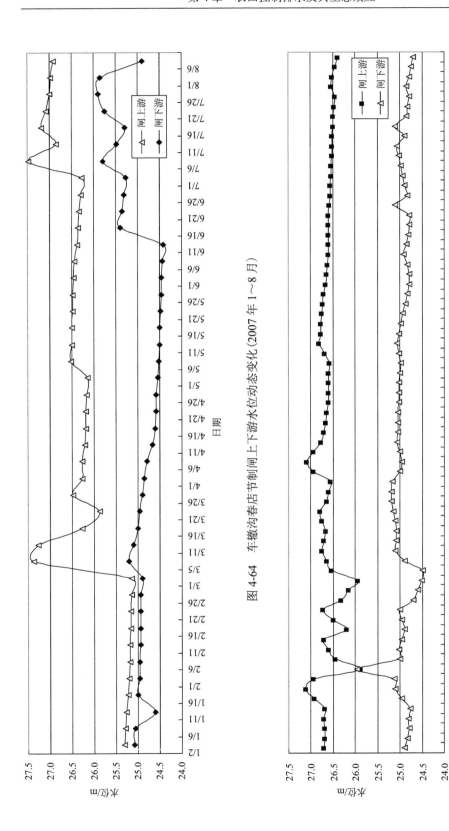

图 4-64　车辙沟春店节制闸上下游水位动态变化（2007 年 1～8 月）

图 4-65　车辙沟春店节制闸上下游水位动态变化（2008 年 3 月～2009 年 3 月）

2008 年 3 月～2009 年 3 月,坝上下游平均水位差 0.65m,最大水位差为 1.17m,发生在 2008 年 8 月;汛期坝上下游平均水位差为 0.59m,非汛期为 0.68m(图 4-62)。

2)车辙沟春店节制闸上下游水位动态变化

2002 年、2003 年,春店节制闸上下游平均水位差分别为 1.73m 和 1.05m,最大水位差为 2.55m,发生在 2003 年 7 月。汛期闸上下游水位差分别为 1.57m 和 0.99m,非汛期分别为 1.86m 和 1.08m,分别有 1 次和 2 次蓄水过程(图 4-63)。

2007 年,闸上下游平均水位差为 1.26m,最大水位差为 2.18m,发生在 2007 年 3 月;汛期闸上下游平均水位差为 1.49m,非汛期为 1.14m(图 4-64)。

2008 年 3 月～2009 年 3 月,闸上下游平均水位差为 1.67m,最大水位差为 2.15m,发生在 2008 年 8 月;汛期上下游平均水位差为 1.65m,非汛期为 1.68m,全年有 2 次明显蓄水过程(图 4-65)。

2010 年 1 月至 2011 年 8 月间,2010 年最大 3 日降雨量为 95mm,发生在 2010 年 7 月 17～19 日,此前一天 7 月 16 日降雨 1mm;2011 年最大 3 日降雨量为 89mm,发生在 7 月 4～6 日,此前一天 7 月 3 日降雨 23mm。闸上游、闸下游水位观测数据有效监测样本 106 个,按时间顺序列于图 4-66,直观反映出 2010 年 1 月～2011 年 8 月的车辙沟蓄水位动态变化。根据统计分析,2010 年有两次调蓄过程,其中 3 月～5 月连续小降雨使车辙沟蓄水位有些变动,但是变化幅度不是很大。2011 年也有两次蓄水过程,虽然 2011 年降雨偏少,但对车辙沟蓄水控制工程调蓄的水量来说是比较理想的,显然车辙沟蓄水控制工程提高了降水利用率。通过计算,车辙沟蓄水控制范围内与车辙沟蓄水控制范围外水位变化差值在 2010 年非汛期为 1.75m,2010 年汛期为 2.13m,2010 年 10 月～2011 年 5 月为 2.03m,2011 年 6～8 月为 1.29m。车辙沟蓄水控制范围内与车辙沟蓄水控制范围外干沟水位变化差累计值在 2010 年 1 月～2011 年 8 月达到 146.02m,即平均抬高干沟水位值为 1.87m。

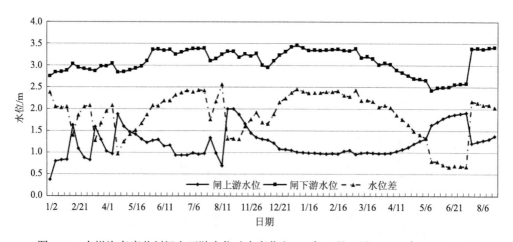

图 4-66 车辙沟春店节制闸上下游水位动态变化(2010 年 1 月 2 日～2011 年 8 月 21 日)

2020 年根据项目区逐日降雨资料,最大 3 日降雨量为 131.58mm,发生在 2020 年 7 月 11～12 日,此前一天 7 月 10 日及后一天 7 月 13 日均无降雨。从降雨时程分配和前期雨量来看,此次降雨是最易形成涝渍灾害的降雨过程,即最不利降雨。2019 年 1 月～2020 年 9 月间闸上游、闸下游水位观测数据有效监测样本 81 个,按时间顺序列于图 4-67,直观反映出 2019 年 1 月～2020 年 9 月车辙沟的蓄水位动态变化。根据统计分析,2019 年 1～4 月,车辙沟蓄水位有些变动,但是变化幅度不是很大,没有调蓄过程。2020 年 有两次蓄水过程,分别是 2020 年 7 月 19 日和 2020 年 8 月 1 日,发生在最大 3 日降雨后 和连续降雨后,有效地调控了地下水位。

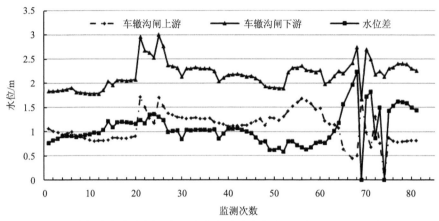

图 4-67　车辙沟春店节制闸上下游水位动态变化(2019 年 1 月～2020 年 9 月)

可见,干沟控制工程不仅能有效拦蓄汛期降雨所产生的地表径流,还可以有效控制非汛 期内干沟对地表水的排泄作用。如果控制工程满足试验区的排水要求,那么控制工程所调蓄 的水量对解决淮北地区作物的补充性灌溉和抑制地下水位的下降都会起到显著的效果。

3)沟水位变化

根据 2020 年的监测资料,绘制了试验区车辙沟、驻马沟、东柳沟、阎湖桥、西红丝 沟、早阳沟水位动态变化图,见图 4-68 和图 4-69。

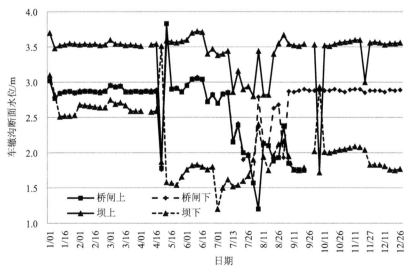

图 4-68　车辙沟水位动态变动情况(2020 年 1～12 月)

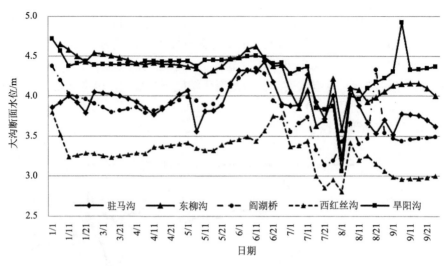

图 4-69　其余干沟水位动态变动情况（2020 年 1～9 月）

可见，2020 年 1 月 1 日～6 月 26 日，驻马沟、东柳沟、西红丝沟、旱阳沟沟道水位在 3.23～4.72m 变动，7 月 11 日后场次降雨大而急，田间地表径流汇流至干沟，开启闸门进行控制性排水，沟水位波动下降，7 月底到 8 月初先后降至沟道内最低水位 2.80m，之后沟道水位逐步回升，至 9 月底水位为 3.7m 左右；车辙沟 2020 年 1 月 1 日～7 月 6 日内除了 5 月 6 日有一次开闸放水外，闸上游、闸下游水位在 2.70～3.83m 变动，7 月 13 日开启闸门进行控制性排水，沟水位波动下降，7 月底到 8 月初先后降至沟道内最低水位 1.20m，之后沟道水位逐步回升，至 9 月底水位为 2.73m 左右。

可见，试验区干沟沟道水位变化正好契合了 6 月底至 7 月底的连续强降雨，促使启动闸门进行控制性排水，从而降低沟道水位，排除农田涝水，降低地下水位，规避了涝渍灾害风险。

3. 干沟控制工程对地下水的影响

干沟控制工程蓄水改变了原有（无控制方案）干沟的水位状况，从而影响两侧农田地下水位的变化。干沟可直接承蓄降雨，而控制区的地下水主要由降雨补给，同时受灌溉、潜水蒸发、作物利用等因素影响，由于各自变化的复杂性，形成了干沟水位和地下水位相互关系的三种类型：以干沟向地下水补给为主类型、以地下水向干沟水补给为主类型及地下水位与干沟水位几乎同步变化类型。

1）干沟对地下水影响范围分析

淮北地区干沟间距一般为 1～3km，在这个干沟间距范围内，如两侧干沟均无控制方案，假设干沟排水标准、降雨和蒸发等外界影响因素相同，那么干沟对地下水的影响范围应小于或等于干沟间距的 1/2。如两侧干沟为一侧有控制而一侧无控制时，在降雨发生后，受干沟水位差异的影响，同一断面内不同点地下水的排降速度不尽相同，在直观上即表现为干沟控制范围可能不相同。无控制干沟水位较低，水力坡度较大，地下水的出流能力强，控制范围就大；反之，有控制干沟在一定程度上抑制了地表和地下径流的排泄，出流能力弱，控制范围就小。如两侧干沟均有控制工程，假设试验区降雨、蒸发、干沟规格和控制工程排水标准等外界影响因素相同，那么干沟对地下水的影响范围仍然应小于或等于干沟间距的 1/2。为了区别干沟对地下水影响程度的不同，引入地下水的"强烈影响范围"和"影响范围"的概念。"强烈影响范围"是指干沟距地下水面线的斜率发生较大变化的范围，"影响范围"是指干沟距地下水面线最高处的距离。几种不同情况的干沟影响范围分析如下。

(1)无控制方案干沟对地下水的影响范围分析。

选取车辙沟不同时段内，两侧干沟为一侧有控制而一侧无控制时的观测资料，分析无控制方案干沟对地下水的影响范围，见表 4-15。

表 4-15　无控制方案干沟对地下水的影响分析　　　　　　(单位：m)

日期	地下水位/距沟距离					时段特征
2002-11-1	26.24/50	26.47/430	26.56/880	26.60/1090	26.58/1590	稳定时段
2002-12-1	26.15/50	26.36/430	26.45/880	26.48/1090	26.50/1590	稳定时段
2002-9-1	27.23/430	27.31/880	27.38/1290	27.67/1590	27.11/1890	排水时段
2002-7-26	25.83/430	25.91/880	25.92/1290	26.17/1590	25.95/1890	排水时段

由表 4-15 可见，在地下水稳定时段内，距无控制干沟 1090～1590m 范围内地下水位变化小，无明显流向，认为地下水的影响范围为 1300m。在排水时段内，无控制干沟排水能力强，其影响范围为 1590m。可见，在干沟间距 2040m，两侧干沟一侧有控制、一侧无控制时，无控制方案干沟对地下水的影响范围在 1300～1600m。

(2)干沟蓄水阶段，控制工程对地下水的影响范围。

2002 年，车辙沟春店节制闸与江南楼滚水坝间 M 断面地下水动态变化过程见图 4-70。8 月 16 日(雨后 2 天)，节制闸处于蓄水状态，其后 9 月、10 月、11 月降雨分别为 41.3mm、17.4mm 和 7.6mm。由实测资料及图 4-70 可见，8 月 26 日 M 断面两侧的西红丝沟和车辙沟水位分别为 26.42m 和 26.30m，水位相近，受两侧干沟影响的地下水变化趋势基本一致；受干沟水位影响，9 月 1 日在距车辙沟 1000m 以外范围的地下水明显向西红丝沟一侧排泄。至 10 月 1 日，经过 1 个月地下水位趋于稳定，11 月 1 日和 12 月 1 日的地下水位变化过程均呈现稳定的变化趋势，即在距车辙沟约 1000m 范围内的地下水无明显排泄趋势，而在距西红丝沟约 1000m 的范围内地下水则明显向西红丝沟排泄。由此认为，在干沟间距为 2040m，且一侧干沟有控制而一侧无控制的情况下，有控制工程干沟对地下水的影响为 1000m。

2003 年选择 3 月 11～26 日和 3 月 26 日～4 月 21 日两个时段地下水位的动态变化过程，参见图 4-71 和图 4-72。

由图 4-71 和图 4-72 可见，在距车辙沟 420m 范围内地下水明显向车辙沟排泄，距车辙沟 420m 范围以外地下水向另一侧无控制干沟排泄。图 4-71 中 A-A 剖面左侧的地下水位明显高于 A-A 剖面右侧，这主要是受车辙沟蓄水的顶托影响，水力坡降变小，而另一侧无控制方案干沟蓄水位低，水力坡降大所致。以上表明：有控制工程干沟对地下水的直接排泄范围为沟一侧 420m 以内，对地下水的影响范围约为沟一侧 1100m。

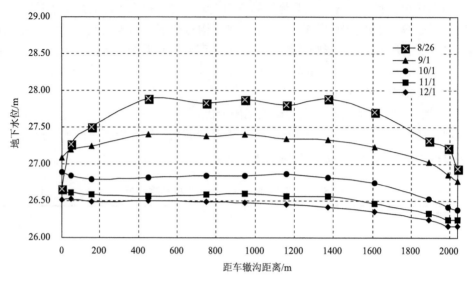

图 4-70 车辙沟 M 断面 2002 年 8 月 26 日～12 月 1 日地下水位动态变化曲线

综合上述分析可见，控制干沟在蓄水阶段影响范围随干沟间距的变化而变化，起初蓄水阶段干沟影响范围小，随着时间的推移，影响范围不断增加，当干沟水位趋于稳定时，影响范围接近干沟间距的 1/2。当干沟间距为 2000～2200m 时，其影响范围为干沟一侧 800～1200m，平均为 1000m；当干沟间距为 1540m 时，其影响范围为干沟一侧 400～800m，平均为 600m。

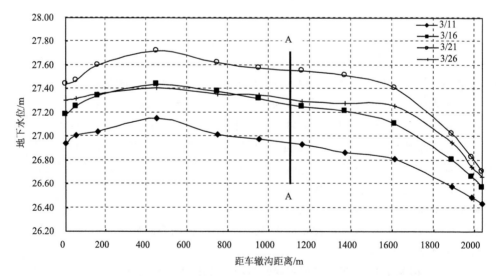

图 4-71 车辙沟 M 断面实测地下水位动态变化（2003 年 3 月 11～26 日）

说明：3 月 14～17 日连续降雨 62.3mm，前期发生连续阴雨

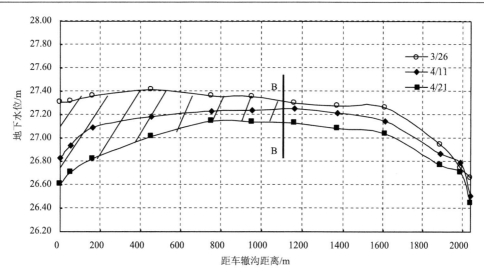

图 4-72　车辙沟 M 断面实测地下水位动态变化(2003 年 3 月 26 日～4 月 21 日)

说明：因车辙沟建交通桥，4 月上旬春店节制闸开闸放水；4 月 18～19 日试验区连续降雨共 54.5mm，4 月 22～24 日连续
降雨 21.6mm

2)干沟控制工程对地下水变化的影响

控制工程修建后，随着干沟蓄水位的增加，干沟两侧影响范围内的地下水位也随之发生变化。现根据实测资料，分析干沟控制工程对地下水变化的影响。

2002 年，选取有控制工程和无控制方案影响的地下水年内逐月动态变化，有控制干沟所观测井距干沟 450m，在干沟间距 1/4 处，近似代表影响范围内的地下水位平均状况；无控制方案所选观测井距干沟距离与有控制所选观测井相似。分析成果列于表 4-16，并绘制成动态变化曲线(图 4-73)。

表 4-16　车辙沟有、无控制方案对地下水位的影响分析　　　　　　(单位：m)

时段	有控制工程影响地下水埋深		无控制方案影响地下水埋深		有、无控制方案影响地下水位差				
	N 断面 N4 (1)	M 断面 M4 (2)	S 断面 S8 (3)	M 断面 M16 (4)	(3)－(1)	(4)－(1)	(3)－(2)	(4)－(2)	平均
7 月	1.50	2.52	3.44	3.12	1.94	1.62	0.92	0.60	1.27
8 月	0.86	1.09	1.66	1.64	0.80	0.78	0.57	0.55	0.68
9 月	1.16	1.13	1.29	2.03	0.13	0.87	0.16	0.90	0.52
10 月	1.42	1.56	2.30	2.24	0.88	0.82	0.74	0.68	0.78
11 月	1.82	1.71	2.50	2.50	0.68	0.68	0.79	0.79	0.74
12 月	1.63	1.69	2.51	2.51	0.88	0.88	0.82	0.82	0.85
7～12 月	1.40	1.62	2.28	2.34	0.88	0.94	0.66	0.72	0.80
说明	距车辙沟 450m	距车辙沟 450m	距西红丝沟 450m	距西红丝沟 630m			/		

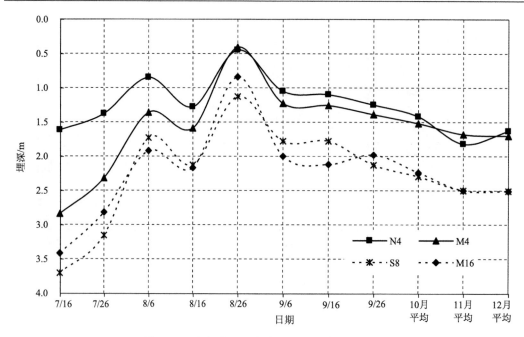

图 4-73　试验区 2002 年实测地下水位动态变化

由图 4-73 可知，无论是有控制方案还是无控制方案影响的地下水位均呈现出同样的上升或下降趋势，即汛前地下水位低，受汛期降雨影响迅速上升，汛期结束后受蒸发和开采等因素影响又逐渐下降。有控制工程影响的地下水位埋深在汛前明显高于无控制方案影响的地下水位埋深，在汛期内地下水位迅速上升后，汛后同样受控制工程蓄水影响，有控制工程影响的地下水位的下降值和下降速率明显小于无控制工程影响的地下水位。由表 4-16 分析可知，有控制工程影响的地下水位埋深始终小于无控制方案影响的地下水位埋深，7～12 月有、无控制方案影响的地下水位差变化范围为 0.66～0.94m，平均为0.80m；7～12 月每月平均地下水位差分别为 0.60～1.94m、0.55～0.80m、0.13～0.90m、0.68～0.88m、0.68～0.79m 和 0.82～0.88m，平均分别为 1.27m、0.68m、0.52m、0.78m、0.74m 和 0.85m。可见，在干沟上修建控制工程后不仅可以拦蓄部分天然降雨，同时也大大抑制了浅层地下水的排泄。

2003 年，分别选取有控制工程(包含不同控制工程形式)和无控制方案影响的地下水的年内动态变化列于表 4-17，并绘制动态变化曲线(图 4-74)。

表 4-17　干沟有、无控制方案对地下水位的影响分析　　　　　　　　(单位：m)

时段	有控制工程影响地下水埋深		无控制方案影响地下水埋深		有、无控制方案影响地下水位差			
	N 断面 N4	M 断面 M4	S 断面 S8	M 断面 M16	(3)-	(4)-	(3)-	(4)-
	(1)	(2)	(3)	(4)	(1)	(1)	(2)	(2)
1 月	1.45	1.57	2.61	2.26	1.16	0.81	1.04	0.69
2 月	1.42	1.56	2.62	2.21	1.20	0.79	1.06	0.65
3 月	0.81	0.92	1.64	1.51	0.83	0.70	0.72	0.59

续表

时段	有控制工程影响地下水埋深		无控制方案影响地下水埋深		有、无控制方案影响地下水位差			
	N 断面 N4	M 断面 M4	S 断面 S8	M 断面 M16	(3)－	(4)－	(3)－	(4)－
	(1)	(2)	(3)	(4)	(1)	(1)	(2)	(2)
4 月	0.6	1.06	1.39	1.54	0.79	0.94	0.33	0.48
5 月	0.88	1.39	1.77	1.89	0.89	1.01	0.38	0.50
6 月	1.15	1.74	1.57	1.87	0.42	0.72	－0.17	0.13
7 月	涝水淹没	涝水淹没	涝水淹没	涝水淹没	/	/	/	/
8 月	0.95	0.65	1.00	1.02	0.05	0.07	0.35	0.37
9 月	1.28	0.61	0.78	0.98	－0.50	－0.30	0.17	0.37
10 月	0.81	0.6	0.79	0.99	－0.02	0.18	0.19	0.39
11 月	0.79	0.66	0.9	1.33	0.11	0.54	0.24	0.67
说明	距车辙沟 450m	距车辙沟 450m	距西红丝沟 450m	距西红丝沟 630m		/		

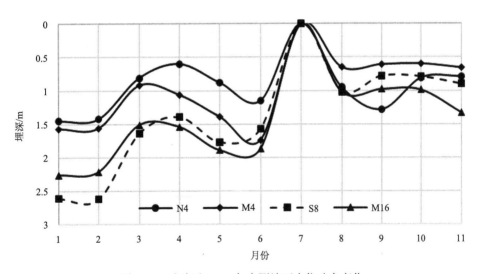

图 4-74　试验区 2003 年实测地下水位动态变化

试验区 2003 年全年降雨 1545.7mm，降雨频率为 1.85%，属丰水年份。年内春季雨水较多，2～5 月降雨 259.4mm，占全年降雨量的 16.8%；6 月 20 日开始，先后数次遭遇连续、集中降雨，6～8 月降雨 1009.6mm，占全年降雨量的 65.4%；汛期过后 10 月和 11 月又分别降雨 154.1mm 和 83.7mm。由于年内连续遭遇强降雨，且降雨强度大、持续时间长，导致 7 月份试验区内大面积农田产生长时间地表积水，7～11 月干沟水位高。受其影响，2003 年汛期过后，即便在春店节制闸开启和江南楼滚水坝非常排水沟开启状态下，农田地下水位仍居高不下。年内 2～5 月雨水较多，N 断面和 MW、SW 断面地下水呈现出相同的变化趋势，而 M 断面受 4 月中旬和 5 月上旬节制闸开闸放水影响，在 3～6 月份使地下水位持续下降。对比 1～6 月有、无控制方案影响的平均农田地下水位，N 断面分别高于 SW 断面和 MW 断面 0.88m 和 0.83m，地下水位差变幅分别为 0.42～1.20m 和 0.70～1.01m；M 断面分别高于 SW 断面和 MW 断面 0.56m 和 0.51m，变幅分别为–0.17～1.06m 和 0.13～0.69m。同时，在 2003 年 3～6 月，一直受滚水坝控制蓄水影响的 N 断面地下水埋深自 0.81m 下降至 1.15m，下降幅度为 0.34m；而 M 断面受 4 月中旬和 5 月上旬节制闸开闸放水影响，地下水埋深则自 0.92m 下降至 1.74m，下降幅度为 0.82m。在相同时段内，M 断面地下水下降幅度远大于 N 断面，这主要是受节制闸开启后干沟无控制排水影响。由此可见，在干沟上修建控制工程大大抑制了地下水的排泄。

根据 2008 年 3 月～2009 年 2 月实测数据，选取车辙沟春店节制闸上 S 断面（杨板桥—聂庄一带）的 S3、S4、S8、S11 四处观测点，分析有节制闸控制的车辙沟和无控制的西红丝沟（西红丝沟位于车辙沟西约 1.7km）对地下水状态的不同影响。各观测点数据统计结果列于表 4-18、表 4-19，其动态变化曲线参见图 4-75、图 4-76。

表 4-18　2008 年 6～9 月汛期有、无控制方案沟边地下水位高程变化　（单位：m）

观测点	具体位置	6 月	7 月	8 月	9 月	平均
S3	车辙沟西 150m	26.47	27.35	27.34	26.68	27.05
S11	西红丝沟东 150m	25.67	26.55	26.53	26.05	26.25
	有、无控制方案沟边 地下水位差(S3–S11)	0.80	0.80	0.82	0.64	0.80
S4	车辙沟西 600m	26.31	27.29	27.19	26.74	26.93
S8	西红丝沟东 600m	25.94	26.90	27.04	26.43	26.63
	有、无控制方案沟边 地下水位差(S4–S8)	0.37	0.39	0.16	0.32	0.30

表 4-19　2008 年 3 月～2009 年 2 月非汛期有、无控制方案沟边地下水位高程变化　（单位：m）

观测点	具体位置	2008 年						2009 年		平均
		3 月	4 月	5 月	10 月	11 月	12 月	1 月	2 月	
S3	车辙沟西 150m	26.36	26.35	26.63	26.29	26.25	26.13	25.95	25.71	26.45
S11	西红丝沟东 150m	25.46	25.50	25.71	25.49	25.52	25.29	25.10	24.89	25.56
	有、无控制方案沟边 地下水位差(S3–S11)	0.89	0.85	0.92	0.79	0.73	0.84	0.85	0.82	0.89
S4	车辙沟西 600m	26.31	26.33	26.44	26.34	26.16	26.03	25.74	25.54	26.36
S8	西红丝沟东 600m	25.72	25.77	26.03	25.92	25.75	25.46	25.23	25.00	25.84
	有、无控制方案沟边 地下水位差(S4–S8)	0.59	0.56	0.41	0.42	0.40	0.57	0.51	0.54	0.52

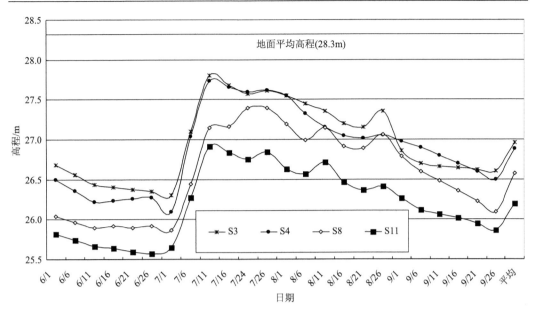

图 4-75　车辙沟春店节制闸上(S 断面)地下水位动态变化图(2008 年 6～9 月)

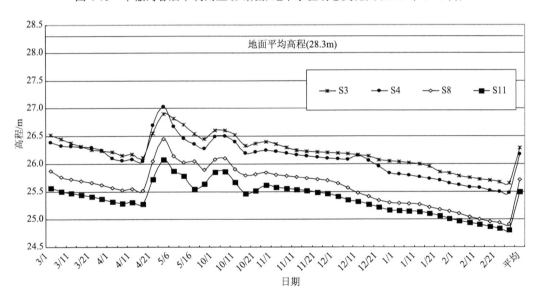

图 4-76　车辙沟春店节制闸上(S 断面)地下水位动态变化图
(2008 年 3～5 月和 2008 年 10 月～2009 年 2 月)

由表 4-18、表 4-19 和图 4-75、图 4-76 可知，无论是汛期还是非汛期，有控制工程干沟影响范围内农田地下水位始终高于无控制方案干沟。汛期(6～9 月)有、无控制方案影响的干沟沿岸 150m 处地下水位差变化范围为 0.64～0.82m，平均为 0.80m；干沟沿岸 600m 处地下水位差变化范围为 0.16～0.39m，平均为 0.30m。非汛期(10～5 月)有、无控制方案影响的干沟沿岸 150m 处地下水位差变化范围为 0.73～0.92m，平均为 0.89m；干沟沿岸 600m 处地下水位差变化范围为 0.40～0.59m，平均为 0.52m。干沟上修建控制工程后不仅可以拦蓄部分天然降雨，还大大抑制了浅层地下水的排泄。

比较图 4-75、图 4-76 可见，在干沟影响范围内，有控制的干沟沟边地下水位要高于离干沟较远地点的地下水位；而无控制的干沟沟边地下水位则要低于离干沟较远地点的地下水位，说明有控制干沟不仅能够抑制地下水的排泄，还对地下水有一定补充作用。

2010 年、2020 年控制工程对农田地下水位的影响分析采取有无对比的形式，即有控制工程的干沟影响范围内田间地下水位同无控制方案干沟沿岸田间地下水位同期相对比。以项目区内车辙沟闸上 6km 处阎湖桥断面（M 断面）为例进行分析。

2010 年 1 月～2011 年 8 月的有效监测样本有 106 个，见图 4-77。2010 年地下水有两次调蓄过程，在小麦需水时期 1 月初干沟控制范围内地下水位埋深在 1.6m 左右，地下水可直接提供一些有效土壤水分供小麦利用，而干沟控制范围外地下水埋深超过 2.3m；7 月份玉米、大豆生长期，干沟控制范围内地下水位埋深在 1.3m 左右，而控制范围外地下水位埋深在 1.8m 左右。通过计算，干沟控制范围内与干沟控制范围外地下水位埋深变化平均差值在 2010 年非汛期为 0.48m，2010 年汛期为 0.49m，2010 年 10 月～2011 年 5 月达到 0.68m，2011 年 6～8 月两者差值为 0.70m。综合分析可知，2010 年 1 月～2011 年 8 月干沟控制范围内与干沟控制范围外地下水位埋深差值累计为 56.4m，即抬高农田地下水位均值为 0.53m。

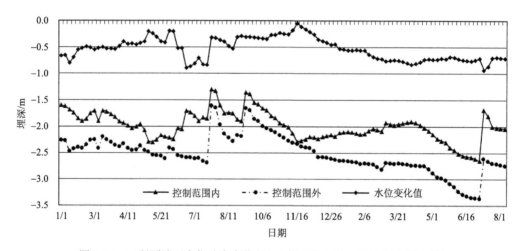

图 4-77　M 断面地下水位动态变化（2010 年 1 月 1 日～2011 年 8 月 6 日）

据统计分析，2019 年 1 月～2020 年 7 月的有效监测样本有 92 个，见图 4-78。2019 年地下水有两次调蓄过程，在小麦需水时期 1 月初干沟水控制范围内地下水位埋深在 1.90m 左右，可为小麦提供一些有效土壤水分，而干沟控制范围外地下水埋深超过 2.60m；7 月份玉米、大豆生长期，干沟控制范围内地下水位埋深在 1.55m 左右，而控制范围外地下水位埋深在 2.81m 左右，可见干沟控制工程可为秋季作物提供适量的有效土壤水分。由于 2020 年 7 月份前降雨偏少，导致地下水位埋深有所增加，但干沟控制工程范围内地下水位埋深比控制范围外的地下水位埋深还是小一些，可见干沟控制工程对地下水位的调蓄效果比较理想。通过计算，干沟控制范围内与干沟控制范围外地下水位埋深变化平均差值在 2019 年非汛期为 0.84m，2019 年汛期为 0.99m，2019 年 10 月～2020 年 5 月为 0.05m，2020 年 6～8 月两者差值为 0.27m。综合分析可知，2019 年 1 月～2020 年 7 月干沟控制范围内与干沟控制范围外地下水位埋深差值累计为 49.45m，即抬高农田地下水位均值为 0.54m。

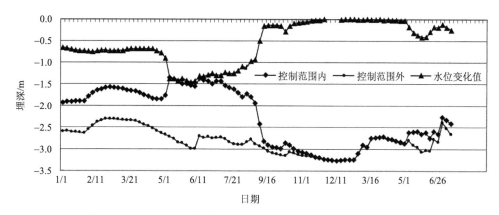

图 4-78　2019～2020 年车辙沟闸控制断面 M 的地下水位动态变化
（2019 年 1 月 1 日～2020 年 7 月 26 日）

3) 监测断面的地下水埋深动态变化

根据 2020 年 1～9 月的监测数据，绘制江集 J 断面、杨板桥 S 断面、江集 N 断面、东柳沟 D 断面和阎湖桥 M 断面的地下水位埋深动态变化情况，见图 4-79。

江集 J 断面 2020 年 1 月 1 日～6 月 16 日地下水埋深在 2.9～4.3m 之间变动，从 6 月 21 日开始地下水位埋深逐步抬升，7 月 1 日出现一个小峰值，地下水位埋深为 2.07m，些许下降后又骤然抬升，7 月 16 日地下水位埋深最小值为 0.6m，至 8 月 1 日达到最小值 0.54m，之后开始下降，至 8 月 21 日地下水位埋深开始大于 1m，至 9 月底地下水位埋深在 2.3m 左右。

杨板桥 S 断面 2020 年 1 月 1 日～6 月 21 日地下水埋深在 2.2～3.7m 之间变动，之后地下水位骤升，6 月 26～29 日部分监测点地下水埋深为 0m，之后地下水位逐步下降至埋深为 2.4m 左右，7 月 11～13 日，地下水位又出现骤升，埋深达到 0m，7 月 16 日后，地下水位下降，至 8 月 1 日地下水位埋深为 0.47m，8 月 16 日地下水位埋深开始大于 1m，至 9 月底地下水位埋深为 2.06m。

江集 N 断面 2020 年 1 月 1 日～6 月 21 日地下水埋深在 1.9～3.2m 之间变动，之后地下水位逐步抬升，7 月 1 日出现小峰值，地下水位埋深为 1.2m，些许下降后又骤然抬升，7 月 13 日地下水位埋深达到最小值 0.4m，些许波动后，至 8 月 1 日地下水位埋深为 0.55m，之后开始下降，至 8 月 16 日地下水位埋深开始大于 1m，9 月底地下水位埋深为 1.94m 左右。

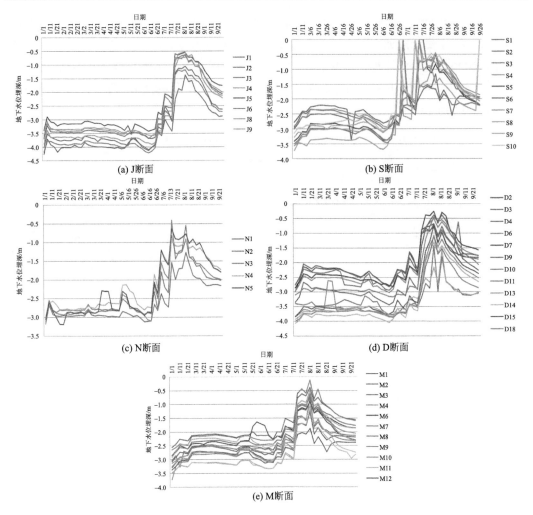

图 4-79　断面 J、S、N、D、M 地下水位埋深变动情况

东柳沟 D 断面 2020 年 1 月 1 日～6 月 26 日地下水埋深在 2.1～4.1m 之间变动，7 月 1 日出现小峰值，地下水位埋深为 1.63m，些许下降后迅速抬升，7 月 16 日地下水位埋深为 0.92m，至 8 月 1 日地下水位埋深达到 0.25m，8 月 11 日地下水位埋深为 0.38m，之后波动下降，至 8 月 26 日地下水位埋深开始大于 1m，9 月底的地下水位埋深为 2.28m 左右。

阎湖桥 M 断面 2020 年 1 月 1 日～6 月 26 日地下水埋深在 1.6～3.7m 之间变动，7 月 1 日出现小峰值，地下水位埋深为 1.51m，些许下降后抬升，7 月 16 日地下水位埋深为 0.77m，7 月 21 日地下水位埋深为 0.44m，至 8 月 1 日地下水位埋深达到 0.12m，8 月 11 日地下水位埋深为 0.45m，之后逐步回落，至 9 月底地下水位埋深为 2.12m 左右。

可见，6 月底至 7 月初，地下水位埋深出现了一个小峰值，对应了第 1 场 6 月 28～30 日降雨，地下水位抬升，土壤含水量逐步达到饱和后产生了地表径流；地下水位些许波动后在 7 月 13～16 日，地下水位埋深达到第二个峰值，对应了第 2 场 7 月 11～14 日降雨；7 月 21 日和 7 月 26 日，地下水位些许波动抬升，地下水位埋深变小，对应了第三场 7 月 17～19 日和第四场 7 月 21～24 日降雨；7 月底至 8 月初，地下水位埋深出现最大峰值，对应于第五场 7 月 30 日～8 月 1 日降雨，之后地下水位逐步回落。

　　4）综合分析

　　车辙沟江南楼滚水坝上游选择 N 断面 N4 观测孔，距车辙沟 450m；无控制方案观测孔选择 MW 断面 M15 观测孔，距无控制方案干沟西红丝沟 400m。春店节制闸上游选择 M 断面 M4 观测孔，距车辙沟 450m；无控制方案观测孔选择 MW 断面 M16 观测孔，距无控制方案干沟旱阳沟 390m。综合分析干沟有、无控制方案对地下水变化的影响，见表 4-20。

表 4-20　干沟有、无控制方案对地下水变化影响分析成果　　　（单位：m）

| 试验区 | 年份 | 有控制工程比无控制方案抬高地下水位值 | | | | | 备注 |
		6～9 月	10～5 月	1～12 月	年最大	年最小	
江南楼滚水坝	2002	0.39	0.13	0.26	1.35	0.00	偏丰年
	2003	0.00	0.36	0.24	0.65	0.00	丰水年
	平均	0.20	0.25	0.25	/	/	/
春店节制闸	2002	0.34	0.50	0.45	0.71	0.20	偏丰年，汛期开启
	2003	0.30	0.48	0.41	0.83	0.00	丰水年，节制闸 5 次开启
	平均	0.32	0.49	0.43	/	/	/

　　2002 年和 2003 年分别为偏丰年和丰水年。江南楼滚水坝平均年抬高地下水位为 0.25m，非汛期平均年抬高地下水位 0.25m，汛期平均年抬高地下水位 0.20m。春店节制闸在 2002 年汛期开启一次，在 2003 年多次开启，2002 年和 2003 年年均抬高地下水位分别为 0.45m 和 0.41m。

　　同时，在 1999～2003 年，对比有、无控制方案的地下水位，受江南楼滚水坝影响的年最大地下水位差在 0.65～1.35m。受春店节制闸影响的 2002 年最大地下水位差为 0.71m，最小地下水位差为 0.20m；2003 年最大地下水位差为 0.83m，最小地下水位差为 0m。

　　可见，在干沟上修建控制工程后对地下水的抬升作用非常明显。江南楼滚水坝多年平均抬高地下水位为 0.25m，年最大地下水位差在 0.65～1.35m；春店节制闸多年平均抬高地下水位为 0.43m，年最大地下水位差在 0.71～0.83m。

4. 干沟控制工程对排水的影响

　　干沟控制工程具有控制排水、蓄水和维持生态的多重功能，综合考虑水资源高效利用、除涝降渍和生态，控制工程的建设和控制运用原则是在不影响干沟设计除涝防渍标准前提下尽可能地蓄水。控制工程为闸时，就是设计合理的工程参数及合理的控制运用；控制工程为坝时，应确定合理的工程参数。

　　淮北地区干沟控制面积多在 50km² 以下，3 年一遇、5 年一遇和 10 年一遇的三天设计暴雨量分别为 135mm、167mm 和 215mm，设计自排模数分别为 0.51～0.74m³/(s·km²)、

$0.73 \sim 1.05 \text{m}^3/(\text{s}\cdot\text{km}^2)$ 和 $1.24 \sim 1.61 \text{m}^3/(\text{s}\cdot\text{km}^2)$；排渍标准为雨后三天地下水位自地表降到地面以下 $0.3 \sim 0.5\text{m}$。在排水干沟上修建控制工程应满足原有工程的设计除涝防渍标准，否则会影响原有排水工程效益的发挥。

车辙沟设计排水标准为 5 年一遇，设计排涝流量为 $39.3\text{m}^3/\text{s}$。车辙沟控制蓄水工程设计为两级控制，一级控制建筑物形式为节制闸，二级控制采用浆砌石滚水坝，通过坝闸结合实现分级蓄水。滚水坝设计排涝流量为 $27.3\text{m}^3/\text{s}$，设计排涝标准为 5 年一遇；节制闸设计排涝流量为 $39.3\text{m}^3/\text{s}$，设计排涝标准为 5 年一遇。与滚水坝相比，闸在汛期开启灵活，可以使涝水蓄泄自如，因此下面主要针对滚水坝对其控制范围内地面和地下排水能力的影响进行分析。

2002 年最强降雨过程发生在 8 月 24～26 日，三日降雨共 126.8mm，降雨频率约为 4 年一遇，汛期地下水位变化见图 4-80 和图 4-81。

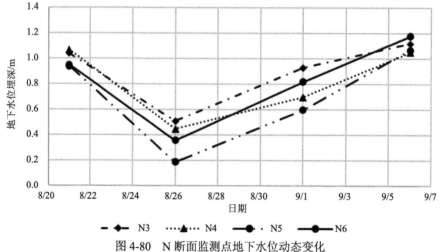

图 4-80　N 断面监测点地下水位动态变化

N 断面观测井位于滚水坝上游 1km 处

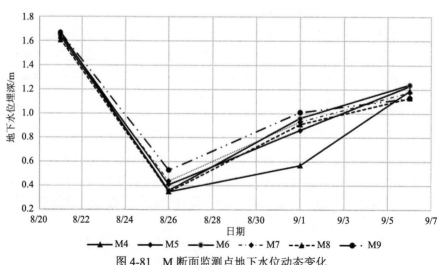

图 4-81　M 断面监测点地下水位动态变化

M 断面观测井位于节制闸上游 5km 处

由图 4-80 和图 4-81 可知，在强降雨过程中，受控制工程影响的 N 断面和 M 断面在雨后 1 日地面积水即已排除，雨后 3 日其最小地下水埋深分别为 0.33m 和 0.41m，其余地下水埋深均大于 0.5m，基本满足淮北地区旱作物排水标准。因此，在 2002 年度降雨情况下，江南楼滚水坝满足农田排水要求。

2008 年最大日降雨量发生在 4 月 19 日，单日降雨 106mm，最大 3 日降雨发生在 8 月 14～16 日，3 日降雨量分别为 8mm、1mm 和 105mm，考虑三日内降雨峰值靠后，同时此前一天(8 月 13 日)已降雨 31mm，以此降雨过程作为不利雨型进行分析，将其降雨前后地下水位实测数据记录于表 4-21，并绘制地下水位动态变化如图 4-82 和图 4-83 所示。由表 4-21 和图 4-82 可知，相对于田间地下水位，强降雨对沟水位影响较为明显，降雨前后变化幅度达 0.4m；强降雨对田间地下水位有一定影响，但影响幅度较小。分析原因，一是滚水坝顶高程为 28.2m，沟边田间地面高程在 29.21～29.61m，且前期降雨已经使坝上蓄水位接近坝顶高程，降雨前后坝上沟水位变化较小，因此对干沟周边田间地下水位影响也小；二是推广区农田前期土壤湿度较小，降雨入渗多为上层截留所致。

表 4-21　强降雨前后地下水位动态变化　　　　　(单位：m)

位置	项目	8 月 6 日	8 月 11 日	8 月 16 日	8 月 21 日	8 月 26 日
闸上 3km 断面	沟水位	27.20	27.15	27.05	27.40	27.50
	沟边 10m	26.90	26.80	26.68	26.65	27.05
	沟边 50m	27.30	27.31	27.31	27.16	27.08
	沟边 150m	27.45	27.35	27.20	27.15	27.35
	沟边 600m	27.33	27.16	27.05	27.02	27.06
	地面高程	28.45～28.63				
坝上 1.5km 断面	沟水位	27.25	27.40	27.80	27.90	27.90
	沟边 10m	27.59	27.79	27.81	27.76	27.89
	沟边 50m	27.71	27.81	27.99	28.05	28.11
	沟边 150m	28.01	27.91	28.08	28.16	28.21
	沟边 400m	28.51	28.56	28.51	28.56	28.61
	沟边 600m	28.93	28.95	28.93	28.98	29.00
	地面高程	29.21～29.79				

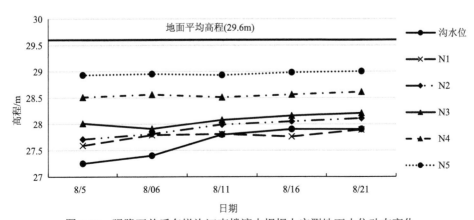

图 4-82　强降雨前后车辙沟江南楼滚水坝坝上实测地下水位动态变化

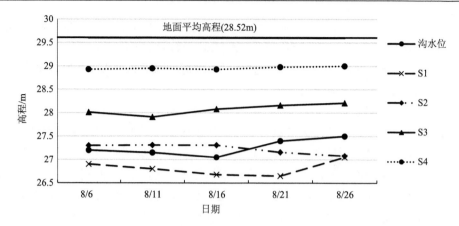

图 4-83 强降雨前后车辙沟春店节制闸上实测地下水位动态变化

由表 4-21 和图 4-83 可知，强降雨前后，闸上沟水位及沟边地下水位均呈逐渐下降趋势，8 月 16 日后无有效降雨，而沟水位上升，沟边地下水位也随之上升。查询相关记录并分析原因，8 月 16 日之前，根据防汛部门指令，闸门处于开启状态，干沟以排水为主，强降雨过后，闸门开始关闭蓄水，此时干沟承接上游支斗沟持续排水，导致车辙沟水位逐渐上升。根据实测数据，受控制工程影响的坝上 N 断面和闸门开启状态下的闸上 S 断面在雨后 1 日地面积水即已排除，雨后 5 日其最小地下水埋深分别为 0.85m 和 1.05m，推算雨后 3 日地下水埋深应在 0.5m 以上，可满足淮北地区旱作物排水标准，所以车辙沟滚水坝和节制闸的控制运用均能满足农田排水要求。

2020 年 7 月降雨达 376.89mm，7 月 11～12 日和 7 月 30～31 日降雨量分别为 131.58mm 和 113.55mm。由地下水位实测记录可知，在强降雨过程中，受控制工程影响的 N 断面和 S 断面在雨后 1 日地面积水即已排除，干沟蓄水控制区地下水位埋深最小观测值在两次强降雨后 3d 回落至 0.42m，见图 4-84，基本满足排渍要求。

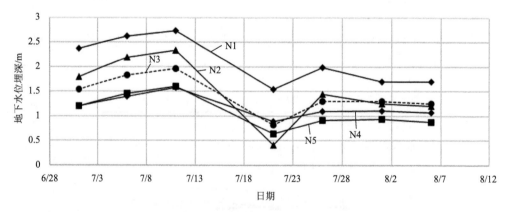

图 4-84 N 断面观测点地下水位动态变化

由多年资料分析可见，汛期暴雨和连续阴雨过程中，蓄水坝和非常排水沟同时运用，其除涝降渍和改善土壤水分状况的效果较好，各级排水工程效益能够得到较充分的发挥，只要工程参数设计合理、调控措施得当，干沟控制工程不会对排水造成负面影响。

5. 干沟控制工程对水资源的调控

干沟控制工程对水资源的调控包括干沟直接拦蓄的降雨径流和抬高地下水增加的地下水资源量两方面。

1）控制工程对降雨径流的调蓄

控制工程年调蓄水量按工程上下游年平均水位差计算的年均调蓄水量与调蓄次数的乘积计算，调蓄次数根据实测水位动态变化及降雨、灌溉等情况分析确定。选取车辙沟江南楼滚水坝和车辙沟春店节制闸作为典型控制工程，将其实际调蓄水量观测分析成果列于表4-22。

表4-22　试验区各年蓄水量成果

控制工程	年份	控制工程上下游水位差/m	年均调蓄水量/万 m³	复蓄次数	年复蓄水量/万 m³	备注
江南楼滚水坝	2002	1.31	15.06	1	15.06	7～12 月
	2003	1.29	14.25	2	28.30	/
	2007	0.43	9.5	2	19.0	/
	2008	0.47	10.4	2	20.8	/
	2009	1.10	24.3	1	24.3	1～6 月
春店节制闸	2002	1.73	25.34	1	25.34	7～12 月
	2003	1.05	16.04	2	32.08	/
	2007	2.17	48.0	2	95.9	/
	2008	1.66	36.7	2	73.4	/
	2009	2.08	46.0	1	46.0	1～6 月

2002 年、2003 年，江南楼滚水坝年调蓄次数分别为 1 次和 2 次，调蓄水量分别为15.06 万 m³ 和 28.30 万 m³；春店节制闸年调蓄次数分别为 1 次和 2 次，调蓄水量分别为25.34 万 m³ 和 32.08 万 m³。综合分析，江南楼滚水坝和春店节制闸单位长度干沟年调蓄水量分别为 1.556 万 m³/km 和 2.392 万 m³/km，平均为 1.974 万 m³/km。

2007 年、2008 年、2009 年，江南楼滚水坝年调蓄次数分别为 2 次、2 次和 1 次，调蓄水量分别为 19.0 万 m³、20.8 万 m³ 和 24.3 万 m³；春店节制闸年调蓄次数分别为 2 次、2 次和 1 次，调蓄水量分别为 95.9 万 m³、73.4 万 m³ 和 46.0 万 m³。综合分析，江南楼滚水坝和春店节制闸单位长度干沟年调蓄降雨径流量分别为 1.6 万 m³/km 和 2.8 万 m³/km。

2019～2020 年，干沟控制范围内与控制范围外沟水位变化差值在 2019 年非汛期为1.05m，2020 年非汛期为 0.94m，2020 年汛期为 1.60m，2020 年 7 月 26 日最大差值为2.24m。干沟控制范围内与控制范围外沟水位变化差累计值在 2019～2020 年 8 月达到83.84m，即平均抬高干沟水位值为 1.15m。总体上，干沟控制工程抬高干沟水位值在0.58～2.24m 之间。蓄水控制工程调蓄水位与降雨量的关系见图 4-85。2019 年调蓄水量为 21.57 万 m³，2020 年 1～9 月调蓄水量为 28.10 万 m³，见表 4-23。可见，2019 年和

2020 年单位长度干沟年调蓄降雨径流量分别为 3.60 万 m³/km 和 4.68 万 m³/km。

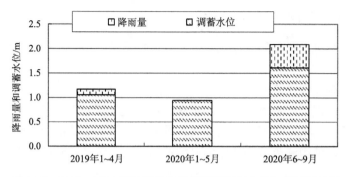

图 4-85　2019～2020 年车辙沟春店节制闸调蓄水位与降雨量关系

表 4-23　试验区车辙沟春店节制闸调蓄地表水量成果

类别	2019 年				2020 年			
	1 月	2 月	3 月	4 月	1 月	7 月	8 月	9 月
闸上水位/m	1.06	0.89	0.83	1.17	1.70	0.50	0.68	2.40
闸下水位/m	1.83	1.80	2.04	2.53	3.00	2.74	2.50	1.62
水位差/m	0.77	0.91	1.21	1.36	1.30	2.24	1.82	−0.78
调蓄水量/万 m³	3.87	4.55	6.14	7.01	6.75	11.85	9.49	0.00
	21.57				28.10			

2）控制工程对地下水资源的调蓄

控制工程对地下水资源的调蓄量按非汛期抬高地下水位最大值所增加的土壤蓄水量进行计算。以江南楼滚水坝和春店节制闸为例，根据实测数据计算出控制工程对地下水的调蓄量，其中，江南楼滚水坝和春店节制闸上干沟长度分别为 14km 和 12km，影响范围取沟两侧各 1000m，给水度按 0.04 计算，计算成果列于表 4-24。

表 4-24　控制工程对地下水调蓄分析

控制工程	年份	非汛期最大地下水位差/m	年调蓄水量/万 m³	备注
江南楼滚水坝	2002	0.28	19.71	沟长 14km，影响范围取沟两侧各 1000m，给水度为 0.04
	2003	0.65	45.76	
	平均	0.47	32.74	
春店节制闸	2002	0.34	23.94	沟长 12km，影响范围取沟两侧各 1000m，给水度为 0.04
	2003	0.40	28.16	
	2019	0.69	26.47	
	2020	0.13	4.93	
	平均	0.39	20.88	

从表 4-24 可见，江南楼滚水坝平均调蓄地下水量为 32.74 万 m³，春店节制闸平均调蓄地下水量为 20.88 万 m³，综合可得，单位面积调蓄的地下水量约为 2.0 万 m³/km²。

2007～2009 年，车辙沟滚水坝平均年调蓄地下水量 30 万 m³，节制闸平均年调蓄地下水量 76 万 m³，单位面积调蓄的地下水量分别为 1.5 万 m³/km² 和 3.7 万 m³/km²（表 4-25）。

表 4-25　2007～2009 年控制工程对地下水调蓄分析

年份	滚水坝			节制闸		
	坝上非汛期平均地下水位/m	与无控制干沟平均地下水位差值/m	调蓄地下水量/万 m³	闸上非汛期平均地下水位/m	与无控制干沟平均地下水位差值/m	调蓄地下水量/万 m³
2007	26.96	0.41	34	26.82	0.91	76
2008	27.81	0.48	40	26.45	0.89	74
2009	27.51	0.20	17	25.99	0.95	79

3）控制工程调蓄水资源总量

综合控制工程对地表水资源、地下水资源的调蓄总量成果列于表 4-26。

表 4-26　试验区控制工程调蓄水量分析成果

控制工程	年份	调蓄地表水量/万 m³	调蓄地下水量/万 m³	调蓄水资源总量/万 m³	调蓄量占年降水的比例/%	备注
车辙沟滚水坝	2007	19.0	34	53.0	2.20	/
	2008	20.8	40	60.8	3.14	/
	2009	24.3	17	41.3	/	1～6 月
车辙沟节制闸	2007	95.9	76	171.9	7.06	/
	2008	73.4	74	147.4	7.61	/
	2009	46.0	79	125.0	/	1～6 月
	2019	28.32	26.47	54.79	11.87	/
	2020	21.35	4.93	26.27	5.52	1～9 月

对于 2007 年、2008 年和 2009 年 1～6 月调蓄的水资源总量，江南楼滚水坝控制工程分别为 53.0 万 m³、60.8 万 m³ 和 41.3 万 m³（折合水深分别为 25.5mm、29.2mm 和 19.9mm），春店节制闸控制工程分别为 171.9 万 m³、147.4 万 m³ 和 125.0 万 m³（折合水深分别为 82.6mm、70.8mm 和 60.0mm），节制闸的调蓄效果明显优于滚水坝。对于 2007 年、2008 年调蓄水资源总量占年降水的比例，滚水坝控制工程分别为 2.20% 和 3.14%，节制闸控制工程分别为 7.06% 和 7.61%。

2019 年和 2020 年 1～9 月调蓄的水资源总量分别为 54.79 万 m³ 和 26.27 万 m³（折合水深分别为 57.07mm 和 27.37mm），2019 年和 2020 年 1～9 月降雨量分别为 480.9mm 和 495.92mm，由此计算出，2019 年、2020 年调蓄水资源总量占年降水的比例分别为 11.87% 和 5.52%。

6. 干沟控制工程对作物的影响

根据调查，2019 年 6 月份降雨量占全年的 32%，由于前期干旱，没有造成作物受灾；2020 年 7 月降雨量占 2020 年 1～10 月总降雨量的 76%，秋季作物局部受涝严重，造成灾害。

2019 年秋小麦播种期间，淮北地区普遍受旱严重，小麦播种土壤墒情不足。试验区小麦播种前均进行灌溉造墒，沟边 400m 范围内基本直接抽取干沟水进行灌溉，其余地块通过机井抽取地下水进行灌溉。尽管旱情严重，灌溉用水量较多，但干沟水深一直保持在 1.8m 以上，从而保证了沿岸农作物的灌溉需求。小麦出苗后，干旱持续，大部分地块在春节前后又进行了保苗灌溉。根据调查，同样是灌溉两次，从叶色、个体健壮程度、叶龄和单株分蘖来看，沿沟地块小麦出苗和苗情长势均优于干沟控制范围外地块。

2020 年 6 月，对试验区小麦进行了产量调查，同时对典型地块进行测产取样，对比分析其产量差别和其他生理指标差异。根据考种结果，在品种、施肥、农药等条件相同的情况下，干沟控制范围内外小麦在株高、穗长等生理指标方面无明显差异，但千粒重和产量有明显区别，分析应该是干沟沿岸灌溉水源充足，同时地下水位的适时调节有助于小麦根系的生长和对水分的吸收利用。2019 年 10～12 月降雨甚少，2020 年 1～6 月仅有少量有效降雨，再次形成严重冬春旱，干沟水深一直保持在 1.8m 以上，为沿岸耕地抗旱灌溉提供了较充足水源。2020 年 6 月，小麦测产数据列于表 4-27。

表 4-27　试验区小麦调查表

位置	株高/cm	穗长/cm	千粒重/g	总重/g	亩产/kg
东柳沟东 50m	78.38	7.88	44.42	795	524.70
东柳沟与驻马沟之间后杨村田块 1	69.69	7.70	44.30	685	452.10
驻马沟西江桥庄西路北	77.33	9.23	38.75	544	359.04
驻马沟西 1km	68.14	9.93	36.23	563	371.58
车辙沟西 150m	72.64	7.09	46.77	543	358.38
车辙沟与西红丝沟之间	60.61	8.68	46.17	513	338.58
西红丝沟西 100m	70.84	9.33	42.02	557	367.62
西红丝沟与旱阳沟之间	77.66	8.66	42.42	388	256.08
旱阳沟东 30m	72.28	8.58	42.70	667	440.22
旱阳沟西 1km	66.18	7.36	43.14	642	423.72
江集西南 1km	66.46	7.60	42.88	798	526.68

根据对冬小麦的两次测产调研，由于连续干旱，2019 年冬小麦在播种及出苗时各灌溉一次，平均产量为 470kg/亩，比不灌造墒水的增产 14% 左右；2019 年 11 月～2020 年 6 月，安徽淮北地区大旱，试验区小麦减产较为明显，在干沟蓄水工程控制范围内的地块可以有效利用地下水，亩产一般在 430kg 左右，在干沟蓄水工程控制范围外的地块，小麦产量一般在 330kg/亩左右，增产率达到 23%。

2020 年 7～9 月，试验区有 2 次强降雨过程，次降雨量达到 132mm 和 113mm。其中 7 月 11 日开始的强降雨雨势急、雨量大，形成严重内涝和局部地区积水，对秋季作物造成灾害，造成玉米倒秆严重。2020 年 9 月 22 日，对选定的四个典型受涝区进行考种取样，取样方案是在不同受涝区选择不同程度受涝的玉米，一共在四个典型受涝区取了 9 个玉米样本。现场查勘，车辙沟上段(N 断面)和中段(M 断面)沿岸 400m 内耕地由于靠近车辙沟，排涝降渍能力强，地下水位均降低至地表以下 50cm，800m 范围内地下水埋深均大于 40cm；驻马沟中段(D 断面)由于地势低洼，局部积水严重。

在实地大田取样的过程中发现，所选各典型受涝区的玉米有不同程度的减产，灾后产量在 225kg/亩左右，而正常年份亩产一般为 400～500kg。试验区内排水沟系健全区域农作物产量要明显高于试验区外排水不畅区域，其中干沟排水控制范围内平均亩产为350kg，控制范围外平均亩产为 210kg。可以看出，试验区健全的排水沟系在强降雨过程中排水效果明显，发挥出较大的排涝减灾效益。

4.3.3　干沟控制水位方案优选

为了全面研究干沟控制设施对沟间地下水动态的影响，仅靠原型观测难以做到，需要对多种控制方案进行对比分析。为此，对现有观测试验区进行概化，建立区域地下水动态模型，以研究不同方案的优化结果。

本部分内容由安徽省(水利部淮河水利委员会)水利科学研究院与武汉大学联合研究，建立了空隙介质中三维地下水流运动模拟模型，进行了不同控制条件下田间地下水动态的模拟，并利用美国地质调查局(USGS)开发的软件 Processing ModFlow 作为分析工具。主要内容是：①根据试验区的水系和水文地质条件，建立区域地下水动态模型；②根据观测资料，对模型的参数进行率定和评价，使其反映当地的地下水运动规律；③设置不同的干沟水位控制方案，进行各方案的地下水动态模拟，根据农作物对地下水动态的要求对各方案做出评价，为进行干沟控制的宏观决策和规划实施提供参考。

1. 地下水动态模拟模型及试验区概化

根据质量守恒定律和达西定律，固定密度的地下水流经饱和土层孔隙介质的三维流动可以下列偏微分方程式表示：

$$\frac{\partial}{\partial_x}\left(k_{xx}\frac{\partial h}{\partial x}\right)+\frac{\partial}{\partial_y}\left(k_{yy}\frac{\partial h}{\partial y}\right)+\frac{\partial}{\partial_z}\left(k_{zz}\frac{\partial h}{\partial z}\right)-w=S_s\frac{\partial h}{\partial t} \tag{4.8}$$

式中，k_{xx}、k_{yy}、k_{zz} 分别为沿 x、y、z 三个坐标轴的水力传导度，L/T；h 为含水层水头，L；w 为源汇项，L/T；S_s 为多孔介质的贮水率，即当含水层的压力水头下降一个单位时，从单位含水层中释放(或贮存)的水量，L^{-1}；$\frac{\partial h}{\partial t}$ 为水头随时间的变化率；t 为时间。

由于式(4.8)少有解析解，常将该偏微分方程式以有限差分法进行求解。其解的差分式为

$$\mathrm{CR}_{i,j-1/2,k}(h_{i,j-1,k}^m - h_{i,j,k}^m) + \mathrm{CR}_{i,j+1/2,k}(h_{i,j+1,k}^m - h_{i,j,k}^m)$$

$$+\mathrm{CR}_{i-1/2,j,k}(h_{i-1,j,k}^m - h_{i,j,k}^m) + \mathrm{CR}_{i+1/2,j,k}(h_{i+1,j,k}^m - h_{i,j,k}^m)$$

$$+\mathrm{CR}_{i,j,k-1/2}(h_{i,j,k-1}^m - h_{i,j,k}^m) + \mathrm{CR}_{i,j,k+1/2}(h_{i,j,k+1}^m - h_{i,j,k}^m)$$

$$+P_{i,j,k}h_{i,j,k}^m + Q_{i,j,k} = S_{si,j,k}\frac{h_{i,j,k}^m - h_{i,j,k}^{m-1}}{t_m - t_{m-1}}\Delta r_j\Delta c_i\Delta v_k \tag{4.9}$$

基于上述基本模型，利用美国地质调查局（USGS）的 McDonald 和 Harbaugh 开发出来的一套专门用于孔隙介质中三维有限差分地下水流数值模拟的软件 Processing ModFlow 进行计算。

1）网格剖分

车辙沟试验区地下水模型简化为一个 3056m×13300m 的区域。垂直方向由地面到隔水层顶板，厚度为 30m；平面上分为 68 行、53 列，网格大小不等。

各单元的地面高程由各观测井的地面高程用 PMWIN 提供的插值工具插值后得到。模型的最顶层是非承压层，对于单一非承压层模型，不考虑越流补给量。

2）边界条件

试验区地势平坦，地下水沿南北方向补给和排泄微弱，假定南北方向为无水流通量，东西方向分别为旱阳沟和车辙沟，其水头边界已知，下边界为不透水的基岩，上边界为地下水自由表面。

模拟时段车辙沟的水位为实测值。

3）基本参数

（1）时间：模拟的水流类型是非稳定流，时间单位是天，总的模拟时间为 2002 年 8 月 1 日～12 月 31 日。

（2）初始水头：初始水头由观测井在模拟时段初的观测值插值后得到，插值生成的初始水头值文件可直接导入模型中。

（3）降雨入渗、蒸发及灌溉补给：在模拟时段内，降雨是实际观测值，降雨入渗补给根据淮北平原已有的研究成果确定。在模型的计算过程中，根据实际观测的地下水埋深大多在 1～2.5m，对降雨入渗补给系数进行适当人工干预。灌溉补给根据实际的灌溉计划和调查资料确定。

试验区土壤属亚黏土类，在年内汛期和非汛期，其潜水蒸发系数采用当地的经验公式计算。

给水度 μ 和饱和渗透系数 k 通过对地下水位观测资料的拟合来率定。

4）模型的矫正及分析

（1）模型的校正。

模型的校正是地下水流数值模拟的核心，正确理解和进行参数率定对于提高数值模拟的质量是至关重要的。Processing ModFlow 的基本参数用 UCODE（Poeter,1980）来校正。在模型校正的实际过程中，采用自动校正和人工试算法校正相结合的方法，当模拟结果已与实际观测水位的变化趋势相符，先经过人工校正，再用 UCODE 校正，然后人工调整，将两种方法循环使用，直到得到可以接受的校正结果为止。

率定的主要土壤水参数为给水度 μ 及饱和水力传导度(渗透系数)k,率定后的值分别为 $\mu=0.0235$,$k=12.1\text{m/d}$。

(2)合理性分析。

模型校正时存在解的不唯一问题,因此校正结果应该经过定量和定性的比较分析。从经验判断,给水度在 $0.02\sim0.04$,与当地的试验及实测值是吻合的,但饱和水力传导度(渗透系数)k 为 $10\sim12\text{m/d}$,与实际观测的值相比偏大。例如,根据安徽省(水利部淮河水利委员会)水利科学研究院 1996 年的测定,k 值的大小表层为 1.5m/d,地面以下 $0.5\sim1.0\text{m}$ 深的土层内约为 0.4m/d。此外,根据王修贵、王少丽等在安徽省(水利部淮河水利委员会)水利科学研究院新马桥农水综合试验站附近的农田利用双套环多点试验观测的结果表明,表层的渗透系数在 $0.7\sim7\text{m/d}$,随着观测位置的不同而不同,具有较大的空间变异性。但根据淮北地区的地质资料分析,该地区仅有零星的基岩出露,其余基本为第四系地层所覆盖,顶部为 $3\sim5\text{m}$ 厚的亚黏土,其下至 40m 深的范围内主要为细砂、粉砂与亚黏土互层。由于本次进行率定所采用的地下水运动模型描述的是饱和带的水分运动,含水层厚度主要发生在地面以下 $1\sim30\text{m}$,从该层次的土壤质地来看,k 在 $10\sim12\text{m/d}$ 是完全可能的。

2. 地下水动态模拟与分析

建立数学模型的目的是更经济而快捷地研究原型中各种复杂的问题,进行各种方案拟定和对这些方案可能带来的影响进行预测,节约使用原型研究可能需要的巨额费用,为指导生产实践提供借鉴和参考。为了预测在干沟中建立蓄水坝对周围农田地下水位可能带来的影响,根据有、无滚水坝及滚水坝的高低共设置了 4 种不同的方案,包括不建滚水坝(方案 1)、试验条件下的滚水坝高(方案 2)、在试验条件下的滚水坝高的基础上增加 0.5m(方案 3)和减少 0.5m(方案 4),见表 4-28。

表 4-28 不同的滚水坝方案

方案	滚水坝	备注
1	无	
2	试验坝高	车辙沟坝高为 2.8m 左右,坝顶高程为 28.20m,低于相应
3	试验坝高+0.5m	断面处地面高程 1.28m
4	试验坝高−0.5m	

1)不同方案地下水位变化过程

距离车辙沟不同位置的代表性测点的水位过程如图 4-86 所示,即在没有水坝控制的条件下(方案 1),各点的地下水位平均低于有坝的条件(方案 2~方案 4)0.2m 左右,而在现行的坝高(方案 2)的基础上增加或减少坝高(方案 3~方案 4),对地下水位的控制作用并不明显。

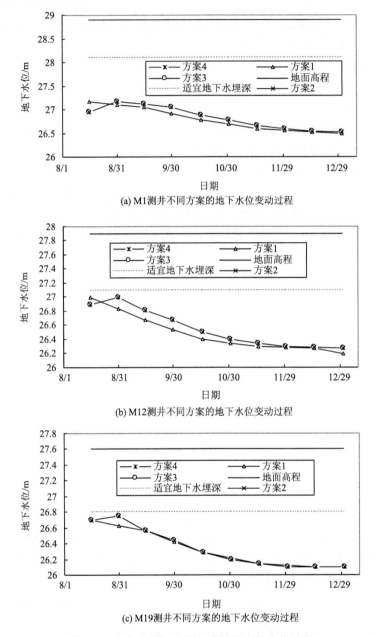

(a) M1测井不同方案的地下水位变动过程

(b) M12测井不同方案的地下水位变动过程

(c) M19测井不同方案的地下水位变动过程

图 4-86　车辙沟不同位置代表性测点的水位过程

2) 排水沟的影响范围分析

排水沟的影响范围是指排水沟对农田地下水位的升降起作用的有效距离。从理论上讲，这一范围可以为无限长，但具有实际意义的是指由于排水沟的作用而使农田地下水面线的斜率发生较大变化的距离，将其定义为排水沟的"强烈影响范围"。根据观测资料分析表明，该地区在 2m 以下的土层，饱和渗透系数 k 为 10～12m/d。根据区域地质与土壤资料分析，距表层以下 3～5m 的范围内主要为细砂、粉砂与亚黏土互层，因此，在这一带的土壤具有较好的渗透性，排水沟具有较大的影响范围。模拟结果表明，在距排水沟约 400m 处地下水位发生突降，因此，其强烈影响范围为 400m。

3. 小结

通过试验区不同方案的沟间地下水动态的模拟，可以得出以下结论：

（1）在没有水坝控制的条件下（方案 1），各点的地下水位平均低于有坝条件下 0.2～0.5m；在非汛期灌溉季节，则低于有坝条件下 0.5～0.7m，而在现行的坝高（方案 2）的基础上增加或减少坝高（方案 3～方案 4），对地下水位的控制作用并不明显（在沟水位较高季节仅为 0.05～0.2m）。

（2）为了描述干沟对农田地下水位的影响，提出了干沟强烈作用范围的概念，其定义为由于干沟的作用而使农田地下水面线的斜率发生较大变化的距离。从模拟结果来看，在距排水沟大约 400m 处，地下水位发生突降，因此，试验区干沟的强烈作用范围为 400m。

从以上分析可以看出：干旱和涝渍灾害在该地区并存，不加控制地排水或者在排水沟上任意修建拦蓄坝，对农作物的生长都是不利的。为了充分发挥排水沟的作用，兼顾排水和灌溉，建议在排水沟上修建具有控制闸门的拦蓄设施，对排水沟的水位根据田间灌溉和排水的需要实行科学合理的调节和控制，使其既能充分拦蓄排水沟的水进行灌溉并抬高地下水位，又能在雨汛季节充分排水，降低地下水位。

4.4　控制排水技术体系

结合试验区旱涝渍交替发生的特点，根据田间控制排水技术、农田排水干沟实施控制排水对农田排水、地下水动态的影响及对降雨径流、地下水资源的调控作用等关键技术研究成果，提出控制排水工程的控制运用方案，形成适宜于平原区不同条件的农田控制排水技术体系。

4.4.1　控制排水工程类型及结构组成

田间控制排水工程根据实施静态排水或动态排水的不同分别选用组装式排水控制装置和浮子式排水控制装置。根据两种装置的结构差异，田间静态控制排水工程宜使用浮子式排水控制装置，动态控制排水工程宜采用组装式排水控制装置，两种装置的具体性能详见 4.2.4 节。以下主要分析干沟控制工程。

1. 控制工程形式

目前淮北地区控制工程的形式主要有三种：一是节制闸，应用最为广泛，控制运用灵活，但投资高；二是滚水坝，包括土坝、混凝土坝、橡胶坝等，形式简单，易于管理，但坝高一般在 1.5～2.8m，蓄水程度较低；三是土堰，临时性蓄水措施，维修运行成本高。

控制工程的形式应根据地形、地质条件、水力条件、运用要求等，通过技术经济综合比较选定。一般为各种类型的水闸和堰坝。在干沟的下游或低洼易涝地区应优先采用节制闸，中、上游及地势较高、涝灾威胁较小的地区可采用各类堰坝(如溢流坝、橡胶坝等)。采用各类堰坝作为控制性工程时，为满足排水流量应适当增加坝体的长度或堰顶过流宽度，即局部加宽排水沟断面。对于堰坝控制工程，也可采用闸堰结合的形式，即在堰顶设置闸门，以便于调控大沟的蓄水位，增加蓄水量。是否采用闸堰结合的形式，应从工程安全、排水调度、水资源调控、运行管理、工程投资等方面论证确定。

在淮北地区不同分区宜采用不同的控制性工程：①南部地势低洼地区，地下水位较高，汛期地表水易汇集，直至目前农田排涝仍然处于主导地位，控制工程首先应保证完成农田排水任务，由于水闸过水能力较大，便于灵活调控，一般均能解决排蓄矛盾问题。在这一地区宜选择节制闸作为控制工程，虽然投资较大，但能有效地解决排水问题，消除排涝后顾之忧，同时对现有大量的防洪闸可资源利用，在技术经济上不失其合理性；加上本区域河道、干沟断面标准较高，有一定面积的水稻田滞蓄能力较强，因此选择水闸作为蓄水控制建筑物能确保蓄引排灌的综合治理工程效益的充分发挥。②中部地区，农田排水系统一般比较完整。由于砂姜黑土的不良属性和河间低洼地形影响，容易产生旱涝危害，但经过农田排水和井河灌溉工程的作用，水源不足的问题渐显。而区内南部仍然会因为自然原因存在较多排水问题。据此分析，本区干沟在其中上游可采用浆砌块石或混凝土滚水坝作为蓄水控制建筑物，而在其下游仍然选用水闸控制。③北部、西北部地区农田灌溉以井灌为主，土壤以砂壤土为主，渗透能力较强。该区域由于以井代排、降雨量偏少、蒸发量大和各级排水沟的沥水作用，农田地下水位普遍较低，随着农田地下水位下降，浅层地下水资源补源问题日益严重。本区域干沟蓄水控制工程可以采用滚水坝形式，还可以尝试采用以蓄为主、以排为辅的护面土堰作为控制工程。这样不仅能够节省投资，而且有利于在较大范围内推广应用，使蓄水补源面增大，实现较大区域的调蓄。

2. 控制性建筑物

控制性建筑物(闸或堰坝)的选址，应根据其功能、特点和运用要求，综合考虑地形、地质、蓄排水条件、管理、周围环境等因素，经技术经济比较后选定。控制性建筑物设计应做到技术先进、结构合理、安全适用、便于施工和管理。应合理选择控制性建筑物的泄流消能布置和形式，出口水流应与下游沟(河)道平顺连接，避免下泄水流对堰坝(水闸)址下游沟道(河床)和岸坡的严重淘刷、冲刷及沟道(河道)的淤积，保证枢纽其他建筑物的正常运行。

应对控制性建筑物的过流能力进行复核，以确保其满足排水沟的设计排水流量。

水闸设计应符合下列规定：①闸室结构采用开敞式；②闸底槛槛顶与沟底齐平或稍低于沟底；③闸的中心线与排水沟中心线重合；④设置消能防冲设施。

堰坝设计应符合下列规定：

(1)应进行坝址、坝线布置及主要建筑物形式的选择，根据综合利用要求确定经济合理的坝体断面、有关建筑物的规模、布置、结构形式和主要尺寸；并提出坝基处理、泄流消能和主要施工方法的施工方案。

(2)采用溢流堰坝，堰顶下游堰面宜优先采用 WES 型幂曲线，堰顶上游堰头可采用双圆弧、三圆弧或椭圆曲线，为简便一般采用与上游堰面铅直的三圆弧曲线堰头。

(3) 应根据坝高、坝基及其下游沟(河)床和两岸地形、地质条件、下游沟(河)道水深和水位变化情况，选择适当的消能设施并计算确定消能工尺寸。

4.4.2　主要技术参数

1. 控制排水控制级数

淮北平原的干沟长度一般在 5~10km，依据本区地形比较平缓、干沟走向不一的特点，干沟蓄水控制级数的选择应视地形和所选择的控制建筑物形式、蓄水位等综合分析确定。一般来说，垂直等高线方向的干沟，其控制级数包括现有的防洪闸在内，分 1~3 级比较合适，即干沟长度在 8km 以内分 2 级，大于 8km 可分为 3 级；平行于等高线的干沟只需进行 1 级控制；介于二者之间的干沟，控制级数可采用 1~2 级。采用多级控制时，相邻两级间大沟沟段的控制蓄水位差值宜在 1.2~1.5m。

2. 干沟控制水位

地势较高、涝灾威胁较小的地区，干沟的控制水位宜分别控制在农田地面以下 0.5~0.8m(控制工程为水闸)和 0.8~1.2m(控制工程为堰坝)。

河间平原易涝易旱，干沟的控制水位以分别低于田面 0.8m(闸)和 1.2m(坝)为宜。

沿河(湖)低洼和易涝地区，控制工程形式应以水闸为主，干沟的控制水位宜低于田面 1.0m 左右。

3. 田间控制水位

考虑到田间排水工程更直接地强烈影响田间排水和降渍过程，以及生育期作物根系生长特点与涝渍响应敏感差异和气象水文变化，建议在淮北平原采用时序动态调控方法。具体调控水位变化推荐：6 月份为 0.4~0.6m，7 月和 8 月上旬为 1.2~1.5m，8 月中下旬和 9 月份为 0.8~1.0m。

4.4.3　控制运用技术与管理

1. 控制运用技术

控制工程能否合理利用，是蓄水效益与控制排水效果能否发挥、解决蓄与排之间矛盾的关键。对于控制工程为闸的，应在汛前预泄干沟蓄水，汛末及非汛期拦蓄雨水，同时，根据控制区的作物种植情况，在不影响排水的前提下，蓄水供作物关键需水期灌溉使用，如淮北中、北部地区，6 月上旬玉米、大豆等夏季作物播种用水，10 月下旬小麦、油菜播种用水等。对控制工程为坝的，控制运用比较简单，但对设有非常排水沟的应在发生超标准洪水时及时使用非常排水沟，对在坝上设有溢流口和小闸门的应参照闸的控制运用规则进行。

1) 各种不同类型的滚水坝

确定断面参数后，运行技术主要是加强在运行过程中的农田排水效果、滚水坝安全稳定和干沟槽床冲淤监测。超排涝标准的排水可以采用滚水坝加设非常排水沟或者在滚水坝处设置非常溢洪道的办法来解决。其运行办法是在滚水坝前水位下降达到稳定时，适时关闭溢洪口。

2) 滚水坝加简易放水口

这一工程形式的控制运用应做到适时打开放水口预降蓄水和地下水位，及时封堵放水口蓄水。适时打开放水口，应结合中、长期天气预报，尽量在汛前把干沟较多的蓄水排掉，降低地下水位；及时控制蓄水，应在汛末及时封堵放水口，把降水拦蓄起来。在汛期可结合天气预报进行放水口的控制运用，以增加蓄水效益。这种工程形式既增加了过流断面，又减少了筑坝工程量；既能节省工程投资，又可避免滚水坝的排蓄矛盾。选择坝作为控制工程时，一定要扩大滚水坝处的过水断面，保证排水干沟能够排除设计排涝标准的涝水。

3) 节制闸

节制闸的运行技术相对比较复杂。应视干沟初始水位、农田地下水位状况、土壤属性、集水面积和雨情预报情况，经科学分析，确定闸门开启时间、水位和开启度。一般来说，当闸前干沟及其相连的中沟水位已经达到兴利水位时，应视天气预报有可能出现的雨情和农田地下水位状态，预测本次降雨过程可能产生的径流量。在雨前打开闸门提前泄水，以腾空库容接纳来水。来水超过警戒水位时，则调整闸门开启度，以控制闸前水位缓慢上升，并控制闸前水位不得超过排涝设计水位。当闸前水位开始回落至兴利水位以下时，逐渐关闭闸门，控制闸前水位相对稳定在兴利水位。如果遇到超标准降雨，则需控制闸前水位不得超过校核洪水位。其他运行程序完全相同。对于群管节制闸的运行，可以在闸前由工程技术人员根据当地的自然地理条件确定固定的三种特征水位，并竖立水位标记。限定在汛期降雨过程中，闸前水位高于警戒水位时，开启闸门，开启度为全开启的三分之一，当闸前水位接近兴利水位时，开启度为二分之一，超过兴利水位并迅速上涨时，闸门全开；关闭闸门视闸前水位回落情况而定，闸前水位低于兴利水位时基本上可以一次性关闭。

除此之外，还必须对节制闸闸身、上下游连接段、防冲消能的安全稳定和损坏情况进行及时检查和维护。

4) 田间控制装置

田间控制装置大都安装在暗管出口处，易于控制运用。便于人工随时调控出口深度，在降大暴雨期间可随时把出口深度降至最低，在降渍末期再把水位调至控制水位即可。尤其是组装式排水控制装置的深度调控最为方便，并能直观看出调控的大小，且每个模块大小相等，组装使用方便。

2. 工程运行管理

农田排水沟系及其配套建筑物的管理有三种形式：一是由县相关组成部门直接管理；二是托管，就是委托当地人员管理，县财政拨付一定的经费；三是地方自管，由工程受益主体负责管理。

控制排水系统的控制工程涉及水资源调节、优化配置、兴利驱害、改善农田水环境各个方面，处理得当意义十分重大。现在的管理方法、水平、管理运行机制尚不健全，遗留的问题也比较多；与其他小型农田水利灌排设施比较，该工程技术含量相对较高，因此对其运行管理的要求也比较高。为了充分发挥现有控制建筑物的工程效益，进一步发展干沟蓄水控制工程规模，在运行管理上必须强化意识、落实机制，探讨出一个全新的管理方法和程序。从目前实际情况分析，应该保持原来在管理中的一些成功做法，剔除其中不合理的部分，增添强化管理的有效措施。为此，建议干沟控制工程管理应坚持"谁受益，谁管理"的原则，加强经营管理，实现工程良性运行。控制工程为坝的，可实行群众"自建、自有、自管、自用"的管理体制，而控制工程为闸的，可由县(市)相关部门统管、县(市)乡村结合的办法进行。管理经费由三级统筹并以地方财政为主，县(市)相关部门主要统管运行技术方案、规程制定，管理人员技术培训和运行管理监测和技术指导；乡镇落实管理人员工作纪律、责任心，制定奖惩制度和负责地方管理资金筹措等。各受益行政村密切配合参与控制工程保护、运行管理费的收缴和农田水环境监测等。只有管理经费落实，乡(镇)政府和村民委员会密切配合，县(市)相关部门的统管才不会成为无源之水、无本之木，一定会使运行管理工作推向良性运转的轨道。

1)坝的管理

坝的溢流断面在满足除涝设计标准的流量条件下，一般不存在汛期影响排涝的问题。控制工程为坝的主要是灌溉用水的协调管理。这类工程的管理采用"谁受益，谁管理"的办法，具体就是，由受益农户推选管理人员进行日常维护管理、用水协调。但这类工程的规划设计必须由专业部门统一进行。

2)闸的管理

这类工程要求保证汛期及时开启，管理形式应在坝的管理形式的基础上指定专人负责日常维护。由于闸的投资较大，应采用国家和农户共同投资，以国家投资为主的方式进行建设。运行管理应坚持"蓄水服从排涝"的原则，以保证排水效益不受影响。对指定的管理人员国家应给予适当补贴，专业服务组织应进行日常维护，以保证工程的良好运行。

3)田间控制设施管理

田间排水控制装置具有简小、便捷和有效的特点，维护管理的成本和需求也比较少。平时的管理运行与维护可由农户自己进行，或推选管理人员统一管理。

4.5　小　　结

1. 田间控制排水

(1)探讨了控制排水驱动的水分运动规律。控制排水改变了田间地下水埋深、暗管与地表排水量，且这种效应在不同暗管埋深和年际间差异明显。对于深疏型暗管，随着出口抬高高度的增加，地下水埋深逐渐变浅，暗管日排水量和生育期暗管排水总量均减少，地表日排水量和生育期地表排水总量在丰水年均增加。对一般型暗管，随出口抬高高度的增加，地下水埋深在丰水年和平水年逐渐变浅，暗管日排水量和生育期暗管排水总量在丰水年和平水年均减少，地表日排水量和生育期地表排水总量在丰水年均增加。对浅密型暗管，丰水年下随出口抬高高度的增加，地下水埋深逐渐变浅，暗管日排水量和生育期暗管排水总量均减少，地表日排水量和生育期地表排水总量均增加。

(2) 探明了控制排水的作物产量变化响应机制。抬高暗管出口高度可减少干旱胁迫指数和增加涝渍胁迫指数，随暗管埋深增加和年降雨量减少，干旱胁迫指数减少效应增强且涝渍胁迫指数增加效应减弱。在缓解干旱胁迫和加重涝渍胁迫的双重作用下，控制排水改变了作物产量，该改变效应也受暗管埋深和降雨条件影响。对深疏型暗管，控制排水增加了大部分年份的作物产量，表现为增加了枯水年和平水年的作物产量而减少了丰水年产量。对一般型暗管，控制排水的增产年份数高于减产年份数，表现为丰水年减产，平水年增产和枯水年产量不变。对浅密型暗管，控制排水的增产年份少于减产年份，表现为丰水年减产，平水年和枯水年的产量不变。

(3) 分析了时序动态调控的田间水分变化规律。生长期实施时序动态调控可改变地下水埋深和暗管日排水量，并保持生育期暗管排水总量不变。对于地下水埋深，丰水年生长前期和平水年的大小为基于根系时序动态调控<基于水文时序动态调控，枯水年深疏型暗管生长后期和丰水年生长后期的大小为基于根系时序动态调控>基于水文时序动态调控。对于暗管日排水量，在丰水年、平水年和枯水年深疏型暗管下生长前期的大小为基于根系时序动态调控<基于水文时序动态调控，在丰水年、平水年和枯水年深疏型暗管下生长后期的大小为基于根系时序动态调控>基于水文时序动态调控，而整个生长期的暗管排水总量在两个时序动态调控间差异不明显。丰水年地表日排水量和生长期地表总排水量大小为基于根系时序动态调控>基于水文时序动态调控。

(4) 明晰了时序动态调控的作物产量变化响应机制。生长期时序动态调控也可改变作物相对产量，基于水文时序动态调控的平均产量与增产年数均高于基于根系时序动态调控，主要是由于前者不同程度地降低了涝渍胁迫指数。丰水年的基于水文时序动态调控的相对产量大于基于根系时序动态调控的相应值，主要源于前者明显降低了涝渍胁迫指数；平水年和枯水年的基于水文时序动态调控的作物相对产量略小于基于根系时序动态调控的相应值，主要源于前者增加了干旱胁迫指数。

(5) 研发了两种排水控制装置，以实施控制排水的静态或动态调控，分别为组装式排水控制装置和浮子式排水控制装置。组装式排水控制装置结构简单且易于使用，浮子式排水控制装置在实现水位调控的同时还具有排水流速随地下水位增加而加快的功能。两种排水控制装置的研发为实施田间生态排水调控提供了工程控制设施支撑。

2. 干沟控制排水

(1) 探讨了干沟控制工程对蓄水变化的影响。从控制工程上下游水位动态变化过程分析可见，水位消长与降雨关系密切，降雨多，蓄水位就高；降雨少，蓄水位就低。在降雨、蒸发及开发利用等综合因素的作用下，蓄水位发生动态变化，常常在年内形成多次蓄泄变化。一般来说，汛期水位高于非汛期水位，非汛期的上下游水位差常常大于汛期。干沟控制工程不仅能有效拦蓄汛期降雨所产生的地表径流、调节降雨径流的时程分配，还可以有效控制非汛期内干沟对地表水的排泄作用。

(2)分析了干沟控制工程对地下水的影响。控制干沟在蓄水阶段影响范围随干沟间距的变化而变化，起初蓄水阶段干沟影响范围小，随着时间的推移，影响范围不断增加，当干沟水位趋于稳定时，影响范围接近干沟间距的 1/2。在干沟影响范围内，有控制的干沟沟边地下水位要高于离干沟较远地点的地下水位；而无控制的干沟沟边地下水位则要低于离干沟较远地点的地下水位，说明干沟控制排水不仅能够抑制地下水的排泄，而且对地下水有一定补充作用。

(3)讨论了干沟控制工程对排水的影响。只要控制工程参数设计合理、调控措施得当，干沟控制工程不会对排水造成负面影响。

(4)研究了干沟控制工程对水资源的调控。从干沟直接拦蓄的降雨径流和抬高地下水增加的地下水资源量两方面研究了控制工程对水资源的调控作用，滚水坝控制工程调蓄水资源总量占年降水的比例为 2%～3%，节制闸控制工程调蓄水资源总量占年降水的比例为 5%～10%，节制闸的调蓄效果明显优于滚水坝。

(5)分析了干沟控制工程对作物的影响。干旱年份在干沟控制工程控制范围内的地块可以有效利用地下水，产量高于在干沟控制工程范围外的地块。

3. 控制排水技术体系

研究提出了从田间到干沟的控制排水技术体系，干沟控制工程的类型、结构组成、选型原则、选址要求；优化确定了干沟控制排水的控制级数、控制水位等技术参数，以及淮北地区不同条件的控制性建筑物适宜形式；研发了组装式和浮子式两种田间排水控制装置；提出了各类控制工程的控制运用方案及工程运行管理技术。

第 5 章　农田生态排水仿真模拟及其指标优选

区域性生态排水指标主要有排水强度、生态水位和排水水质。排水强度是指一定时期内区域的排水量;生态水位包括农田生态地下水位和排水沟道生态水位;排水水质主要指氮磷等污染物的含量。农田排水量越少意味着流失的氮磷负荷越小,同时排水强度、农田地下水位、排水沟道水位也都与农田排水量关系密切。因此,依据水循环与水动力学理论,以农田排水量最小为目标,构建农田排水径流及地表水、地下水联合调控仿真模拟模型,利用模拟计算区长系列观测资料,开展农田生态排水仿真模拟计算,分析优选农田生态地下水位、排水沟道生态水位,提出农田生态排水指标。

5.1　模拟计算区概化

选取安徽省利辛县车辙沟模拟计算区(基本情况详见第 4 章)江集闸与春店闸之间的汇流区域作为模拟计算区,面积为 29.8km²。为构建农田排水径流及地表水、地下水联合调控仿真模拟模型,首先应对模拟计算区进行概化处理,概化网络图见图 5-1,其组成要素如下。

1. 骨干沟

模拟计算区骨干沟江集闸至春店闸段长度为 13.8km,沟深 4～5m,上口宽 25～30m,底宽 5m,比降为 1/13000。

2. 中沟

中沟上承小沟来水,注入骨干沟,是面上排水系统的重要一环。依据资料调查和现场勘查,模拟计算区内共有排水中沟 28 条,均概化为梯形断面形式,沟深 1.2～3.8m,上口宽 3～18m,底宽 0.8～4.5m。

3. 控制工程

模拟计算区控制工程主要包括车辙沟春店节制闸、江南楼滚水坝和江集节制闸,三处控制工程均按 5 年一遇除涝标准设计,设计排涝流量分别为 39.3m³/s、27.3m³/s 和 25.2m³/s,设计蓄水位分别为 27.0m、28.2m 和 29.0m。

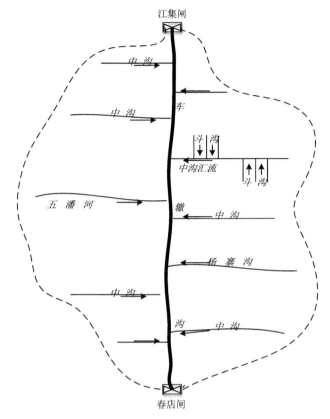

图 5-1 模拟计算区概化示意图

5.2 模型构建

选用一维水力学模型、分布式水文模型和水量平衡方程共同组成模型系统。

5.2.1 一维水力学模型

一维水力学模型选用丹麦学者研发的 MIKE 11HD。

MIKE 包括 MIKE 11、MIKE 21、MIKE 3、MIKE SHE 和 MIKE BASIN 等模块，其中 MIKE 11 是适用于河口、河流、灌溉渠道、沟道的一维动态水力学模型，该模型包括水动力模块（HD）、水工建筑物模块（SO）、降雨径流模块（RR）等。水动力模块（HD）可以直观地模拟河流水流水动力情况，同时，可以对一维地表明渠流的水动力、水质及沉淀物转移过程进行动态的模拟，适用于山溪性、平原性河流沟道的水力计算。

一维水力学模型（MIKE 11HD）的输入参数由沟系文件（*.nwk11）、断面文件（*.xns11）、边界文件（*.bnd11）、参数文件（*.hd11）、模拟文件（*.sim11）五部分组成，具体如下。

1. 沟系文件

沟系文件是 MIKE 11HD 中最复杂的一个文件，可通过添加底图勾绘或 ArcGIS 中处理成 SHP 文件导入生成。模拟计算区包含骨干沟 1 条、中沟 28 条，结合调查资料和影像图制备 SHP 文件，通过"图层"加载，利用工具"Generate branches from shape file"生成沟系，并在沟系参数属性表格视窗"Tabular View"中设置具体参数，如控制建筑物、耦合链接等。

2. 断面文件

断面文件用以定义沟系文件中骨干沟、中沟的断面参数。模拟计算区各级沟道概化参数见表 5-1。

表 5-1　沟系断面参数　　　　　　　　　　（单位：m）

河沟名称	长度	上口宽	底宽	沟深	控制工程
车辙沟	13086	30	4.5	4.5	江集节制闸、江南楼滚水坝、春店节制闸
杨寨沟	978	8	1.5	2	无
高庄沟	1595	15	4	3.5	无
五潘河	1118	18	4.5	3.8	无
L1	951	6	1.8	1.5	无
L2	1144	8	1.8	2	无
L3	798	4	0.8	1.2	无
L4	2047	3	0.8	1.2	无
L5	1423	6	1.2	1.5	无
L6	1328	5	1	1.5	无
L7	1538	3	0.8	1.2	无
L8	1483	10	1	2.5	无
L9	991	3	0.8	1.2	无
L10	917	8	1.5	2	无
L12	1156	4	0.8	1.2	无
L13	534	4	0.8	1.2	无
R1	409	3	1	1.6	无
R2	545	4	1	1.6	无
R3	970	4	1.2	1.2	无
R4	722	3	0.8	1.2	无
R5	717	3	0.8	1.2	无
R6	421	4	0.8	1.2	无
R7	638	3	0.8	1.2	无
R8	740	3	0.8	1.2	无
R9	813	3	0.8	1.2	无

河沟名称	长度	上口宽	底宽	沟深	控制工程
R10	1019	8	2	1.4	无
R12	1219	3	0.8	1.2	无
R14	1432	12	4	2.5	无
R16	906	4	0.8	1.2	无

3. 边界文件

边界文件用以定义沟系文件中每条沟系的上下游边界条件。对不与沟系相连的端点（自由端点）须给定某一水文条件（如水位、流量等）。模拟计算区内中沟上边界无汇流、下边界汇入骨干沟，因此将中沟上边界设置为闭边界。车辙沟下边界为春店闸闸上实测水位过程。

4. 参数文件

参数文件用以定义模型的初始条件和河床糙率。原则上，初始水位和流量的设定应尽可能与模拟开始时刻的实际沟系水动力条件一致。经现场实地调查，模拟计算区内中沟多数时间处于干涸状态，因此设置中沟河槽初始水深 $h_{中}=0$ m，车辙沟河槽初始水深 $h_{骨干}=1.8$ m。

河床糙率通常取值范围为 $0.025\sim0.040$，根据模拟计算区沟道现状情况，选用 $n=0.030$。

5. 模拟文件

模拟文件集成了上述所有文件，使其成为一个整体，同时定义模拟时段 T、时间步长 ΔT、结果输出等内容。模型时间步长需反复试算确定，与沟系、边界条件等密切相关，本次模拟时间步长 $\Delta T=1$ min。

5.2.2　分布式水文模型

分布式水文模型选用 MIKE SHE 模型。

MIKE SHE 利用空间分布的、连续的气象数据模拟湿润和较干旱地区的综合水文学、水力学和溶质运移问题，已广泛应用于地表水、地下水及其交互作用的水资源和环境问题中。MIKE SHE 主要包括蒸散发、坡面流、饱和与非饱和土壤水运动等子模块，与 MIKE 11HD 耦合模拟区域地表水、地下水及其相互转化。

MIKE SHE 模型参数包括地形、降雨量、蒸散发、土地利用、下垫面特性、土壤质地类型等。

1. 地形（topography）

地形反映模拟计算区下垫面特征，采用国家地理信息公共服务平台发布的 30m 精度

DEM。

2. 降雨量（precipitation）与蒸散发（evapotranspiration）

降雨量采用实际观测资料；蒸散发根据实测气象资料，结合土地利用类型与作物种类计算。

3. 土地利用（land use）

土地利用包括道路、耕地、居民用地、水面、林地等类型，需给定耕地的分布、种植方式和作物系数，以及林地的分布、叶面积指数和根系深度。作物系数是反映该作物实际腾发量与参照腾发量关系的参数，受土壤、气候、作物生长状况和管理方式等多种因素的影响。

4. 坡面汇流（overland flow）

坡面汇流包括曼宁系数、蓄滞水深和初始水深。

5. 非饱和带（unsaturated flow）

包括土壤层分布（如各土壤类别的深度和厚度）、各层土壤水分特性参数及用于非饱和带下边界的地下水位，其中土壤水分特性参数包括土壤水分特征曲线（soil moisture retention curve）和水力传导函数（hydraulic conductivity function）。

1）土壤水分特征曲线

土壤水分特征曲线采用 Van Genuchten 公式表达土壤含水率与压力的关系：

$$\theta(\psi) = \theta_s + \frac{\theta_s - \theta_r}{\left[1 + (\alpha\psi)^n\right]^m} \tag{5.1}$$

式中，α 与 n 为经验常数，指数 m 与经验常数 n 有关，$m = 1 - \dfrac{1}{n}$；θ_s 为饱和含水率（saturated moisture content），cm^3/cm^3；θ_r 为残余含水率（residual moisture content），cm^3/cm^3；ψ 为土壤基质势，以水柱高度表示，cm。

2）水力传导函数

水力传导函数描述土壤水力传导度与含水率之间的函数关系：

$$K(\psi) = K_s \frac{\left[\left(1 + |\alpha\psi|^n\right)^m - |\alpha\psi|^{n-1}\right]^2}{\left(1 + |\alpha\psi|^n\right)^{m(j+2)}} \tag{5.2}$$

式中，j 为形状因子，与土壤质地有关；K_s 为饱和水力传导度（saturated hydraulic conductivity）；其他符号意义同式（5.1）。

6. 饱和带(saturated flow)

包括饱和带各土壤层底标高(lower level)、水平和垂向的水力传导度(horizontal and vertical hydraulic conductivity)、给水度(specific yield)、储水系数(specific storage)和初始条件等。

5.2.3 水量平衡方程

1. 田间水量平衡方程

田间水量平衡方程如下:

$$W_{i,j} = W_{i,j-1} + P_j + M_{i,j} + G_{i,j} - K_{i,j} \times \mathrm{ET}_{0j} - S_{i,j} - X_{i,j} \tag{5.3}$$

式中,$W_{i,j}$、$W_{i,j-1}$ 分别为第 i 种作物第 j 时段末和时段初的田间贮水量,mm;P_j 为第 j 时段的降雨量,mm;$M_{i,j}$ 为第 i 种作物第 j 时段的入田灌溉水量,mm;$G_{i,j}$ 为第 i 种作物第 j 时段对地下水的直接利用量,mm;$K_{i,j}$ 为第 i 种作物第 j 时段的作物系数;ET_{0j} 为第 j 时段的参考作物蒸腾量,mm;$S_{i,j}$ 为第 i 种作物第 j 时段的田间渗漏量,mm;$X_{i,j}$ 为第 i 种作物第 j 时段的田间弃水量,mm。

对于田间贮水量 $W_{i,j}$ 的计算公式如下:

$$W_{i,j} = \mathrm{hc}_{i,j} + \gamma H_{i,j} \theta_{i,j} \tag{5.4}$$

式中,$\mathrm{hc}_{i,j}$ 为第 i 种作物第 j 时段的田间水层深度,mm,如果是旱作物则取值为 0;$H_{i,j}$ 为第 i 种作物第 j 时段的计算土层深度,mm;γ 为计算土层深度的土壤干容重,g/cm^3;$\theta_{i,j}$ 为第 i 种作物第 j 时段的土壤含水率(占干土重的比例)。

对于入田灌溉水量 $M_{i,j}$ 的计算公式如下:

$$M_{i,j} = \frac{\mathrm{MQ}_{i,j}}{\alpha \times \mathrm{SQ}_{i,j}} \times 10^{-7} \tag{5.5}$$

式中,$\mathrm{MQ}_{i,j}$ 为第 i 种作物第 j 时段从供水源的取水量,m^3;α 为农田灌溉水有效利用系数;$\mathrm{SQ}_{i,j}$ 为第 i 种作物第 j 时段的灌溉面积,hm^2。

2. 骨干沟水量平衡方程

骨干沟水量平衡方程如下:

$$\mathrm{Vk}_j = \mathrm{Vk}_{j-1} + P_j \times \mathrm{SSk} \times 10^{-1} + \mathrm{Wk}_j - \mathrm{MQk}_j - \mathrm{Me}_j - \mathrm{Sk}_j - \mathrm{Xk}_j \tag{5.6}$$

式中,Vk_j、Vk_{j-1} 分别为骨干沟第 j 时段末和时段初的库容,万 m^3;P_j 为第 j 时段的降雨量,mm;SSk 为沟的水面面积,km^2;Wk_j 为第 j 时段入沟水量,万 m^3;MQk_j 为沟第 j 时段农业灌溉供水量,万 m^3;Me_j 为沟第 j 时段生态环境供水量,万 m^3;Sk_j 为沟第 j 时段的蒸发渗漏损失水量,万 m^3;Xk_j 为沟第 j 时段的弃水量,万 m^3。

3. 地下水水量平衡方程

地下水水量平衡方程如下:

$$\sum Q_{补} - \sum Q_{排} - Q_{开} = \Delta Q \tag{5.7}$$

式中，$Q_{开}$ 为地下水开采总量，$10^4\text{m}^3/\text{a}$；$\sum Q_{补}$ 为地下水总补给量，$10^4\text{m}^3/\text{a}$；$\sum Q_{排}$ 为地下水总排泄量，$10^4\text{m}^3/\text{a}$；ΔQ 为均衡域内地下水储存量的变化量，$10^4\text{m}^3/\text{a}$。

对于承压含水层：

$$\Delta Q = 10^2 \cdot \mu^* F \cdot \Delta H \tag{5.8}$$

对于潜水含水层：

$$\Delta Q = 10^2 \cdot \mu F \cdot \Delta H \tag{5.9}$$

式中，F 为均衡域面积，km^2；μ^* 为承压含水层释水系数；μ 为潜水含水层给水度；ΔH 为均衡期内均衡域地下水水位年变幅，m/a。

$$\sum Q_{补} = Q_{降水} + Q_{侧补} + Q_{沟渗} + Q_{回渗} \tag{5.10}$$

$$\sum Q_{排} = Q_{蒸发} + Q_{侧排} + Q_{沟排} + Q_{开采} \tag{5.11}$$

式中，$Q_{降水}$ 为降水入渗补给量，$10^4\text{m}^3/\text{a}$；$Q_{侧补}$ 为侧向径流补给量，$10^4\text{m}^3/\text{a}$；$Q_{沟渗}$ 为沟道渗漏补给量，$10^4\text{m}^3/\text{a}$；$Q_{回渗}$ 为渠道渗漏及灌溉回渗补给量，$10^4\text{m}^3/\text{a}$；$Q_{蒸发}$ 为潜水蒸发排泄量，$10^4\text{m}^3/\text{a}$；$Q_{侧排}$ 为侧向径流排泄量，$10^4\text{m}^3/\text{a}$；$Q_{沟排}$ 为沟道排泄量，$10^4\text{m}^3/\text{a}$；$Q_{开采}$ 为人工开采量，$10^4\text{m}^3/\text{a}$。

1）降水入渗补给量

大气降水入渗补给是本区地下水的主要补给源，其入渗量与降水量、潜水水位埋深及包气带岩性等条件有关。

$$Q_{降水} = 10^{-1} \cdot \alpha \cdot X \cdot F \tag{5.12}$$

式中，α 为渗入补给系数；X 为计算时段有效降水量，$10^4\text{m}^3/\text{a}$；F 为计算单元内陆地面积，扣除了计算单元内的水体面积，km^2。

2）侧向径流补给量

根据达西定律，各个断面的侧向径流补给量按如下公式计算：

$$Q_{侧补} = 10^{-4} \cdot K \cdot M \cdot B \cdot J \cdot T \tag{5.13}$$

式中，$Q_{侧补}$ 为地下水侧向径流补给量，$10^4\text{m}^3/\text{a}$；K 为补给断面平均渗透系数，m/d；M 为补给断面含水层平均厚度，m；J 为补给断面的地下水力坡度；B 为补给断面宽度，m；T 为补给时段长（365d）。

3）沟道渗漏补给量

从地下水等水位线与沟道关系分析，沟道渗漏补给量按以下公式计算：

$$Q_{沟渗} = 10^{-4} \cdot B \cdot L \cdot K \cdot (H_{沟} - H) \cdot T / M \tag{5.14}$$

式中，B 为河道河床宽度，m；L 为计算段沟道长度，m；K 为沟道床底积层渗透系数，m/d；$H_{沟}$为沟道水位，m；H 为地下水位，m；M 为沟道床底积层厚度，m；T 为补给时段长，d。

4）灌溉回渗补给量

灌溉回渗补给量主要是水田灌溉回渗水量，回渗水量计算公式为

$$Q_{回渗} = 10^{-4} \cdot \beta_{回} \cdot Q_{灌} \cdot F \tag{5.15}$$

式中，$\beta_{回}$ 为灌溉回渗补给系数；$Q_{灌}$ 为灌溉定额，m^3/hm^2；F 为灌溉面积，hm^2。

5）潜水蒸排泄发量

潜水蒸发强度主要与潜水水位埋深、包气带岩性、地表植被和气候因素有关，是地下水的主要排泄途径之一。对于潜水水位埋深小于蒸发极限深度的地区，蒸发量由下式计算：

$$Q_{蒸发} = 10^2 \cdot \varepsilon \cdot F \tag{5.16}$$

$$\varepsilon = \varepsilon_0 \cdot (1 - h/L)^n \text{ 或 } \varepsilon = \varepsilon_0 \cdot \beta \cdot F_0 \tag{5.17}$$

式中，F_0 为埋深小于蒸发极限埋深区的面积，km^2；ε_0 为 E601 蒸发器测定的水面蒸发强度，mm/a；h 为水位埋深小于蒸发极限埋深区的平均地下水位埋深，m；L 为地下水蒸发极限埋深，m；β 为潜水蒸发率。

6）沟道排泄量

利用基流分割法计算沟道排泄量，将沟道径流量分割为地表水径流量和地下水径流量，通过地下水径流模数求得区内控制面积的地下水排泄量。

$$Q_{沟排} = Q_{下} - Q_{上} - Q_{汇} + Q_{调出} \tag{5.18}$$

式中，$Q_{下}$ 为下游观测站的流量，$10^4 m^3/a$；$Q_{上}$ 为上游观测站的流量，$10^4 m^3/a$；$Q_{汇}$ 为区间支流汇入量，$10^4 m^3/a$；$Q_{调出}$ 为区间地表水调出量，$10^4 m^3/a$。

7）侧向径流排泄量

根据达西定律计算侧向径流排泄量，计算方法同侧向补给量计算。

$$Q_{侧排} = 10^{-4} \cdot K \cdot M \cdot B \cdot J \cdot T \tag{5.19}$$

式中符号意义同式(5.13)。

8）地下水人工开采量

通过实际调查获取，调查采取重点地段调查和控制区域类比的方法，结合收集的地下水现状开采资料综合得出。地下水开采量包括农业开采量、工业开采量、城镇生活开采量、农村生活开采量及其他开采量。

5.3　目标函数与约束

在农田排水系统中，以维持排水区域水生态健康为调控目标需兼顾三个要求：一是作物正常生长的水资源供给量；二是排水沟道适宜的水位与水量，在保证排水沟道生态环境需水的同时，还要满足区域植被对地下水的生态要求；三是排水区域的排泄量尽可能少，以减小对承泄区的污染影响。

对于缺少蓄水载体的淮北平原，广泛分布的农田排水沟系是区域水生态系统健康的重要载体，正是这些排水沟道与地下水一起构成了淮北平原水生态系统的主体，支撑着淮北平原的生态系统。利用排水沟系控制建筑物减少排水区域排泄量，就意味着能够抬升地下水位，增加农田可利用水资源量，减少面源污染负荷的输出，综合反映了区域的生态环境效应。因此，以排水区域排泄量最小为目标。

5.3.1　目标函数

$$SW = Min(\sum_{i=1}^{n} SW_i) \tag{5.20}$$

式中，SW 为生态排水总量；SW_i 为第 i 时段的生态排水量；i 为计算时段；n 为计算时段总数。

5.3.2　约束条件

1. 地表积水时间

地表积水时间表达式为

$$T_i < T_{Ni} \tag{5.21}$$

式中，T_i、T_{Ni} 分别为第 i 时段地表积水时间和允许积水时间，d。

2. 受渍埋深

受渍埋深表达式为

$$Z_i > Z_{Ni} \tag{5.22}$$

式中，Z_i、Z_{Ni} 分别为第 i 时段地下水位埋深和作物受渍临界埋深，m。

3. 地下水位埋深

地下水位埋深表达式为

$$Z_{Ui} \leqslant Z_i \leqslant Z_{Di} \tag{5.23}$$

式中，Z_i、Z_{Ui}、Z_{Di} 分别为第 i 时段地下水位埋深、适宜埋深上限和适宜埋深下限，m。

4. 潜水蒸发临界埋深

潜水蒸发临界埋深表达式为

$$Z_i < Z_{Mi} \tag{5.24}$$

式中，Z_i、Z_{Mi} 分别为第 i 时段地下水位埋深和潜水蒸发临界埋深，m。

根据已有研究成果，淮北平原潜水蒸发临界埋深为 3.0m。

地下水位临界埋深是指不引起土壤积盐或积盐程度不危害作物生长的最小地下水位埋深，其值与土壤质地、地下水矿化度、气象条件等关系密切。目前，对于淮北平原区来说，可以不设定该值。

根据第 2 章的研究成果，淮北平原主要农作物小麦、玉米不同生长阶段的地表允许积水时间、受渍临界埋深和适宜地下水位埋深见表 5-2，地下水位特征埋深见图 5-2。

表 5-2　小麦、玉米排水约束指标

指标	小麦								玉米			
	10 月	11 月	12 月	1 月	2 月	3 月	4 月	5 月	6 月	7 月	8 月	9 月
地表允许积水时间/d	2	3	6	6	5	6	3	4	1	2	2	2
受渍临界埋深/m	0.3	0.3	0.3	0.3	0.3	0.3	0.3	0.3	0.4	0.3	0.3	0.3
适宜地下水埋深/m	0.4~0.6	0.4~0.6	0.5~0.8	0.6~1.0	0.6~1.0	0.6~1.0	0.6~1.0	0.6~1.0	0.5~0.8	0.6~0.8	0.6~1.0	0.6~1.0
潜水蒸发临界埋深/m	3.0											

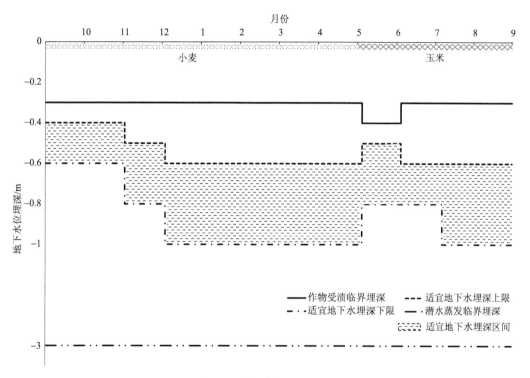

图 5-2　地下水位特征埋深

5.4　模 型 求 解

通过对沟系断面、水文地质、控制工程水位、雨量站点实测系列数据及历史洪涝灾害等已有资料的分析，利用 MIKE SHE 与 MIKE 11HD 耦合模型，模拟包括蒸散发、地表径流、地下水流和明渠流及其相互作用的水文循环过程，求解流程如图 5-3 所示。

5.4.1　一维水力学模型求解

MIKE 11HD 是一个一维一层(垂向均值)的水力学模型，采用六点中心隐式格式(Abbott

scheme)对圣维南方程组进行离散，数值计算采用传统的"追赶法"，即"双扫"算法。

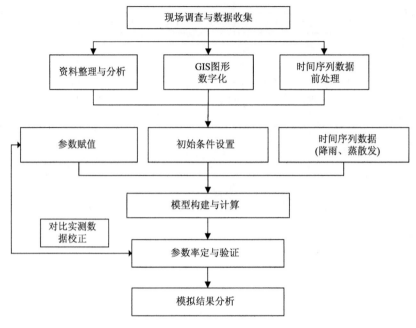

图 5-3　模拟计算流程图

水动力模块(HD)通过基于垂向积分的物质和动量守恒方程，也就是一维非恒定流圣维南方程组来模拟河流水体或河口的水流情况。水流状态模拟方程为

$$\frac{\partial Q}{\partial x} + B\frac{\partial Z}{\partial t} = q \tag{5.25}$$

$$\frac{\partial Q}{\partial x} + \frac{\partial}{\partial x}\left(\frac{Q^2}{A}\right) + gA\left(\frac{\partial Z}{\partial x} + \frac{Q|Q|}{K^2}\right) = 0 \tag{5.26}$$

式(5.25)是连续性方程，式(5.26)是动量方程。式中，t 为时间坐标；x 为河道沿程坐标；Q 为流量，m^3/s；Z 为水位，m；A 为过水断面的面积，m^2；B 为水面宽度，m；K 为流量模数，m^3/s；g 为重力加速度，取 $9.8m/s^2$；q 为旁侧入流流量，m^3/s。其中 K 的计算如下式：

$$K = AC\sqrt{R} = A \cdot \frac{1}{n}R^{2/3} \tag{5.27}$$

式中，n 为沟道糙率系数；R 为水力半径，m。

HD 模块利用 Abbott-Ionescu 六点隐式差分格式离散上述控制方程组，该离散格式在每个网格点的不同时刻计算水位和流量，采取按顺序交替计算水位和流量的方式，分别称为 h 点和 Q 点，如图 5-4 所示。该格式无条件稳定，可以在相当大的 Courant 数下保持稳定，还可以取较长的时间步长以节约计算时间。

采用如图 5-5 所示的离散格式，连续性方程的各项可以写为

$$\frac{\partial h}{\partial t} = \frac{h_j^{n+1} - h_j^n}{\Delta t} \tag{5.28}$$

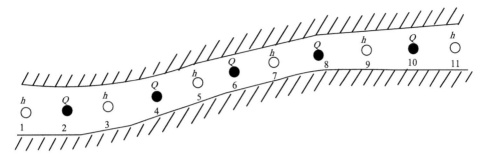

图 5-4　Abbott 格式水位点、流量点交替布置图

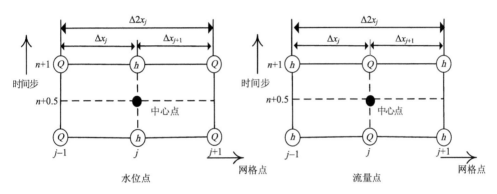

图 5-5　Abbott 六点隐式差分格式

于是连续性方程便可以写成

$$q_j = B\frac{h_j^{n+1} - h_j^n}{\Delta t} + \frac{\frac{1}{2}(Q_{j+1}^n + Q_{j+1}^{n+1}) - \frac{1}{2}(Q_{j-1}^n + Q_{j-1}^{n+1})}{x_{j+1} - x_{j-1}} \tag{5.29}$$

同样地，动量方程中的各项可以写成

$$\frac{\partial Q}{\partial t} = \frac{Q_j^{n+1} - Q_j^n}{\Delta t}$$

$$\frac{\partial h}{\partial x} = \frac{1}{x_{j+1} - x_{j-1}}\left[\frac{1}{2}(h_{j+1}^{n+1} + h_{j+1}^n) - \frac{1}{2}(h_{j-1}^{n+1} + h_{j-1}^n)\right] \tag{5.30}$$

$$Q|Q| = Q_j^{n+1}\left|Q_j^n\right|$$

于是动量方程在流量点上的差分格式为

$$\frac{\partial Q}{\partial x} = \frac{Q_j^{n+1} - Q_{j-1}^n}{\Delta t} + \frac{\left[Q^2/A\right]_{j+1}^{n+1/2} - \left[Q^2/A\right]_{j-1}^{n+1/2}}{x_{j+1} - x_{j-1}} + \left[\frac{g}{C^2 AR}\right]_j^{n+1} Q_j^{n+1}\left|Q_j^n\right|$$

$$+ \left[gA\right]_j^{n+1} \frac{\left[\frac{1}{2}(h_{j+1}^{n+1} + h_{j+1}^n) - \frac{1}{2}(h_{j-1}^{n+1} + h_{j-1}^n)\right]}{x_{j+1} - x_{j-1}} \tag{5.31}$$

式 (5.31) 整理后，可得到

$$\alpha_j Q_{j-1}^{n+1} + \beta_j h_j^{n+1} + \gamma_j Q_{j+1}^{n+1} = \delta_j \tag{5.32}$$

式(5.32)整理后，可得到

$$\alpha_j h_{j-1}^{n+1} + \beta_j Q_j^{n+1} + \gamma_j h_{j+1}^{n+1} = \delta_j \tag{5.33}$$

式(5.32)、式(5.33)中，α_j、β_j、γ_j、δ_j 为离散方程的系数。

河道内任一点的水力参数 Z(水位 h 或流量 Q)与相邻的网格点的水力参数的关系可以表示为统一的线性方程：

$$\alpha_j Z_{j-1}^{n+1} + \beta_j Z_j^{n+1} + \gamma_j Z_{j+1}^{n+1} = \delta_j \tag{5.34}$$

式(5.34)中的系数，可由式(5.32)或式(5.33)计算得到。

假设一河道有 n 个网格点，因为河道的首末网格点总是水位点，所以 n 是奇数。对于沟系的所有网格点写出式(5.34)，可以得到 n 个线性方程：

$$
\begin{aligned}
&\alpha_1 H_{us}^{n+1} + \beta_1 h_1^{n+1} + \gamma_1 Q_2^{n+1} = \delta_1 \\
&\alpha_2 h_1^{n+1} + \beta_2 Q_2^{n+1} + \gamma_2 h_3^{n+1} = \delta_2 \\
&\qquad\qquad \cdots \\
&\alpha_{n-1} h_{n-2}^{n+1} + \beta_{n-1} Q_{n-1}^{n+1} + \gamma_{n-1} h_n^{n+1} = \delta_{n-1} \\
&\alpha_n h_{n-1}^{n+1} + \beta_n h_n^{n+1} + \gamma_n H_{ds}^{n+1} = \delta_n
\end{aligned}
\tag{5.35}
$$

其中，第一个方程的 H_{us}^{n+1} 和最后一个方程中的 H_{ds}^{n+1} 分别是上、下游汊点的水位。某一河道第一个网格点的水位等于与之相连河段上游汊点的水位：$\alpha_1 = -1$，$\beta_1 = 1$，$\gamma_1 = 0$，$\delta_1 = 0$；同样，该河道最后一个网格点的水位等于与之相连河段下游汊点的水位：$\alpha_n = 0$，$\beta_n = 1$，$\gamma_n = -1$，$\delta_n = 0$。

对于单一河道，只要给出上下游水位边界，即 H_{us} 和 H_{ds} 已知，就可以用消元法求解方程组(5.35)。对于沟系问题，由方程组(5.35)，通过消元法可以将河道内任意点的水力参数表示为上下游汊点水位的函数：

$$Z_j^{n+1} = c_j - a_j H_{us}^{n+1} - b_j H_{ds}^{n+1} \tag{5.36}$$

只要先求出沟系各汊点的水位，就可以用式(5.36)求解河段任意网格点的水力参数。

图 5-6 为沟系汊点方程示意图，围绕汊点的控制体连续方程为

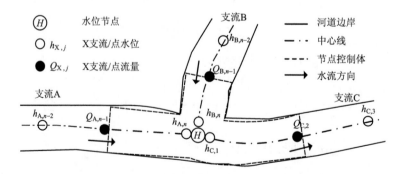

图 5-6　沟系汊点方程示意图(以三汊点为例)

$$\frac{H^{n+1}-H^n}{\Delta t}A_{fi}=\frac{1}{2}(Q_{A,n-1}^n+Q_{B,n-1}^n-Q_{C,2}^n)+\frac{1}{2}(Q_{A,n-1}^{n+1}+Q_{B,n-1}^{n+1}-Q_{C,2}^{n+1}) \quad (5.37)$$

将上述方程中右边第二式的三项分别以式(5.36)替代，可得到

$$\frac{H^{n+1}-H^n}{\Delta t}A_{fi}=\frac{1}{2}(Q_{A,n-1}^n+Q_{B,n-1}^n-Q_{C,2}^n)+\frac{1}{2}(c_{A,n-1}-a_{A,n-1}H_{A,us}^{n+1}-$$

$$b_{A,n-1}H^{n+1}+c_{B,n-1}-a_{B,n-1}H_{B,us}^{n+1}-b_{B,n-1}H^{n+1}-c_{C,2}+a_{C,2}H^{n+1}+b_{C,2}H_{C,ds}^{n+1}) \quad (5.38)$$

式中，H 为该汊点的水位，m；$H_{A,us}$、$H_{B,us}$ 分别为支流 A、B 上游端汊点水位，m；$H_{C,ds}$ 为支流 C 下游端汊点水位，m。

在式(5.38)中，将某个汊点水位表示为与之直接相连的河道汊点水位的线性函数。同样，对于沟系所有汊点(假设为 N 个)，可以得到 N 个类似的方程(汊点方程组)。在边界水位或流量为已知的情况下，可以利用高斯消元法直接求解汊点方程组，得到各个汊点的水位，进而回代式(5.32)中求解河道任意网格点的水位和流量。

5.4.2　分布式水文模型求解

MIKE SHE 模型应用数值分析建立相邻网格间的时空关系，将坡面流、非饱和带与饱和带土壤水运动过程模块化，允许各过程在各自的空间尺度上求解。

1. 坡面流模块

坡面流模拟地表积水在地形作用下的运动过程，并提供了与 MIKE 11 耦合计算的接口，给出河网内水位和流量的时空变化。模型模拟通过求解两个相互垂直的水平方向上的连续方程和能量守恒方程(即圣维南方程组)来完成的，其中动量方程由扩散波来近似模拟。

$$\frac{\partial h}{\partial t}+\frac{\partial(uh)}{\partial x_i}+\frac{\partial(vh)}{\partial x_j}=q \quad (5.39)$$

$$\frac{\partial(uh)}{\partial x_i}=S_{ox_i}+S_{fx_i} \quad (5.40)$$

$$\frac{\partial(vh)}{\partial x_j}=S_{ox_j}+S_{fx_j} \quad (5.41)$$

式中，$h(x_i,x_j)$ 为局部地面水深，m；(x_i,x_j) 为空间坐标；u 和 v 是地表径流流速，m/s；q 为水平方向单位面积入流的源汇项，S_{ox_i}、S_{ox_j} 为 x_i、x_j 方向上的地面坡降；S_{fx_i}、S_{fx_j} 为 x_i、x_j 方向上的摩阻坡降。

2. 非饱和带土壤水运动

利用非饱和带模块计算地下水位以上非饱和土壤层各计算节点处的土壤含水量变化情况，以及下渗率和补给率。MIKE SHE 中假设重力在水分渗漏中起主要作用，非饱和水流只考虑其垂向运动，模型求解采用 Richards 方程：

$$C \frac{\partial \psi}{\partial t} = \frac{\partial}{\partial z}\left(K \frac{\partial \psi}{\partial z}\right) + \frac{\partial K}{\partial z} - S \tag{5.42}$$

式中，$\psi(z,t)$ 为土水势水头，m；t 是时间，s；z 为垂向空间坐标，m；C 为土壤蓄水容量，m^{-1}；$K(\theta,z)$ 为水力传导率，m/s；θ 为土壤含水量；$S(z,t)$ 为源漏项。

3. 饱和带土壤水运动

饱和带基于水文地质模型，含水层的每个计算网格的水力传导率 K 和储水系数通过前处理过程插值得到，饱和带模拟地下水水头的时间和空间变化通过三维达西公式描述，运用隐式有限差分法迭代求解。饱和多孔介质中三维饱和流的控制方程为

$$\frac{\partial}{\partial x}\left(K_{xx} \frac{\partial h}{\partial x}\right) + \frac{\partial}{\partial y}\left(K_{yy} \frac{\partial h}{\partial y}\right) + \frac{\partial}{\partial z}\left(K_{zz} \frac{\partial h}{\partial z}\right) - Q = S \frac{\partial h}{\partial t} \tag{5.43}$$

式中，K_{xx}、K_{yy}、K_{zz} 分别为沿 x、y、z 轴的导水率，假设平行于导水率张量的理论轴；h 为地下水水头；Q 是源汇项；S 是储水系数。

5.5　模型率定与验证

选取模拟计算区 2020 年 1 月 1 日～12 月 31 日农田地下水位实测资料进行参数率定，2019 年 1 月 1 日～12 月 31 日农田地下水位实测资料进行验证。农田地下水位采用 M 断面 M3、M4 和 D 断面 D6 三个观测孔的实测资料，各观测孔与车辙沟的垂直距离分别为150m、300m 和 700m。

模型参数主要分为两类：一类是对流域实际情况的真实描述，由实测数据或分析计算获取，如降水、蒸散发、土地利用、植被参数(叶面积指数、根系深度、作物系数)等；另一类是模型中非实测参数，通常需要根据理论参考范围或经验拟定后再进行率定，如土壤特性参数等。

5.5.1　基础资料与参数拟定

1. 工程与水文地质条件

模拟计算区所在的利辛县地处皖西北淮北平原，境内地势总体平坦，自西北向东南微倾斜，坡降约 1/7500。模拟计算区属河间平地，标高 28.0m(黄海高程系)左右，组成岩性为第四系上更新统茆塘组(Q_3m)的粉质黏土、粉土、粉细砂等。

为掌握模拟计算区的水文地质条件，2021 年 8 月开展了水文地质勘查，共布置钻探孔 ZK1、ZK2、ZK3、ZK4、ZK5 和 ZK6 六个，分别位于车辙沟春店节制闸上沟两侧 230m、500m、530m、610m、870m 和 650m 处，钻孔孔深均为 50m。采用钻探、水位观测和室内土工试验等综合手段进行勘察。

1)工程地质条件

根据勘察钻探资料，按其沉积年代及物理力学性质的差异，将模拟计算区 50m 以浅分为 8 个工程地质层，其主要特征列于表 5-3，各土层物理力学指标列于表 5-4，六个钻

孔地质剖面柱状图见图 5-7。

表 5-3 各工程地质层主要特征

层号	岩土名称	厚度/m	平均厚度/m	岩土描述
1	耕表土	0.60～0.80	0.67	灰褐色，以黏性土为主，松散，上部植物根茎发育；全场地分布
2	粉质黏土	2.80～8.80	5.95	褐黄色，可塑-硬塑，无摇振反应，稍有光泽，干强度及韧性中等，含铁锰浸染及铁锰结核；全场地分布
3	粉土	1.10～2.60	2.02	褐黄，密实，无光泽，干强度及韧性低；见于 ZK1、ZK2、ZK3、ZK4、ZK5 号孔，ZK6 号孔缺失
4	粉细砂	2.00～14.90	10.22	褐黄，密实，摇振反应迅速，无光泽，干强度及韧性低，成分以长石、石英为主，分选性较好；见于 ZK2、ZK3、ZK4、ZK5、ZK6 号孔，ZK1 号孔缺失
5	粉质黏土夹粉土	5.00～13.20	9.48	褐黄色，硬塑，无摇振反应，稍有光泽，干强度及韧性中等，含钙质结核，局部夹薄层粉土；全场地分布
6	粉细砂	4.50～7.70	6.10	褐黄，密实，摇振反应迅速，无光泽，干强度及韧性低，局部夹粉土；仅在 ZK3、ZK6 号孔一带可见
6-1	粉土	4.50	4.50	褐黄色，中密-密实，摇振反应中等，无光泽，干强度及韧性低，局部夹薄层粉砂、粉质黏土；仅在 ZK2 号孔一带可见
7	粉质黏土	17.00～29.00	20.92	褐黄色，硬塑，无摇振反应，稍有光泽，干强度及韧性中等，含铁锰浸染及钙质结核；全场地分布

2) 水文地质条件

按含水介质、空隙类型和地下水的赋存条件，模拟计算区内地下水类型可划分为松散岩类孔隙水和基岩裂隙水两种类型，50m 以浅为浅层孔隙含水层组。浅层孔隙含水层组(50m 以浅)由第四系全新统大墩组(Q_4d)及上更新统茆塘组(Q_3m)组成，含水层岩性为粉土、粉砂、粉细砂。一般具上细下粗的"二元结构"或粗细相间的"多元结构"。发育 1～3 层厚度较大、分选性较好的粉细砂层，累计厚度 5.0～25.0m，砂层间无稳定的黏性土相隔，各含水层间水力联系密切，属潜水或半承压水。水位埋深一般在 1.0～2.5m，沿涡河两岸水位埋深达 2.0～4.0m。根据钻孔抽水试验结果可知，涡河以北单井涌水量 >1000m³/d；涡河以南单井涌水量为 500～1000m³/d。水质类型为 HCO_3-Ca 或 HCO_3-Ca·Mg 型，矿化度<1.0g/L，pH 7.3。

模拟计算区浅层孔隙水补给来源包括降水入渗、地表水补给和灌溉回渗，其中降水入渗是浅层孔隙水补给的主要来源。排泄方式主要为蒸发、侧向径流、人工开采和向深层越流及向河流排泄。浅层地下水埋藏浅，直接接受降水补给，雨后水位上升快，呈现降水入渗-蒸发型动态特征，其水位年际变化不大，年内水位高峰出现在 7～9 月汛期，1～4 月水位较稳定，10 月份以后水位又开始回落，水位年变幅为 2.0～4.0m。

表5-4　各土层物理力学指标一览表

地层序号	岩土名称	统计指标	层厚/m	密度/(g/cm³)	比重	含水率/%	液限/%	塑限/%	塑性指数	液性指数	快剪 C/kPa	快剪 Φ/(°)	压缩系数 a1-2
1	耕表土	最大值	0.80										
		最小值	0.60										
		平均值	0.67										
		标准值											
2	粉质黏土	最大值	8.80	2.08	2.73	25.20	38.00	22.60	15.40	0.30	47.90	18.00	0.38
		最小值	2.80	1.97	2.70	19.70	26.70	17.30	9.40	-0.07	17.50	7.00	0.11
		平均值	5.95	2.03	2.72	22.80	34.90	21.10	13.70	0.13	37.20	14.25	0.23
		标准值		2.00	2.71	23.80	37.40	22.30	15.10	0.21	30.10	11.86	0.29
3	粉土	最大值	2.60	2.08	2.70	25.40	24.00	16.00	8.00	1.18	9.20	28.00	0.12
		最小值	1.10	2.03	2.70	20.50	22.70	15.40	7.30	0.66	3.90	25.00	0.06
		平均值	2.02	2.06	2.70	22.50	23.20	15.70	7.60	0.90	6.30	26.67	0.10
		标准值		2.02	2.70	26.40	24.30	16.10	8.10		2.30	24.37	0.15
4	粉细砂	最大值	14.90										
		最小值	2.00										
		平均值	10.22										
		标准值											
5	粉质黏土夹粉土	最大值	13.20	2.05	2.76	30.50	53.50	29.90	23.60	1.28	62.20	22.00	0.29
		最小值	5.00	1.94	2.70	24.00	23.40	15.80	7.60	0.01	9.80	10.00	0.12
		平均值	9.48	2.00	2.73	26.60	39.90	23.50	16.40	0.34	41.20	15.60	0.18
		标准值		1.96	2.71	28.90	51.20	28.80	22.40		19.20	11.54	0.24

续表

地层序号	岩土名称	统计指标	层厚/m	密度/(g/cm³)	比重	含水率/%	液限/%	塑限/%	塑性指数	液性指数	快剪 C/kPa	快剪 Φ/(°)	压缩系数 a1-2
6	粉细砂	最大值	7.70										
		最小值	4.50										
		平均值	6.10										
		标准值											
6-1	粉土	最大值	4.50										
		最小值	4.50										
		平均值	4.50										
		标准值											
7	粉质黏土	最大值	29.00	2.08	2.75	26.80	47.60	27.10	20.50	1.03	69.30	25.00	0.16
		最小值	17.00	1.93	2.70	21.30	23.70	15.90	7.80	-0.08	10.80	16.00	0.09
		平均值	20.92	2.01	2.72	23.20	32.70	20.20	12.60	0.38	34.80	20.42	0.13
		标准值		1.97	2.70	25.00	40.40	23.70	16.70		13.80	17.19	0.16

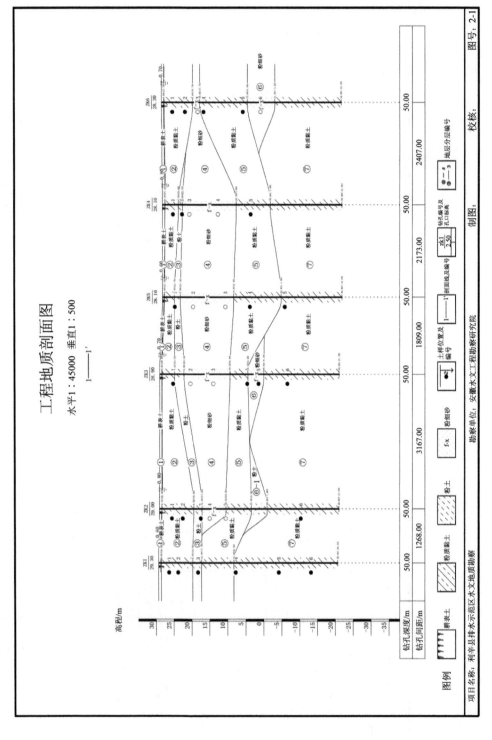

图 5-7 钻孔地质剖面柱状图

本次勘察结果：模拟计算区内 50m 以浅地下水划为松散岩类孔隙水，赋存在第四系上更新统茆塘组（Q$_3$m）粉细砂、粉土、粉质黏土的孔隙中，地下水埋藏类型为微承压水，分为两层：第一承压含水层和第二承压含水层。第一承压含水层主要赋存于③层粉土、④层粉细砂中，属微承压水，补给来源主要为大气降水。地下水排泄方式主要为蒸发、径流，地下水水量、变化幅度受天气影响较大。勘察期间测得地下水位在 0.6～0.8m。第二承压含水层主要赋存于⑥层粉细砂、粉土中，水量一般，具弱承压性。

3）地下水补给、径流、排泄条件

模拟计算区地下水的补给来源主要为大气降水、地表水和侧向径流，区内地下水的补给条件有以下几个特征：①大气降水是主要补给来源，约占总补给量的 67%，越流补给是各含水岩组之间水量的一种内部转换；②地表水体仅在汛期入渗补给地下水，部分地表水体切割了潜水含水层，使得地表水体与浅层含水层组有侧向的水量交换，也可产生垂向的水力联系；③区内由于水力坡度缓，其侧向地下径流补给量有限。

模拟计算区内地下水运动受到地形、地表水体、地层岩性及人为因素的控制，岩层渗透性差，径流条件不好。地下水的排泄方式有蒸发排泄、河流排泄、人工排泄和侧向径流排泄。蒸发排泄是区内的主要排泄方式，占总排泄的 70%；人工排泄集中在浅层松散岩类孔隙含水层组，是村庄居民的主要生活用水水源；河水仅在枯水期排泄地下水，侧向径流排泄缓慢，且排泄量不大。

2. 模拟计算区地形

模拟计算区地形北高南低，北部局地高程为 30.2m，南部低洼地区高程为 26.7m。采用国家地理信息公共服务平台发布的 30m 精度的 DEM，以栅格录入。流域地形高程如图 5-8 所示。

3. 降雨量、蒸散发、骨干沟水位

降雨量与骨干沟水位采用模拟计算区实际观测值，作物参考蒸发蒸腾量采用 1992 年联合国粮食及农业组织（FAO）提出的最新修正 Penman-Monteith 公式计算。率定时段为 2020 年 1 月 1 日～12 月 31 日，降雨分布见图 5-9，春店闸闸上实测水位见表 5-5，参考作物蒸发腾发量见表 5-6。

4. 作物参数

淮北地区种植的主要作物有小麦、玉米、水稻、大豆、红薯、花生、棉花及瓜果、蔬菜等，午季作物以小麦为主，种植比例多年一直保持在 75% 以上；秋季作物以玉米、豆类为主，其种植比例分别达到 39% 和 20%，玉米和豆类比较易涝易渍，因此，研究中选取小麦、玉米作为代表性的作物。

模拟计算区耕地率约 92%，主要种植小麦、玉米两种作物，其种植比例分别达到 90% 和 80% 以上，相关作物参数根据新马桥农水综合试验站灌溉试验资料分析确定，具体见表 5-7。

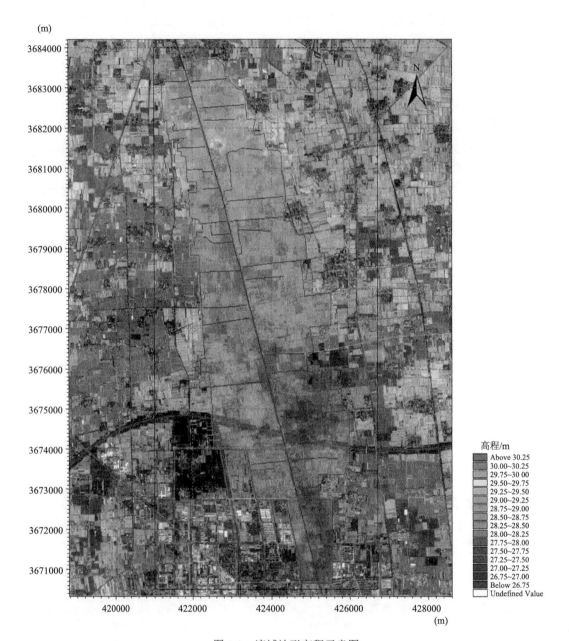

图 5-8 流域地形高程示意图

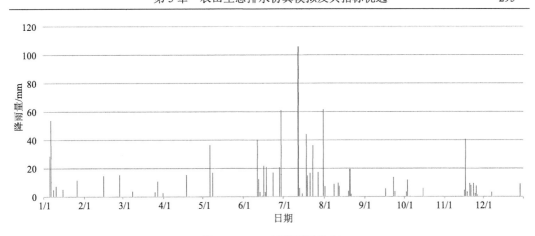

图 5-9　2020 年降雨量分布

表 5-5　春店闸闸上实测水位　　　　　　　　　　（单位：m）

日期	闸上水位	日期	闸上水位	日期	闸上水位
2020/1/1	25.8	2020/5/6	26.22	2020/9/1	26.7
2020/1/6	25.98	2020/5/11	26.27	2020/9/6	26.72
2020/1/11	26.12	2020/5/16	26.19	2020/9/11	26.71
2020/1/16	26.16	2020/5/21	26.08	2020/9/16	26.7
2020/1/21	26.2	2020/5/26	25.98	2020/9/21	26.69
2020/1/26	26.21	2020/6/1	25.9	2020/9/26	26.68
2020/2/1	26.23	2020/6/6	25.82	2020/10/1	26.68
2020/2/6	26.22	2020/6/11	25.86	2020/10/6	26.67
2020/2/11	26.21	2020/6/16	25.92	2020/10/11	26.66
2020/2/16	26.24	2020/6/21	26.04	2020/10/16	26.65
2020/2/21	26.23	2020/6/26	26.02	2020/10/21	26.64
2020/2/26	26.22	2020/6/29	26.28	2020/10/26	26.62
2020/3/1	26.3	2020/7/1	26.35	2020/11/1	26.59
2020/3/6	26.32	2020/7/6	26.36	2020/11/6	26.56
2020/3/11	26.35	2020/7/11	26.43	2020/11/11	26.53
2020/3/16	26.39	2020/7/16	26.86	2020/11/16	26.52
2020/3/21	26.38	2020/7/21	27.05	2020/11/21	26.68
2020/3/26	26.38	2020/7/26	27	2020/11/26	26.75
2020/4/1	26.37	2020/8/1	25.84	2020/12/1	26.79
2020/4/6	26.37	2020/8/6	26.52	2020/12/6	26.79
2020/4/11	26.32	2020/8/12	26.82	2020/12/11	26.8
2020/4/16	26.28	2020/8/14	26.19	2020/12/16	26.8
2020/4/21	26.24	2020/8/16	26.74	2020/12/21	26.8
2020/4/26	26.37	2020/8/21	25.36	2020/12/26	26.8
2020/5/1	26.21	2020/8/26	26.63		

表 5-6　2020 年度模拟计算区逐旬参考作物腾发量（ET₀）　　　　（单位：mm）

1 月			2 月			3 月			4 月		
上旬	中旬	下旬	上旬	中旬	下旬	上旬	中旬	下旬	上旬	中旬	下旬
8.95	6.54	15.43	6.75	9.37	18.11	15.68	20.37	14.03	13.52	22.35	30.45
5 月			6 月			7 月			8 月		
上旬	中旬	下旬	上旬	中旬	下旬	上旬	中旬	下旬	上旬	中旬	下旬
29.7	29.95	35.68	32.95	30.94	35.62	28.06	35.67	40.1	33.79	31.36	28.56
9 月			10 月			11 月			12 月		
上旬	中旬	下旬	上旬	中旬	下旬	上旬	中旬	下旬	上旬	中旬	下旬
24.47	22.23	19.07	14.86	13.6	12.46	16.58	17.14	12.42	7.04	7.71	5.7

表 5-7　小麦、玉米作物参数

作物	累计时长 /d	生育阶段	叶面积指数（LAI）	根系深度（RD）/m	作物系数（Kc）	播种日期
小麦	0	/	/	/	/	10 月 15 日
	30	苗期	0.60	0.20	1.147	
	150	分蘖期	2.16	0.35	0.894	
	175	拔节孕穗期	6.73	0.55	1.095	
	195	抽穗开花期	10.00	0.70	1.142	
	215	灌浆成熟期	7.50	0.90	0.597	
玉米	0	/	/	/	/	6 月 15 日
	32	苗期	0.81	0.30	0.736	
	51	拔节期	3.04	0.40	0.928	
	74	抽雄吐丝期	3.75	0.55	1.083	
	102	灌浆成熟期	3.10	0.75	0.694	

5. 下垫面组成及其特性

　　模拟计算区大部分为耕地，其次为居民地、道路、水面等，下垫面特性采用曼宁系数表征，取值参考相关的文献资料，具体见表 5-8。

表 5-8　不同土地利用类型及其特征曼宁系数

土地利用类型	面积/km²	占比/%	曼宁 n	曼宁 M=1/n
耕地	27.46	92.11	0.1	10
公路	0.37	1.25	0.01	100
居民地	0.94	3.15	0.01	100
水面	1.04	3.49	0.033	30.3

6. 土壤分层及特性参数

根据勘探资料和已有成果,模拟计算区 0～5m 属亚黏土,5～20m 主要为细砂层、粉砂层,20～30m 主要为亚黏土。取计算深度为 30m,并将其进一步划分成 0～0.6m、0.6～5m、5～20m 和 20～30m 四层,其中,0～5m 为非饱和带,5～30m 为饱和带。不同层土壤地质层厚度的底标高分别取 0.6m、5m、20m 和 30m。

1) 水力传导系数

根据安徽省(水利部淮河水利委员会)水利科学研究院土壤特性试验分析资料,淮北平原砂姜黑土水力传导系数 K 值在地表表层为 1.5m/d,地面以下 0.5～1.0m 深处土层内约为 0.4m/d。在利辛县纪王场砂姜黑土(属亚黏土)稻田进行试验测定,得到 $K=0.45～1.02$m/d;在蒙城县小李店白杨林场的玉米及大豆地进行 27 组试验测定,其结果为 $K=0.75～1.20$m/d。根据王修贵、王少丽等在安徽省(水利部淮河水利委员会)水利科学研究院新马桥农水综合试验站附近的农田双套环多点试验观测结果,表层的渗透系数在 0.7～7m/d 之间,随着观测位置的不同而不同,具有较大的空间变异性。王修贵、王友贞等在对利辛车辙沟、固镇八丈沟的骨干沟控制工程方案及运用方案研究中,对 0～30m 土壤水参数饱和水力传导度进行率定,八丈沟、车辙沟分别为 9.97m/d 和 12.1m/d。

此外,不同土壤的渗透系数经验数值为:亚黏土、黄土为 0.1～0.5m/d,亚砂土为 0.5～1.0m/d,粉砂为 1.0～5.0m/d,细砂为 5.0～10.0m/d,中砂为 10.0～25.0m/d。

综合以上成果,拟定模拟计算区 5～20m 深度土层水平和垂直水力传导系数取值范围分别为 10.0～30.0m/d 和 3.0～5.0 m/d,20～30m 深度土层水平和垂直水力传导系数取值范围分别为 1.0～3.0m/d 和 0.8～1.5m/d。

2) 给水度

模拟计算区土壤为砂姜黑土,是安徽淮北地区广泛分布的主要土种。多年来,安徽省(水利部淮河水利委员会)水利科学研究院对淮北地区砂姜黑土给水度参数进行了系统测试:①五道沟地中蒸渗仪法成果:地表 0～1.0m 处实验值为 0.030～0.09,建议采用值为 0.040～0.060;1.0～4.0m 处实验值为 0.025～0.050,建议采用值为 0.030～0.045;②淮北地区抽水试验成果:在固镇五道沟、涡阳(楚店、大呼、赵瓦房、柴小寨、郑庄户、宿小庄、朱庄)、利辛纪王场等砂姜黑土区给水度值为 0.035～0.045,建议选取值为 0.040;③武汉大学与安徽省(水利部淮河水利委员会)水利科学研究院在骨干沟蓄水与农田水资源调控技术研究中,利用地下水流数值模拟软件(Processing ModFlow)对利辛车辙沟、固镇八丈沟的骨干沟控制工程方案及运用方案进行模拟分析,得到八丈沟、车辙沟土壤水参数给水度率定值分别为 0.0404 和 0.0235。

此外,《机井技术规范》中黏土、砂质黏土、黏质砂土给水度参考值分别为 0.010～0.030、0.030～0.045 和 0.040～0.055,粉砂、粉细砂、细砂给水度参考值分别为 0.050～0.065、0.070～0.10 和 0.080～0.11。

综合以上成果,拟定模拟计算区 5～20m 深度土层给水度取值范围为 0.05～0.20,20～30m 深度土层给水度取值范围为 0.05～0.20。

3）其他参数

根据已有成果，拟定土层 1（根系活动层）饱和含水率为 0.44（占干土重量比，以下同），田间持水率为 0.28，凋萎含水率为 0.09，残余含水率为 0.01，土壤达到田间持水量时的吸气压力为–0.1bar[①]，凋萎点土壤吸气压力为–15bar，饱和水力传导率取 2.0m/d（1.157× 10^{-5}m/s）；拟定土层 2（心土层）饱和含水率为 0.40，田间持水率为 0.26，凋萎含水率为 0.08，残余含水率为 0.01，土壤达到田间持水量时的吸气压力为–0.1bar，凋萎点土壤吸气压力为–15bar，饱和水力传导率取 1.5m/d（1.157× 10^{-5}m/s），以上作为初始参数取值。

7. 蓄滞水深和初始水深赋值

蓄滞水深（H）用于限制地表流动的水量，形成地表层流流向相邻单元格之前，积水水深必须超过蓄滞水深，模型取 H=1.0mm；初始水深（H_0）取 H_0=0mm。

5.5.2 参数率定验证

1. 参数率定

对 M 断面 M3（150）观测孔（距离车辙沟 150m）、M4（300）观测孔（距离车辙沟 300m）、D 断面 D6（700）观测孔（距离车辙沟 700m），利用 2020 年 1 月 1 日～12 月 31 日的实测资料与模拟计算数据进行对比分析，优选率定模型主要参数，结果见表 5-9。

表 5-9　参数优选率定结果

模块	子模块	参数	取值范围	优选值
非饱和带	土层 1 （0～0.6m）	饱和含水率	0.38～0.48	0.44
		饱和导水率/（m/d）	0.8～2.0	2.0
	土层 2 （0.6～5m）	饱和含水率	0.38～0.48	0.40
		饱和导水率/（m/d）	0.8～2.0	1.5
饱和带	土层 3 （5～20m）	水平水力传导系数 K_x/（m/d）	10.0～30.0	16.0
		垂直水力传导系数 K_y/（m/d）	3.0～5.0	4.0
		给水度	0.05～0.20	0.1
		储水系数	$1×10^{-4}$～$1×10^{-2}$	0.0001
	土层 4 （20～30m）	水平水力传导系数 K_x/（m/d）	1.0～3.0	2.0
		垂直水力传导系数 K_y/（m/d）	0.8～1.5	1.0
		给水度	0.05～0.20	0.064
		储水系数	$1×10^{-4}$～$1×10^{-2}$	0.0001

拟合优度检验可通过计算拟合优度 R^2（也称可决系数，coefficient of determination）来判定，即使用综合反映预测与实测过程之间吻合程度的可决系数作为优化目标函数，R^2 计算公式如下：

---

① 巴，压强单位，非法定，1bar=10^5Pa。

$$R^2 = 1 - \frac{\sum_{i=1}^{n} \left[y(i) - y_c(i) \right]^2}{\sum_{i=1}^{n} \left[y(i) - \overline{y}(i) \right]^2} \tag{5.44}$$

式中，$y(i)$ 为实测值；$y_c(i)$ 为模拟值；$\overline{y}(i)$ 为实测序列的均值。

通常 R^2 在 0.75 以上，可认为拟合优度较好。经过模拟计算，将率定期 M 断面 M3(150)、M 断面 M4(300)、D 断面 D6(700)观测孔地下水位模拟值与实测值进行对比，R^2 分别为 0.775、0.749 和 0.727，拟合结果见图 5-10～图 5-12。模拟结果表明，通过参数优化调整，模型能较好地模拟计算区地下水位变化情况。

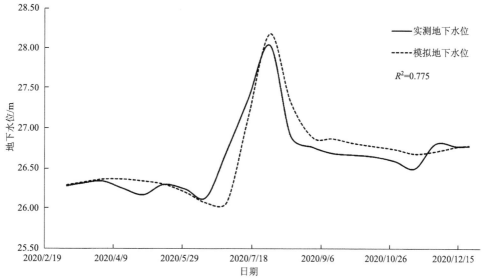

图 5-10　M3(150)地下水位模拟值与实测值对比

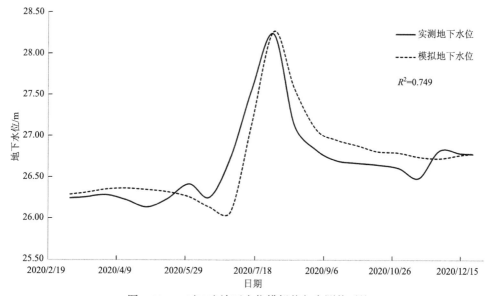

图 5-11　M4(300)地下水位模拟值与实测值对比

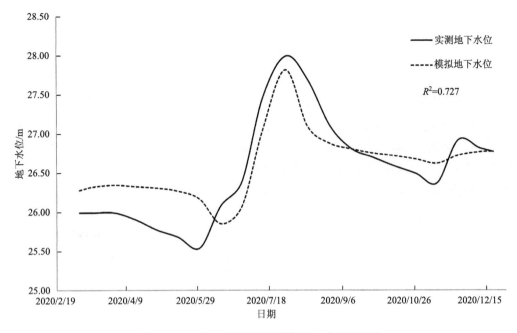

图 5-12　D6(700)地下水位模拟值与实测值对比

2. 参数验证

将验证期 M 断面 M3(150)观测孔和 D 断面 D6(700)观测孔模拟值与实测值进行对比验证。M 断面 M3(150)观测孔地下水位拟合 $R^2=0.782$，拟合对比情况见图 5-13；D 断面 D6(700)观测孔地下水位拟合 $R^2=0.736$，拟合对比情况见图 5-14。验证结果表明，模型率定的参数取值结果合理可信。

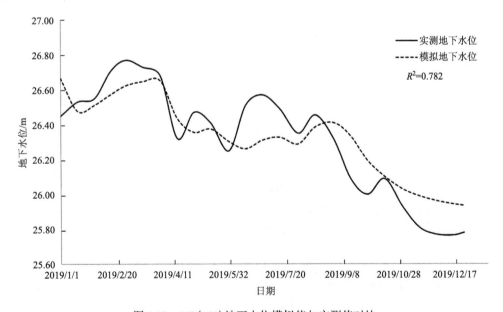

图 5-13　M3(150)地下水位模拟值与实测值对比

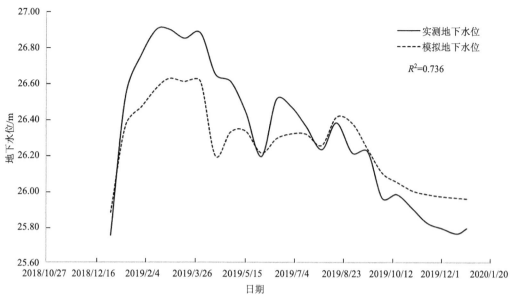

图 5-14　D6(700)地下水位模拟值与实测值对比

5.6　农田生态排水指标及其优选

利用长系列观测资料，拟定不同的控制运行方案，对模拟计算区 2011 年 1 月～2020 年 12 月的沟道水位、农田地下水位、蒸散发量、排水量等进行模拟计算，分析不同方案的农田积水、地下水变化和作物产量，以生态排水量最小为目标，以减产率为约束，优选沟道生态水位、农田生态地下水位、生态淹水历时和生态降渍水位等指标。

5.6.1　模拟方案设计

1. 计算系列长度

计算时段选取 2011 年 1 月～2020 年 12 月，共 10 年，计算时长累计 3653 天。

2. 地下水位代表点

已有研究成果表明，干沟控制工程对沟两侧地下水位的影响范围为 0～800m，强烈影响范围为 0～400m，因此选取模拟计算区 M 断面距离骨干沟 400m(M400)、600m(M600)的地下水位进行分析研究，取其平均值作为模拟计算区 M 断面的农田地下水位，地面高程为 28.2m。

3. 模拟方案

方案 0：无控制方案，即自由排水工况。

方案 1：设计运行方案，设计排涝水位为 26.95m，当车辙沟春店闸闸上水位达到 27.0m 时开闸放水，闸上水位降至 25.5m 关闸。

方案 2：当车辙沟春店闸闸上水位达到 27.5m 开闸放水，闸上水位降至 26.5m 关闸。

方案 3：当车辙沟春店闸闸上水位达到 27.5m 开闸放水，闸上水位降至 27.0m 关闸。

方案 4：当车辙沟春店闸闸上水位达到 27.0m 开闸放水，闸上水位降至 26.0m 关闸。

方案 5：当车辙沟春店闸闸上水位达到 27.0m 开闸放水，闸上水位降至 25.0m 关闸。

5.6.2　模拟结果分析

1. 长系列不同方案模拟结果分析

1) 地下水动态变化

(1) 地下水总体变化情况。

由模拟计算区 2016 年 8 月 21 日～2020 年 12 月 31 日设计方案下 M3(150) 模拟地下水位与实测地下水位对比 (图 5-15) 可见，总体变化趋势一致，说明模型可以较好地模拟实际情况。

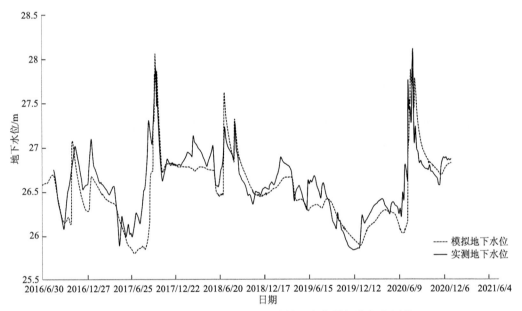

图 5-15　设计方案 M3(150) 观测孔地下水位模拟值与实测值

不同方案模拟结果中距骨干沟 400m、600m 的地下水埋深及其平均值统计结果见表 5-10，设计运行方案 (方案 1) 多年平均地下水埋深为 1.64m，最大值为 2.47m，最小值为 0m，汛期 (6～9 月) 为 1.62m，非汛期 (10～5 月) 为 1.65m；无控制方案 (方案 0)，多年平均地下水埋深为 2.74m，汛期为 2.81m，非汛期为 2.71m，分别比设计运行方案低 1.1m、1.19m、1.06m。

不同调控方案中，方案 5 多年平均地下水埋深为 2.16m，最大值为 3.01m，最小值为 0m，汛期为 2.20m，非汛期为 2.13m；方案 3 多年平均地下水埋深为 0.98m，最大值为 1.88m，最小值为 0m，汛期平均值为 0.92m，非汛期平均值为 1.00m，该方案地下水位明显高于方案 5，尤其在汛期、非汛期，水位分别高 1.28m 和 1.13m。

在对所有方案地下水埋深的比较中可看出，多年平均地下水位埋深以方案 3 最小，其次是方案 2，埋深最大的为无控制方案。方案 3 与无控制方案相比较，地下水埋深平均抬高达 1.76m，汛期、非汛期分别抬高 1.89m 和 1.71m。不同模拟方案地下水埋深特征值见图 5-16。另外，模拟计算区 2011 年 11 月 1 日～2020 年 8 月 30 日距离骨干沟 400m 处无控制方案、控制方案 3、设计方案地下水位模拟结果见图 5-17。

表 5-10　不同模拟方案的地下水埋深统计　　　（单位：m）

点位	方案	多年平均	最小值	最大值	非汛期 （10～5 月）	汛期 （6～9 月）
M（400）	方案 0	2.80	0.34	3.53	2.78	2.86
	方案 1	1.67	0.00	2.51	1.68	1.65
	方案 2	1.22	0.00	1.88	1.27	1.13
	方案 3	1.00	0.00	1.88	1.03	0.94
	方案 4	1.71	0.00	2.14	1.75	1.62
	方案 5	2.20	0.00	3.03	2.18	2.23
M（600）	方案 0	2.68	0.00	3.43	2.65	2.76
	方案 1	1.60	0.00	2.43	1.61	1.59
	方案 2	1.16	0.00	1.88	1.19	1.08
	方案 3	0.95	0.00	1.88	0.98	0.91
	方案 4	1.64	0.00	2.13	1.67	1.58
	方案 5	1.64	0.00	2.13	1.67	1.58
平均值	方案 0	2.74	0.17	3.48	2.71	2.81
	方案 1	1.64	0.00	2.47	1.65	1.62
	方案 2	1.19	0.00	1.88	1.23	1.10
	方案 3	0.98	0.00	1.88	1.00	0.92
	方案 4	1.67	0.00	2.13	1.71	1.60
	方案 5	2.16	0.00	3.01	2.13	2.20

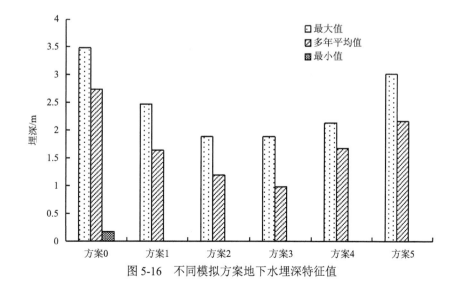

图 5-16　不同模拟方案地下水埋深特征值

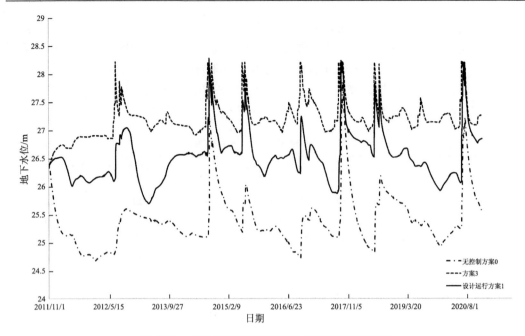

图 5-17　不同方案 M(400)地下水位模拟结果对比

(2)地下水变化特征。

根据表 5-2，统计地表积水、受渍埋深、达到适宜地下水位等的发生概率。不同方案模拟结果中，距骨干沟 400m、600m 的地下水位及其平均值统计结果见表 5-11。设计运行方案(方案 1)地表积水 13d、浅于受渍临界埋深 88d，位于适宜地下水位区间 209d；无控制方案(方案 0)，地表积水 1d，浅于受渍临界埋深 10d，位于适宜地下水位区间 39d，超过潜水蒸发临界埋深 1219d、占比 33.4%。不同模拟方案地表积水与受渍埋深天数见图 5-18。

不同调控方案中，方案 5 地表积水 7d，浅于受渍临界埋深 43d，位于适宜地下水位区间 79d，超过潜水蒸发临界埋深 40d、占比 1.1%；方案 3 地表积水 55d，浅于受渍临界埋深 264d，位于适宜地下水位区间 1350d、占比 37.0%，地下水埋深均未出现大于 2.5m 的情况。

在对所有方案地下水埋深变化的比较中可看出，地表积水天数以方案 3 最多，为 55d，其次为方案 2，无控制方案发生地表积水天数最少，仅为 1d；地下水埋深浅于受渍临界埋深的天数以方案 3 最多为 264d、占比 7.2%，其次为方案 2，无控制方案最少，仅为 10d；适宜地下水埋深的天数以方案 3 最多，其次为方案 2，无控制方案最少，仅为 39d；地下水埋深超过潜水蒸发临界埋深以方案 0 最多，达 1219d，其次为方案 5，其他方案地下水埋深均未出现大于潜水蒸发临界埋深的情况。

以上分析结果表明，控制排水可有效控制地下水的排泄，抬升农田地下水位，抬升的幅度随控制运用方案不同而不同。通过优化控制运用方案，使地下水位控制在预期区间成为可能。

表 5-11　不同模拟方案地表积水与各特征地下水埋深统计　　（单位：d）

断面	方案	地表积水	受渍埋深	达到适宜地下水位	埋深1.0～2.5m	埋深2.5～3.5m	埋深大于3.0m
M(400)	方案0	0	5	23	635	2965	1320
	方案1	6	72	173	3391	11	0
	方案2	31	160	426	3036	0	0
	方案3	39	240	1256	2118	0	0
	方案4	14	73	178	3388	0	0
	方案5	3	36	70	2513	1031	50
M(600)	方案0	1	15	55	869	2713	1117
	方案1	20	104	245	3284	0	0
	方案2	57	202	545	2849	0	0
	方案3	71	288	1444	1850	0	0
	方案4	31	87	294	3241	0	0
	方案5	10	50	87	2642	864	29
平均值	方案0	1	10	39	752	2839	1219
	方案1	13	88	209	3338	5	0
	方案2	44	181	486	2942	0	0
	方案3	55	264	1350	1984	0	0
	方案4	23	80	236	3314	0	0
	方案5	7	43	79	2577	947	40

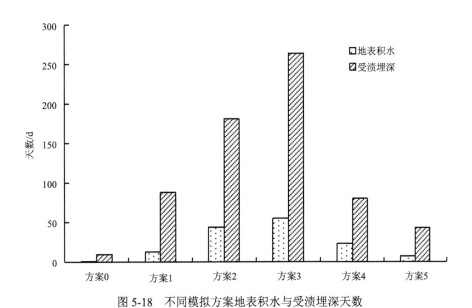

图 5-18　不同模拟方案地表积水与受渍埋深天数

2) 地下水、蒸散发与径流

模拟计算区王市集水文站 2011 年 1 月 1 日～2020 年 12 月 31 日总降雨量为 8111mm，

不同方案多年平均水量平衡计算结果见表 5-12，设计运行方案(方案 1)蒸散发为 6594mm，排水量为 1452mm，沟道及农田蓄水量增加 65mm；无控制方案(方案 0)，蒸散发为 6519mm，排水量为 2130mm，沟道及农田蓄水量减少 538mm。不同调控方案，蒸散发在 6543～6824mm 之间、排水量在 1042～1786mm 之间，沟道及农田蓄水量除方案 4、方案 5 减少外，方案 2、方案 3 分别增加 101mm、245mm。

表 5-12　不同模拟方案水量平衡要素统计　　　　　　　(单位：mm)

方案	降雨量	蒸散发	排水量	沟道及农田蓄水量
方案 0		6519	2130	−538
方案 1		6594	1452	65
方案 2	8111	6691	1319	101
方案 3		6824	1042	245
方案 4		6574	1604	−67
方案 5		6543	1786	−218

不同模拟方案水量平衡要素见图 5-19。在对所有方案水量平衡比较中看出，蒸散发以无控制方案 0 最小，方案 3 最大，二者相差 305mm；排水量以无控制方案 0 最大，方案 3 最小，二者相差 1088mm，即方案 3 通过控制排水比无控制方案 0 可少排泄 1088mm，占年均降雨量的 13.4%。这说明控制工程对降雨径流及农田水资源有明显的调控效果。

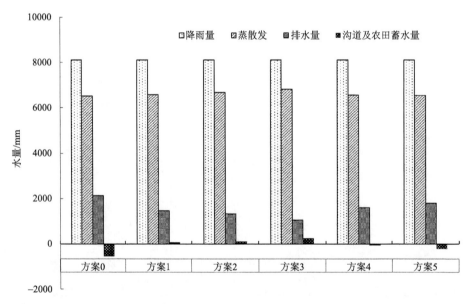

图 5-19　不同模拟方案水量平衡要素

3) 骨干沟水位变化

不同方案模拟结果中骨干沟水位统计结果见表 5-13，设计运行方案(方案 1)骨干沟多年平均水位为 26.32m，最大值为 27.17m，最小值为 24.72m，汛期为 26.32m，非汛期为 26.31m；无控制方案（方案 0），骨干沟多年平均水位为 24.99m，多年平均水位、汛期、非汛期比设计方案分别低 1.33m、1.36m、1.31m。不同调控方案中，方案 5 骨干沟多年平均水位为 25.78m，汛期、非汛期分别为 25.80m、25.77m；方案 3 骨干沟多年平均水位为 27.12m，最大值为 27.50m，最小值为 26.50m，汛期、非汛期分别为 27.16m、27.11m，方案 3 骨干沟水位最高，相比较方案 5 多年平均地下水位高 1.34m，汛期、非汛期分别高 1.36m、1.34m。可见，控制工程可有效控制沟水位的变化。不同模拟方案骨干沟水位特征值见图 5-20。

表 5-13　不同模拟方案骨干沟水位统计　　　　　　（单位：m）

方案	多年平均	最大值	最小值	非汛期 （10～5 月）	汛期 （6～9 月）
方案 0	24.99	26.50	23.86	25.00	24.96
方案 1	26.32	27.17	24.72	26.31	26.32
方案 2	26.83	27.50	26.50	26.79	26.92
方案 3	27.12	27.50	26.50	27.11	27.16
方案 4	26.29	27.00	26.00	26.23	26.41
方案 5	25.78	27.00	25.00	25.77	25.80

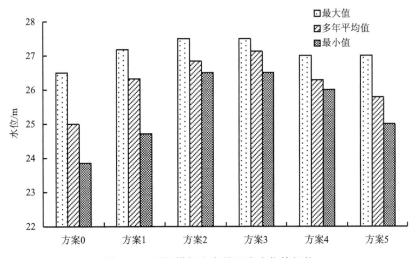

图 5-20　不同模拟方案骨干沟水位特征值

2. 不同水文年模拟计算结果分析

选取丰水年（5%）、平水年（50%）和枯水年（90%）三种水文年进行分析，根据模拟计算区降雨资料分析成果（第 4 章分析成果），丰水年（5%）、平水年（50%）和枯水年（90%）分别对应典型年为 2005 年（降雨量 1359.7mm）、2018 年（降雨量 916.5mm）和 2019 年（降雨量 586.0mm），根据典型年模拟结果中距骨干沟 400m、600m 的地下水埋深平均值统计分析，不同水文年不同方案模拟计算结果见表 5-14～表 5-16。

表 5-14　不同水文年不同方案地下水埋深统计　　　　　　（单位：m）

水文年	方案	全年平均	最小值	最大值	非汛期 （10～5 月）	汛期 （6～9 月）
丰水年 （2005 年）	方案 0	1.87	0.00	3.27	2.19	1.24
	方案 1	1.16	0.00	1.93	1.45	0.59
	方案 2	1.05	0.00	1.88	1.31	0.53
	方案 3	1.01	0.00	1.88	1.25	0.52
	方案 4	1.10	0.00	1.88	1.37	0.55
	方案 5	1.23	0.00	2.15	1.53	0.63
平水年 （2018 年）	方案 0	2.61	1.93	3.29	2.62	2.57
	方案 1	1.29	0.24	1.64	1.41	1.05
	方案 2	1.21	0.05	1.54	1.36	0.92
	方案 3	0.91	0.00	1.21	1.01	0.72
	方案 4	1.62	0.48	2.05	1.79	1.28
	方案 5	2.17	1.48	2.89	2.21	2.09
枯水年 （2019 年）	方案 0	2.76	2.40	3.17	2.73	2.82
	方案 1	1.77	1.50	2.22	1.76	1.79
	方案 2	1.43	0.67	1.54	1.42	1.45
	方案 3	0.97	0.31	1.17	0.98	0.97
	方案 4	1.98	1.84	2.11	1.98	1.98
	方案 5	2.58	2.01	2.99	2.53	2.68

1）地下水动态变化

（1）地下水总体变化情况。

丰水年（2005 年）设计运行方案（方案 1）全年平均地下水埋深为 1.16m，最大值为 1.93m，最小值为 0m，汛期为 0.59m，非汛期为 1.45m；无控制方案（方案 0），全年平均地下水埋深为 1.87m，比设计运行方案低 0.71m，汛期、非汛期比设计方案分别低 0.65m、0.74m。不同调控方案中，方案 5 全年平均地下水埋深 1.23m，汛期、非汛期分别为 0.63m、1.53m；方案 3 全年平均地下水埋深为 1.01m，汛期、非汛期分别为 0.52m、1.25m，全年平均地下水位比方案 5 高 0.22m，汛期、非汛期分别高 0.11m、0.28m。

平水年（2018 年）设计运行方案（方案 1）全年平均地下水埋深为 1.29m，最大值为 1.64m，最小值为 0.24m，汛期为 1.05m，非汛期为 1.41m；无控制方案（方案 0），全年平均地下水埋深为 2.61m，比设计运行方案低 1.32m，汛期、非汛期比设计方案分别低 1.52m、1.21m。不同调控方案中，方案 5 全年平均地下水埋深 2.17m，汛期、非汛期分别为 2.09m、2.21m；方案 3 全年平均地下水埋深为 0.91m，汛期、非汛期分别为 0.72m、1.01m，全年平均地下水位比方案 5 高 1.26m，汛期、非汛期分别高 1.37m、1.20m。

枯水年（2019 年）设计运行方案（方案 1）全年平均地下水埋深为 1.77m，最大值为

2.22m，最小值为 1.50m，汛期为 1.79m，非汛期为 1.76m；无控制方案（方案 0）全年平均地下水埋深为 2.76m，比设计运行方案低 0.99m，汛期、非汛期比设计方案分别低 1.03m、0.97m。不同调控方案中，方案 5 全年平均地下水埋深为 2.58m，汛期、非汛期分别为 2.68m、2.53m；方案 3 全年平均地下水埋深为 0.97m，汛期、非汛期分别为 0.97m、0.98m，全年平均地下水位比方案 5 高 1.61m，汛期、非汛期分别高 1.71m、1.55m。

同一方案降水越多地下水埋深越小，不同水文年地下水平均埋深大小顺序关系为：枯水年>平水年>丰水年；同一水文年不同方案地下水平均埋深随沟水位控制的高低的变化而变化，沟水位控制得越低，地下水位埋深越大，其大小顺序关系为：方案 0（无控制）>方案 5>方案 1（设计方案）>方案 4>方案 2>方案 3，丰水年、平水年和枯水年方案 1（设计方案）比方案 0（无控制）分别抬高地下水位 0.71m、1.32m 和 0.99m，控制工程对地下水埋深抬升效果明显。不同水文年不同方案地下水埋深特征对比情况见图 5-21。

（2）地下水变化特征。

丰水年（2005 年）设计运行方案（方案 1）地表积水 18d、浅于受渍临界埋深 71d，位于适宜地下水位区间 29d；无控制方案（方案 0）地表积水 9d，浅于受渍临界埋深 55d，位于适宜地下水位区间 35d，超过潜水蒸发临界埋深 64d、占比 17.5%；不同调控方案中，方案 5 地表积水 15d，浅于受渍临界埋深 63d，位于适宜地下水位区间 32d；方案 3 地表积水 26d，浅于受渍临界埋深 81d，位于适宜地下水位区间 70d、占比 19.2%。

平水年（2018 年）设计运行方案（方案 1）无地表积水，浅于受渍临界埋深 11d，位于适宜地下水位区间 48d；无控制方案（方案 0）无地表积水，地下水埋深均大于 1.0m，超过潜水蒸发临界埋深 94d、占比 25.8%。不同调控方案中，方案 5 无地表积水，地下水埋深均大于 1.0m，但未超过潜水蒸发临界埋深；方案 3 地表积水 5d，浅于受渍临界埋深 26d，位于适宜地下水位区间 193d、占比 53.0%。

枯水年（2019 年）设计运行方案（方案 1）全年地下水埋深处于 1.0～2.5m 之间。无控制方案（方案 0）全年地下水埋深均大于 1.0m，超过潜水蒸发临界埋深 46d、占比 12.6%；不同调控方案中，方案 2、方案 4 全年地下水埋深均处于 1.0～2.5m，与设计方案相同；方案 3 有 171d 位于适宜地下水位区间，占比 42.2%。

同一水文年，地表积水时间、受渍时间总体上是有控制方案的大于无控制方案的，沟水位控制越高，地表积水时间、受渍时间越多；达到适宜地下水位，总体趋势是沟水位控制得越高，地下水位处在适宜的时间越长，只是丰水年略有差异；地下水埋深在 1.0～2.5m 范围的时间，控制方案均大于无控制方案，控制方案之间因控制沟水位的不同而不同；埋深在 2.5～3.5m 之间和大于 3.0m 的情况均出现在无控制方案和方案 5 中，其他控制方案的地下水埋深均小于 2.5m。

不同水文年同一方案地表积水时间和作物受渍时间：丰水年>平水年>枯水年；达到适宜地下水埋深时间总体上不同水文年之间差异较大，在枯水年只有方案 3 地下水位埋深能达到适宜范围，其他方案地下水埋深均大于适宜埋深；地下水埋深在 1.0～2.5m 范围总体上：枯水年>平水年>丰水年；地下水埋深在 2.5～3.5m 之间及大于 3.0m 主要发生在无控制方案情况下。不同模拟方案地表积水与受渍埋深对比情况见图 5-22。

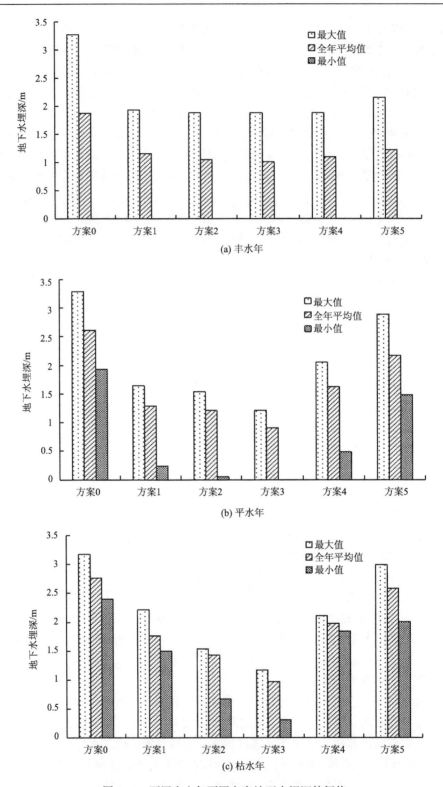

图 5-21　不同水文年不同方案地下水埋深特征值

表 5-15 不同降水频率年不同方案地表积水与各特征地下水埋深天数统计 （单位：d）

水文年	方案	地表积水	受渍埋深	达到适宜地下水位	埋深1.0～2.5m	埋深2.5～3.5m	埋深大于3.0m
丰水年（2005年）	方案0	9	55	35	135	131	64
	方案1	18	71	29	247	0	0
	方案2	23	81	37	224	0	0
	方案3	26	81	70	188	0	0
	方案4	19	77	32	237	0	0
	方案5	15	63	32	255	0	0
平水年（2018年）	方案0	0	0	0	180	184	94
	方案1	0	11	48	306	0	0
	方案2	1	21	58	247	0	0
	方案3	5	26	193	153	0	0
	方案4	0	2	51	296	0	0
	方案5	0	0	0	249	118	0
枯水年（2019年）	方案0	0	0	0	64	301	46
	方案1	0	0	0	365	0	0
	方案2	0	0	0	365	0	0
	方案3	0	0	171	194	0	0
	方案4	0	0	0	365	0	0
	方案5	0	0	0	136	229	12

2) 地下水、蒸散发与排水

根据表 5-16 的统计结果，绘制不同水文年不同方案水量平衡要素图(图 5-23)，分析结果如下：丰水年(2005 年)设计运行方案(方案 1)蒸散发为 715mm，排水量为 646mm；无控制方案(方案 0)蒸散发为 710mm，排水量为 781mm，沟道及农田蓄水量减少 131mm；不同调控方案，蒸散发在 714～725mm，排水量在 496～690mm，沟道及农田蓄水量仅方案 1 减少 1mm、方案 5 减少 44mm，其他方案均有增加，范围在 38～139mm。

平水年(2018 年)设计运行方案(方案 1)蒸散发为 705mm，排水量为 255mm，沟道及农田蓄水量减少 43mm；无控制方案(方案 0)蒸散发为 692mm，排水量为 260mm，沟道及农田蓄水量减少 35mm；不同调控方案，蒸散发在 693～720mm，排水量在 163～270mm，沟道及农田蓄水量仅方案 2 增加 1mm、方案 3 增加 34mm，方案 4、方案 5 均有减少，范围在 35～46mm。

枯水年(2019 年)设计运行方案(方案 1)蒸散发为 680mm，排水量为 149mm，沟道及农田蓄水量减少 243mm；无控制方案(方案 0)蒸散发为 678mm，排水量为 220mm，沟道及农田蓄水量减少 312mm；不同调控方案，蒸散发在 678～704mm，除方案 3 排水量为 0 以外，其他方案排水量在 20～153mm，沟道及农田蓄水量全部减少，范围在 112～245mm。

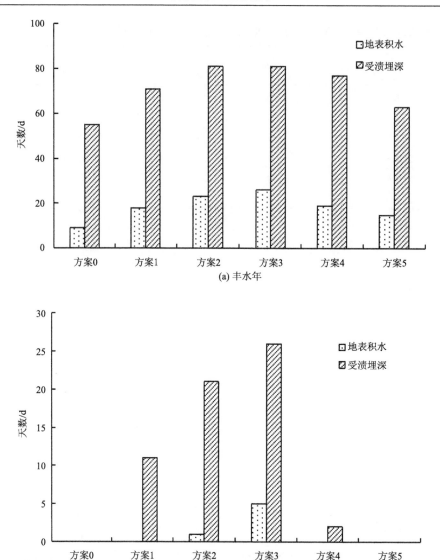

(a) 丰水年

(b) 平水年

图 5-22 不同降水频率年不同模拟方案地表积水与受渍埋深天数

同一水文年不同方案排水量总体符合：方案 0(无控制)>方案 5>方案 1(设计方案)>方案 4>方案 2>方案 3，蒸散发量以方案 3 最大，方案 0 最小。同一方案不同水文年降水越多排水量和蒸散发量越大，蒸散发量方案 0 与方案 3 之间相差 15～28mm，排水量方案 0 与方案 3 之间相差 97～285mm。可见，控制排水可减少排泄水量，有效提高当地降雨利用率。

表 5-16 不同水文年不同方案水量平衡要素统计 （单位：mm）

水文年	方案	降雨量	蒸散发	排水量	沟道及农田蓄水量
丰水年 (2005 年)	方案 0		710	781	−131
	方案 1		715	646	−1
	方案 2	1360	721	549	90
	方案 3		725	496	139
	方案 4		717	605	38
	方案 5		714	690	−44
平水年 (2018 年)	方案 0		692	260	−35
	方案 1		705	255	−43
	方案 2	917	708	208	1
	方案 3		720	163	34
	方案 4		698	254	−35
	方案 5		693	270	−46
枯水年 (2019 年)	方案 0		678	220	−312
	方案 1		680	149	−243
	方案 2	586	682	22	−118
	方案 3		704	0	−118
	方案 4		678	20	−112
	方案 5		678	153	−245

3. 不同频率次降雨模拟计算结果分析

为了研究典型降雨产生的地面积水及雨后地下水位的消退动态，需对不同降雨频率进行模拟计算，为此，选取 3 年一遇、5 年一遇、10 年一遇三种降雨频率。降雨历时选取为 1 日；典型场次降雨的选取，除达到相应的降雨频率要求外，应保证典型场次降雨产生径流。根据第 4 章分析成果，最大 1 日降雨 3 年一遇、5 年一遇、10 年一遇三种频率对应的降雨量分别为 107.4mm、125.3mm、147.6mm，根据王市集站历史降雨观测资料，选取 5 年一遇典型降雨场次为 2018 年 8 月 17 日，该日降雨量 121mm，且在该场次降雨之前 4 天、1 天分别有 22.5mm、9.5mm 的降雨，农田土壤含水率已接近饱和，8 月17 日降雨后地表产生径流，且雨后 10 天无降雨影响；由于 3 年一遇、10 年一遇在历史观测资料中未出现有代表性场次降雨，因此本研究中在其他各项条件不变的情况下，对 8 月 17 日降雨分别按 3 年一遇(107.4mm)、10 年一遇(147.6mm)的降雨量同比缩小和放大，进行不同方案的模拟计算，模拟计算期自降雨前 5 天至雨后 10 天共 16 个计算时段 (d)。计算结果分别见表 5-17 和图 5-24。

3 年一遇降雨：设计运行方案(方案 1)和无控制方案(方案 0)均无地表积水和受渍情况；不同调控方案中，方案 3 雨后地表积水 1d，地下水位浅于受渍临界埋深持续 5d，其他调控方案均无地表积水和受渍情况。

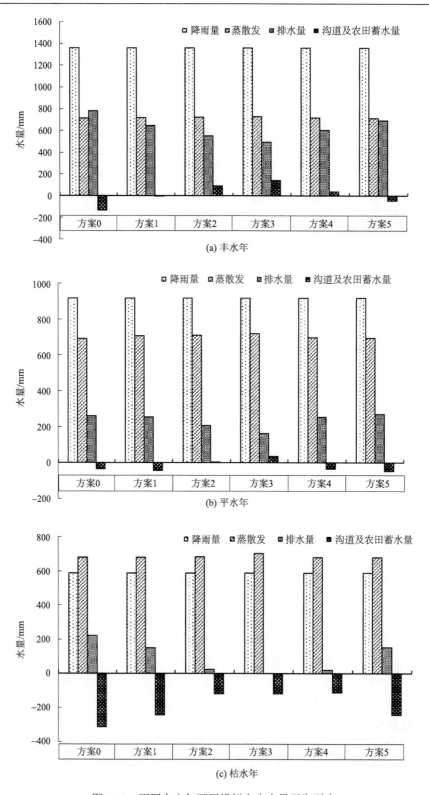

图 5-23　不同水文年不同模拟方案水量平衡要素

表 5-17　不同降水频率不同方案地下水埋深统计

降水频率	方案	地表积水天数/d	受渍埋深天数/d	雨后地下水埋深/m					
				1 天	2 天	3 天	5 天	7 天	10 天
3 年一遇	方案 0	0	0	3.09	2.85	2.77	2.66	2.57	2.53
	方案 1	0	0	0.86	0.83	0.82	0.83	0.84	0.88
	方案 2	0	0	0.58	0.58	0.59	0.63	0.67	0.71
	方案 3	1	5	0.08	0.11	0.15	0.29	0.40	0.51
	方案 4	0	0	1.32	1.28	1.26	1.23	1.21	1.20
	方案 5	0	0	2.44	2.34	2.25	2.13	2.09	2.05
5 年一遇	方案 0	0	0	2.82	2.70	2.55	2.47	2.42	2.38
	方案 1	0	0	0.68	0.68	0.67	0.70	0.74	0.80
	方案 2	0	0	0.43	0.44	0.46	0.53	0.58	0.65
	方案 3	1	8	0.03	0.04	0.07	0.18	0.28	0.43
	方案 4	0	0	1.16	1.12	1.09	1.07	1.06	1.06
	方案 5	0	0	2.29	2.09	2.06	1.99	1.94	1.88
10 年一遇	方案 0	0	0	2.45	2.35	2.27	2.14	2.11	2.09
	方案 1	0	0	0.42	0.43	0.45	0.52	0.60	0.68
	方案 2	0	5	0.12	0.14	0.19	0.32	0.42	0.54
	方案 3	2	9	0.01	0.01	0.04	0.12	0.23	0.37
	方案 4	0	0	0.86	0.83	0.82	0.82	0.84	0.87
	方案 5	0	0	1.92	1.78	1.72	1.66	1.64	1.61

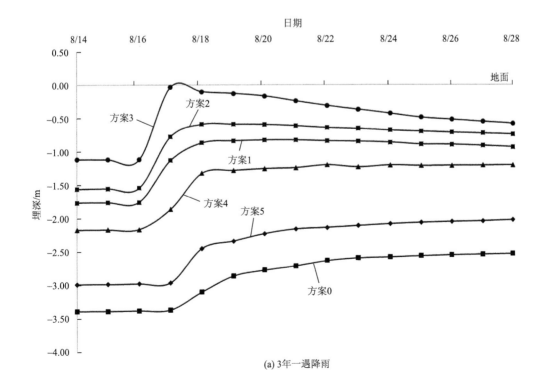

(a) 3 年一遇降雨

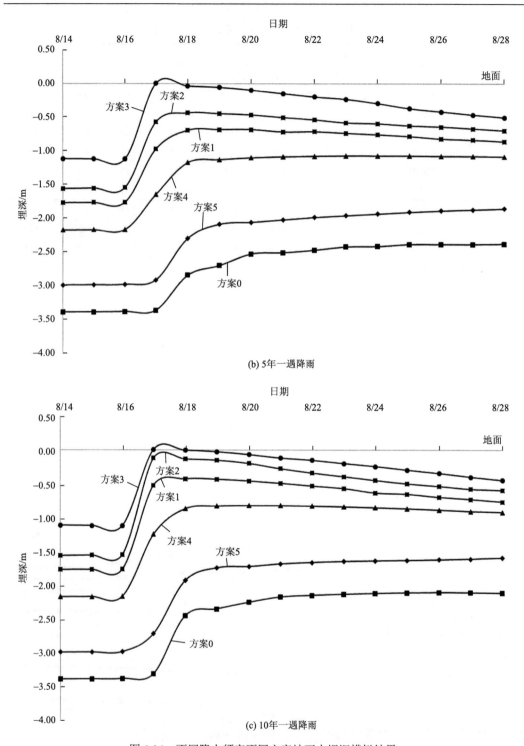

(b) 5年一遇降雨

(c) 10年一遇降雨

图 5-24　不同降水频率不同方案地下水埋深模拟结果

　　5 年一遇降雨：设计运行方案（方案 1）和无控制方案（方案 0）均无地表积水和受渍情况；不同调控方案中，方案 3 雨后地表积水 1d，地下水位浅于受渍临界埋深持续 8d，其他调控方案均无地表积水和受渍情况。

10 年一遇降雨：设计运行方案(方案 1)和无控制方案(方案 0)均未出现地表积水和受渍情况。不同调控方案中，方案 3 雨后地表积水 2d，地下水位浅于受渍临界埋深持续 9d，方案 2 无地表积水，地下水位浅于受渍临界埋深持续 5d，其他调控方案均无地表积水和受渍情况。

从以上分析可见，3 年一遇降雨除方案 3 外，其他方案均满足排涝降渍要求；5 年一遇降雨所有方案均满足排涝要求，只有方案 3 不满足降渍要求；10 年一遇只有方案 3 不满足排涝要求，方案 2、3 不满足降渍要求。淮北地区降水主要集中在 6～9 月，是涝渍易发期，为了既使作物少受或不受涝渍灾害，又能够使沟道调蓄更多的水资源量，该时期沟道的控制应不同于其他时期，以充分发挥其排涝降渍功能为控制方案优选的先决条件。根据不同频率降雨模拟计算结果，如按 3～5 年一遇降雨标准，各方案均满足排涝要求，除方案 3 外均满足降渍要求；如按 10 年一遇降雨标准，各方案均满足排涝要求，除方案 2、3 外均满足降渍要求。综上分析，在满足作物排水要求的前提下，为尽可能多地蓄水、减少排泄水量，3～5 年一遇降雨标准以方案 2 较优，10 年一遇降雨标准以方案 1 较优。

5.6.3　农田生态排水指标优选

根据 2011 年 1 月～2020 年 12 月长系列不同方案模拟计算结果，统计分析地表积水、地下水位、作物减产率等指标的变化情况。地表积水时间是指地表水深在 5mm 以上的累计天数，受渍时间是指地下水埋深浅于受渍临界埋深的累计天数。受涝减产率是指地表连续积水时间超过允许积水时间后每天的减产率；受渍减产率是指地下水埋深浅于受渍临界埋深超过 3 天后每天的减产率。作物受涝受渍减产率详见表 5-18；不同方案地表积水、受渍情况统计结果详见表 5-19、表 5-20；不同方案作物涝渍减产率统计结果详见表 5-21。

表 5-18　作物受涝受渍减产率

指标	小麦								玉米			
	10 月	11 月	12 月	1 月	2 月	3 月	4 月	5 月	6 月	7 月	8 月	9 月
允许积水时间/d	2	3	6	6	5	6	3	4	1	2	2	2
受涝减产率/(%/d)	10	10	10	10	10	15	15	15	25	15	10	8
受渍埋深/m	0.3	0.3	0.3	0.3	0.3	0.3	0.3	0.3	0.4	0.3	0.3	0.3
受渍减产率/(%/d)	5	5	5	5	5	8	8	8	15	10	8	5

1. 受涝受渍统计分析

小麦生长期，地表积水主要发生在 10 月份(小麦出苗期)，在长系列的模拟计算中，共发生 3 次，积水时间在 1～6d；玉米生长期，地表积水主要发生在 7～8 月份，在长系列的模拟计算中，共发生 14 次，其中在 7～8 月份共发生 9 次，最长积水 8d，时间为 2020 年 7 月 17～24 日。

表 5-19　不同方案地表积水时间统计

方案	点位	小麦生长期				玉米生长期				
		10月	11月	12月~5月	累计积水天数/d	6月	7月	8月	9月	累计积水天数/d
方案0	M(400)									
	M(600)									
方案1	M(400)						30(2020)	7(2020)	28~29(2014)	4
	M(600)	20(2014)			1		30~31(2020)	7~8(2020)	28~30(2014)	7
方案2	M(400)	26~28、30(2016)			4		23(2012)，22(2015)，11~12、17~18、21~22、26、30~31(2020)	7~8(2020)	17~18、27~29(2014)，27、30(2017)	20
	M(600)	20(2014)，26~31(2016)	7(2016)		8		23(2012)，22(2015)，9(2018) 11~12、14、17~19、21~24、26、30~31(2020)	17~18(2018)，7~9(2020)	17~19、27~30(2014)，24~28、30(2017)	34
方案3	M(400)	26~28、30(2016)			4	29(2015)	23(2012)，22(2015)，8、10(2018)，11~12、14、17~18、21~22、30~31(2020)	7~8(2020)	17~18、27~29(2014)，10、24~27、30(2017)	28
	M(600)	20(2014)，26~31(2016)	7(2016)		8	28~29(2015)	23(2012)，22~23(2015)，8、11(2018)，11~15、17~24、26、27、30~31(2020)	17~18(2018)，7~9(2020)	17~19、27~30(2014)，10、24~30(2017)	46
方案4	M(400)						17~18、22、30(2020)	7(2020)	28~29(2014)，30(2017)	8
	M(600)	20(2014)			1		17~18、21~24、26、30~31(2020)	7~8(2020)	28~30(2014)，30(2017)	15
方案5	M(400)									
	M(600)									

注：表中标注方法如10月栏下"26~28(2016)"表示2016年10月26~28日地表积水。

表 5-20　不同方案受渍埋深时间统计

方案	点位	小麦生长期						玉米生长期				
		10月	11月	12月	1月	2月~5月	累计受渍天数/d	6月	7月	8月	9月	累计受渍天数/d
方案0	M(400)											
	M(600)	20~21(2017)					2			1~4、8~13(2020)	30(2014)	20
方案1	M(400)	20~22(2017)					3		22~29、31(2020)	1~4、8~13(2020)	30(2014)	20
	M(600)	21~26、28(2014)、20~27(2017)	1~11(2016)				15		22~24(2015)、9~11(2018)、22~29(2020)	17~21(2018)、1~5、9~14(2020)	27(2014)	31
方案2	M(400)	20~23(2014)、25、29、31(2016)、20~25(2017)	1~11(2016)				24		24~26(2012)、23~28(2015)、9~12(2018)、13~16、19~20、23~25、27~29(2020)	17~22(2018)、1~5、9~14(2020)	11~16、19~26、30(2014)、24、26、28~29(2017)	62
	M(600)	21~30(2014)、25(2016)、20~29(2017)	7(2016)				22		24~26(2012)、23~28(2015)、9~13(2018)、13、15~16、20、25、27、29(2020)	26~27(2012)、5~8(2015)、19~23(2018)、1~6、10~15(2020)	11~16、20~26(2014)、29(2017)	59
方案3	M(400)	20~26、28(2014)、25、29、31(2016)、20~28(2017)	1~13(2016)				33	27~28、30(2015)	24~26(2012)、16~18、23~28(2015)、5~7、11~17(2018)、13、15~16、19~20、23~29(2020)	6(2015)、17~23(2018)、1~6、9~15(2020)	15~16、19~26、30(2014)、11~17、28~29(2017)	86
	M(600)	21~31(2014)、25(2016)、20~30(2017)	7(2016)		6~8(2017)		27	27、30(2015)	24~26(2012)、15~21、24~29(2015)、5~7、12~17(2018)、16、25、28~29(2020)	26~28(2012)、5~9(2015)、19~24(2018)、1~6、10~15(2020)	11~13(2012)、14~16、20~26(2014)、11~18(2017)	87

续表

方案	点位	小麦生长期						玉米生长期				
		10月	11月	12月	1月	2月~5月	累计受渍天数/d	6月	7月	8月	9月	累计受渍天数/d
方案4	M(400)	20~24(2017)					5		19~21、23~29、31(2020)	1~4、8~13(2020)	30(2014)	22
	M(600)	21~26(2014)、20~28(2017)					15		19~20、25、27~29(2020)	1~6、9~14(2020)		18
方案5	M(400)	20~24(2017)					5				28~30(2014)	3
	M(600)	20~22(2014)、20~29(2017)					13				28~30(2014)	3

注：表中标注方法如10月栏下"20~21(2017)"表示2017年10月20~21日受渍。

表 5-21　不同方案作物减产率统计

（单位：%）

项目		小麦									玉米			年均	
		10月	11月	12月	1月	2月	3月	4月	5月	6月	7月	8月	9月	小麦	玉米
地表允许积水时间/d		2	3	6	6	5	6	3	4	1	2	2	2		
受涝减产率/(%/d)		10	10	10	10	10	15	15	15	25	15	10	8	小麦	玉米
累计受涝减产率/%	方案0	0	0	0	0	0	0	0	0	0	0	0	0	0	0
	方案1	0	0	0	0	0	0	0	0	0	0	0	4	0	0.4
	方案2	25	0	0	0	0	0	0	0	0	22.5	5	28	2.5	5.6
	方案3	25	0	0	0	0	0	0	0	0	90	5	44	2.5	13.9
	方案4	0	0	0	0	0	0	0	0	0	15	0	4	0.0	1.9
	方案5	0	0	0	0	0	0	0	0	0	0	0	0	0.0	0.0
受渍埋深/m		0.3	0.3	0.3	0.3	0.3	0.3	0.3	0.3	0.4	0.3	0.3	0.3		
受渍减产率/(%/d)		5	5	5	5	5	8	8	8	15	10	8	5	小麦	玉米
累计受渍减产率/%	方案0	0	0	0	0	0	0	0	0	0	0	0	0	0.0	0
	方案1	37.5	42.5	0	0	0	0	0	0	0	50	44	0	3.8	9.4
	方案2	35	50	0	0	0	0	0	0	0	47.5	68	37.5	7.8	15.3
	方案3	55	0	0	0	0	0	0	0	0	160	88	45	10.5	29.3
	方案4	20	0	0	0	0	0	0	0	0	20	44	0	2.0	6.4
	方案5	17.5	0	0	0	0	0	0	0	0	0	0	0	1.8	0

注：累计受涝减产率是指地表连续积水时间超过允许积水时间后每天的减产率的累加值；累计受渍减产率是指地下水埋深浅于受渍埋深超过 3 天后每天的减产率的累加值。

在小麦生长期因地面积水导致的涝灾损失均发生在 10 月份，调控方案 2 和方案 3 均有减产，其他方案无减产情况，减产率大小与调控水位密切相关，调控水位越高，减产率越大，减产范围在 2.5%左右；在玉米生长期因地面积水导致的涝灾损失多发生在 7 月份，调控方案中方案 2、方案 3、方案 4 均出现减产，方案 3 减产率最大，年均达到 13.9%，这是由于该方案调控水位较高所致。

小麦生长期，受渍主要发生在 10 月份（小麦出苗期），在长系列的模拟计算中，共发生 5 次，受渍时间在 1～12d；玉米生长期，受渍主要发生在 7～9 月份，在长系列的模拟计算中，共发生 20 次，其中 7、8、9 月分别发生 9 次、5 次、4 次，最长受渍 9d，时间为 2015 年 7 月 1～9 日。

在小麦生长期因受渍导致的损失主要发生在 10 月份，除无控制方案 0 外，其他方案均出现减产，减产率大小也与调控水位关系密切，调控水位越高，减产率越大，减产范围在 1.8%～10.5%，其中方案 3 减产率最大，年均减产率达到 10.5%；在玉米生长期因受渍导致的损失多发生在 7、8 月份，方案 1 年均减产率为 9.4%，调控方案中仅方案 5 未出现减产，其他方案均出现减产，减产范围在 6.4%～29.3%，其中方案 3 减产率最大，年均减产率达到 29.3%。

2. 指标优选

1）生态优先、兼顾经济效益的农田生态排水指标

以排水量小为目标，作物减产率≤20%为约束，分析提出沟道生态水位、农田生态地下水埋深、生态淹水历时和生态降渍水位等指标。根据模拟计算区长系列模拟计算结果，方案 2 对应的作物受灾及减产情况为：小麦出现 2 年、累计 3 次淹水，有 3 年、累计 4 次受渍；玉米有 6 年、累计 13 次淹水，有 6 年、累计 16 次受渍。方案 2 小麦年均减产率为 10.3%，玉米年均减产率为 20.9%；同时，方案 2 排水量较小，较方案 0 排水量减少 812mm，年均减少排水量约 81.2mm，增加沟道及农田蓄水量 639mm，年均增加 63.9mm 左右，因此选取控制运行方案 2 的模拟结果作为优选生态排水指标阈值范围，相应的沟道生态水位、农田生态地下水埋深优选结果见表 5-22；根据计算期内方案 2 雨后农田积水及地下水埋深动态变化统计，结合作物涝渍减产响应试验成果分析，提出生态淹水历时和生态降渍水位优选结果见表 5-23。

表 5-22　生态优先、兼顾经济效益的沟道生态水位与农田生态地下水埋深优选结果　　（单位：m）

断面	农田生态地下水埋深				沟道生态水位			
	变化范围	不同时段均值			变化范围	不同时段均值		
		全年	非汛期 （10～5 月）	汛期 （6～9 月）		全年	非汛期 （10～5 月）	汛期 （6～9 月）
M	0～1.88	1.19	1.23	1.10	26.50～27.50	26.83	26.79	26.92

表 5-23　生态优先、兼顾经济效益的生态淹水历时和生态降渍水位优选结果

时段(月)	代表性作物	生态淹水历时/d		生态降渍水位/m	
		敏感期	非敏感期	敏感期	非敏感期
10～5	小麦	4～6	6～8	0.3	0.2～0.3
6～9	玉米	1	2～3	0.3	0.2～0.3

方案 2 模拟结果表明：在计算期内，农田生态地下水埋深变化范围在 0～1.88m，处于较适宜的波动区间；计算期内全年平均地下水埋深为 1.19m，汛期(6～9 月)略浅、非汛期略深，但相差不大，总体也处于较适宜的埋深波动区间；农田地下水埋深初始值为 1.80m，周期末为 1.44m，接近适宜地下水埋深下限，计算期内地下水位上升了 0.36m，处于良性循环状态；计算期内出现地表积水的次数为 16 次，年均 1.6 次，累计积水时间 13d，年均 1.3d；出现受渍次数为 20 次，年均 2 次，累计受渍时间 34d，年均 3.4d；计算期内沟道水位变化范围在 26.50～27.50m，全年平均为 26.83m(低于农田地表 1.37m)。

2) 效益优先、兼顾生态的农田生态排水指标

以作物不受灾(减产率≤10%)、排水量相对较小为目标，分析提出沟道生态水位、农田生态地下水埋深、生态淹水历时和生态降渍水位等指标。

根据模拟计算区长系列模拟计算结果，方案 3 小麦减产率为 13.0%，高于 10%，玉米减产率为 43.2%，远大于 10%，方案 2 小麦减产率为 10.3%，玉米减产率为 20.9%，大于 10%，均不满足作物不受灾的约束条件；其他方案虽然满足减产率约束条件，但排水量均较大。综合考虑降雨及作物因素，新增分时段调控方案，从尽量减少排水量的角度出发，在小麦生长期采用沟道水位较高的调控方案(方案 3)，玉米生长期分别采用原方案 2、方案 4、方案 1、方案 5，组合成方案 6(小麦按方案 3+玉米按方案 2)、方案 7(小麦按方案 3+玉米按方案 4)、方案 8(小麦按方案 3+玉米按方案 1)、方案 9(小麦按方案 3+玉米按方案 5)四个新增方案。新增各方案水量平衡、地表积水与受渍情况，以及涝渍减产统计结果分别见表 5-24～表 5-26。

表 5-24　新增方案水量平衡要素统计　　　　　　(单位：mm)

方案	降雨量	蒸散发	排水量	沟道及农田蓄水量
方案 6		6715	1258	138
方案 7	8111	6656	1388	67
方案 8		6636	1424	51
方案 9		6618	1513	−20

表 5-25　新增方案地表积水与各特征地下水埋深统计　　　　(单位：d)

断面	方案	地表积水	受渍埋深	达到适宜地下水位	埋深 1.0～2.5m	埋深 2.5～3.5m	埋深大于 3.0m
M(400)	方案 6	33	200	591	2829	0	0
	方案 7	23	161	475	2994	0	0

断面	方案	地表积水	受渍埋深	达到适宜 地下水位	埋深 1.0～2.5m	埋深 2.5～3.5m	埋深 大于3.0m
M（400）	方案8	12	104	477	3060	0	0
	方案9	10	93	392	3152	6	0
M（600）	方案6	55	263	788	2547	0	0
	方案7	43	227	604	2779	0	0
	方案8	31	140	637	2845	0	0
	方案9	21	131	561	2940	0	0
平均值	方案6	44	232	690	2688	0	0
	方案7	33	194	540	2887	0	0
	方案8	22	122	557	2952	0	0
	方案9	16	112	477	3046	3	0

表 5-26　新增方案小麦、玉米年均减产率　　　　　（单位：%）

方案	减产率	
	小麦	玉米
方案6	11.3	31.3
方案7	7.8	15.6
方案8	7.0	10.7
方案9	6.3	8.5

新增各调控方案中，方案 8 地表积水 22d，多于方案 9，但比方案 6、方案 7 分别少 22d、11d；地下水位浅于受渍临界埋深 122d、占比 3.3%，也是多于方案 9，少于方案 6、方案 7；地下水埋深处于适宜地下水位区间 557d、占比 15.2%，天数仅少于方案 6，分别比方案 7、方案 9 多 17d、80d。方案 8 的蒸散发为 6636mm，分别比方案 6、方案 7 少 79mm、20mm，比方案 9 多 18mm；排水量为 1424mm，分别比方案 6、方案 7 多 166mm、36mm，比方案 9 减少 89mm。另外，方案 8 较方案 2 增加排水量 105mm，说明在效益优先情况下，区域排水量会有所增加。

由表 5-26 可知，满足小麦、玉米减产率≤10%约束条件的只有方案 9，而方案 8 基本满足约束条件，且排水量比方案 9 少 89mm，因此，选取控制运行方案 8 的模拟结果作为优选生态排水指标阈值范围，相应的沟道生态水位、农田生态地下水埋深优选结果见表 5-27；根据计算期内方案 8 雨后农田积水及地下水埋深动态变化统计，结合作物涝渍减产响应试验成果分析，提出生态淹水历时和生态降渍水位优选结果见表 5-28。

表 5-27　效益优先、兼顾生态的沟道生态水位与农田生态地下水埋深优选结果　　（单位：m）

断面	农田生态地下水埋深				沟道生态水位			
	变化范围	不同时段均值			变化范围	不同时段均值		
		全年	非汛期 （10～5月）	汛期 （6～9月）		全年	非汛期 （10～5月）	汛期 （6～9月）
M	0～2.15	1.37	1.37	1.37	25.50～27.50	26.59	26.73	26.32

表5-28　效益优先、兼顾生态的生态淹水历时和生态降渍水位优选结果

时段(月)	代表性作物	生态淹水历时/d		生态降渍水位/m	
		敏感期	非敏感期	敏感期	非敏感期
10～5	小麦	3～5	5～7	0.3～0.4	0.2～0.3
6～9	玉米	0.5～1	1～2	0.3～0.4	0.2～0.3

方案 8 的地下水位变化过程模拟结果见图 5-25,地下水埋深、骨干沟水位统计结果见表 5-29 和表 5-30。

在计算期内,方案 8 农田地下水埋深变化范围在 0～2.15m 之间,最大埋深大于生态优先优选方案地下水埋深最大值;农田地下水埋深初始值为 1.80m,周期末为 1.86m,多年平均地下水埋深值为 1.37m,均大于生态优先优选方案对应埋深;沟道水位变化范围在 25.50～27.50m,多年平均为 26.59m(低于农田地表 1.61m);方案 8 较方案 0 排水量减少 706mm,年均减少排水量约 70mm,增加沟道及农田蓄水量 589mm,年均增加 59mm 左右。

计算期内方案 8 出现地表积水的次数为 8 次,累计积水时间 17d,出现受渍次数为 15 次,累计受渍时间 122d;方案 8 对应的作物受灾及减产情况为:小麦有 1 年出现地表积水 1d,未形成受涝减产,有 2 年受渍,因渍减产幅度在 35%～45%;玉米有 3 年出现涝灾,因涝减产幅度在 0～30%,有 3 年受渍,因渍减产幅度在 0～68%;年均减产率小麦为 7.0%,玉米为 10.7%。

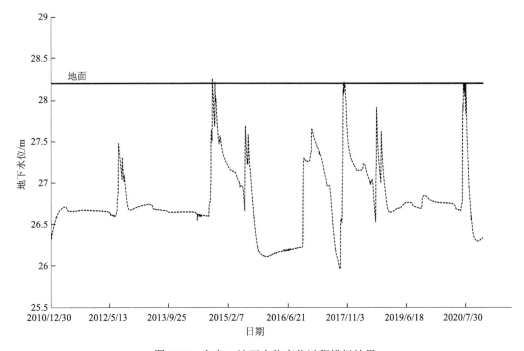

图 5-25　方案 8 地下水位变化过程模拟结果

表 5-29　方案 8 地下水埋深统计　　　　　　　　　　　　　　（单位：m）

点位	多年平均	最小值	最大值	非汛期 （10～5 月）	汛期 （6～9 月）
M（400）	1.41	0.00	2.23	1.40	1.42
M（600）	1.33	0.00	2.06	1.34	1.32
平均值	1.37	0.00	2.15	1.37	1.37

表 5-30　方案 8 骨干沟水位统计　　　　　　　　　　　　　　（单位：m）

多年平均	最大值	最小值	非汛期 （10～5 月）	汛期 （6～9 月）
26.59	27.50	25.50	26.73	26.32

5.7　小　　结

（1）针对安徽省利辛县车辙沟模拟计算区，构建了由一维水力学模型、分布式水文模型和水量平衡方程共同组成的模型系统，以排水区域排泄量最小为目标和地表允许积水时间、作物降渍临界埋深、适宜地下水位埋深及潜水蒸发临界埋深为约束，利用研究区观测和勘察资料，对模型进行率定，将率定期 3 个观测孔地下水位模拟值与实测值进行对比发现，R^2 分别为 0.775、0.749 和 0.727。结果表明，模型能较好地模拟地下水位变化情况。验证结果表明，模型率定的参数结果合理可信。

（2）利用研究区长系列观测资料，拟定不同的控制运行方案，对计算区进行模拟计算分析，沟道水位、农田地下水位及水量平衡成果如下：

①长系列不同方案模拟结果分析表明，模拟地下水位与实测地下水位总体变化趋势一致，说明模型能较好地模拟实际情况。排水骨干工程进行控制排水可有效控制地下水的排泄，抬升地下水位，抬升的幅度随控制运用方案不同而变化，通过控制运用方案的优化使地下水位控制在一定范围成为可能；对所有方案水量平衡的比较中可看出，蒸散发以无控制方案最小，排水量以无控制方案最大，控制排水方案比无控制方案减少排泄量占年降水量的比例可达 13.4%，体现了控制工程对降水径流的调控效果；控制工程可有效控制沟水位的变化。

②不同水文年模拟计算结果分析表明：

对于地下水总体变化情况，同一方案降水越多地下水埋深越小，同一水文年不同方案地下水平均埋深随沟水位控制的高低的变化而变化，沟水位控制得越低，地下水位埋深越大，控制工程对地下水抬升效果明显。

对于地下水变化特征，在同一水文年，地表积水时间、受渍时间总体上有控制方案大于无控制方案，沟水位控制越高，地表积水时间、受渍时间越长；达到适宜地下水位，总体趋势是沟水位控制的越高，地下水位处在适宜的时间越长，只是丰水年略有差异；地下水埋深在 1.0～2.5m 范围的时间，控制方案均大于无控制方案，控制方案之间因控制沟水位的不同而不同；埋深在 2.5～3.5m 和大于 3.0m 的情况出现在无控制方案和方案 5 中，其他控制方案的地下水埋深均小于 2.5m。

不同水文年，同一方案地表积水时间和作物受渍时间：丰水年>平水年>枯水年；不同水文年之间达到适宜地下水埋深的时间总体上差异较大，在枯水年只有方案 3 地下水位埋深能达到适宜范围，其他方案地下水埋深均大于适宜埋深；地下水埋深在 1.0～2.5m 范围总体上：枯水年>平水年>丰水年；地下水埋深在 2.5～3.5m 及大于 3.0m 主要发生在无控制方案中。

对于地下水、蒸散发与排水，同一水文年不同方案，排水量是无控制方案大于有控制方案，蒸散发量是有控制方案大于无控制方案；同一方案不同水文年降水越多，排水量和蒸散发量越大，无控制方案与有控制方案之间蒸散发量相差 15～28mm，无控制方案与有控制方案之间排水量相差 97～285mm。可见，控制排水可减少排水量，有效提高当地降雨利用率。

③根据不同频率次降雨模拟计算结果，如按 3～5 年一遇降雨标准，各方案均满足排涝要求，除方案 3 外均满足降渍要求；如按 10 年一遇降雨标准，各方案均满足排涝要求，除方案 2、方案 3 均满足降渍要求。综上分析，在满足作物排水要求的前提下，为尽可能多地蓄水、减少排泄水量，3～5 年一遇降雨标准以方案 2 较优，10 年一遇降雨标准以方案 1 较优。

(3)农田生态排水指标优选。根据长系列不同方案模拟计算结果，统计分析地表积水、地下水位、作物减产率等指标的变化情况，生态优先、兼顾经济效益和效益优先、兼顾生态的生态排水指标如下：

①以排水量小为目标，作物减产率≤20%为约束：农田地下水埋深变化范围在 0～1.88m，多年平均地下水埋深值为 1.19m，汛期(6～9 月)略浅、非汛期(10～5 月)略深，总体处于较适宜的埋深波动区间；沟道水位变化范围在 26.50～27.50m，多年平均为 26.83m(低于农田地表 1.37m)。

②以作物不受灾(减产率≤10%)、排水量相对较小为目标：农田地下水埋深变化范围在 0～2.15m，多年平均地下水埋深值为 1.37m；沟道水位变化范围在 25.50～27.50m，多年平均为 26.59m(低于农田地表 1.61m)。

第6章 农田生态排水技术应用与实施效果

农业、农村和农民问题关系到国家的稳定和发展，农业强、农村美、农民富是当前国家十分关注和必须解决的问题，粮食安全是社会稳定发展的基础。党的十九大报告指出，"实施乡村振兴战略。农业农村农民问题是关系国计民生的根本性问题，必须始终把解决好'三农'问题作为全党工作重中之重。"本项技术符合农村水利发展方向，可为区域水利发展与农业生产提供技术依托，促进种植结构和农业结构的调整，快速提升农村经济，加快农村致富奔小康的步伐，该成果的推广应用必将有力地促进生态环境的改善，提高水资源利用效率，以及农村经济的快速提升，加快乡镇振兴的步伐；社会经济效益和生态环境效益显著，应用前景广阔。

6.1 在行业发展与管理方面的应用

6.1.1 区域水利治理思路调整

安徽淮北是一个缓坡平原区，同时存在洪、涝、渍、旱多种灾害，我国在 70 多年来的治水过程中，取得了 50 年代提高干支流防洪除涝能力、80 年代"以大沟为单元的除涝配套"建设的显著成效。20 世纪 80 年代，人们反思淮北平原的治水历程，逐渐认识平原区的治水规律，开始确立以排为主的指导思想，仅经十几年的治理，涝渍灾害得以大大缓解，推动了农田排水事业的突飞猛进。但是，在排水工程建设中，大多数排水沟系未进行控制，相当一部分大沟超深，导致地表、地下水资源条件恶化，而且近年来干旱的频度和程度有不断增加的趋势。由于过量排水加剧干旱季节的水资源紧缺，在 20 世纪 80 年代，大沟蓄水、控制排水问题就被提出来。在起初阶段，为应对干旱缺水，农民自发在大、中沟随意筑坝蓄水的现象比较普遍，由于缺乏科学论证、运行管理粗放等，严重影响了排水工程效益的发挥。鉴于当时农田灌溉规模较小、工业用水和城乡生活用水少，水资源供需矛盾尚没有显现；加之 20 世纪 50 年代沟系化的沉痛教训，大沟蓄水及控制排水问题在争论中度过了 30 余年。在这 30 余年中，随着该地区社会经济的发展、人口的增加和人民生活水平的提高，水资源的需求量迅速地增加，特别是在经济发展和水资源的开发利用过程中没能对水环境问题给予足够的重视，结果在该地区水资源的供需矛盾日渐突出的同时，生态环境状况也不容乐观。

这些正、反两方面的经验教训充分说明，淮北平原的水利综合治理有其自身的发展规律，其治水思路是洪、涝、渍、旱与水生态环境综合治理。因此，利用广泛分布的农田排水系统实施生态排水，兴建控制工程控制排水、调控水资源、改善生态环境，是新时期淮北平原治水规律内涵的拓展，以及治水思路的补充和完善，也是新时期农田水利发展的必然要求。

生态排水的关键技术之一是在排水系统修建控制工程实现对排水的控制及蓄水，将农田灌溉、排水和改善水土生态环境有机地结合起来，综合利用其排蓄水功能进行农田水资源调控。生态排水技术既要保证不影响排水系统的排水功能，又要调控地下水位，满足作物不受渍的影响、增加作物对地下水的利用；同时，还要利用控制工程拦蓄地表径流，减少养分流失和面源污染，调节水资源的时空分配，提高水资源的利用效率。正是生态排水技术综合考虑了灌溉、排水及生态环境问题，成为旱涝兼治的纽带，实现了真正的旱涝兼治。因此，生态排水技术是实现淮北地区旱、涝、渍及生态综合治理的关键措施。

6.1.2　区域生态环境改善

研究提出的作物生态排水指标、农田水资源调控技术、农田排水工程布局与标准均为区域农业发展提供了技术支撑，有利于改善农业生产条件，实现农业可持续发展。在有效保护当地生态环境的基础上，发展区域农业，提高农民生活水平，改善人居环境，实现农村经济高质量可持续发展。

研究提出的农田水资源调控技术，已经形成大沟控制蓄水系统从规划设计、施工建设到运行管理等一系列成果。该项技术有助于解决淮北平原北部和中西部地区出现的大面积农灌井吊泵现象、由于地下水位的下降而导致作物对地下水的利用量大幅减少、增加灌溉水量和灌溉成本、平原区生态环境季节性缺水等问题，从而提高水资源利用率，改善农田生态环境，节水减排，减少面源污染。农田水资源调控技术能有效调蓄地表降雨径流和调控农田地下水位。其控制的大沟年调蓄水量达 2.4 万 m^3/km；对地下水资源调控的影响范围为大沟两侧各 800m 左右，非汛期平均抬高地下水位所增加的土壤蓄水量可以达到 3.7 万 m^3/km^2。同时，大沟控制排水工程的建设，可实现对农田地下水位的有效调控，确保农田地下水埋深在一定范围内合理变化，提高作物对地下水的直接利用量，从而减少灌水次数和灌溉用水量，降低农业生产成本。完善的田间灌排系统及控制运用措施，加之农田水资源综合调控技术的运用，农田氮磷经农田、小沟、中沟、大沟逐级净化，可有效降低排入承泄区的污染负荷。淮北平原植被组成主要包括农田种植的作物、低地草甸、非种植农田植被、河堤护田林网及用材林。种植作物的农田约占总面积的 70%，主要种植小麦、玉米、大豆、番薯、花生、棉花等，保证种植作物正常生长是淮北平原良好生态环境的基础支撑；平原低洼处分布有以芦苇、杂草为主的植被，其需水量以消耗天然降水和利用浅层地下水为主；非种植农田植被包括田埂、墒沟、田头、排水中小沟沟坡等处的杂草等，天然降水一般能满足其需水要求，不需要进行补水；河堤护田林网包括河堤、沟旁、路旁、渠旁栽植的树木，一般为杨树等树种，除新移栽的幼树外，天然降水能满足其需水要求，不需进行人工补水；用材林包括在荒地、荒山、荒坡、村庄庭院四周等处栽植的以用材为主的树木，一般为杨树、柳树、刺槐、椿树等温带常规树种，其消耗的水量主要为天然降水。除新移栽的幼树外，一般不需要进行补水。

淮北平原长期的生态实践表明，维持健康的生态系统的关键是广泛种植的作物正常生长、地下水位的动态平衡及河沟水系生态的健康。本书提出的多种作物生态排水指标、维持地下水动态平衡的控制排水与蓄水技术，为区域生态环境改善提供了技术依托。

6.1.3　行业技术标准制定

通过系统开展农作物涝渍试验，不仅取得了大量实测资料数据，而且在试验方法、方案设计、测试手段等方面积累了丰富的经验，形成了规范的农田排水试验准则，为我国水利行业标准的制定和修订提供了技术支撑。

经过多年的大田原型试验、小流域观测和示范转化，提出了农田排水的新理念、新方法和新技术。安徽省（水利部淮河水利委员会）水利科学研究院作为参编单位将技术成果应用于《农田排水工程技术规范》（SL/T 4—2020）的修订。在规范修订中采用了本项目研究提出的控制排水技术、排涝标准、治渍标准等最新研究成果，为新建、扩建和改建农田排水、治渍工程的规划、设计、施工、验收和管理提供了科学依据。试验取得的农作物耐淹水深和耐淹历时为无排水试验资料地区的工程规划、设计提供了重要参考。规范的修订为正确应用排水技术，防治涝渍，保证工程质量、提高工程效益，改善生态环境，促进农业可持续发展有重要的意义。

安徽省（水利部淮河水利委员会）水利科学研究院作为主编单位组织编制了安徽省地方标准《淮北平原区大沟控制蓄水技术规程》（DB34/T 3057—2017），其中，区域农田排水标准的确定、排水大沟控制排水技术、控制蓄水工程的规划设计与运行管理等方面采用了本项目的相关研究成果。

安徽省（水利部淮河水利委员会）水利科学研究院作为主编单位组织编制了安徽省地方标准《淮北平原区农田排水指标》（DB34/T 3731—2020），其中，小麦、玉米、大豆、棉花、油菜各生育阶段耐淹历时、降渍埋深、农田适宜地下水埋深和涝渍敏感期综合排水指标均是出本项研究成果。

安徽省（水利部淮河水利委员会）水利科学研究院作为参编单位完成《农田排水试验规范》（SL 109—2015）的修订，在规范中提出了试验观测项目、技术参数、设计原则，规范了作物耐淹、耐渍试验方法和技术要求。同时，根据大田原型观测试验成果，在规范中首次提出了控制排水试验方法、技术要求和调控准则。该规范的编制为统一农田排水试验技术要求，提高农田排水技术水平，保证试验成果准确、可靠、先进和实用提供了技术保障。

6.1.4　区域水利相关规划、工程建设及运行管理

安徽省沿淮淮北平原洼地及沿江圩区常遭受洪、涝、渍等灾害侵袭。本项研究成果中提出的农田生态排水指标、排水沟生态机制与设计、涝渍综合控制标准、控制排水技术及地表水与地下水联合调控等成果，自 2010 年以来在安徽省水利工程规划设计与建设管理中得到了应用，产生了显著的经济、社会与生态环境效益，在全省水利建设与改革发展中发挥了科技支撑作用。

近年来，依托本项研究成果，安徽省（水利部淮河水利委员会）水利科学研究院组织开展了多项全省性、流域性水利专项规划编制工作，先后组织编制完成《安徽省农田水利建设规划（2011—2020）》《安徽省农田水利"最后一公里"专项规划（2018—2022 年）》

《安徽省高效节水减排规划》《安徽省农村河沟清淤整治规划》《安徽省小型水利工程改造提升规划》《安徽省中型灌区配套改造"十三五"规划》；同时完成地方性农田水利建设、涝渍治理、控制排水专项规划 50 余项。在组织开展水利专项规划编制中采纳应用了本项研究技术成果的作物生态排水指标、控制排水技术、农田排涝工程规格标准及洼地综合治理成果。同时将水利建设与水环境治理、灌溉与排水、节水与减排、供水与灌溉、水环境与水生态等要素统筹考虑，做到涝渍治理与发展相适应，支撑地方经济发展，实现"人水和谐"。

本书提出的控制排水、生态排水指标在淮北平原农田水资源合理开发利用与骨干沟控制工程的运行管理中得到了广泛应用。安徽省淮北平原涵闸工程点多面广，在水利工程中占有重要地位，合理利用涵闸工程，对河道流量、水位进行科学控制，不仅能够有效降低涝渍风险，而且能够提高降雨利用率、增加当地水资源量。在涵闸工程运行管理中，根据流域特点及沟河分布情况，以河道为主线、以大沟为骨干，统筹控制涵闸运行，以除涝排水为前提、以控制排水为手段，营造了"生态良好、生产发展"的小流域环境。

6.2　应用实例

6.2.1　区域性控制排水与蓄水工程规划

淮北平原区利用骨干沟进行蓄水与控制排水是通过同一工程实现的，控制蓄水也就是控制排水，控制排水也就实现了蓄水，对不同时间段的排水与蓄水制定相应的运行管理规则，达到排水与蓄水相协调，实现旱涝兼治。《亳州市小型拦蓄水工程规划》首次将骨干沟控制蓄水列入区域农田水利规划。规划中的"大沟""中沟"分别对应"干沟""支沟"。

1. 基本情况

1）自然概况

（1）自然地理：亳州市位于安徽省西北部，地处淮北平原，西北部与河南省接壤，西南与阜阳市毗连，东与淮北市、蚌埠市相倚，东南与淮南市为邻，境跨东经 115°53′～116°49′、北纬 32°51′～35°05′，呈东南—西北向斜长形，长约 150km，宽约 90km，土地面积 8374km²。整个亳州地势西北高而东南低，以 1/9000 地面自然坡降向东南微倾，受河流蜿蜒切割变迁和黄河历次南泛的影响，形成平原中岗、坡、碟形洼地相间分布，具有"大平小不平"的地貌特征。

（2）气候特点：亳州市地处北温带南部，属暖温带半湿润季风气候，有明显的过渡性特征，主要表现为季风明显，气候温和，光照充足，雨量适中，无霜期长，四季分明，春温多变，夏雨集中，秋高气爽，冬长且干。多年平均气温 14.7℃，平均风速 2.8m/s，平均日照 2320 h，平均无霜期 216d。因气候的过渡性，造成冷暖气团交锋频繁，天气多变，年际降水量变化大，多年平均降水量为 840.1mm，年最大降水量为 1471.7mm，年最小降水量为 536.3mm。降水量年内分布也极不均匀，汛期 6～9 月降水量占全年降水量的 62.5%。全市降水的最大特点就是年际变化大、年内分布不均，极易形成洪涝旱灾。

（3）土壤植被：亳州市植被以人工植被为主，多属阔叶林，原生植被已不存在，人工植被主要是农作物和各种树木。境内土壤分为砂姜黑土、潮土、石灰土三个土类，以砂姜黑土为主，占土地面积的 82.9%，主要分布在河间平原，其土层浅，结构不良，土质黏重、瘠薄，作物产量低而不稳；其次是潮土、棕壤土类，占土地面积的 16.9%，主要分布在涡河、包河、西淝河两岸，土层较厚，土壤肥沃，作物产量较高，但常受干旱影响而产量不稳。

（4）水文地质：亳州市地层属华北地层大区晋冀鲁豫地层区徐淮地层分区淮北地层小区，第四纪地层覆盖全区，松散层厚度为 600～1000m。

（5）河流水系：亳州市属于淮河水系。主要干流河道有涡河、西淝河、茨淮新河、北淝河、芡河、包河、阜蒙新河等自然和人工河流，水流自西北流向东南，注入淮河，主干河道总长 559km。河道上现有亳县闸（大寺闸）、涡阳闸、蒙城闸、阚疃闸等大型水闸 4 座，蓄水总库容 17830 万 m³，兴利库容 9520 万 m³。

2）社会经济与农业生产

亳州市全市耕地面积 743.7 万亩，是个典型的农业大市。亳州市物阜民丰，资源富饶，特色突出，经济繁荣，是全国重要的药材、商品粮、优质煤、优质棉生产基地，拥有药材、酿酒、果蔬、畜禽、矿产等资源和经济优势，地方名特优稀产品较多，特色经济凸显。2013 年底全市共有 632.9 万人，其中农业人口 563 万人。全市实现国内生产总值 791.1 亿元，增长 9.7%，其中第一产业增加值 195 亿元，第二产业增加值 320.1 亿元，第三产业增加值 276 亿元。人均 GDP 16071 元。

全年粮食作物种植面积 1281.3 万亩，其中优质专用小麦面积 575.4 万亩。油料种植面积 17.1 万亩，棉花种植面积 21.3 万亩，蔬菜种植面积 143.4 万亩，药材种植面积 81.8 万亩。全年全市粮食总产 44.75 亿 kg，油料产量 4.8 万 t，棉花产量 1.9 万 t。

3）水旱灾害及成因

由于亳州市所处的特殊地理位置及降水在年际和年内的分布不均，全市极易发生旱、涝、风、冰雹、干热风、低温、霜冻等自然灾害。旱涝的连续性、交替性是亳州市旱涝灾害的基本特点，有时以涝为主，有时以旱为主，先涝后旱或先旱后涝及连旱连涝时有发生。

根据灾害影响程度分析，涝灾仍为亳州市主要的自然灾害之一，历史上有"十年九涝"的说法。据统计，1949～2012 年的 64 年间，全市共发生水灾 42 次，其中春涝 10 次、夏涝 21 次、秋涝 11 次。水灾年平均成灾 280 万亩，其中成灾 300 万亩以下的有 22 年，成灾 300～500 万亩的有 8 年，成灾 500 万亩以上的有 7 年。以夏涝、秋涝发生频率最高，夏涝约为 4 年一遇，秋涝约为 4～5 年一遇。1991 年涝灾期间，全市受灾面积 745.1 万亩，其中洪灾 62.1 万亩、涝灾 683 万亩，受灾人口 849 万人，倒塌房屋 59 万间，直接经济损失 54.1 亿元，水毁水利工程 2.37 亿元。进入 21 世纪以来，极端天气较多，共发生 7 年水灾，尤以 2003 年为重，成灾面积达到 378 万亩。

4）小型拦蓄水工程现状

1949 年以来，亳州市开展了大量水利工程建设，尤其是 20 世纪 80 年代开展以大沟为单元的除涝配套建设以后,基本解决了较为严重的涝渍灾害问题。但旱灾却有逐年加重的趋势。

亳州市小型拦蓄水工程主要为大沟、塘坝和大沟控制工程。据调查,全市现有排水面积 10~50km² 的大沟 347 条,总长度 3360.1km。现有大沟排涝标准已达到 5 年一遇及其以上的共 162 条,占 47%;其余大沟均有不同程度的淤积,还有一些水草丛生,一般淤积深度 0.5~2.0m,现状排水标准只有 3 年一遇左右。现有大沟断面一般为口宽 15~30m,底宽 4~10m,深 2.5~5.0m,纵比降约 1/9000。大沟已配套涵闸(拦河节制闸、沟口防洪涵闸、沟口引水涵闸)275 座(其中完好 85 座)、滚水坝 10 座,现有大沟蓄水库容 1856 万 m³。

2010 年 10 月~2011 年 2 月,亳州市发生了连续一百多天的大旱。通过对区域内大沟蓄水情况的实地调查,在大旱期间,大沟控制工程完好的沟段仍然有水,可以作为两岸灌溉农田的水源,地下水位埋深在 3m 左右;对于无控制或闸坝毁坏的大沟,则干涸见底,且导致两侧地下水排泄流失,地下水位降低至 4m 以上,两岸农作物受旱严重。

亳州市大沟蓄水工程目前存在的主要问题:一是控制工程较少,每条大沟平均不足 1 座,蓄水量有限;二是已有大沟控制工程大部分为 20 世纪七八十年代兴建的,约 60% 的涵闸设施老化、带病运行,有的已接近报废,控制功能和蓄水效果大大降低;三是 50% 以上的大沟淤积严重、水草丛生,蓄水库容大大减少;四是部分大沟因缺少控制工程而相互串通,不利于蓄、排、引综合运用;五是部分大沟水体污染严重,不宜作为灌溉水源。

全市现有蓄水容积 500~10 万 m³ 的塘坝 13414 口,其中容积 5000m³ 以上塘坝 3492 口、5000m³ 以下 9922 口,总塘容 7172 万 m³。其中 70% 左右的塘坝淤积或容积偏小,一般淤积深度为 1~2m,对蓄水和水体的自然净化造成很大影响,不满足当地农业灌溉、水产养殖、生态环境等用水需求。大沟、塘坝等工程现状情况见表 6-1。

表 6-1　亳州市大沟、塘坝工程现状

县区	大沟工程					塘坝工程			
	条数	总长度/km	涵闸/座	坝/座	完好涵闸/座	0.5 万 m³ 以上/口	0.5 万 m³ 以下/口	小计/口	总塘容/万 m³
谯城区	88	882.9	94		3	771	2240	3011	2753
涡阳县	62	523.8	57		31	214	2820	3034	1600
蒙城县	130	1316.6	92	10	39	2141	2028	4169	1355
利辛县	67	636.8	32		12	366	2834	3200	1464
合计	347	3360.1	275	10	85	3492	9922	13414	7172

2. 水资源及其开发利用

1)水资源及其变化

据《亳州市水资源综合规划》,截至 2008 年亳州市多年平均水资源总量为 24.89 亿 m³,可利用总量为 13.02 亿 m³。

2009~2013 年全市平均年总供水量 10.85 亿 m³,其中地表水源供水量 4.07 亿 m³,

占总供水量的 37.41%；地下水源供水量 6.44 亿 m³，占总供水量的 62.59%。地表水源供水量有逐年下降的趋势，而地下水的开采量在逐年增加，局部地区已出现超采现象。

随着社会经济的发展和地下水的开发利用，亳州地区地下水位发生了显著变化。为探寻亳州地区地下水位埋深的变化规律，揭示地下水位的变化过程，根据亳州市地下水位观测站的序列观测资料，统计了该市主要地下水位站（共 8 个）逐年平均地下水位埋深数据，分析了各地下水位站年平均地下水位的变化趋势，如图 6-1 和表 6-2 所示。

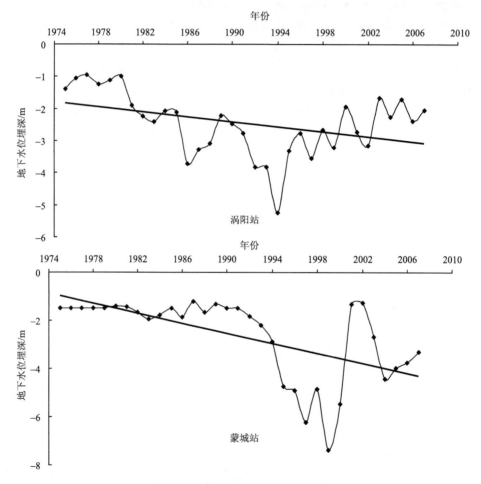

图 6-1　年均地下水位埋深及变化

表 6-2　亳州市地下水位埋深变化　　　　　　　（单位：m）

序号	站名	1990 年以前均值	1990 年以后均值	埋深变化	序号	站名	1990 年以前均值	1990 年以后均值	埋深变化
1	五马	2.68	2.87	0.19	5	坛城	1.95	2.65	0.70
2	古城	2.25	2.50	0.25	6	蒙城	1.55	3.56	2.01
3	三里湾	2.06	2.29	0.23	7	王集	1.55	1.82	0.27
4	涡阳	1.99	2.86	0.87	8	郭集	1.86	2.54	0.69

另据亳州市 2013 年水资源公报，亳州市各县区地下水位埋深变化情况见表 6-3。

表 6-3　2013 年亳州市分区地下水位变化情况　　　　　（单位：m）

分区名称	年初水位	年末水位	多年平均水位	年末与年初水位比较	年末与多年平均水位比较
谯城区	32.86	32.18	33.91	0.68	1.73
涡阳县	27.96	27.50	28.77	0.46	1.27
蒙城县	22.94	22.93	23.36	0.01	0.43
利辛县	25.94	25.53	26.24	0.41	0.71
全市	27.51	27.13	28.18	0.38	1.05

综上，亳州地区地下水埋深以 1990 年为界总体呈增大趋势，1990 年以后多站平均地下水埋深较 1990 年以前增大了 0.4～0.5m；特别是近几年，地下水埋深进一步降低，较以前增大 1m 多。这主要由于当地以大沟为主的面上除涝排水体系逐渐完善，过量排出中枯水年份及非汛期的地表径流与地下水，以及工业及生活用水对地下水的开采量持续增加，这些都导致该地区自 1990 年起地下水埋深呈增大趋势，地下水量呈下降趋势。

2) 水资源开发利用存在的问题

水资源的有效利用率低，浪费现象严重。在农业生产中，主要表现为灌溉方式落后，灌溉水的有效利用系数小，水分生产率低。工业方面，浪费水的现象也很普遍，万元 GDP 用水量高。在居民生活用水方面，人们节水意识淡薄，管网漏失率较大，浪费水量相当可观。

河道污染严重，水环境生态形势严峻。近年来，随着粗放型经济的迅速发展和城市化进程的加快，上游和当地工业废水和生活污水的排放量不断增加，加之农业生产普遍使用化肥和农药，面源污染也越来越严重，当地水生态环境不断恶化。据对主要河道的水质评价，西淝河水质级别在Ⅳ类以上，惠济河、涡河长期处于Ⅴ类或劣Ⅴ类水质状态。

现有水资源的配置不尽合理，供水水源单一，水资源的开发利用没有根据境内水资源的特点和用水户需求进行合理配置，用水浪费和缺水现象并存。主要表现在对地表水的开发利用程度较低，沿河灌区没有很好地利用地表水进行灌溉；对浅层地下水的开采利用总体不高，造成部分浅层地下水资源的闲置；工业生产和居民生活用水单一且依赖中深层地下水，由于大量盲目开采，造成采补失衡，已经形成局部水位降落漏斗。

总之，亳州市属于资源型、工程型和水质型缺水并存的区域，且目前用水效率较低，节水挖潜能力较大，水生态环境形势严峻。随着当地经济社会的发展，工业需水量的快速增长，需要的保证程度也高，未来将面临较为严峻的供需水矛盾。为应对经济发展与水源保障之间不相协调的格局，改变当前亳州市不合理的水资源开发利用状况，控制深层地下水资源的超采局面，防治因缺水矛盾导致的社会环境与生态环境问题，必须采取合理的、可行的、有效的工程措施和非工程措施，进一步提高亳州市水资源和水环境承载能力。

3. 水工程建设的必要性

1) 缓解水资源供需矛盾，优化农业水资源配置的需要

亳州市因气候的过渡性，造成冷暖气团交锋频繁，天气多变，年际降水量变化大，多年平均降水量 840.1mm，降水时空分布不均，年内雨水集中于 6～9 月，占全年 60%～70%，年际之间极值比为 2.5～3.0 倍。亳州市属淮北平原区，由于地势平坦，缺乏水库、湖泊等大的蓄水载体，又地处河道中上游，过境可利用水源条件较差，地表水资源主要依靠河道调蓄，而分布广泛的农田大沟排水系统控制少，结果造成大量的地表水资源流失，利用率较低。同时，由于部分大沟超宽超深，造成大沟影响范围内地下水过度排泄和地下水位持续下降。根据相关资料统计，1980～1999 年，亳州地区地下水位平均下降了 0.50～2.4m，农田最大地下水埋深谯城区达到 7.05m，蒙城县达到 9.36m，涡阳县达到 7.50m，部分地区农田地下水埋深已超过离心泵的吸程，出现吊泵现象。

根据亳州市水资源及其开发利用调查评价的相关成果，亳州资源型、工程型和水质型缺水并存。在水量方面，亳州市人均水资源量 346m³，属于资源性严重缺水城市，国际上一般认为，当人均水资源量小于 500m³ 时，面临极严重缺水状况；在供水水源工程方面，现有供水能力较之日益增长的各行业用水需求尚显不足，供水保证率较低；在水质方面，亳州市境内地表水污染严重，不能作为生活饮用水源，作为生活供水水源的深层地下水水质基本稳定，但已出现超采的状况，并引发了地面沉降等次生灾害问题。

农业用水是亳州市用水大户，但农田灌溉发展水平较低，农业用水效率不高，节水挖潜能力较大，水资源浪费现象依然存在，水生态环境形势严峻。因此，为解决亳州市水资源紧缺所面临的问题，需要对现有农业供水水源挖潜，以保障日益增长的农业灌溉发展用水需求。

亳州市主要河道上现已建成多座节制闸，对拦蓄地表水起到了很大作用，解决了沿岸工农业生产的用水问题。可是，河道蓄水容积有限，蓄水量不大，对于远离河道的农田"最后一公里"灌溉问题是"远水解不了近渴"。开展小型拦蓄水工程建设，通过改造和配套广泛分布的排水大中沟，建设涵、闸、坝等控制工程，以排水大中沟为蓄水载体，科学合理地拦蓄降雨径流，不仅能够增加地表水资源量，扩大灌溉面积，还能够回补浅层地下水，减少对地下水的开采量，有利于地下水资源的保护和可持续利用，对优化农业水资源配置，缓解农业用水压力，提高农田灌排标准，改善农业水资源条件非常必要。

2) 提高农业综合生产能力，发展现代农业的需要

亳州市自然条件优越，自然资源较为丰富，农业生产粮食作物以小麦、玉米、大豆为主，经济作物以药材、棉花、烟叶、蔬菜为主；亳州是全国重要的商品粮、药材、优质棉、优质烟、优质茧生产基地；畜禽养殖业发达，黄牛养殖已实现产业化。全市农业与农村经济发展特色与优势明显。

2009 年国务院讨论并原则通过的《全国新增 1000 亿斤粮食生产能力规划(2009—2020 年)》提出了到 2020 年全国新增 1000 亿斤的粮食增产计划。结合全国粮食增产计划，安徽省组织编制了全省粮食增产规划，提出了至 2020 年新增 220 亿斤(由 2007 年的

580亿斤提高到800亿斤)的粮食生产能力规划目标。亳州市是全国粮食主产区之一,2013年粮食总产接近90亿斤,市辖涡阳县、蒙城县、利辛县和谯城区三县一区全部纳入安徽省新增粮食生产能力核心区。

当前和今后一个时期是亳州市全面发展现代农业、加快社会主义新农村建设、加速亳州崛起的关键时期。根据《亳州市"十二五"农业和农村经济发展规划》,亳州正在全面推进实施"百亿斤粮仓建设规划""千亿元安徽(亳州)现代中药产业发展规划""蔬菜产业提升行动""现代农业示范区创建""生态农业发展计划"等。

水利是农业的命脉,改善农业水资源条件、发展灌溉是实现粮食高产稳产、农业与农村经济发展的重要保障。农田水利建设与发展对保障粮食增产,提高农业抗灾减灾能力具有不可替代的巨大作用。2011年中央一号文件专门聚焦水利,把水利作为国家基础设施建设的优先领域,把农田水利设施建设作为农村基础设施建设的重点任务,以水利为重点的农村基础设施建设位置日益突出。安徽省委省政府贯彻2011年中央一号文件的实施意见指出,在民生水利方面,要结合全省新增220亿斤粮食生产能力规划的实施,大兴农田水利建设;强调指出要围绕民生水利,大力发展农村水利基础设施,大力推进农田水利建设,促进农村水利基础设施进一步完善,农田灌溉、治涝能力进一步增强。

从安徽全省来看,淮北地区是发展灌溉和粮食增产潜力最大的地区。但在区域水资源紧缺、耕地资源紧张、环境资源约束加大、农业基础设施仍然薄弱的大背景下,建设现代农业,提高粮食综合生产能力任务十分艰巨。因此,必须紧密结合亳州市农业发展存在的瓶颈问题,围绕农田水利基础设施、灌排系统特点,有针对性地开展以小型拦蓄水工程为重点的农田水利综合治理,疏浚沟道、沟通水系、配套建筑物,提高农田灌排能力,科学统筹农田灌溉与排涝问题,达到旱涝兼治的目的,为建设高标准农田、发展现代农业提供基础支撑。

3) 建设水环境优美乡村,改善农村水生态环境的需要

水是生态之基,是生态环境的重要保障。2011年安徽省提出了建设"生态强省"战略。当前全省正在大力推进实施"水利安徽"战略,治水保安,兴水富民,努力构建完善"四个水利",加快建设"五大体系"。"水利安徽"战略突出强调了要"构建完善生态水利,加快建设综合防控的水环境和水生态保护体系"。

2012年安徽省委省政府提出建设美好安徽、美好乡村的部署,出台了《关于全面推进美好乡村建设的决定》,为全面推进美好乡村建设,充分发挥农村水利在建设美好乡村中的支撑和保障作用,安徽省水利厅颁布实施《安徽省美好乡村水利建设和管理指导意见》,提出着力打造与美好乡村建设相适应的"亲水宜居、环境优美;水清岸绿、饮水安全;渠通河畅、灌排自如;管理规范、良性运行"的农村水利。

2013年水利部印发《关于加快推进水生态文明建设工作的意见》,安徽省水利厅印发《关于开展水生态文明城市和水环境优美乡村建设工作的指导意见》,颁布实施《安徽省水生态文明城市和水环境优美乡村评价暂行办法》。为加快推进水生态文明建设,全国各地正在组织开展水生态文明建设试点工作,一批基础条件较好、代表性和典型性较强的城市和乡村列入试点范围,通过试点,积极探索符合区域水资源、水生态条件的水生态文明建设模式。亳州市利辛县2014年列入了全国第二批水生态文明城市建设试点。随

着水利建设进程的加快，水生态文明成为新时期加快水利改革发展的一项重要任务。

除农村河道以外，大中沟工程、塘坝工程是亳州市农村地表水的主要蓄水载体，其对改善农村水生态、水环境具有重要作用。开展小型拦蓄水工程建设，通过对当地地表径流进行科学合理的常态化调控管理，兼顾旱涝渍治理和生态需水要求，有利于沟河水源的调节与涵养，促进农村水系、沟系连通，增加平原地区的水面率，大大改善农村生产生活用水条件与农村水生态环境。通过蓄水调控，还有利于调节农田土壤水分和地下水位的动态变化，促进区域水土资源环境的改善和良性循环，为农村水生态文明建设提供基础支撑。

4. 工程规划

1) 规划思路、范围和水平年

充分利用亳州市全市境内广泛分布的大沟、塘坝等面上小型蓄水载体，建设以大沟闸坝为主的控制工程，把地表水留住。最大限度地利用现有涵、闸、坝，进行提升改造，挖潜效益。新建大沟控制工程以开敞式节制闸为主，滚水坝（包括闸坝结合形式）为辅，大沟的中下游或对排水要求较高的沟段新建控制工程主要选择节制闸；汇水区域相对独立且无引调水功能的大沟中上游、地处偏远且地下水埋深较大的大沟可优先考虑滚水坝。突出重点，成片治理，通过工程配套、强化管理，充分发挥沟系水网及控制工程的效益，在满足排涝要求的前提下，将排水、引水、蓄水、输配水结合起来，建设成高标准水利示范区。建管并重，提高管理能力，进一步落实管理单位、管理人员、管理制度、管理经费。

亳州乃至整个淮北平原地区历来存在"旱死怕涝"的思想，实际上旱灾造成的损失不亚于涝灾，随着用水紧张态势的加剧，旱灾会越来越突出。因此，一定要转变观念，科学利用蓄水控制工程。

本项目的规划范围是全市辖区内的现有大沟和塘坝，大沟流域面积为 10～50km²，塘坝蓄水容积为 500～10 万 m³。

规划的基准年为 2013 年，规划的水平年为 2017 年。规划期间为 2014～2017 年。

2) 规划目标、任务与标准

通过对大沟涵闸、滚水坝的改造新建，大沟清淤，塘坝扩挖等工程的建设，科学合理地拦蓄降雨径流，对农田水资源进行调节分配，进一步提高水资源的保有量，提高水资源的利用率。有利于改善农业生产条件，保障城乡供水安全、粮食安全和生态与环境安全，提高亳州市抗旱减灾能力和管理水平，主动应对日益严重的干旱灾害，最大可能地减轻旱灾损失，为经济社会全面协调可持续发展提供有力支撑。

本工程规划的目标和任务是：围绕总调蓄水资源量 19806 万 m³，其中大沟调蓄地表水量 7227 万 m³，调蓄地下水量 7952 万 m³，塘坝调蓄地表水量 4627 万 m³，疏浚大沟 185 条、扩挖塘坝 9354 口，维修改造和新建大沟控制工程 539 座。

防洪除涝标准：保持现有标准不变，即本项目的建设不影响，也不降低现有防洪除涝工程的运行标准。大沟及其建筑物防洪标准采用 20 年一遇，除涝标准采用 5 年一遇。

防渍标准：本项目的建设不会因为蓄水而带来渍害，即雨后 3 天将地下水位从地表降至地面下 0.5m。

塘坝扩挖：塘坝清淤后其深度不小于 4m。

3）工程布局

排水大沟的主要功能一是汇集田间中小沟来水，并将其排泄至下游河道；二是利用自身沟深汇集、排除浅层地下水，避免地下水位过高形成渍害。由于多数大沟缺少拦蓄工程，造成非汛期也在排水，而且部分地下水也随之排出。长期以来，使得地下水水位普遍下降，不仅浪费了大量水资源，也影响了井灌区效益的发挥。

鉴于亳州市经济社会发展对水资源的需求、美好乡村建设对农村水生态环境的要求及全市水资源紧缺的形势和面临的挑战，迫切要求把水留住，开展小型拦蓄水工程建设是最现实、最科学的控制大沟过度排水的工程措施。通过对大沟、塘坝的治理，配套并合理利用涵、闸、坝等控制性建筑物，有效拦蓄地表径流，利用控制工程抬高沟系水位，减少地下水的过度排泄，当地下水位较低时，还可利用沟体蓄水回补地下水，从而使水资源尽可能多地留在当地。同时在满足排涝降渍要求的前提下，坚持"蓄泄兼筹、补排相顾、以蓄为主、适度排泄"，对农田水资源进行调控，实现涝、渍、旱综合治理。

在大沟上兴建蓄水控制工程，要满足既不影响排涝，又能最大限度地满足蓄水的要求。大沟蓄水控制建筑物的兴建级数和规模应视流域面积、断面尺寸、沟道长度和纵比降拟定。亳州市现有排水大沟长度一般在 7～10km，依据本区地形比较平缓的特点，大沟控制级数采用 1～2 级。长度短且坡度平缓的大沟只需进行 1 级控制；大沟长度较长、地面坡降较陡者可进行 2 级控制。从流域面积来看，一般在 10～20km² 的只需要 1 级控制，面积较大的可以进行 2 级控制。从断面尺寸来看，大沟的沟深小于 2.5m 或底宽小于 3m 的不宜兴建蓄水建筑物。

据初步测算，本规划平均每条大沟控制工程达到 1.8 座，基本可满足大沟蓄水控制要求。节制闸蓄水位根据地形、种植作物种类、土壤类别等实际情况制定，一般兴利水位低于田面 1.2m 以上。亳州地区地下水位的普遍下降主要是长期以来大范围排水工程作用的结果，在开展大沟蓄水工程建设时，应优先选择集中连片的大沟，统筹规划，同步治理，统一管理运用，使大沟蓄水工程更好地发挥效益。

4）控制工程结构形式选择

综合考察亳州市现有大沟控制建筑物和已有研究成果，比较适合的控制工程结构形式主要有以下几种。

（1）涵洞式防洪闸：该种类型控制工程一般处于大沟出口附近，且下泄河道有防洪任务，汛期为了防止外河洪水倒灌，控制工程多选择涵洞式防洪闸，既能防洪，又能拦蓄水，必要时还可以结合引水。目前全市需要防洪的大沟口几乎已全部建过防洪涵闸，本项目建设的重点是对这些原有工程进行维修改造。

（2）开敞式节制闸：该种类型控制工程应用广泛，主要起到拦蓄水和控制水位作用。涵闸类工程造价较高，且对管理运用要求也高。开敞式节制闸的优点是排涝时可以全部开启闸门，基本不影响排涝，平原地区沟河控制建筑物多采取这种形式。本规划在大沟的中下游或对排水要求较高的沟段新建控制工程中主要选择节制闸。

（3）滚水坝：因为滚水坝不带启闭设备，只占用一定的排水断面，平原地区应用较少，可设置在对排水要求不是太高的地方，如大沟的中上游、比降大的沟段、排水超标准的大沟上、水景观需要的地方。滚水坝的最大优点是工程造价低、管理运用简单。随着近年来干旱加重，排水任务减轻，亳州市在大沟的中上游也尝试兴建了一些滚水坝，大多效果明显，既能够蓄水拦水，对排涝的影响也不大。本规划在少数大沟的第2控制工程中选择了这种类型。

(4)带闸门滚水坝：该类型介于节制闸和滚水坝之间，兼有两者的优缺点，目前应用较少。采取这种形式需要充分论证，本工作阶段暂不考虑采用。

5)规划内容

亳州市小型拦蓄水工程规划内容以维修改造或重建、新建涵闸等控制工程建设为重点，同时对沟道进行疏浚，配套桥梁等建筑物。另外，还对农村塘坝进行扩挖改造，以增加面上沟塘蓄水能力。

全市规划新建或重建大沟节制闸 299 座，加固维修大沟涵闸 190 座，新建大沟滚水坝 40 座，疏浚大沟 185 条，共 1701.72km，扩挖塘坝 9354 口。

工程规划具体内容详见表 6-4 和表 6-5。

表 6-4　亳州市大沟蓄水工程规划

县区	条数	总长度/km	维修涵闸/座	新建重建涵闸/座	新建坝/座	疏浚土方/万 m³
谯城区	40	263.14	91	81	10	526.28
涡阳县	38	335.21	26	49	10	670.42
蒙城县	61	650.64	53	137	20	1301.28
利辛县	46	452.73	20	32	/	905.46
合计	185	1701.72	190	299	40	3403.44

表 6-5　亳州市塘坝工程规划

县区	5 万 m³ 以上/口	1 万～5 万 m³/口	0.5 万～1 万 m³/口	0.5 万 m³ 以下/口	小计/口	土方/万 m³	增加塘容/万 m³
谯城区	82	153	243	1312	1790	536	428
涡阳县	50	239	1035	360	1684	1780	1246
蒙城县	292	849	1166	1820	4127	2892	2313
利辛县	/	160	237	1356	1753	800	640
合计	424	1401	2681	4848	9354	6008	4627

5. 大沟控制工程调度

本次建设的大沟蓄水控制工程主要有蓄水、防洪、除涝、防渍功能，在遭遇外河发生洪水时，要及时关闭闸门挡洪；在大沟内部产生内涝时，打开闸门排涝；在正常运用时，关闸蓄水，蓄水位一般控制在正常蓄水位；在水位高于正常蓄水位时，为了防止产生渍害，需开闸放水，把水位降至正常蓄水位。

作物所需要的地下水埋深，随作物种类、生育阶段、土壤性质而不同，上述拟定的大沟蓄水、排水控制原则，在实际调度中可有一定的灵活调整。根据本项目区内试验资料，不同作物对地下水的要求如下。

(1)麦类：在播种和幼苗期，要求土壤湿润，地下水位不能降得过低，一般在 0.5m 左右，以便利用上升毛管水，促使种子早日发芽，确保苗全苗壮。自返青以后至拔节阶段，此时正是麦类根系旺发时期，地下水位要降到 0.8~1m。麦类根系发育后，地下水位要逐步下降，四月上中旬以后，地下水位应控制在 1~1.2m。

(2)玉米：在播种和幼苗期，要求土壤湿润，地下水位不能降得过低，一般在 0.5m 左右。拔节以后，根系旺发，地下水位要降到 1~1.5m。

(3)豆类：在播种和幼苗期，要求土壤湿润，地下水位一般在 0.5m 左右。发棵以后及开花结荚时，根系旺发，地下水位要降到 1m 左右。

(4)棉花：土壤含水率对棉根的分布有显著影响，土壤水分过多或地下水位过高时，棉花主根短，支根和毛根也少，严重影响地上基叶生长，使棉花的花蕾减少和蕾铃脱落增多，甚至死亡。棉花在开花结铃期需水量大，因而最怕干旱，此时土壤含水率一般以占田间持水率的 70%~80% 为宜。在播种、幼苗时期根系较浅，地下水要控制在地面以下 0.6~0.8m；此后地下水位要逐渐下降，蕾期以后要降到地面以下 1~1.2m 或更深一些，以防止根系受渍。

(5)水稻：水稻是喜温好湿作物，在水稻大部分生长期间，稻田要保持较多的水分，同时由于水稻根、茎、叶具有畅通的通气组织，根部的空气可以由通气组织与田面以上的大气交换，故水稻可以在饱和土壤中生活较长时间。但这并不说明稻田水分越多越好。如果稻田积水过深过久，或缺乏田间排水沟，地下水位经常很高，就会造成土壤通气不良，水稻根部缺氧，呼吸减弱，好气性细菌的活动会受到限制，肥料难以分解，硫化物、有机酸和铁锈水等有害物质增加；土壤中水分不能流动交换，不利于土壤的脱盐、脱酸和有害物质的排除；稻根扎不深，易倒伏，并产生黑根、烂根等，严重影响水稻的产量。因此，修建排水沟，降低地下水位、适时落干晒田是协调稻田水、热、气、肥的矛盾和提高水稻产量的一个重要措施。通过试验研究认为在晒田期 3~5d 内，地下水位降到地面以下 0.4~0.6m 为宜；在其他时期，也要求水田保持适当数量的渗漏，促进稻田中水分交换，增加新鲜水分和氧气，改善通气状况，促进根系活力，及时排除土壤中的有害物质。在水稻收割以后，为了改良土壤，便于机耕、播种及提高地温，也要求降低地下水位，一般使其离地面 0.6~0.8m。

各作物在整个生育期，由于降雨和蒸发的影响，不可能将地下水位完全控制在一个固定的深度，降雨时期可以容许地下水位有短暂的上升，但上升的高度和持续的时间不能超过一定的限度。一般要在 3~5d 内把地下水位降到作物要求达到的地下水埋深。

为了满足防洪、排涝、防渍要求，本次规划拟对大沟上的涵闸全部制订运行调度方案。根据闸上、闸下水位及地下水水位来开启或关闭闸门，以期合理利用雨洪和浅层地下水资源，增加植物对当地水的利用量，促进农田水资源的高效利用，以缓解当地水资源短缺矛盾和改善农田生态环境。

蓄水控制工程有调蓄作用，合理运用时可减少工程区河道排水压力。为了防止闸门同时开启导致洪水叠加，在单个控制闸调度时，应该做到逐步开启，闸门开启度随着闸上水位升降而开关,这样还可以避免排水末期不能拦蓄足够水量的风险。对于多级控制的单条大沟,应该先开启下级控制工程,即自下而上开启控制工程。对于一条河道上的多条大沟,也要按照从下游到上游的顺序开闸排涝;排涝末期关闸时,应该遵循自上而下的原则。

6. 投资估算

本项目区位于亳州市三县一区境内,主要是利用全市广泛分布的大沟、塘坝,实施大沟控制蓄水工程和塘坝扩挖工程,以增加对当地径流的拦蓄,提高地表水的利用率,合理开发利用地下水,加强水资源统一调度、管理、运用,改善水生态和水环境,提高农业灌溉保证率。具体工程措施是:疏浚大沟 185 条,共 1701.72km,扩挖塘坝 9354 口,新建重建大沟涵闸 299 座,加固维修大沟涵闸 190 座,新建大沟滚水坝 40 座;建立健全管理设施和管理制度。本工程费用包括三个部分,一是闸坝建设费用,二是大沟疏浚和塘坝扩挖费用,三是管理费用。本工程投资按近年来建成的类似工程决算投资和单位投资指标进行估算。工程估算指标中含工程建筑费用、机电设备及安装工程费用、金属结构及安装费用、临时工程费、勘测设计费、建设单位开办及经常费、工程监理费、项目建设管理费及其他费用。主要工程类型估算如下:新建小(1)型大沟节制闸按 150 万元/座,新建小(2)型大沟节制闸按 100 万元/座,维修涵闸按 30 万元/座,新建大沟滚水坝按 50 万元/座;大沟疏浚土方工程按 6 元/m³,塘坝扩挖土方工程按 8 元/m³。管理费用含管理设施和设备,估算投资 2000 万元。

亳州市小型拦蓄水工程建设估算总投资 12.07 亿元,其中大沟疏浚及控制工程投资 7.07 亿元,塘坝扩挖 4.8 亿元,管理费用 0.2 亿元。

7. 工程效益

开展小型拦蓄水工程建设,其主要效益在于有效地拦蓄地表水、调控农田地下水动态,增加灌溉水资源量,保障农田灌溉用水,同时,有助于改善生态环境,增强农业生产抵御水灾的能力。

1)蓄水效益

大沟控制工程对水资源的调蓄包括直接拦蓄的降雨径流和抬高地下水位增加的地下水资源量两个方面。根据已有调蓄工程观测数据,干旱年份(75%)节制闸、滚水坝控制的大沟单位长度年调蓄水量达到 2.39 万 m³/km、1.77 万 m³/km。对地下水资源的调蓄量按非汛期平均抬高地下水位所增加的土壤蓄水量进行计算,影响范围为大沟两侧各 800m,以节制闸为控制工程的大沟单位面积调蓄的地下水量可以达到 2.0 万 m³/km²。

本次规划新建闸、坝大沟控制工程 339 座、维修涵闸 190 座,控制大沟蓄水长度按 3024km 计算,工程实施后年调蓄地表水量可达 7227 万 m³,调蓄地下水量 7952 万 m³。

淮北地区塘坝多为平地开挖的"碗口坝",其来水基本靠汛期降雨和浅层地下水补给,一般作为水产养殖和周边小范围灌溉的水源。本次规划扩挖塘坝 9354 口,增加塘容 4627 万 m³,75%干旱年型复蓄次数按 1.0 计算,每年可蓄水量 4627 万 m³。

增加的蓄水量如果全部用来发展灌溉,可以扩大灌溉面积 144 万亩,增加水产养殖面积 1.8 万亩，蓄水效益显著。蓄水效益计算成果见表 6-6。

表 6-6　蓄水效益计算成果

名称	单位	数量
调蓄地表水量	万 m^3	7227
调蓄地下水量	万 m^3	7952
塘坝蓄水量	万 m^3	4627
可灌溉耕地面积	万亩	144
增加水产养殖面积	万亩	1.8

2) 抬升地下水位

利用大沟控制蓄水工程连续多年蓄水后，能够有效抬升大沟沿岸地下水埋深。根据利辛县现有大沟蓄水推广区资料，连续蓄水两年后，大沟控制范围内地下水位平均抬高值在 0.3m 以上。地下水位的抬升幅度主要受现有地下水埋深、土壤状况和降雨等因素影响，亳州市 4 县(区)土壤、降雨等因素基本相同，地下水埋深西北高、东南低，大沟控制蓄水工程连续蓄水两年后，地势较高的蓄水区地下水位抬升幅度将大于 0.5m。

当多条相邻大沟同时进行控制蓄水后，能整体抬升该区域内地下水位，对当地浅层地下水起到补给作用，从而使区域内机井出水量得到保证，保障了井灌灌溉用水。

3) 增加作物对地下水的利用，减少灌溉费用

小型拦蓄水工程建成后，可以通过控制大沟水位对其影响范围内地下水位进行调控，当农田地下水埋深在一定范围内变化时，可以提高作物对地下水的直接利用量，从而减少灌水次数和灌溉用水量，降低农业生产成本。

依据淮北地区作物对地下水利用量与地下水埋深关系经验公式，蓄水大沟沿岸小麦多利用地下水量约为 30mm，相当于一次灌水量。亳州地区旱作物灌溉费用约 30 元/亩，据此计算，本规划小型拦蓄水工程实施后，平水年、枯水年年均节约小麦灌溉费用约 6096 万元。

4) 降低下游涝渍灾害损失

开展小型拦蓄水工程建设，首先要对大沟排水系统进行配套和完善，客观上起到了促进排水工程建设、充分发挥效益的作用，提高了农田排涝降渍标准。

同时，合理利用大沟控制工程，可以在汛期适当减少雨水排泄量、减缓雨水向下游排泄的速度，还在一定程度上减缓下游地区的涝渍威胁。

5) 生态环境效益

小型拦蓄水工程建设通过在天然河道、人工沟河上兴建的蓄水调控建筑物，实现雨水资源的合理调节和促进农业综合节水。在一定的水源供给条件下，提高了降雨利用率，减少了农业灌溉用水量，其节约的水量可用于维持良好的生态环境。

6.2.2　控制排水示范项目

1. 项目区概况

阜阳市颍泉区位于安徽省淮北平原的中部，属于半湿润季风气候带，多年平均降水

量为 900.2mm，其中 6～9 月降水量约占全年降水量的 60%。

颍泉区大沟建闸控制排水与蓄水项目区位于宁老庄镇南部西老泉河排水控制范围，项目区总面积 20.7km²，耕地面积 1.86 万亩，主要土壤为潮土和砂姜黑土，农业生产主要为粮食作物，以小麦、玉米、大豆、番薯为主，其中小麦常年播种面积 1.84 万亩，玉米常年播种面积 1.18 万亩。目前，项目区耕地灌溉用水主要通过看河楼排灌站、火树庄排灌站向西老泉河及董沟、1 号路沟、荒地沟内输水，农户采用自备小型机泵从中沟内二次提水灌溉，地势相对较高的耕地采用机井提取浅层地下水进行灌溉。

项目区现有西老泉河排水大沟 1 条，荒地沟、董沟、小胡沟等中沟 8 条。西老泉河排水流域面积 22.7km²，长 9.97km，上口宽 30～77m，底宽 15～40m，边坡 1:2～1:3，沟深 2.3～2.5m。西老泉河上现有涵闸 3 座，其中赵台涵为进水涵，位于西老泉河上游，可引菜孜沟水进入西老泉河；连台涵、对面庄涵位于西老泉河下游段，连台涵为进水涵，对面庄涵为排水涵(图 6-2)。汛期项目区涝水主要通过对面庄涵和火树庄排灌站排入泉河。

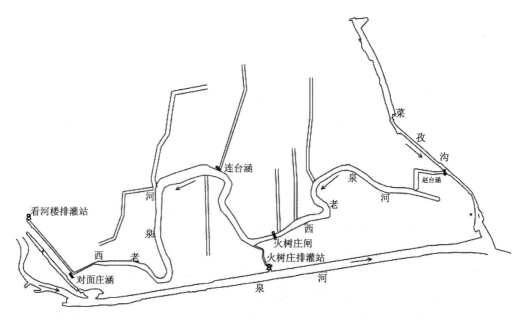

图 6-2　项目区工程布局图

2. 建设缘由

西老泉河是项目区骨干排水沟。西老泉河没有地表水拦蓄控制工程，汛期地表径流均被迅速排出，非汛期大、中沟多数干涸，农作物干旱时通过看河楼排灌站、火树庄排灌站从泉河抽水灌溉。

项目区降水年内年际变幅大，汛期降雨易形成涝渍灾害，历年的农田水利建设中，排水工程一直是重要内容。目前，随着泉河、菜孜沟等河道的治理，项目区农田涝渍灾害显著减少，农田除涝标准基本达到 5 年一遇。但由于骨干排水工程缺乏控制，造成降水径流排泄迅速，控制区地下水位下降，灌溉水资源量减少，地下水位下降引起作物对地下水的利用量减少，作物干旱频率增加。因此，对西老泉河大沟建闸控制排水蓄水规划，通过控制降水径流的排泄、拦蓄地表径流、调控地下水资源，充分发挥沟、塘水域的综合功能，既能够保护水资源、改善水环境，又能增加对水资源的综合利用，实现旱涝兼治、水资源的高效利用和生态环境保护等多重效益。

3. 工程布局

项目区地势低平，排涝沟系局部淤积、灌溉水源不足是目前影响农业生产的主要问题。结合当地水利工程总体规划，计划在西老泉河大沟 6+400 火树庄村附近新建开敞式节制闸 1 座，西老泉河火树庄闸以上排水区域面积为 15.7km²；对西老泉河进行全面清淤整治，总长为 9.97km；利用清淤土方，在两侧沟岸修筑沟埂；在不影响排涝标准的前提下，适当提高大沟蓄水位至 28.0m，将闸上蓄水引入项目区沟塘内，非灌溉季节保持中沟水深在 1.5～2.0m，满足农田灌溉和农田生态要求。

4. 工程设计

根据《防洪标准》(GB 50201—2014)及《水利水电工程等级划分及洪水标准》(SL 252—2000)的有关规定，西老泉河大沟排涝标准按 10 年一遇设计，自排模数为 1.61m³/(s·km²)，排涝流量用下式计算：

$$Q = q \times F \tag{6.1}$$

式中，Q 为设计排涝流量，m³/s；q 为排涝模数，m³/(s·km²)；F 为排水沟控制排涝面积，km²。

经计算，火树庄闸设计排涝流量为 25.28m³/s。

西老泉河为老旧河道，本次大沟建闸项目需要对河道排水能力进行复核。根据项目区内河道现状纵断面，结合项目区内地面坡降，大沟沟底比降取 1/20000。根据《灌溉与排水工程设计标准》并结合大沟各段现状断面，拟定大沟桩号 0+000～1+073 的边坡系数为 2.0，其余各段的边坡系数为 4.0。根据边坡土质、植被状况，排水沟糙率取 0.025。

根据设计流量、水位、比降及其他设计参数，按明渠均匀流计算排水沟横断面尺寸。

排水沟设计流量可用式(3.58)计算。

通过计算，现有河道断面满足 10 年一遇排涝要求。但为增加蓄水总量，可结合边坡整治，对西老泉河进行适当整修。

根据当地水利总体规划，项目区达 10 年一遇排涝标准时，赵台涵将有 14.4 m³/s 的流量进入西老泉河大沟。此时，西老泉河火树庄闸 10 年一遇设计排涝流量应为 39.68m³/s。根据《水利水电工程等级划分及洪水标准》(SL 252—2000)来划分，工程等别为Ⅳ等；根据《水闸设计规范》(SL 265—2001)相关规定，闸室、翼墙等主要建筑物级别为 4 级，海漫、防冲槽及护坡等次要建筑物级别为 5 级。

根据《水闸设计规范》(SL 265—2001)相关规定进行计算，火树庄闸闸室采用 2 孔 C25 钢筋砼开敞式结构，闸室顺水流向长 10m，单孔净宽 4.0m，总净宽 8.0m。中墩厚

1.0m，中墩上下游均做成圆弧形墩头，边墩厚0.8m；闸底板为整体式，顶面高程为24.5m，下设0.1m厚C15素砼垫层，闸墩顶高程为29.5m。

启闭机台布置在闸上游侧，启闭机台顶面高程根据闸门运行要求确定为35.20m，启闭台大梁梁宽0.3m、高0.6m；排架柱断面尺寸为0.4m×0.4m，在排架顶设梁高为0.55m的盖梁，为给水闸的运行管理提供条件，在启闭机台上设启闭机房，启闭机房净高3.5m，宽3.0m。

闸上交通桥设计标准为公路二级，桥面总宽6.5m，桥面高程29.66m。公路桥采用C25钢筋砼板桥，板厚0.4m，桥面铺设厚100~160mm的C25砼铺装层，桥面横向排水坡度为2%。

闸下消力池为挖深式，池深0.7m，池底高程23.8m，池底与闸底坎间以1∶4的斜坡连接，消力池净宽从9m扩宽至12.27m，池长12m。消力池为C25钢筋混凝土结构。消力池底板厚度按抗冲和抗浮要求确定厚0.8m。

闸室上游翼墙采用C25砼重力式挡墙结构形式，平面上布置成圆弧形，圆弧半径为9.0m，墙高0.5~2.85m，底板宽1.8~2.47m，下设0.1m的C15素砼垫层。

下游翼墙采用C20砼重力式挡墙结构形式，墙体高度0.5~5.7m，底板宽1.8~3.9m，下设0.1m厚的C15素砼垫层。

节制闸工作门2孔，每孔各设1扇露顶式平面定轮钢闸门及1台QP-160kN-5.5m手电两用卷扬式启闭机。

5. 控制运用

西老泉河火树庄闸建成后，仅蓄水沟段就可增加蓄水容积600万m³。同时，节制闸建成后闸上蓄水进入项目区中沟、塘坝，并保持一定的水深，不仅有利于灌溉和发展水产养殖，而且有助于抑制项目区地下水过度排泄，增加当地地下水资源量。

西老泉河大沟治理后，项目区农田灌溉将按照"优先利用地表水，适度开发浅层地下水"的原则，沿项目区大中沟两侧及蓄水塘周边耕地，在一般枯水年应首先利用地表蓄水进行灌溉。

火树庄节制闸建成后由颍泉区防汛指挥部负责工程运行的调度指挥，具体管理运行由宁老庄镇水利站负责。每年汛前，将闸上蓄水位由28.00m降到27.00m以下，以腾空库容，迎接涝水。当水位超过27.00m时，开启火树庄节制闸，并启动火树庄排灌站，向泉河排涝。当菜孜沟水位达到32.5m时，开启赵台涵，将菜孜沟排涝流量分流14.4m³/s进入西老泉河。汛期结束时，及时关闭火树庄节制闸，逐步使其闸上水位保持在28.00m。

6. 实施效果

火树庄节制闸建成后，促进了西老泉河排水控制区田间水利的治理，提升了农田除涝降渍标准，不仅改善了农田除涝排水条件，而且在调蓄农田水量、抬升地下水位、减少灌溉次数、减轻面源污染等方面都有一定效益。

大沟控制工程对水资源的调蓄包括直接拦蓄的降雨径流和抬高地下水位增加的地下水资源量两个方面。项目区火树庄闸以上大沟长度3.5km，上口宽30~77m，底宽15~

40m，经计算，工程实施后年调蓄地表水量可达 11 万 m^3，调蓄地下水量 14 万 m^3。偏旱年份年灌溉用水量按 120m^3/亩计，增加的蓄水量可发展灌溉面积 2083 亩。

利用大沟控制蓄水工程连续多年蓄水后，能够有效抬升大沟沿岸地下水埋深。根据对项目区西老泉河控制范围内机井水位的调查，火树庄闸建成后至今，地下水位平均抬高 0.3m 以上，汛期平均抬升值达到 0.5m 以上。

大沟建闸后，通过地表水与地下水联合调控技术的应用，适当抬高农田地下水位，有助于提高作物对地下水的直接利用和减少灌溉次数。根据火树庄闸建成前、后项目区地下水位变化情况，作物对地下水直接利用量增加了 50mm 以上，相当于一次灌水量，减少了总体灌溉次数，节省了作物灌溉费用。

大沟建闸项目通过在天然沟河上兴建蓄水调控建筑物，实现雨水资源的合理调节，在一定的水源供给条件下，提高了降雨利用率，减少了农业灌溉用水量，其节约的水量可用于维持良好的生态环境。同时，通过控制蓄水扩大了农田水面率，增强了水体自净能力，减少了水体面源污染和土壤有毒物质的积聚，也减少了地下水的入渗量和土壤养分流失，有利于农作物生长环境的改善，对于减少水土流失、改善生态环境、实现水土资源的可持续利用具有重要的意义。

参 考 文 献

陈重军, 王建芳, 凌士平, 等. 2015. 农田面源污染生态沟渠生态净化效能评估[J]. 江苏农业科学, 43(11): 472-474.

杜尧, 马腾, 邓娅敏, 等. 2017. 潜流带水文—生物地球化学: 原理、方法及其生态意义[J]. 地球科学, 42(5): 661-673.

樊自立, 马英杰, 张宏, 等. 2004. 塔里木河流域生态地下水位及其合理深度确定[J]. 干旱区研究, 27(1): 8-13.

房春艳. 2010. 植被作用下复式河槽水流阻力实验研究[D]. 重庆: 重庆交通大学.

房春艳, 罗宪. 2013. 滩地植被化复式河槽的水流阻力特性试验[J]. 重庆交通大学学报(自然科学版), 32(4): 668-672.

郭旭宁, 胡铁松, 谈广鸣. 2009. 基于多属性分析的农田排水标准[J]. 农业工程报, 25(8): 64-69.

郭元裕, 白宪台, 雷声隆. 1984. 湖北四湖地区除涝排水系统规划的大系统优化模型和求解方法[J]. 水利学报, (11): 1-14.

贾利民, 郭中小, 龙胤慧, 等. 2015. 干旱区地下水生态水位研究进展[J]. 生态科学, 34(2): 187-193.

焦平金, 许迪, 王少丽, 等. 2010. 自然降雨条件下农田地表产流及氮磷流失规律研究[J]. 农业环境科学学报, 29(3): 534-554.

景卫华, 罗纨, 温季, 等. 2009. 农田控制排水与补充灌溉对作物产量和排水量影响的模拟分析[J]. 水利学报术, 40(9): 1140-1146.

李强坤, 宋常吉, 胡亚伟, 等. 2016. 模拟排水沟渠非点源溶质氮迁移实验研究[J]. 环境科学, 37(2): 520-526.

李如忠, 鲍琴, 张瑞钢, 等. 2019. 巢湖十五里河沉积物磷吸收潜力及对外源碳的响应[J]. 环境科学, 40(6): 2730-2737.

李如忠, 曹竟成, 黄青飞, 等. 2016a. 芦苇占优势农田溪流营养盐滞留的水文和生物贡献分析[J]. 水利学报, 47(8): 1005-1016.

李如忠, 曹竟成, 黄青飞, 等. 2016b. 芦苇占优势农田溪流营养盐滞留能力分析与评估[J]. 水利学报, 47(1): 28-37.

李如忠, 丁贵珍. 2014. 基于 OTIS 模型的巢湖十五里河源头段氮磷滞留特征[J]. 中国环境科学, 34(3): 742-751.

李如忠, 董玉红, 钱靖. 2015a. 基于 TASCC 的典型农田溪流氨氮滞留及吸收动力学模拟[J]. 中国环境科学, 35(5): 1502-1510.

李如忠, 黄青飞, 董玉红, 等. 2016c. 水文变化条件下农田溪流营养盐滞留效应模拟[J]. 中国环境科学, 36(6): 1877-1885.

李如忠, 杨继伟, 董玉红, 等. 2015b. 丁坝型挡板调控农田溪流暂态氮磷滞留能力的模拟研究[J]. 水利学报, 46(1): 25-33.

李如忠, 杨继伟, 钱靖, 等. 2014. 合肥城郊典型源头溪流不同渠道形态的氮磷滞留特征[J]. 环境科学,

35(9): 3365-3372.

李如忠, 叶舟, 高苏蒂, 等. 2017. 人为扰动背景下城郊溪流底质磷的生物-非生物吸收潜力分析[J]. 环境科学, 38(8): 3235-3242.

李如忠, 殷齐贺, 高苏蒂, 等. 2018. 农业排水沟渠硝态氮吸收动力学特征及相关性分析[J]. 环境科学, 39(5): 2174-2183.

李如忠, 张翩翩, 杨继伟, 等. 2015c. 多级拦水堰坝调控农田溪流营养盐滞留能力的仿真模拟[J]. 水利学报, 46(6): 668-677.

罗纨, 贾忠华, Skaggs R W, 等. 2006. 利用 DRAINMOD 模型模拟银南灌区稻田排水过程[J]. 农业工程学报, 22(9): 53-57.

裴婷婷, 李如忠, 高苏蒂, 等. 2016. 合肥城郊典型农田溪流水系统沉积物磷形态及释放风险分析[J]. 环境科学, 37(2): 548-557.

彭世彰, 乔振芳, 徐俊增. 2012. 控制灌溉模式对稻田土壤-植物系统镉和铬累积的影响[J]. 农业工程学报, 28(6): 94-99.

钱靖, 李如忠, 唐文坤, 等. 2015. 生活污水为主要补给源的城郊排水沟渠氮磷滞留特征[J]. 环境科学研究, 28(2): 205-212.

沈荣开, 王修贵, 张瑜芳. 2001. 涝渍兼治农田排水标准的研究[J]. 水利学报, (12): 36-39, 47.

沈荣开, 张瑜芳, 王修贵, 等. 2002. 控制排水田间工程及水管理成套技术[J]. 水利水电技术, 33(5): 58-60.

孙才志, 刘玉兰, 杨俊, 等. 2007. 辽河流域平原区地下水生态水位及水量调控研究[J]. 水利水电科技进展, (4): 15-19.

孙香泰, 艾晓燕, 张力春. 2012. 三江平原地下水生态水位初步研究[J]. 黑龙江水利科技, 40(8): 166-168.

汤广民. 1999. 以涝渍连续抑制天数为指标的排水标准试验研究[J]. 水利学报, (4): 25-29.

唐洪武, 闫静, 肖洋, 等. 2007. 含植物河道曼宁阻力系数的研究[J]. 水利学报, 38(11): 1347-1353.

王忖, 王超. 2010. 含挺水植物和沉水植物水流紊动特性[J]. 水科学进展, 21(6): 816-822.

王少丽. 2010. 基于水环境保护的农田排水研究新进展[J]. 水利学报, 41(6): 697-702.

王少丽, 许迪, 陈皓锐, 等. 2018. 农田涝灾预测评估与排水调控技术[M]. 北京: 中国水利水电出版社.

王少丽, 张友义, 李福祥. 2001. 涝渍兼治的明暗组合排水计算方法探讨[J]. 水利学报, (12): 55-61.

王岩, 王建国, 李伟, 等. 2009. 三种类型农田排水沟渠氮磷拦截效果比较[J]. 土壤, 41(6): 902-906.

王岩, 王建国, 李伟, 等. 2010. 生态沟渠对农田排水中氮磷的去除机理初探[J]. 生态与农村环境学报, 26(6): 586-590.

王友贞, 王修贵, 汤广民, 等. 2008. 大沟控制排水对地下水水位影响研究[J]. 农业工程学报, 24(6): 74-77.

吴攀. 2012. 宁夏黄灌区农田退水污染生态沟渠拦截研究[D]. 兰州: 中国科学院寒区旱区环境与工程研究所.

徐红灯, 席北斗, 王京刚, 等. 2007. 水生植物对农田排水沟渠中氮、磷的截留效应[J]. 环境科学研究, (2): 84-88.

杨林章, 周小平, 王建国, 等. 2005. 用于农田非点源污染控制的生态拦截型沟渠系统及其效果[J]. 生态学杂志, 24(11): 1371-1374.

殷国玺, 张展羽, 郭相平, 等. 2006. 地表控制排水对氮质量浓度和排放量影响的试验研究[J]. 河海大学学报, (1): 21-24.

张长春, 邵景立, 李慈君, 等. 2003. 华北平原地下水生态环境水位研究[J]. 吉林大学学报(地球科学版), 33(3): 323-326.

张燕, 祝惠, 阎百兴, 等. 2013. 排水沟渠炉渣与底泥对水中氮、磷截留效应[J]. 中国环境科学, 33(6): 1005-1010.

张瑜芳, 刘培斌. 1994. 不同渗漏强度条件下淹水稻田中氨态氮转化和运移的研究[J]. 水利学报, (6): 10-19.

中华人民共和国水利部. 2015. 中国水旱灾害公报 2015 [M]. 北京: 中国水利水电出版社.

钟朝章, 潘慧庄. 1985. 稻田渗漏强度与稻根的生长[J]. 灌溉排水, (2): 36-40.

朱建强, 乔文军. 2003. 涝渍连续过程以时间为尺度的作物排水控制指标研究[J]. 灌溉排水学报, 10(5): 67-71.

Abe K, Ozaki Y. 2001. Removal of N and P from eutophic pond water byusing plant bed filter ditches planted with crops and flowers[C]//Horstw J, et al. Plant Nutrition Food Security and Suatainability of Agroecosystems: 956-957.

Aldridge K T, Brookes J D, Ganf G G. 2010. Changes in abiotic and biotic phosphorus uptake across a gradient of stream condition[J]. River Research and Application, 26(5): 636-649.

Argerich A, Martí E, Sabater F, et al. 2011. Influence of transient storage on stream nutrient uptake based on substrata manipulation[J]. Aquatic Sciences, 73(3): 365-376.

Baker D W, Bledsoe B P, Price J M. 2012. Stream nitrate uptake and transient storage over a gradient of geomorphic complexity, north-central Colorado, USA[J]. Hydrological Processes, 26(21): 3241-3252.

Castaldelli G, Soana E, Racchetti E, et al. 2015. Vegetated canals mitigate nitrogen surplus in agricultural watersheds[J]. Agriculture, Ecosystems and Environment, 212: 253-262.

Christen E W, Skehan D. 2001. Design and management of subsurface horizontal drainage to reduce salt loads[J]. ASCEJ. Irrig. Drain. Eng. , 127: 148-155.

Claessens L, Tague C L, Band L E, et al. 2009. Hydro-ecological linkages in urbanizing watersheds: An empirical assessment of in-stream nitrate loss and evidence of saturation kinetics[J]. Journal of Geophysical Research, 114, G04016, doi: 10.1029/2009JG001017.

Covino T P, McGlynn B L, Baker M. 2010a. Separating physical and biological nutrient retention and quantifying uptake kinetics from ambient to saturation in successive mountain stream reaches[J]. Journal of Geophysical Research, 115, G04010, doi: 10.1029/2009JG001263.

Covino T P, McGlynn B L, McNamara R A. 2012. Land use/land cover and scale influence on in-stream nitrogen uptake kinetics[J]. Journal of Geophysical Research, 117, G02006, doi:10. 1029/2011JG001874.

Covino T P, McGlynn B L, McNamara R A. 2010b. Tracer additions for spiraling curve characterization (TASCC): Quantifying stream nutrient uptake kinetics from ambient to saturation[J]. Limnology and Oceanography: Methods, 8(9): 484-498.

Doyle M W. 2005. Incorporating hydrologic variability into nutrient spiraling[J]. Journal of Geophysical Research, 110, G01003, doi: 10.1029/2005JG000015.

Doyle M W, Stanley E H, Strayer D L, et al. 2005. Effective discharge analysis of ecological processes in streams[J]. Water Resources Research, 41, W11411, doi: 10.1029/2005WR004222.

El-Sadek A, Feyen J, Skaggs W, et al. 2002. Economics of nitrate losses from drained agricultural land[J].

Journal of Environmental Engineering, (4): 376-383.

Ensign S H, Doyle M W. 2006. Nutrient spiraling in streams and river networks[J]. Journal of Geophysical Research, 111, G04009, doi: 10.1029/2005JG000114.

Evans R O, Skaggs R W, Gilliam J W. 1995. Controlled drainage versus conventional drainage effects on water quality[J]. J. Irrig. and Drain. Engrg., 21(4): 271-276.

Feijoó C, Giorgi A, Ferreiro N. 2011. Phosphate uptake in a macrophyte-rich Pampean stream[J]. Limnologica, 41(4): 285-289.

Gibson C A, O'Reilly C M, Conine A L, et al. 2015. Nutrient uptake dynamics across a gradient of nutrient concentrations and ratios at the landscape scale[J]. Journal of Geophysical Research: Biogeosciences, 120(2): 326-340.

Green J C. 2005. Modelling flow resistance in vegetated streams: Review and development of new theory[J]. Hydrological Processes, 19(6): 1245-1259.

Gücker B, Boëchat I G. 2004. Stream morphology controls ammonium retention in tropical headwaters[J]. Ecology, 85(10): 2818-2827.

Hester E T, Gooseff M N. 2010. Moving beyond the banks: Hyporheic restoration is fundamental to restoring ecological services and functions[J]. Environmental Science and Technology, 44(5): 1521-1525.

Jacobson P J, Jacobson K M. 2013. Hydrologic controls of physical and ecological processes in Namib Desert ephemeral rivers: Implications for conservation and management[J]. Journal of Arid Environments, 93(3): 80-93.

Khoshmanesh A, Hart B T, Duncan A, et al. 1999. Biotic uptake and release of phosphorus by a wetland sediment[J]. Environmental Technology, 20(1): 85-91.

Kröger R, Holland M M. 2008. Agricultural drainage ditches mitigate phosphorus loads as a function of hydrological variability[J]. Journal of Environmental Quality, 37(1): 107-113.

Lottig N R, Stanley E H. 2007. Benthic sediment influence on dissolved phosphorus concentrations in a headwater stream[J]. Biogeochemistry, 84(3): 297-309.

Meuleman A F M, Beltman B. 1993. The use of vegetated ditches forwater quality improvemepnt[J]. Hydrobiologia, 253(1-3): 253-375.

Moore M T, Kröger R, Locke M A, et al. 2010. Nutrient mitigation capacity in Mississippi Delta, USA drainage ditches[J]. Environmental Pollution, 158(1): 175-184.

O'Brien J M, Lessard J L, Plew D, et al. 2014. Aquatic macrophytes alter metabolism and nutrient cycling in lowland streams[J]. Ecosystem, 17(3): 405-417.

O'Connor B L, Hondzo M, Harvey J W. 2010. Predictive modeling of transient storage and nutrient uptake: Implications for stream restoration[J]. Journal of Hydraulic Engineering, 136(12): 1018-1032.

Peterson B J, Wollheim W M, Mulholland P J, et al. 2001. Control of nitrogen export from watersheds by headwater streams[J]. Science, 292(5514): 86-90.

Porter M E. 1980. Competitive Strategy: Techniques for Analyzing Industries and Competitors[M]. New York: The FREE Press.

Price J S M, Bledsoe B P, Baker D W. 2015. Influences of sudden changes in discharge and physical stream characteristics on transient storage and nitrate uptake in an urban[J]. Hydrological Processes, 29(6): 1466-1479.

Riis T, Dodds W K, Kristensen P B, et al. 2012. Nitrogen cycling and dynamics in a macrophyte-rich stream as determined by a N-NH$_4^+$ release[J]. Freshwater Biology, 57(8): 1579-1591.

Runkel R L. 1998. One-dimensional transport with inflow and storage (OTIS): A solute transport model for streams and rivers: U. S. Geological Survey Water-Resources Investigations Report, 98-4018[R]: 73-78.

Schulz M, Bischoff M, Klasmeier J, et al. 2008. An empirical regression model of soluble phosphorus retention for small pristine streams evaluating tracer experiments[J]. Aquatic Sciences, 70(2): 115-122.

Sellin R H J, Bryant T B, Loveless J H. 2003. An improved method for roughening floodplains on physical river models[J]. Journal of Hydraulic Research, 41(1): 3-14.

Shouse P J, Goldberg S, Skaggs T H, et al. 2006. Effects of shallow groundwater management on the spatial and temporal variability of boron and salinity in an irrigated field[J]. Vadose Zone Journal, 5(1): 377-390.

Simon K S, Niyogi D K, Frew R D, et al. 2007. Nitrogen dynamics in grassland streams along a gradient of agricultural development[J]. Limnology and Oceanography, 52(3): 1246-1257.

Stampfli N, Madramootoo C A. 2006. Water table management: A technology for achieving more crop per crop. Paper submitted for the nineth international drainage workshop (ICID)[J]. Irrigation and Drainage Systems, 20: 267-282.

Stutter M I, Demars B O L, Langan S J. 2010. River phosphorus cycling: Separating biotic and abiotic uptake during short-term changes in sewage effluent loading[J]. Water Research, 44(15): 4425-4436.

Su X H, Li C W. 2002. Large eddy simulation of free surface turbulent flow in partly vegetated open channels[J]. International Journal for Numerical Methods in Fluids, 39(10): 919-937.

Weigelhofer G, Fuchsberger J, Teufl B, et al. 2012. Effects of riparian forest buffers on in-stream nutrient retention in agricultural catchments[J]. Journal of Environmental Quality, 41(2): 373-379.

Wesstrom I, Messing I. 2007. Effects of controlled drainage on N and P losses and N dynamics in a loamy sand with spring crops[J]. Agricultural Water Management, 87(3): 229-240.

Williams M R, King K W, Fausey N R. 2015. Drainage water management effects on tile discharge and water quality[J]. Agricultural Water Management, 148: 43-51.

Wollheim W M, Vörösmarty C J, Peterson B J, et al. 2006. Relationship between river size and nutrient removal[J]. Geophysical Research Letters, 33: L06410, doi: 10.1029/2006GL025845.

Wolman M G, Miller J P. 1960. Magnitude and frequency of forces in geomorphic processes[J]. Journal of Geology, 68(1): 54-74.

Yuan G, Lavkulich L M. 1993. Phosphate sorption in relation to extractable iron and aluminium in spodosols[J]. Soil Science Society of America Journal, 58(2): 343-346.

后 记

　　自然地理和气候条件决定了我国是世界上涝渍灾害发生频繁、危害严重的国家之一，涝渍灾害不仅制约农业生产的发展，而且危及人民生命财产安全和社会稳定。随着经济的快速发展、城市化进程的加快和社会物质财富的增长，洪涝灾害造成的损失将会不断增加。涝渍灾害治理是易涝易渍地区粮食生产稳产高产的关键，是国家粮食安全的重要保证，也是我国农业发展和现代化建设的重要内容。

　　我国农田排水工程技术的发展，是从单一明沟排水发展到明沟、暗管、鼠道、竖井及泵站等多种类型的排水工程措施，目前对各种排水工程措施在改造中低产田中的作用及发展方向等方面的认识都比较明确，经验也较为成熟。近二十多年来，随着科学技术的进步，农田排水技术和理论发展迅速，主要表现为：明沟向暗管排水过渡；广泛利用塑料管道及研究应用可预包排水管的新型合成过滤材料(荷兰、美国、德国、日本、埃及等国已全面推广应用波纹塑料排水管)；研制开发新型排水施工设备；农田排水技术研究的发展趋势由单一目标转向涝、渍、碱兼治等多目标综合治理，单一工程技术类型转向多种措施相结合的综合类型；由单一的水量、水位控制调节到水质控制、溶质运移、污染防治和水环境保护等技术的研究；由单一的任务转向满足农业生产需求和减轻对水体危害的双重任务发展。排水对水环境的影响日益受到普遍关注。近年来，国内外学者对农田排水条件下减少氮、磷污染的农业措施、管理措施、工程措施和预测评价方面做了大量的研究和实际工作。

　　农田排水与农业生产和区域水环境密切相关，若要协调好它们之间的关系，不仅要了解其间相互联系、互相作用的机制，还要弄清楚它们之间的量化关系。目前，国内在作物产量与排水指标之间关系的研究方面成果较多，而在农田排水与生态环境的关系研究方面则比较薄弱，不利于兼具农业生产与生态环境属性的农田排水指标和标准的制定与排水工程建设，在一定程度上制约了以水土资源的永续利用支撑经济社会可持续发展理念的贯彻落实。因此，需进一步深化研究：①排水过程中农田生源物质的转化迁移规律及其量化关系；②不同排水条件(排水方式、排水标准)下农田排水对区域生态环境的定量影响；③不同生态类型区生源物质的承载能力；④基于区域农业和生态环境的农田排水综合评价体系与评价方法等问题。

　　农田排水工程除涝降渍，为作物生长和田间管理提供适宜的土壤水分条件，在提高涝渍田生产力方面做出了巨大贡献。然而，这种强化排水尽管快速排除了农田涝渍水，却易导致过度排水，从而加剧了水旱交替发生区作物后期的受旱胁迫。为保障粮食安全，持续过量施用化肥使更多的农田氮磷随排水流失，加重了农业面源污染并恶化了地表水环境质量，为此在应对水旱灾害的同时，还要考虑氮磷排水流失面源污染的生态影响。在排水出口设置调控装置形成控制排水，可依据作物生长需水特征或控制氮磷流失污染的需要进行适时、适量的排水过程调控。匹配我国雨热同期与干旱交替发生的气象特点，探究适宜的排水调控方法与工程模式是协同治理农业水旱灾害和面源污染的生态排水发展方向。

　　随着我国生态文明建设的稳步推进，由农业农村面源氮磷污染带来的水质恶化和水体富营养化日益引起人们的重视，提出了涵盖源头控制、过程阻断和末端强化的一体化农业面源污染控制模式，取得了初步成效。目前，有关过程阻断技术的研发成为我国水污染控制和水环境保护领域的热点，但由于长期以来对农田排水沟系氮磷滞留的环境生态功能和相关作用机制认识不足，制约了过程阻断和末端强化技术的创新与发展，致使无法有效应对农业面源污染负荷冲击带来的不良生态环境影响。农田排水是平原区农业涝渍灾害防治的重要措施，排水中携带的大量氮磷污染负荷需要严肃对待，充分利用和发挥农田排水沟渠系统的氮磷削减和调控功效，对推进生态农业健康发展将起到十分重要的作用。基于农田排水沟系氮磷滞留效应和作用机制的研究成果，积极探索和开发排水沟渠系统面源污染控制的新技术、新方法，将是我国农业生态排水技术领域发展的重要方向。